Strategische Politische Kommunikation im digitalen Wandel

Michael Oswald · Michael Johann
(Hrsg.)

Strategische Politische Kommunikation im digitalen Wandel

Interdisziplinäre Perspektiven
auf ein dynamisches Forschungsfeld

 Springer VS

Herausgeber
Michael Oswald
Philosophische Fakultät
Universität Passau
Passau, Bayern, Deutschland

Michael Johann
LS für Computervermittelte
Kommunikation, Universität Passau
Passau, Bayern, Deutschland

ISBN 978-3-658-20859-2   ISBN 978-3-658-20860-8   (eBook)
https://doi.org/10.1007/978-3-658-20860-8

Die Deutsche Nationalbibliothek verzeichnet diese Publikation in der Deutschen Nationalbiblio-
grafie; detaillierte bibliografische Daten sind im Internet über http://dnb.d-nb.de abrufbar.

Verantwortlich im Verlag: Jan Treibel

Gedruckt auf säurefreiem und chlorfrei gebleichtem Papier

Springer VS ist ein Imprint der eingetragenen Gesellschaft Springer Fachmedien Wiesbaden GmbH
und ist ein Teil von Springer Nature
Die Anschrift der Gesellschaft ist: Abraham-Lincoln-Str. 46, 65189 Wiesbaden, Germany

Inhaltsverzeichnis

Autorenverzeichnis

Prof. Dr. Meredith Conroy ist Assistant Professor of Political Science an der California State University, San Bernardino, und Senior Researcher am Geena Davis Institute on Gender in Media, in Los Angeles (USA). Ihre Forschung beschäftigt sich mit Politischer Kommunikation und der Rolle der sozialen Medien für die demokratische Gesellschaft.

Kontakt: mconroy@csusb.edu.

Dr. Stefanie Dreiack ist Angestellte an der Berufsakademie Sachsen der Staatlichen Studienakademie Leipzig.

Kontakt: stefanie.dreiack@ba-leipzig.de

Thomas Eckerl, B.A. ist externer Doktorand an der Professur für Journalistik an der Universität Passau.

Kontakt: mail@thomaseckerl.de

Lic. phil. Sandra Eichenberger ist Social-Media-Verantwortliche des Kantons Basel-Stadt (Schweiz).

Kontakt: sandra.eichenberger@gmail.com

Silke Fürst, M.A. ist wissenschaftliche Mitarbeiterin am Departement für Kommunikationswissenschaft und Medienforschung DCM an der Universität Fribourg (Schweiz). Ihre Forschungsschwerpunkte liegen in den Bereichen Publikumsvorstellungen und öffentlicher Diskurs über das Medienpublikum, Journalismus, Medienethik, Kommunikationstheorie, Wissenschaftskommunikation.

Kontakt: silke.fuerst@unifr.ch

Prof. Dr. phil. Oliver Hahn ist Inhaber der Professur für Journalistik an der Universität Passau.

Kontakt: oliver.hahn@uni-passau.de

Dr. André Haller ist wissenschaftlicher Mitarbeiter am Institut für Kommunikationswissenschaft an der Universität Bamberg. Seine Forschungsschwerpunkte sind Strategische und Politische Kommunikation (insbesondere Wahlkampfkommunikation und alternative politische Medien), Skandale und Medien sowie Journalismus und Medienwandel.
Kontakt: andre.haller@uni-bamberg.de

Moritz Hauck, B.A. ist Masterand im Fach Unternehmenskommunikation und Public Relations an der Johannes-Gutenberg-Universität Mainz.
Kontakt: Moritz.Hauck@gmx.net

Dr. phil. Martin R. Herbers ist Post-Doc am Lehrstuhl für Allgemeine Medien- und Kommunikationswissenschaft an der Zeppelin Universität in Friedrichshafen. Zu seinen Forschungsschwerpunkten gehören Öffentlichkeitstheorie, Medienproduktion und Politische Unterhaltung.
Kontakt: martin.herbers@zu.de

Michael Johann, M.A. ist Wissenschaftlicher Mitarbeiter am Lehrstuhl für Computervermittelte Kommunikation an der Universität Passau. Seine Forschungsschwerpunkte liegen in den Bereichen Strategische Kommunikation, Digitale Kommunikation, Politische Kommunikation. Er promoviert über die Dialogorientierung der Organisationskommunikation in den sozialen Medien.
Kontakt: michael.johann@uni-passau.de

Prof. Dr. Thomas Knieper ist Inhaber des Lehrstuhls für Computervermittelte Kommunikation an der Universität Passau. Seine Forschungsinteressen liegen in den Bereichen digitale, politische, strategische und visuelle Kommunikation sowie Social Media Research. Zudem ist er Mitglied im Humanwissenschaftlichen Zentrum der Ludwig-Maximilians-Universität München, im JFF-Vorstand und im Editorial Board der Zeitschrift Visual Communication Quarterly.
Kontakt: thomas.knieper@uni-passau.de

Dr. Jan Niklas Kocks ist Wissenschaftlicher Mitarbeiter am Institut für Publizistik- und Kommunikationswissenschaft an der Freien Universität Berlin.
Kontakt: j.n.kocks@fu-berlin.de

Simon Kruschinski, M.A. ist wissenschaftlicher Mitarbeiter am Institut für Publizistik an der Johannes Gutenberg-Universität Mainz. Sein Forschungsinteresse liegt unter anderem in der Wahlkampf- und Kampagnenkommunikation (insbesondere die Persuasion und Mobilisierung von Wählern), die er im Rahmen seiner Dissertation anhand des Haustürwahlkampfs von deutschen Parteien erforscht.
Kontakt: simon.kruschinski@uni-mainz.de

JProf. Dr. Marlen Niederberger ist Junior-Professorin für Forschungsmethoden in der Gesundheitsförderung und Prävention an der Pädagogischen Hochschule Schwäbisch Gmünd. Ihre Forschungsschwerpunkte liegen in den Bereichen Mixed-Methods-Research, Delphi-Verfahren, Partizipations- und Evaluationsverfahren.

Kontakt: marlen.niederberger@ph-gmuend.de

Dr. phil. Franziska Oehmer ist wissenschaftliche Oberassistentin am Departement für Kommunikationswissenschaft und Medienforschung DCM an der Universität Fribourg (Schweiz). Ihre Forschungsschwerpunkte liegen in den Bereichen Medialisierung des Rechts, Politische Kommunikation, Kriegskommunikation.

Kontakt: franziska.oehmer@unifr.ch

Dr. phil. Michael Oswald ist Akademischer Rat am Lehrstuhl für Politikwissenschaft an der Universität Passau, Associate Research Fellow und Lehrbeauftragter am *John F. Kennedy Institut,* Faculty-Member bei *CIFE* (Int. Zentrum für europäische Bildung) und bei *Nautilus Politikberatung.*

Kontakt: michael.oswald@uni-passau.de

Lea Raabe ist wissenschaftliche Mitarbeiterin am DFG-Graduiertenkolleg 1681/2 „Privatheit und Digitalisierung" (Universität Passau) und promoviert zum Thema „Radikalisierung durch Privatisierung – Diskursanalyse digitaler Teilöffentlichkeiten im Kontext journalistischer Online-Formate". Ihre Forschungsschwerpunkte liegen im Bereich der Privatheitsforschung, der politikwissenschaftlichen Medienforschung und des Rechtspopulismus.

Kontakt: lea.raabe@uni-passau.de

Prof. Dr. Juliana Raupp ist Professorin für Publizistik- und Kommunikationswissenschaft mit dem Schwerpunkt Organisationskommunikation am Institut für Publizistik- und Kommunikationswissenschaft an der Freien Universität Berlin.

Kontakt: Juliana.Raupp@fu-berlin.de

Natalie Rauscher, M.A. ist Doktorandin am Heidelberg Center for American Studies und Resarch Assistant an der SRH Hochschule Heidelberg. Ihre Forschungsschwerpunkte liegen unter anderem im Bereich der sozialen Ungleichheit in den USA unter dem Einfluss der Digitalisierung und der Sharing Economy.

Kontakt: nrauscher@hca.uni-heidelberg.de

Prof. Dr. John Robertson ist Full Professor am Department of Political Science an der Texas A & M University in College Station, Texas (USA).

Kontakt: jrobertson@tamu.edu

Prof. Dr. Justin S. Vaughn ist Direktor des Center for Idaho History and Politics und Associate Professor of Political Science an der Boise State University in Boise, Idaho (USA). In seiner Forschung beschäftigt er sich mit der amerikanischen Präsidentschaftspolitik und Politischer Kommunikation.

Kontakt: justinvaughn@boisestate.edu

Strategische Politische Kommunikation als ein interdisziplinäres Forschungsfeld

Michael Oswald und Michael Johann

Die Politische Kommunikation[1] entwickelte sich in den vergangenen Jahrzehnten zu einem eigenständigen Forschungsgebiet vieler wissenschaftlicher Disziplinen. Dabei sind es vor allem die Politik- sowie die Publizistik- und Kommunikationswissenschaft, die sich mit den unterschiedlichen Ausprägungen dieses Begriffs auseinandersetzen. Den Disziplinen liegt dabei oftmals ein eigenes Verständnis von Politischer Kommunikation zugrunde. Zudem hängt dieses von der konkreten historischen Situation ab, in der es formuliert wird, und von den jeweiligen gesellschaftlichen und politischen Bedingungen oder der politischen Kultur (Jarren und Donges 2011, S. 19). Der daraus resultierende Facettenreichtum hinsichtlich der wissenschaftlichen Herangehensweise ist mithin dafür verantwortlich, dass ein „gemeinsam geteiltes Grundverständnis über den weiteren – geschweige denn über einen engeren – Untersuchungsgegenstand ‚Politische Kommunikation' fehlt" (Jarren und Sarcinelli 1998, S. 15). Dieser Umstand

---

[1] Da die Politische Kommunikation ein eigenständiges Forschungsfeld ist und von eigenen Forschungseinrichtungen bis hin zu Vollstudiengängen institutionalisiert ist, wird der Begriff im vorliegenden Sammelband in Großschreibung geführt. Dagegen handelt sich bei der kleingeschriebenen Variante um die Bedeutung der politischen Kommunikation im Sinne eines Arbeitsfeldes.

M. Oswald (✉) · M. Johann
Universität Passau, Passau, Deutschland
E-Mail: Michael.Oswald@uni-passau.de

M. Johann
E-Mail: michael.johann@uni-passau.de

© Springer Fachmedien Wiesbaden GmbH, ein Teil von Springer Nature 2018   1
M. Oswald und M. Johann (Hrsg.), *Strategische Politische Kommunikation im digitalen Wandel*, https://doi.org/10.1007/978-3-658-20860-8_1

erschwert gemeinsam mit den fließenden Übergängen zwischen den einzelnen Perspektiven, eine allgemeingültige Definition des Begriffes zu formulieren: „Jeder Versuch, politische Kommunikation zu definieren und damit als wissenschaftlichen Gegenstand zuzurichten, ist also mit deren Grenzenlosigkeit und Hyperkomplexität konfrontiert" (Saxer 1998, S. 22).

Im vorliegenden Sammelband möchten wir die Schnittmengen der Politik-, Publizistik- und Kommunikationswissenschaft für eine interdisziplinäre Bestandsaufnahme abbilden. Die Zusammenführung erschien uns sinnvoll, da weder die Kommunikationswissenschaft ohne politische Inhalte, noch die Politikwissenschaft ohne Ansätze und Methoden der (empirischen) Kommunikationsforschung eine valide Analyse der strategischen Politischen Kommunikation leisten kann. Der Sammelband soll jedoch nicht einem erneuten Aushandeln des Verständnisses der Politischen Kommunikation dienen. Um den hier behandelten Forschungsgegenstand eingrenzen zu können, möchten wir ihn dennoch zumindest rudimentär definieren.

Die Politische Kommunikation umfasst im abstraktesten Sinne die Übertragung von Information zwischen verschiedensten politischen Akteuren[2] wie z. B. Politikern, Institutionen sowie Action Groups und der Öffentlichkeit (Chandler und Munday 2011, S. 325 f.). Der Medienwandel ermöglicht mittlerweile sogar immer individualisiertere und dialogorientierte Kommunikationsformen zwischen den beteiligten Akteuren wie z. B. Echtzeit-Interaktion in den sozialen Medien oder Bürgerdialoge. Dabei kennzeichnen oftmals konkrete politische Ziele das kommunikative Engagement.

Bentele (1998, S. 130) definiert die Politische Kommunikation etwas engmaschiger als den Teil menschlicher Kommunikation,

> der sich entweder thematisch oder aufgrund der Beteiligung von Akteuren des politischen Systems der Politik zurechnen läßt [sic!]. Zur politischen Kommunikation gehören also alle Kommunikationsformen politischer Akteure sowie die (thematisch) auf Politik bezogene Kommunikation von Akteuren, die nicht dem politischen System zugerechnet werden können.

Aus der Definition geht auch hervor, dass die politische Kommunikation unterschiedlich geprägt sein kann. Zum strategischen Repertoire der politischen

---

[2]Im vorliegenden Sammelband werden zur Personenbezeichnung vor allem generische Maskulina (z. B. ,die Nutzer') , Splitting-Syntagmen (z. B. ,Nutzerinnen und Nutzer') und nominalisierte Partizipien (z. B. ,die Nutzenden') verwendet. Im Sinne der Ambiguitätstoleranz sind selbstverständlich immer beide Geschlechter gemeint.

Kommunikation gehören dabei die politische Werbung und die politische Öffentlichkeitsarbeit. Diese Formen obliegen den Akteuren und Institutionen des politischen Systems, beispielsweise Parteien, Jugendorganisationen, Politikern, Regierungen, Verbänden, Interessengruppen oder auch ganzen Staaten. Weitere Formen sind die politische Berichterstattung, die im Wesentlichen durch Journalisten betrieben wird, sowie die direkte, interpersonale politische Kommunikation, die etwa in der Bevölkerung eines Landes vonstatten geht (Bentele 1998, S. 131). Im gesamten System der Politischen Kommunikation wirken folglich zahlreiche verschiedene Kräfte, die keineswegs nur koexistieren, sondern vielmehr jeweils in einem Interdependenzverhältnis zueinander stehen.

Das System *Politik* ist somit auf die (Massen-)Medien in ihrer autonomen Rolle als vermittelnde und interpretierende Instanz kontinuierlich angewiesen – letztendlich auch, um die Wähler von sich zu überzeugen. Durch die Digitalisierung zahlreicher Kommunikationsroutinen setzt jedoch allmählich eine Individualisierung in der Politischen Kommunikation ein, die eine Änderung in ihrem Grundmuster mit sich bringt und alte Regeln und Normen außer Kraft setzt (vgl. Gellner 1995). So keimt auf der einen Seite durch neue Formen der Interaktion im Internet und in den sozialen Medien die Hoffnung auf das demokratische und deliberative Potenzial der politischen Online-Kommunikation auf. Auf der anderen Seite geht damit die Angst vor Anarchie einher, da der direkte und medial vermittelte Informationsaustausch häufig an die Bestrebung von Deutungshoheit gekoppelt ist und daher auch Machtavancen tangiert. Dabei schwingt die Gefahr von Manipulation und Fehlsteuerung aufgrund von persuasiven Absichten mit.

Das wissenschaftliche Feld der strategischen Politischen Kommunikation ist damit essenziell für die Kontrolle der angeschnittenen Prozesse und möglicherweise in Zukunft auch ein notwendiges Korrektiv angesichts der zunehmend undurchsichtigen Kommunikationsprozesse. Für diesen Sammelband steht also die Frage nach den Veränderungen der *strategischen Kommunikation* im politischen System, die der Medienwandel mit sich gebracht hat, auf den Ebenen der individuellen (Mikroebene), der institutionellen (Mesoebene) und der systemischen Anpassungen (Makroebene) im Fokus. Wir möchten dabei gemeinsam mit den einzelnen Autorinnen und Autoren alle Formen der strategischen Kommunikation in das Blickfeld nehmen: angefangen bei der Frage nach der Interaktion zwischen politischen Akteuren und ihren Zielgruppen, über die Veränderung der Kommunikationsstrategien einzelner Institutionen bis hin zur Bedeutung der Politik als gesellschaftliche und soziale Instanz (vgl. Hallahan et al. 2007):

Michael Oswald zeigt in einer Bestandsaufnahme, was unter dem digitalen Wandel zu verstehen ist und was dieser für die Politische Kommunikation bedeutet. Er beleuchtet entscheidende Wegmarken des Prozesses sowie einige seiner wichtigsten Effekte. **Silke Fürst** und **Franziska Oehmer** beschäftigen sich in ihrem Beitrag mit den Kriterien der journalistischen Nachrichtenauswahl und -darstellung. Die Autorinnen sehen den neuen Nachrichtenfaktor *Öffentlichkeitsresonanz* als eine selbstverstärkende Aufmerksamkeitsdynamik, die Donald Trumps Sieg bei der US-Präsidentschaftswahl 2016 Vorschub leistete. **John Robertson** analysiert die Wirkung von Online-Kampagnen auf den US-Wahlkampf 2016 und zeichnet nach, wie diese Donald Trump möglicherweise zu seinem Sieg verhalfen. **Meredith Conroy** und **Justin S. Vaughn** analysieren die ersten Monate von Donald Trumps Amtszeit als US-Präsident und zeigen, wie die unstrategische Verwendung sozialer Medien einen negativen Effekt auf die Regierungstätigkeit haben kann. **Juliana Raupp** und **Jan Niklas Kocks** widmen sich in ihrem Beitrag dem im Wandel befindlichen News Management von politischen Akteuren. Die Autoren sehen hierbei neue Handlungsspielräume sowie eine hilfreiche Ergänzung von neuen und alten Medienformen, was als Chance, aber auch kritisch betrachtet wird. **Michael Johann, Thomas Knieper** und **Moritz Hauck** untersuchen die Social-Media-Strategien von politischen Jugendorganisationen in Deutschland. Dabei stellen die Autoren fest, dass sich die Akteure weitläufig den Funktionsweisen und Kommunikationsregeln der sozialen Medien angepasst haben, auch wenn das Potenzial nicht völlig ausgeschöpft wird. **Lea Raabe** beschäftigt sich mit der strategischen Kommunikation von Online-Teilöffentlichkeiten am Beispiel der *Jungen Alternative für Deutschland.* Die Autorin stellt dabei eine Abgrenzung der Aktivisten vom politischen Mainstream aufgrund einer suggerierten Meinungssteuerung fest. **Natalie Rauscher** untersucht die Kommunikation sozialer Protestbewegungen in den USA und demonstriert an den Beispielen von *Occupy Wall Street* und dem *Women's March,* wie die Bewegungen unter anderem *Hashtags* und *Memes* für ihre Protestform nutzen. **Sandra Eichenberger** nimmt Social-Media-Kampagnen von politischen Interessensverbänden ins Blickfeld. Sie erarbeitet am Beispiel der Volksinitiative *Grüne Wirtschaft* spezifische Erfolgsfaktoren und formuliert Empfehlungen im Sinne eines Best-Practice-Ansatzes für Interessenverbände. **Thomas Eckerl** und **Oliver Hahn** werfen einen Blick auf die Möglichkeiten der App *Instagram* als Instrument für die politische Kommunikation. Sie stellen fest, dass kaum ein politischer Kommunikator wegen der überwiegend positiven Tonalität in der Debattenkultur auf die Plattform verzichten möchte. Dennoch attestieren die Autoren nicht ausgenutztes Potenzial. **Marlen Niederberger** und **Stefanie Dreiack** vergleichen in ihrem Beitrag die Struktur, die Motivation und die Aktivität der Teilnehmer in Online- und Offline-Bürgerbeteiligungsverfahren. Sie zeigen unter anderem, dass die Beteiligung vom jeweiligen Themenfeld abhängig ist. **Simon Kruschinski** und **André Haller** beleuchten die Rolle digitaler Methoden im

Tür-zu-Tür-Wahlkampf. Ihnen zufolge ist es zunehmend möglich, an die Wähler spezifische Wahlbotschaften ohne Streuverluste und mediale Filter zu kommunizieren. Abschließend fokussiert **Martin R. Herbers** in seinem Beitrag strategische Prozesse in der Politisc hen Komik, die vom Zusammenspiel von traditionellen und neuen Medien geprägt ist, insbesondere über den Second Screen.

Literatur- und Quellenverzeichnis

Bentele, G. (1998). Politische Öffentlichkeitsarbeit. In U. Sarcinelli (Hrsg.), *Politikvermittlung und Demokratie in der Mediengesellschaft. Beiträge zur politischen Kommunikationskultur* (S. 124–145). Opladen: Westdeutscher Verlag.

Chandler, D., & Munday, R. (Hrsg.). (2011). *A dictionary of media and communication.* Oxford: Oxford University Press.

Gellner, W. (1995). Medien und Parteien: Grundmuster Politischer Kommunikation. In W. Gellner & J. H. Veen (Hrsg.), *Umbruch und Wandel in westeuropäischen Parteiensystemen* (S. 17–33). Frankfurt a. M.: Lang.

Hallahan, K., Holtzhausen, D., Ruler, B. van, Verčič, D., & Sriramesh, K. (2007). Defining strategic communication. *International Journal of Strategic Communication, 1*(1), 3–35.

Jarren, O., & Donges, P. (2011). *Politische Kommunikation in der Mediengesellschaft. Eine Einführung.* Wiesbaden: Springer VS.

Jarren, O., & Sarcinelli, U. (1998). „Politische Kommunikation" als Forschungs- und als politisches Handlungsfeld: Einleitende Anmerkungen zum Versuch der systematischen Erschließung. In O. Jarren, U. Sarcinelli, & U. Saxer (Hrsg.), *Politische Kommunikation in der demokratischen Gesellschaft. Ein Handbuch mit Lexikonteil* (S. 13–20). Opladen: Westdeutscher Verlag.

Saxer, U. (1998). System, Systemwandel und politische Kommunikation. In O. Jarren, U. Sarcinelli, & U. Saxer (Hrsg.), *Politische Kommunikation in der demokratischen Gesellschaft. Ein Handbuch mit Lexikonteil* (S. 21–64). Opladen: Westdeutscher Verlag.

Strategische Politische Kommunikation im digitalen Wandel – ein disruptives Zeitalter?

Michael Oswald

Zusammenfassung

Das digitale Zeitalter brachte immense Veränderungen in der Politischen Kommunikation mit sich. Letztlich entstand mit ihm sogar ein neues kommunikatives Grundmuster, das wiederum zu neuen Strukturen in Gesellschaften und politischen Systemen führte. Jenes als die einzige Ursache für die derzeit wahrgenommenen Umschwünge in der politischen Landschaft der westlichen Demokratien zu nennen, wäre vermessen. Damit würden auch einige soziokulturelle Veränderungen unbeachtet gelassen. Die neuen Kommunikationsmöglichkeiten, die sich in dieser digitalen Ära entwickelten, bewirkten jedoch einen zumindest spürbaren Einfluss auf politische Prozesse und Strukturen. Im vorliegenden Beitrag sollen die entscheidenden Wegmarken für diese Entwicklung und einige seiner Effekte beleuchtet werden. Diese theoretische Grundlegung soll die Leitfragen im Sammelband perspektivisch unterfüttern.

Schlüsselwörter

Astroturfing · Medien-Slant · Wahlkampf USA · Fake News · Trump-Russland Social Bots

M. Oswald (✉)
Universität Passau, Passau, Deutschland
E-Mail: Michael.Oswald@uni-passau.de

© Springer Fachmedien Wiesbaden GmbH, ein Teil von Springer Nature 2018
M. Oswald und M. Johann (Hrsg.), *Strategische Politische Kommunikation im digitalen Wandel,* https://doi.org/10.1007/978-3-658-20860-8_2

1   Einleitung

Am Anfang war Marshall McLuhan. Er war der erste Wissenschaftler, der sich mit den – damals noch hypothetischen – Effekten des Internets auf die Gesellschaften dieser Welt auseinandergesetzt hat. Bereits im Jahre 1962 prognostizierte er, dass sie zu einem globalen Dorf zusammenwachsen werden: „The new electronic interdependence recreates the world in the image of a global village" (McLuhan 1962, S. 43). Diese These ging einher seiner weiteren wegweisenden Idee, die eine revolutionär neue Betrachtungsweise auf die Auswirkungen neuer Medien auf die Gesellschaft mit sich brachte – das Medium sei Botschaft, so die bekannte These McLuhans. Was er damit ausdrücken wollte, lässt sich heute immer deutlicher erahnen: Während vordergründig über Inhalte von *Tweets* oder *Facebook*-Posts diskutiert wird, tritt weniger beachtet die Konsequenz ein, auf die McLuhan weiland abstellte. Seiner Meinung nach lenkt genau dieser inhaltliche Fokus die Wahrnehmung der Beobachter von großen Veränderungen im Hintergrund ab.[1] Und in dieser Hinsicht wirkt das Digitale disruptiv, da tatsächlich spürbare Rückkopplungseffekte des *Cross-Mediums* Internet auf die Gesellschaft wirken und diese unbestreitbar in Zügen auch neu formiert wird. Tatsächlich lenken die Beobachter die oftmals kleinteiligen Inhalte ab, jedoch scheint es müßig, von großen Veränderungen zu sprechen, wenn nicht auch der Rückbezug zwischen Inhalten und diesen Umstrukturierungen in der Gesellschaft gezogen werden. Dies ist insbesondere relevant, da zunehmend starke inhaltliche Verzerrungen in der Politischen Kommunikation auftreten: Vom *Bias* über Frames bis hin zur postfaktischen Kommunikation nahm das disruptive Potenzial der digitalen Ära in Hinblick auf politische Strukturen zu. Obgleich die Warnung McLuhans vor der Konzentration auf den vermeintlich so wichtigen Inhalt einem stetig bewusst sein sollte, erscheint es damit doch sinnvoll, sich mit der Form des Inhalts auseinander zu setzen. Mit einigen politischen Veränderungen scheinen diese doch in enger Verbindung zu stehen.

Eng mit verzerrten Inhalten verknüpft ist eine neue Form von *Astroturfing* – eine künstliche Form von Online-Graswurzel-Aktivismus. In dieser Hinsicht bergen die neuen Möglichkeiten der politischen Kommunikation eine Gefahr für den

---

[1]Der Inhalt sei in seiner Theorie ähnlich einem Stück Fleisch, mit dem Einbrecher einen Wachhund ablenken, während sie das Haus unbemerkt leerräumen können (McLuhan 1964, S. 18).

demokratischen Prozess. Zumindest sind Tendenzen erkennbar, die das Entstehen alternativer politischer Strukturen begünstigen, die mitunter autoritäre Züge aufweisen. Insbesondere der starke Aufwind populistischer Strömungen scheint hierbei von der digitalen politischen Kommunikation beeinflusst zu sein (Bennett et al. 2017). So tritt allmählich ein McLuhanscher Effekt immer deutlicher auf: Auf der größeren Ebene verändern sich demokratische Strukturen in westlichen Staaten und der neu erstarkte Populismus begünstigt einen Wandel hin zu autokratischeren Strukturen. Dies kann wiederum die Gesellschaftsordnung tangieren. Es ist kaum von der Hand zu weisen, dass die Veränderungen politischer Prozesse, insbesondere bei Wahlen in den letzten Jahren, zumindest anteilig auf das neue Grundmuster der Politischen Kommunikation zurückgehen – und damit auf das ‚neue Medium' Internet.

2   Das anarchisch-individualistische Paradigma Politischer Kommunikation

Die digitale Revolution traf das gesellschaftliche Gefüge wie ein Schlag, unvorbereitet und vor allem mit einer unerwarteten Wucht. Dies ist allerdings nur die halbe Wahrheit, wenn man McLuhans Prognose weiter ausdifferenziert:

> [T]he opening of the electronic age [brings us] to the sealing of the entire human family into a single global tribe. And this electronic revolution is only less confusing for men of the open societies than the revolution of phonetic literacy which stripped and streamlined the old tribal or closed societies (McLuhan 1962, S. 43).

Der Wandel in der Gesellschaft vom Prä-Gutenberg-Zeitalter hin zum literarischen sei also nur ein wenig ‚verwirrender' gewesen als der Übergang in das digitale Post-Gutenberg-Zeitalter. Wenn man bedenkt, welche massiven gesellschaftlichen Umbrüche das Gutenberg-Zeitalter mit sich brachte, ist selbst eine etwas geringere Verwirrung ein gravierender Einschnitt in das Dagewesene, der bis in die kleinsten individuellen Belange hinein vieles umstrukturieren kann. Entsprechend zeigen sich Ansätze von Wirren und die Befindlichkeit des gesellschaftlichen Gefüges ist belastet.

Jay Blumler und Dennis Kavanagh beschreiben in ihrem Aufsatz *The Third Age of Political Communication: Influences and Features* (1999) ein neu angebrochenes Zeitalter der Politischen Kommunikation.[2] Den Autoren zufolge hatte es die Politik mit der Kommunikation im ersten Zeitalter nach dem zweiten Weltkrieg recht

---

[2]Der Fokus lag hierbei auf liberalen Demokratien seit Ende des Zweiten Weltkrieges.

einfach, da sie von den Medien eine relativ ausgeglichene und neutrale Berichterstattung erwarten konnten – diese erfuhren sie zumeist auch. In der zweiten Periode
kam nach Blumler und Kavanagh mit dem Kabelfernsehen ein etwas anderer *Spin*
in die politische Kommunikation. Jenes ‚zweite Zeitalter' erwies sich aufgrund
starker Institutionen und eher rigiden *Belief-Systemen* zwar als relativ stabil, aber
auch dieses war bereits von einer Professionalisierung der Kommunikationsstrukturen geprägt. Die neuen Einflüsse im zweiten Zeitalter können jedoch als dem
politischen Ideenwettbewerb zuträglich betrachtet werden, schließlich erhöhte sich
die Vielfalt an Meinungen und Vorstellungen, die präsentiert wurden. Erst mit der
‚dritten Ära' löste sich nach Blumler und Kavanagh (1999) das zuvor bestehende
hierarchische System auf. Die politische Kommunikation wandelte sich in dieser
über fünf Haupttrends: 1) ein verstärkter Professionalisierungsdruck, 2) ein erhöh-
ter Wettbewerbsdruck, 3) ein anti-elitistischer Populismus, 4) eine zentrifugale
Diversifizierung und 5) Veränderungen in der Art und Weise, wie Menschen Politik
wahrnehmen (Blumler 2013).[3] Die neuen Tendenzen sind im Politischen mittlerweile Bestandteil des Alltags, jedoch erreichten ein paar dieser ‚Trends' ungeahnte
Dimensionen.

Mit der neuen Konstellation wurde selbst die dritte Epoche abgelöst: Sie wich
einem Informationszeitalter, das über die genannten Punkte hinaus eine nahezu
unkontrollierbare Struktur aufweist. Regeln, Kontrolle und selbst die Frage nach der
Wahrheit wurden zumindest in manchen Sphären relativ – und auch jene der menschlichen Steuerung. Insbesondere soziale Netzwerke und der Aufschwung alternativer elektronischer Medien zeichnen sich hierfür verantwortlich. Blumer bezeichnet
diese neue Situation als „viertes Zeitalter der politischen Kommunikation" (2013),
das strukturell als ein anarchisch-individualistisches Grundmuster rubriziert werden
kann. Diese Einteilung der Arten an Politischer Kommunikation stammt von Winand
Gellner (1995). Er identifiziert vier grundlegende Strukturen, die er auf Basis ihrer
realpolitischen Beschaffenheit in einem Schema strukturell verortet. Dabei kategori-
siert er das Verhältnis von Medien und Parteien in einem politischen System doppelt
binär. Die Variablen sind einerseits starke, respektive, schwache Parteien und andererseits ein entweder ohnmächtiges oder mächtiges Mediensystem. Gellner (1995) klassifiziert dies in Abhängigkeit ihres Machtverhältnisses zum Staat (Abb. 1).

---

[3]Blumler und Kavanagh (1999) lassen allerdings unbeachtet, dass bereits mit dem Kabelfernsehen, insbesondere mit der Abschaffung der Fairness-Doktrin in den USA 1987,
ein Zustand der Politischen Kommunikation aufkam, der von deutlich anderer Dynamik
geprägt wurde. Seither begann eine Polarisierung im politischen Wettbewerb, die von der
Regulation im politischen Betrieb selbst eingeleitet wurde.

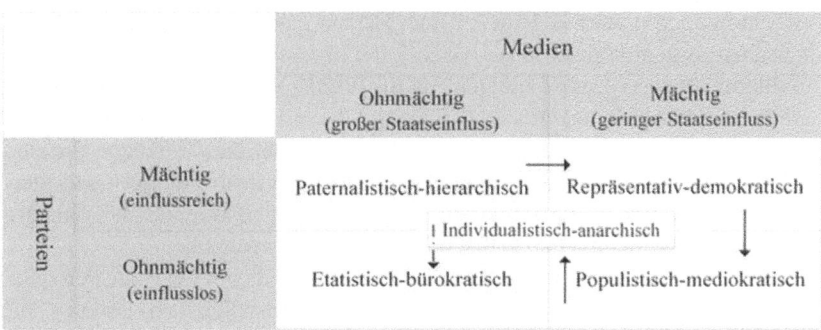

Abb. 1 Grundmuster Politischer Kommunikation in demokratischen Staaten. (Quelle: eigene Darstellung basierend auf Gellner 1995, S. 19)

1. In einem etatistisch-bürokratischen Mediensystem verfügen sowohl Medien als auch Parteien über wenig Macht in der Politischen Kommunikation. In Systemen nach jenem archetypischen Muster können beide Akteure nur begrenzt eigenständig agieren. Sie besitzen daher auch nur geringe Einflussmöglichkeiten auf die politische Willens- und Meinungsbildung. Parteien finden lediglich sporadisch und graduell Einfluss, insbesondere wenn sie einen Schulterschluss mit einflussreichen Persönlichkeiten eingehen. Die Medien hingegen fungieren als bloße Kommunikationskanäle staatlicher Einrichtungen (Gellner 1995, S. 20 f.).
2. Die Bezeichnung paternalistisch-hierarchisches Grundmuster lässt bereits auf eine starke Dominanz von Staat und Parteien in jenem System schließen: Die Politik oktroyiert den Massenmedien die Art der Berichterstattung, wodurch diese wiederum einer Ohnmacht ausgesetzt sind. Medienvertreter[4] können sich kaum kritisch äußern und dienen hauptsächlich der parteilichen Interessendurchsetzung (Gellner 1995, S. 21).
3. Das repräsentativ-demokratische Grundmuster steht für ein starkes, ausgeglichenes Machtverhältnis: Die Medien haben einen großen Einfluss auf die politische Kommunikation, sie balancieren sich gegenseitig und agieren als eine Art vierte Gewalt. Die westlichen Demokratien konnten zumeist eine solche

---

[4]In diesem Kapitel werden zur Personenbezeichnung vor allem generische Maskulina (z. B. ‚die Nutzer') verwendet. Im Sinne der Ambiguitätstoleranz sind selbstverständlich immer beide Geschlechter gemeint.

Konkurrenz von starken Parteien und Medien etablieren. In einem entsprechenden System können beide Akteure frei und ohne politischen Druck zum
Willensbildungsprozess beitragen, da sie weitläufig vom Staat emanzipiert
sind. Die Unabhängigkeit der Medien ist dabei häufig rechtlich garantiert.
Das repräsentativ-demokratische Grundmuster bildet die Grundlage für eine
pluralistische Demokratie (Gellner 1995, S. 22 f.).[5] Unabhängigkeit soll hierbei keine Anarchie suggerieren. Im Gegenteil, Medien akzeptieren weitläufig
demokratische Spielregeln, gleich ob informelle oder formelle.

4. In populistisch-mediokratisch organisierten Staaten sind die Medien eine
eigenständige Macht, d. h. sie bestimmen hauptsächlich den Diskurs. Ihr
Agenda-Setting-Monopol ist nahezu umfassend. Die Konsequenz jener Struktur ist, dass sie vor allem negative Schlagzeilen formulieren, die eine entsprechende Perzeption der politischen Realität hervorrufen. Sie tangieren den
politischen Prozess damit immens, da Akteure vermehrt der medialen Systemlogik folgen müssen, um den Aspekten der Nachrichtenfaktoren und Medienwirksamkeit gerecht zu werden. Die Parteien sind dementsprechend relativ
machtlos und werden von den Medien getrieben (Gellner 1995, S. 26 f.).

5. Obwohl das Internet zum Zeitpunkt als Gellner dieses Modell ausarbeitete
noch keinerlei politische Relevanz hatte, prognostizierte er 1995 einen Effekt,
welchen das *Cross-Medium* später entfalten würde. Er formulierte das damals
noch hypothetische fünfte Muster, das individualistisch-anarchische. Jenes löst
sich nunmehr von den Abhängigkeiten der Vierfeldertafel: Sowohl die Parteien
als auch die Medien sind in diesem Stadium mit einer individualisierten politischen Kommunikation konfrontiert, die eine eigene, diffuse Macht bildet.
Beide Akteure verkommen hierbei zu einem Randphänomen, verdrängt durch
die „elektronischen Datenautobahnen" (Gellner 1995, S. 31). Dabei fungiert
jenes Grundmuster als Widerpart der traditionellen Strukturen, da es durch die
Abwesenheit oder Machtlosigkeit von Kontrollinstitutionen der Politischen
Kommunikation charakterisiert ist. In dieser Konstellation schwindet der Einfluss der Medien, der Parteien sowie anderer gesellschaftlicher Institutionen,
die im dritten Zeitalter einen produktiven Beitrag zur politischen Willensbildung leisten konnten. Das Kommunikationsmonopol dissoziiert sich dabei auf
Individuen und kleinere Gruppen, die eine zunehmend ‚anarchische' oder ‚radikal-pluralistische' Informationsstruktur etablieren. Die ‚alten' Medien büßen
gleichzeitig an Macht ein, da ihre Glaubwürdigkeit von jenen populistischen

---

[5]Gellner kritisiert dabei eine vermeintliche Transparenz des politischen Prozesses über die
unabhängigen Medien, die in diesem System suggeriert wird (vgl. Gellner 1995, S. 22 f.).

‚Medienakrobaten' unterminiert wird. Ihre Klientel wendet sich deshalb zunehmend von ihnen ab oder misstraut der Berichterstattung. Gleichzeitig verstärkt sich die individuelle Kommunikation über elektronische Medien, die in sektiererischer Art politische und gesellschaftliche Akteure attackieren und traditionelle Vermittlungsmechanismen zu unterlaufen suchen (Gellner 1995, S. 31 f.; Gellner und Dölle 2011, S. 193).

Wie bereits von Gellner (1995) dargelegt, trägt vor allem das Internet zur Diffusion in der etablierten Medienstruktur bei. Es wurde zu einer bedeutenden Plattform für jedwede politische Kommunikation und Mobilisierung.

3   Politische Kommunikation und das Internet

Lange Zeit war die Einflussnahme von Bürgern sowie Protest- oder Sonderinteressengruppen in modernen Informationsgesellschaften in erster Linie über indirekte Kanäle wie Massenmedien möglich (Taylor und Van Dyke 2004, S. 281). Doch selbst den Massenmedien waren in der analogen Welt viele Formen der heutigen Kommunikation, wie den Interaktionsmechanismen, vorbehalten. Vor allem waren jedoch die Stimmen von Einzelpersonen oder auch randständigen Institutionen auf ein spezifisches, geringes Einflussfeld beschnitten.

Die politische Nutzung des Internets begann in den USA. Bereits in den frühen 90er Jahren schalteten politische Kandidaten Einträge im Internet, insbesondere im Vorfeld von Wahlen. Als einer der ersten disruptiven Gruppen waren es vor allem die Rechtsextremen, die das Internet im selben Zeitraum für politische Propagandazwecke zu nutzen begannen und sich entsprechend vernetzten.[6] Aber auch die Strategen politischer Institutionen erkannten schnell das Potenzial des Digitalen, insbesondere waren es die Konservativen in den USA, welche die Möglichkeiten des neuen Mediums strategisch zu nutzen wussten. Im *American Enterprise Institute,* dem *CATO Institute* und insbesondere der *Heritage Foundation* antizipierten sie bald die Möglichkeiten, welche das Internet offerierte, um

---

[6]Dies waren nicht nur amerikanische Rechtsextreme, sondern auch Neonazis aus Europa, insbesondere aus Deutschland, die amerikanische Server nutzten, da zu dieser Zeit noch eine Art rechtsfreier Raum diesbezüglich herrschte. Zumindest fielen die Inhalte der Server unter das amerikanische Recht und waren daher von der Auffassung von Meinungsfreiheit gedeckt. Website der ersten Stunde war die heute noch aktive Stormfront.org, die in den frühen 1990er Jahren als *Bulletin Board System* lanciert und später als Website in eine Art Netzwerkfunktion weiterentwickelt wurde.

politische Überzeugungen zu verbreiten. Bereits im Jahre 1995 lancierten Angestellte von *Heritage* das Computernetzwerk Townhall.com, mittels welchem eine
ideelle Allianz von Think Tanks, Graswurzel-Organisationen und konservativen
Medien geschmiedet werden sollte (Gellner und Oswald 2015, S. 195; Meagher
2012, S. 472). Derlei Strategien adaptieren auch kleinere Organisationen. Somit
nahm die Bedeutung der individualisierten Formen von politischer Kommunikation und Partizipation zu (Bennett 2012, S. 37). In den USA war spätestens mit
dem Wahlkampf von Barack Obama ein neuer Horizont dieser elektronischen
Kampagnen-Form eröffnet. Neben E-Mail-Kampagnen, Werbung für die Beteiligung an Protestmärschen und Social-Media-Fundraising etablierten sich zunehmend private Meinungsäußerungen über Blogs, *YouTube* und interaktive Websites
zu einer festen Variable im politischen Prozess (Burack und Snyder-Hall 2012,
S. 450). So kamen vielfältige Möglichkeiten für die politische Nutzung der
‚Datenautobahnen' auf. Dies eröffnete eine neue Form von Aktivismus, welche
im früheren Zeitalter und der Ära der traditionellen Massenmedien noch nicht
möglich war (DeLuca et al. 2012, S. 500).

Für Interessengruppen und politische Aktivisten ist der Versuch, über die Massenmedien einen Einfluss zu generieren nach wie vor vorteilhaft, da nur wenige
finanzielle Ressourcen erforderlich sind und daher auch weiterhin bedeutend
(Gamson 2004, S. 254). Allerdings wurde im letzten Jahrzehnt die Mobilisierung auf der Mikroebene stetig wichtiger; insbesondere ließen die neuen Medienformen einen höheren entsprechenden Output zu (Taylor und Van Dyke 2004,
S. 273; Snow et al. 1986, S. 467). Seither können Strategen über das Internet das
lange bestehende Problem der Unidirektionalität umgehen. Da sie nun auch mit
ihren Zielgruppen interagieren können, wurde in der Theorie das einseitige, asymmetrische Kommunikations-Modell von der *Two-Way-Asymmetric-Übertragung*
abgelöst. Jene trägt dem Rechnung, dass Online-Kampagnen interaktiv verlaufen
und die Akteure sozialer, politischer und medialer Institutionen versuchen, über
die Wechselbeziehungen Interpretationen über gewisse Themen zu leiten und die
öffentliche Meinung zu beeinflussen. Seither werden sowohl in der Forschung,
aber auch von Aktivisten, die Effekte als auch das Feedback der Rezipienten in
neuen Mobilisationsstrategien beachtet (Hatfield-Edwards und Shen 2005, S. 795;
Gillan 2008, S. 247 f.). Vor allem diente diese Entwicklung eben jenen Einzelpersonen und Sonderinteressengruppen, die von da an einen wesentlich höheren
Wirkungsgrad erreichen konnten als dies bisher der Fall war.

In Bezug auf den *User* veränderte sich das Internet von einem Medium, in
welchem User lediglich konsumierten (Web 1.0) hin zu einem interaktiven
Cross-Medium (Web 2.0). So entstand der von Toffler antizipierte *Prosumer*
und damit sein entsprechendes Rollenhandeln, mit welchem er eigenständig und

ohne redaktionelle Kontrolle Inhalte produzieren und verbreiten kann (1980). Das Internet entwickelte sich schließlich zu einem vermehrt autonomen Interaktionsfeld, das über automatische Steuerung verschiedene Bezüge herstellt sowie Inhalte bewertet und sie miteinander in Relation setzt (Web 3.0). Mit dem Schritt zum ‚Internet der Dinge' wird das Web 4.0 zunehmend zu einem *Outerweb* und seine Funktionen schwappen manifest in die Welt über. Mit den heute schon verfügbaren Möglichkeiten des *Bloggings,* des Austauschs in sozialen Netzwerken und ähnlichen Angeboten vollzog sich eine zunehmende mediale Individualisierung, die in einer „konzeptionelle[n] Verhältnisbestimmung zwischen öffentlicher Kommunikation einerseits und institutionell nicht verankerten, individuellen Medienproduktionen andererseits" (Heesen 2008, S. 13) aufging. Durch die individuelle Struktur entstand somit jenes Kommunikationsfeld für Individuen, denen bislang ein politischer Einfluss nur marginal möglich war – ein hoher Wirkungsgrad war den Massenmedien und andere professionellen Organisationen vorbehalten.

Über den Online-Aktivismus hat sich ein Teil der politischen Partizipation verlagert. Zunächst nutzten Aktivisten der ersten Stunde neben Online-Petitionen E-Mail-Verteiler, um auf ihre Belange aufmerksam zu machen. Hauptwirkungsfaktoren eines solchen *Grassroots*-Aktivismus basieren vor allem auf Glaubwürdigkeit und Legitimität. Aus diesem Grund ist eine Kommunikation mit persönlichen E-Mails zuträglich, da sie neben jenen beiden Faktoren Nähe suggerieren. Allerdings ist deren Reichweite begrenzt, da der Aufbau und die Pflege solcher Datenbanken nicht nur aufwendig sind, sondern bereits die Erfassung ein schwieriges Unterfangen ist. Mit einer größeren Masse lässt sich auch der persönliche Faktor schwieriger erfüllen. Zwar können Verteiler spezifische Empfänger adressieren, allerdings empfinden Empfänger von Sammelnachrichten unbekannter Absender dies häufig nicht als großes Engagement und sie werden zuweilen gar als befremdlich wahrgenommen. Individuelle Kampagnenformen sind daher weitaus wirksamer (Speth 2013, S. 10; Voss 2013, S. 193).

Aufgrund der neuen Möglichkeiten und ihrer zuträglichen Wirkung für Kampagnen ist es wenig verwunderlich, dass diese strategische Kommunikation nunmehr hauptsächlich auf Social-Media-Plattformen wie *YouTube, Facebook, Reddit* und anderen Plattformen für politische Meinungskundgabe vollzogen wird. Nun können einzelne Personen eine höhere Reichweite erzielen, als dies konventionelle Kommunikationsformen je erlaubten: Etwa 62 % aller Amerikaner beziehen mittlerweile ihre Nachrichten von einer sozialen Netzwerkseite (Shearer und Gottfried 2017). Bei den Deutschen nutzen 31 % soziale Netzwerke, um Nachrichten zu beziehen – jedoch nur 6 % nutzen diese als Hauptquelle (Hölig und Hasebrink 2016, S. 535 f.) Spätestens seit der Einführung des *Newsfeeds* bei

Facebook und seitdem bei *Twitter* die Follower-Zahlen in die Höhe schnellten, wiegt deren Stimmgewicht mannigfach, da scheinbar die Kommunikatoren mit ihrer Reichweite auch Wirkung entfalten können.

Diese Entwicklung überrascht nicht, schließlich nahm die öffentliche Akzeptanz sozialer Medien und ihre Nutzung bis zum Jahr 2017 stark zu: In diesem Jahr ist die Zahl im amerikanischen Markt auf 69 % angestiegen (Pew Research Center 2017). Seither werden auch Veränderungsdynamiken, Protest und *Voice* zunehmend online kreiert. Insbesondere verkleinerte sich mit dieser Online-Revolution die Schwelle für die politische Partizipation, da mit dem *Prosumer* die Barriere zur selektiven politischen Teilhabe verringert wurde (Iyengar und Hahn 2009, S. 34; Speth 2013, S. 10 f.). Dies hat zur Folge, dass viele politische Fragen heute oftmals ausschließlich online diskutiert werden (Hatfield-Edwards und Shen 2005, S. 795).

Wie bereits angeschnitten, eröffnete bereits das Web 2.0 neue Formen des *Campaignings,* insbesondere für die Verbreitung von Zielen sowie für Ansätze zur Mobilisierung. Damit erweiterte sein Aufkommen auch die makrohistorischen Faktoren des Protests (Taylor und Van Dyke 2004, S. 273). So wurde eine schnellere, effizientere und einfachere Streuung von Kampagnen-Inhalten möglich, als dies jemals zuvor der Fall war. Insbesondere *Grassroots*-Initiativen konnten auf diese Weise eine neue und starke Dynamik entfalten (Voss 2013, S. 188; Speth 2013, S. 9). Nicht zuletzt der Wahlkampf Obamas war es, durch den sich die faktischen Mobilisierungsmöglichkeiten des Internets offenbarten: Graswurzel-Aktivisten konnten erfolgreicher arbeiten denn je. Insbesondere ihre Informationskanäle wurden zu einem wichtigen Mobilisierungsfaktor. Die gesamte Infrastruktur einer Bewegung speist sich heute bisweilen aus dem Erfolg dieses Vorgehens (Voss 2013, S. 183 f., 191; Snow et al. 1986, S. 467). Allerdings ist das Internet nicht auf Online-Partizipation beschränkt. Strategen zielen vielmehr darauf ab, für Offline-Aktivitäten zu mobilisieren, insbesondere für Demonstrationen. Daneben wird aber auch im Internet für weitere effektive Kampagnenformen geworben, wie Protestbriefe, Telefonanrufe oder persönliche Besuche (Voss 2013, S. 186). Damit war es nur eine Frage der Zeit, bis sich sich der Prozess der Wahlkämpfe weiter in das Netz verlagerte. Die Wahlen selbst sind bislang zwar noch eine analoge Form der *Politics,* der Aktivismus im Digitalen ist nunmehr jedoch (mit)bestimmend für deren Ausgang.

Die Rolle des Internets für die Demokratie wirkt aufgrund der vielfältigen Partizipationsmöglichkeiten in der Theorie sehr gut und zuträglich. Allerdings kamen mit dem Online-Engagement auch schnell hämische Bezeichnungen wie Lehnstuhl-Aktivismus *(Armchair Activism), Slacktivism* und *Clicktivism* auf. Dies soll ausdrücken, dass jene Art von Engagement geheuchelt ist bzw. keine Wirkung erzielt. Auch idealistisch ist das Internet in diesem Bezug kritisch zu betrachten. Einerseits entgrenzt es die politische Kommunikation und eröffnet mannigfaltige Chancen für eine demokratische Teilhabe; andererseits zementiert es ideologische Mauern, die zu verengerten, ideologisierten Sichtweisen führen und diese begünstigen Formen von Manipulation und einem neuen Populismus.

4 Politische Kommunikation im Internet und zunehmender *Slant*

Nach dem Aufkommen jener ‚neuen‘ Medien, den Social-Media-Kanälen und spätestens mit dem *Prosumer* wurde schnell eine elektronische Renaissance der Agora gemutmaßt – und damit eine große, positive Errungenschaft für die Demokratie. Ihnen wurde sogar die Bezeichnung ‚E-gora‘ zuteil, da sie aufgrund ihres freien, individuellen Meinungs- und Ideenaustauschs sinnbildlich als ‚Marktplatz der Ideen‘ galten. Auch Paul Levinson bezieht sich in der Schrift *Digital McLuhan* (1999) auf die Agora als er schreibt:

> the history of democracy speaks for the legitimacy of direct voting via computers. The ideal size of the Athenian democratic state – whose legislators were not elected representatives but every citizen – was defined as the number of people who could gather to hear a speaker. In such circumstances, citizens could both ask the speaker questions and confer among themselves (Levinson 1999, S. 70).

Benjamin Barbers Idee einer starken Demokratie wäre hier durch die Möglichkeit der Partizipation zumindest theoretisch umsetzbar und die Inputorientierung für nahezu alle möglich (Barber 1984). Die Effekte des Internets auf die Politik und die gesellschaftlichen Strukturen schienen positiv zu sein.[7]

Diese Vision einer ‚E-gora‘ im Erbe der antiken Agora – also dem Herzen der demokratischen Willensbildung im alten Athen – betrachtete Gellner seit längerem mit Skepsis (Gellner 2001). Nunmehr zeigt sich, dass diese Prognose zu einer

---

[7]Dass neue Medien sowohl positive als auch negative Auswirkungen auf die Gesellschaft mit sich bringen können, war auch damals bekannt: Marshall McLuhan zeigt sich davon überzeugt, dass das neue Medium Radio sowohl für Franklin D. Roosevelt als auch für Hitler essenziell für ihre Machtsicherung war. McLuhan kritisiert deshalb auch Paul Lazarsfeld, der die zentrale Rolle des Radios für Hitler missverstanden hätte. Allerdings war es McLuhan zufolge nicht der vermittelte Inhalt, sondern das Medium selbst, das Hitler seine Wirkung entfalten ließ (McLuhan 1964, S. 298).

ernüchternden Realität wurde: Schon im Hinblick auf die klassischen Funktionen von Medien repräsentieren anarchisch-individualistisch organisierte Plattformen und Foren die demokratische Willensbildung unzureichend. Zumeist agieren sie aus eigenen Beweggründen und übertragen häufig eine überlagernde Ideologie (Gellner und Dölle 2011, S. 194). Der Rolle der öffentlichen Kommunikation im Netz nahmen sich zwar auch Institutionen wie Ministerien, Interessenverbände usw. an und es erschlossen sich auch schnell Erweiterungsfelder der klassischen Medien. Doch gleichzeitig begannen Menschen mit dem Aufkommen der individuellen Kommunikationsformen zunehmend nach Informationen zu suchen, die mit ihren politischen Präferenzen korrespondieren. Dies ermöglichte auch den Aufstieg einer neuen Form von Nachrichtenportalen (Iyengar und Hahn 2009, S. 20). Bisweilen sind diese mit persönlicher ideologischer Färbung behaftet. Jene neue Ausrichtung ist insbesondere der anarchischen Struktur jener Medienlandschaft geschuldet – bis dahin war eine ausgewogene Berichterstattung noch ein Teil eines selbst auferlegten Kodex der klassischen (Massen-)Medien. In ihrer Rolle als Gewalt haben sie sich jenes Regelwerk zur Selbstverpflichtung gegeben, das zumeist eingehalten wird. Demgegenüber divergieren die Angebote im Internet mitunter stark von diesem Neutralitätsgebot. In Bezug auf das vorherrschende Grundmuster schwand entsprechend der Einfluss der klassischen Medien, der Parteien als auch weiterer gesellschaftlicher Institutionen. Deren Integrität wurde sogar zunehmend untergraben.

Stark verzerrte Darstellungen treten zwar zuvörderst in der individuellen und spezifischen strategischen Kommunikation auf, doch auch zahlreiche Medienportale nehmen die Erfüllung ihres Auftrags nicht wahr und die eigentlich erforderliche neutrale Berichterstattung ist von einer Voreingenommenheit geprägt. Dies rührt vor allem von der nahezu kontroll- und herrschaftsfreien Struktur (Gellner und Dölle 2011, S. 194; Iyengar und Hahn 2009, S. 34). Ein anarchisches Mediensystem entbehrt daher nicht nur institutionalisierter Kontrolle, sondern zunehmend auch jedweder Form von Selbstkontrolle. Nun ist es verwegen, mit McLuhan zu beginnen und dann über Inhalte zu diskutieren. Allerdings verstärken sich diese selbst, was im besten Falle noch werte- und ideologiebehaftete Darstellungen von Sachverhalten zur Folge hat, im schlechtesten jedoch gar verfälschte Berichte. Nun sind es tatsächlich die Inhalte, welche einen negativen Effekt auf das Politische haben. Diese sind mit einem Medien-*Bias* nur noch unzutreffend beschrieben.

Nach Robert Entman (2007) teilt sich der Medien-*Bias* in drei Formen: *Distortion Bias, Content Bias* und der *Decision-Making Bias*. Eine vorsätzlich verzerrte Berichterstattung bezeichnet er als *Distortion Bias*. Eine ‚lediglich' aktive Einnahme einer spezifischen Seite in einem politischen Konflikt, die eine Gleichbehandlung beteiligter Parteien verhindert, gilt als *Content Bias*. Die explizite

Beifügung von Motivationen und Denkweisen des Journalisten hingegen entspricht dem *Decision-Making Bias* (Entman 2007, S. 163). Jene *Bias* korrespondieren bei einer ideologischen Parität mit der politischen Vorprägung von Individuen oder den soziokulturellen *Beliefs,* durch die sie politische Forderungen filtern. Diese kognitive Dissonanz hat zur Folge, dass sich Menschen ideologisch korrespondierenden Berichten zuwenden, während sie gegenteilig gefärbte oder auch neutrale Aussagen vermehrt ablehnen (vgl. Landau et al. 2014, S. 131; Lakoff und Wehling 2009, S. 2; Entman 1993, S. 52 f.; Hatfield-Edwards und Shen 2005, S. 796).

Die Zuwendung zu ideologisch konstanten Nachrichten hat einen einfachen Grund: Menschen entscheiden entlang ihrer wichtigsten Werteausrichtungen stetig, ob sie einer Meinung oder Aussage zustimmen oder eine solche zurückweisen (Wildavsky 1987, S. 8). Korrelieren *Beliefs* mit der inhaltlichen Ausrichtung empfangener Botschaften, werden diese in der Regel positiv aufgenommen. In der Psychologie wird die als Urteilsheuristik oder *Confirmation Bias* bezeichnet. Entsprechend lehnen Menschen Information und Einstellungen eher ab, wenn sie mit ihrer Weltanschauung kollidieren (Landau et al. 2014, S. 131). Besonders stark treten derlei Effekte zumeist auf, wenn spezifische Einstellungen oder Werte durchkreuzt werden: „Perhaps the most crucial determinant of perceived news bias [...] is the extent to which coverage is seen as being disagreeable to one's own views" (Feldman 2011, S. 410). Damit ist die wichtigste Determinante für eine Nachrichten-Rezeption, in welchem Ausmaß die ideologische Färbung einer Berichterstattung mit der eigenen Weltanschauung harmoniert. Der *Naive Realismus*[8], unter dem die meisten Menschen ihre eigenen Ansichten als korrekt beurteilen und andere Meinungen gleichzeitig pauschal diskreditieren, ist hierbei auch ein Wirkungsfaktor. Zudem lässt eine (ideologisch) gefilterte Wahrnehmung der Welt die Rezipienten eine Nachricht leichter aufnehmen – sie passieren den Filter ohne Reibungspunkte (Feldman 2011, S. 410). In Folge sind wertende Medienbotschaften einer recht einseitigen Handhabe ausgesetzt. Dies führte zu den *Filter Bubbles* oder ‚Echo-Kammern', denen eine entsprechend verengende Wirkung in Bezug auf die politische Einstellung zugeschrieben wird.

Kathleen Hall Jamieson und Joseph N. Cappella bezeichnen als Echo-Kammern konstante Darstellungen in einem ideologischen Spektrum, in welchem spezifische Werte und Meinungen lediglich affirmiert werden (Hall Jamieson und Cappella 2010). Konsumenten dieser Form von Berichterstattung setzen sich im Gegensatz zu Lesern der Kommentarspalte einer Tageszeitung nicht mit

---

[8]Der Naive Realismus ist der Glaube, dass die eigene Wahrnehmung ein Abbild der objektiven Wirklichkeit und damit wahr sei.

verschiedenen und teils abweichenden Meinungen auseinander, sondern lassen sich lediglich ihre Meinung bestätigen. Diese ideologisierte, einseitige Medien-Matrix begünstigt mittlerweile nicht nur *Fake News*, sondern auch abstruse Theorien, welche sogar akzeptiert und weiterverbreitet werden. Eine Form von Echokammern wurden im Zusammenhang mit Sozialen Medien als *Filter Bubbles* (Filterblasen) bekannt. In derlei Plattformen fungieren Algorithmen, nach denen Nutzern jene Inhalte präsentiert werden, welche die eigene, vom Algorithmus errechnete, persönliche Weltanschauung widerspiegelt. Dies hat den Effekt, dass den Rezipienten vermehrt Nachrichten und Beiträge angeboten werden, welche die eigene Ideologie bestätigen – kontrastierende Meinungen werden hingegen unterdrückt. Sowohl die Echo-Kammern als auch die *Filter Bubbles* können Verhärtungen der eigenen ideologischen Positionen zur Folge haben (vgl. Gellner und Oswald 2015). In diesem Spektrum der Politischen Kommunikation haben auch die *Fake News* Konjunktur.

Der Begriff *Fake News* ist eigentlich problematisch, suggeriert er doch einen ‚Nachrichtenwert'. Da, wie der Begriff auch richtig impliziert, jedoch keine Wahrheit hinter der ‚Nachricht' steht, ist es in diesem Sinne auch keine. Allgemein ist es auf einer wissenschaftlichen Ebene sinnvoll, hierbei zwischen zwei Formen von *Fake News* zu unterscheiden. Die ungewollte und die absichtliche Verbreitung von Falschinformation. 1) Ungewollte Verbreitung von Falschinformation: *Fake News* werden mitunter in redlicher Absicht erzeugt oder weitergeleitet. Diese können auf Missverständnissen oder Fehlern beruhen. Zudem teilen Menschen oft unbedacht Beiträge, da sie ihren Freunden und Kontakten in einem sozialen Netzwerk vertrauen. Sie handeln, um ihre Freunde über das zugrunde liegende Problem informieren. 2) Absichtliche Verbreitung von Falschinformation: Einige Gerüchte und *Fake News* werden in manipulativer Absicht erzeugt und verbreitet, insbesondere um Ängste auszulösen, Menschen irrezuführen und Nutzer von sozialen Netzwerken zu täuschen. Diese Art der Fehlinformation wird auch als Desinformation bezeichnet und ist eine verwerfliche Form von politischer Beeinflussung. Diese Falschnachrichten werden zwar mitunter von Betreibern einer Plattform gelöscht, jedoch bestehen sie meist lange genug, um einen Einfluss auf Individuen zu haben. Bisweilen vermischen sich beide Formen der *Fake News*, wenn beispielsweise absichtlich ein falscher Inhalt kreiert wird und dieser dann von einer unwissenden dritten Person geteilt wird, die seine Wirkung somit verstärkt (Wu et al. 2015, S. 126 f.). Weiterhin ist die Verwendung des Begriffs *Fake News* oftmals problematisch, da manipulative Akteure ihn häufig nutzen, um legitime Berichterstattung oder gar die gesamte *Mainstream*-Presse zu schmähen.

Hinter den *Fake News* steht jedoch ein größeres, strukturelles Problem:

> [F]rom an audience perspective, fake news is only in part about fabricated news reports narrowly defined, and much more about a wider discontent with the information landscape – including news media and politicians as well as platform companies. Tackling false news narrowly speaking is important, but it will not address the broader issue that people feel much of the information they come across, especially online, consists of poor journalism, political propaganda, and misleading forms of advertising and sponsored content (Nielsen und Graves 2017, S. 1).

Diese Aussage weist bereits darauf hin, dass die Entwicklung hin zu Polarisierung und der Verbreitung von *Fake News* eine Folge der technologischen Diffusion ist: Die Nutzung von Online-Medien scheint für die Desinformation hauptverantwortlich zu sein. Hier können sich Verbraucher zudem der individualistischen Struktur anpassen und sich in einem homogenen Ideologie-Feld bewegen – sowohl in Bezug auf ihre Diskussionspartner als auch ihrer Nachrichten-Präferenz. Durch diesen selektiven Konsum verschärft sich die Situation auch selbst, da sie die Ausbreitung jener neuen Medienlandschaft fördert. Der Entwicklung im individualistisch-anarchischen Kommunikationsraum folgt damit eine weitere Spiralwirkung: Der Anteil der dogmenbehafteten Politischen Kommunikation nimmt zu, je mehr Menschen sich den ideologisierten Angeboten zuwenden. Entman (2009) verortet diese Berichterstattung zwischen einer Form von Interessensvertretungsnachrichten und Boulevardjournalismus. Als Beweggründe nennt er hierfür politische Agenden sowie ökonomische Vorteile. Für diese ideologische Färbung in Medienberichterstattungen schlägt er den Begriff *News-Slant* vor, da er eine Begriffsverwirrung mit anderen Formen von *Bias* vermeiden möchte. Spezifisch zielt jene Bezeichnung auf die Charakterisierung individueller Nachrichten und Leitartikel ab, bei denen eine ideologische Interpretation einer Sachlage der neutralen Version übergeordnet wird (Entman 2009, S. 14, 2007, S. 165 f.). Da die Klientel jener Plattformen in der Regel eine spezifische ist, haben diese Medienorganisationen im Laufe der Zeit immer weniger Rechenschaft ihnen gegenüber abzuliefern (Gamson 2004, S. 256). So kam es, dass *Fake News* und eine steigende Ideologisierung in gewissen Sphären zu einem Bollwerk gegen Tatsachen und logisch-stringenten Argumentationen geworden sind.

Mittlerweile wurde durch entsprechende Erkenntnis über die Mediennutzung die *Common-Sense*-Vermutung verworfen, dass sich frei verfügbare Information positiv auf Wissensstände auswirkt. Shanto Iyengar und Kyu S. Hahn fanden sogar Hinweise darauf, dass der intensive Nachrichten-Konsum über internetbasierte Medien politische Horizonte eher verengt als erweitert. Dies überrascht, da hier eigentlich eine hohe Anzahl an verschiedenen Quellen zur Verfügung stehen – man kann gar von einer Informationsüberflutung sprechen. Allerdings nutzen viele *User* eben zunehmend jene Portale, die den eigenen Weltanschauungen entsprechen (Iyengar und Hahn 2009, S. 34). Sie begeben sich damit in eine affirmative Spirale, woraus die ‚Echo-Kammern' entstehen. Die individualistisch-anarchische Medienstruktur ist in diesen Sphären bereits vollends ausgeprägt und die Hoffnung auf eine etwaige ‚E-gora' schwindet – im Gegenteil, die Entwicklung scheint gegenläufig zu sein.

Der in Teilen des virtuellen Kommunikationsraums beständige Medien-*Slant* kann politische Einstellungen beeinflussen und somit Rezipienten in eine spezifische ideologische Denkrichtung leiten. Wenn die überlagerten ideologischen Muster in einer Redaktion permanent bestehen – also stetig und für alle Nachrichten –, bedeutet dies, dass sie systematisch die Unterstützung ihrer Präferenzen bei ihrer Klientel hervorrufen will. Schließlich prägen die Medien die individuelle politische Meinungsbildung (Druckman 2011, S. 283). Journalisten reduzieren die Komplexität von Themen und selektieren sie für die Konsumenten vor. Sie konstruieren somit eine Form von Realität und präsentiere einen spezifischen Aufbau der sozialen Welt, wie sie die Rezipienten schließlich auch wahrnehmen. Eine solche Darstellung kann daher Wahrnehmungen und schließlich Denkweisen beeinflussen, denn mit einer spezifischen Suggestion lässt sich auch die Bewertung gewisser Probleme lenken (DeLuca et al. 2012, S. 490; Vliegenthart 2012, S. 937). Im Endeffekt steht einflussreichen, strategischen Kommunikatoren nicht nur in Aussicht, dass die Interpretation eines Sachverhalts in der Öffentlichkeit, sondern letztlich auch der *Common Sense* einer Gesellschaft verändert werden kann (Lakoff und Wehling 2009, S. 30). Hinter einer strategischen politischen Kommunikation steht daher häufig der Vorsatz, die politische Macht auf bestimmte Gruppen oder Personen zu verlagern. Mit jener Form von *Slant* soll meist eine präferierte Position in einem Konflikt um die Deutungshoheit in Staat und Gesellschaft bestärkt werden und systematisch die Unterstützung dieser Einstellung bei den Rezipienten induziert werden (Entman 2007, S. 166). So kann auch das Handeln von Politikern beeinflusst werden – und damit gewisse Policies (Vliegenthart 2012, S. 945).

Das anarchische Grundmuster wirkt mittlerweile auf die analoge Welt zurück und ist daher nicht mehr auf das Internet begrenzt, denn auch in anderen Medienformen wird zunehmend verzerrt berichtet (Van Gorp 2007, S. 67). In den Redaktionen von Mainstream-Nachrichten-Organisationen gilt zwar, dass sie konkurrierende Ansichten gleichwertig behandeln und ihre Berichte frei von Slant sein sollen; bei einem klassischen Inhalts-*Bias* tritt allerdings bereits ein unvermeidlicher Einfluss von Glaubenssystemen bei den Redakteuren auf, denn sie verarbeiten eingehende Information ebenso über ihre Heuristiken (Entman 2007, S. 165, 170). Schließlich können auch sie nur mithilfe ihrer Heuristiken die *Bounded Rationality*[9] und die Informationsflut bewältigen (Entman 2007, S. 170). Es ist möglich, dass die Informationsauswahl der Journalisten bereits die eigene Wahrnehmung tangiert oder auch, dass der *Slant* der vornehmlich digitalen Medien die Berichterstattung als solche veränderte. Schließlich nutzen Journalisten zunehmend Online-Quellen in ihrer Recherche (Kruikemeier und Lecheler 2016). Somit werden im Endeffekt Kontextmodelle übertragen, die bereits diskutiert oder kommuniziert worden sind (Van Gorp 2007, S. 67 f.). Der stetige Medien-Konsum der Journalisten hat somit auch einen rückkoppelnden Effekt.

Es sind jedoch nicht nur Individuen oder *News-Outlets* mit spezifischen Interessen, die einen gewissen *Slant* in ihrer Kommunikation aufweisen. Die Möglichkeit der individuellen Kommunikation und auch des *Astroturfings* haben hier eine entscheidende Wende in der Politischen Kommunikation eingeleitet.

5   Astroturfing

Die politische Kommunikation im Internet geht zwar größtenteils von Nachrichtenorganisationen, Parteien, Interessengruppen und vielen weiteren institutionalisierten Akteuren aus, die zumeist um eine legitime und korrekte Darstellung bemüht sind. Allerdings engagieren sich zunehmend scheinbar unabhängige Individuen oder Organisationen, die ein politisches Interesse lediglich mimen bzw. entsprechende Meinungen kundtun, dabei aber eine verzerrte Sicht präsentieren, um ihren politischen Ziele auf illegitime Weise Vorschub zu leisten.

Ein wichtiges Kriterium für eine erfolgreiche politische Kommunikation ist die Glaubwürdigkeit des Inhalts. Dies bezieht sich nicht nur auf die innere Konsistenz, sondern auch auf jene, die ihn kommunizieren – die *Claimsmakers* (Williams 2004, S. 107). Insbesondere die Aussagen von Vertretern einer Graswurzel-Kampagne genießen eine hohe Glaubwürdigkeit in Teilen der Gesellschaft. Sie erwecken größtmögliche Nähe und Vertrautheit. Ihnen werden zumeist weder eine parteipolitische Zugehörigkeit, eine Nähe zu Unternehmen oder PR-Gruppen, noch das Verfolgen von Partikularinteressen unterstellt. Daher nutzen Strategen diese Form von politischer Kommunikation zunehmend künstlich. Zum einen werden im Falle der digitalen politischen Kommunikation Mobilisierungsstrategien

---

[9]Eingeschränkte Rationalität.

auf Basis von künstlichen *Grassroots*-Initiativen initiiert – ein derartiges Vorgehen wird als *Astroturf*-Kampagne bezeichnet. In der Vergangenheit setzen *Astroturf*-Organisationen beispielsweise auf das verdeckte Auftreten von Mitgliedern oder Angestellten bei Veranstaltungen, wobei diese in der Rolle besorgter Bürger für gewisse Belange das Wort ergreifen (Williams 2004, S. 9; Zellner 2010, S. 363). Mittlerweile laufen jedoch *Astroturf*-Aktivitäten im Internet diesen eher herkömmlichen Methoden den Rang ab. Dabei werden beispielsweise spezifische Social-Media-Accounts sowie künstliche Blog- und Kampagnenseiten kreiert und bedient. Dazu kommen weitere artifizielle Techniken wie die Nutzung von *Social Bots*.

Ursprünglich ist *Astroturf* der Markenbegriff eines amerikanischen Kunstrasen-Herstellers (Fuchs 2013, S. 275). Mittlerweile wird dieser Ausdruck jedoch nicht nur für künstliche Grünstreifen verwendet, sondern auch appellativisch für jene synthetischen Graswurzel-Strategien, die zumeist *top-down*-strukturiert sind. *Astroturf* unterscheidet sich vom originären *Grassroots* darin, dass der Einfluss auf die öffentliche Meinung manipulativ vollzogen wird. Derart verdeckt gesteuerte Aktionen werden von Unternehmen, Institutionen, Wirtschaftsverbänden, Lobbygruppen oder Regierungen entsprechend eingesetzt, um spezifischen Interessen Vorschub zu verschaffen – mittlerweile auch von Drittstaaten. Dabei soll eine Unterstützung für Anliegen kreiert werden, die in direktem Zusammenhang mit ihren Interessen stehen. Die Kommunikatoren suggerieren der Gesellschaft dabei ihr Partikular- als Gemeininteresse und verschleiern ihre wahre Intention sowie eine etwaige Steuerung. Sie blenden somit die Öffentlichkeit, da sie die Initiatoren häufig als neutrale und nicht-affiliierte Dritte präsentieren (Fuchs 2013, S. 274 f.; Irmisch 2013, S. 202; Voss 2013, S. 191; Zellner 2010, S. 361). Unter diesem Aspekt sind solch Strategien in erster Linie ein Informations- und Mobilisierungsengagement, mit welchem die Attraktivität von politischen Forderungen erhöht oder spezifischen Politikern oder Bewegungen Vorschub geleistet werden soll Irmisch (2013, S. 202).

Die Personen und Koalitionen, die hinter *Astroturf*-Strategien stehen, sind jedoch nicht jene gewöhnlichen Bürger oder Unternehmen mit bescheidenen finanziellen Ressourcen, die sie mimen. Meist stehen dahinter Sonderinteressengruppen, die zuweilen über Beziehungen zu einflussreichen Personen verfügen (Zellner 2010, S. 363). Hinter der Mimikry einer unabhängigen und spontan agierenden Gruppierung oder Individuen aus der Gesellschaft wähnen viele Menschen jedoch keine eigennützigen Belange. Das Engagement der Aktivisten erweckt eher den Eindruck, dass sie für das Gemeinwohl zuträgliche politische Lösungen fordern oder lediglich ihre Meinung kundtun (Speth 2013, S. 19).

Obwohl sich die Organisationsformen *Astroturf* und *Grassroots* diametral unterscheiden, ist die Trennlinie zwischen beiden oftmals dünn: Immer mehr Institutionen unterstützen die Graswurzel-Arbeit von Bürgern und immer mehr Bürger werden von Institutionen zur Mitarbeit motiviert. Daher kann dieses Engagement von außenstehenden Beobachtern oft nicht mehr trennscharf unterschieden werden. Paradox ist, dass nunmehr tatsächliche Graswurzel-Aktivitäten von Einzelpersonen als *Astroturf* bezeichnet werden können. Dies ist der Fall, wenn über die Accounts der Privatpersonen *Fake News* oder ähnliche manipulative Inhalte verbreitet werden.

Wie bereits angesprochen, nutzen Akteure das *Astroturfing,* da es einen ungleich höheren Erfolg verspricht als herkömmliche PR-Strategien oder reguläre Kampagnen. Die *Grassroots*-Elemente schaffen häufig eine relativ starke Vertrauens- und Legitimitätsbasis bei der Zielgruppe und erhöhen dabei die Chancen, Sympathien in der breiteren Gesellschaft zu generieren. Daher ist diese Form von Interessenvertretung eine effektive Mobilisierungsstrategie und entsprechend im letzten Jahrzehnt zunehmend beliebter geworden (Zellner 2010, S. 361; Fuchs 2013, S. 274 f.). *Grassroots*-Kampagnen wurden dabei sukzessive ausgeweitet, sodass die Elemente dieser Strategien heute auch im konventionellen Politikbetrieb und bei etablierten Organisationen eingesetzt werden (Speth 2013, S. 11). Diese Popularität des *Astroturfings* verwundert kaum, schließlich ist es dadurch möglich, sowohl die Schwächen von *Grassroots* als auch der PR aufzuheben: Die Legitimität und der Sympathiefaktor der Bürger-Organisationen schaffen im Verbund mit den Ressourcen der Institutionen förderliche Synergien. Mitunter starten Strategen daher sogar eine soziale Protestbewegung (Speth 2013, S. 9; Zellner 2010, S. 363).

Initiatoren einer Kampagne zielen häufig auf Wechselbeziehungen mit professionellen Organisationen ab. Bisweilen wird so ein Zugriff auf spezifische Netzwerke ermöglicht oder Entscheidungsträger können sogar direkt beeinflusst werden (Gamson 2004, S. 254 f.). Häufig sind dies Koalitionen zwischen Think Tanks mit Vertretern von Interessengruppen, Politikern, Medien sowie anderen Institutionen. Netzwerke potenzieren ihre Macht durch diese Zusammenschlüsse. Insbesondere speisen diese eigens dafür produziertes Orientierungswissen stetig in den *Agenda-Setting*-Prozess ein (Gellner 1995, S. 19). Unternehmen oder Think Tanks verfügen nicht nur über höhere Finanzmittel als Privatpersonen, sondern auch über eine grundlegend größere mediale Reichweite. Ihre Chancen, einen Meinungswandel zu evozieren, sind daher weitaus größer (Speth 2013, S. 9). So werden ihnen Vorteile in der Kommunikation zuteil. Denn die Wahrnehmung von Interessen steigt mit dem verfügbaren Budget, da somit Werbungen und andere Hilfsmittel, wie beispielsweise Zugänge zu einflussreichen Websites oder auch Software finanziert werden können. Dabei reicht die Spanne an Partnerschaften

von Konzernen mit spezifischen Interessen bis hin zu kommerziellen Medienunternehmen, die ihren Gewinn durch Verkauf von Werbung erzielen. Die Symbiose mit ihnen erhöht nicht nur die Medienwirksamkeit aufgrund der finanziellen
Unterstützung oder professionellen Kommunikationsstrategien, auch deren Ressourcen und Verbindungen zu anderen Konzernen oder Organisationen sind hierbei zuträglich (Gamson 2004, S. 254 f.).

Facebook ist ein Beispiel für ein kommerzielles Medienunternehmen, das einen
hohen Umsatz durch Werbung generiert. Die Betreiber der Plattform erkannten
Astroturfings während den US-Präsidentschaftswahlen zu spät und reagierten erst
im Zugzwang der Ermittlungen bezüglich der scheinbaren Unterstützung Donald
Trumps Kampagne durch Russland. Die Recherchen bezüglich des mutmaßli-
chen Einflusses der russischen Regierung auf die US-Präsidentschaftswahl 2016
brachten bereits zutage, dass auf Facebook rund 3000 Werbungen geschaltet wurden, die Verstrickungen in die Kreml-Initiative vermuten lassen (Shane und Isaac
2017). Schätzungen von Facebook zufolge sahen inklusive Instagram ca. 146 Mio.
Menschen diese Anzeigen. Zudem stammen wohl 80.000 herkömmliche Kommentare von Mitarbeitern jener Trollhäuser, die bei der Initiative teilhatten. Nun hat
Trump in Michigan 10.704 Stimmen mehr als Clinton bekommen (2.279.543 vs.
2.268.839) (CNN 2016); wenn nur ein kleiner Teil der knapp 2,3 Mio. Stimmen
für Trump durch die Kampagne überzeugt wurde, wird der Einfluss deutlich. Mark
Zuckerberg bestreitet, dass Facebook die Präsidentschaftswahl entschieden habe.
Brad Parscale, Trumps Social-Media-Manager, behauptet das Gegenteil: Trump
habe über die Social-Media-Plattform gewonnen. Daneben spürte die eingesetzte
Untersuchungs-Kommission bis zu 600 Accounts bei Twitter auf, die von dersel-
ben Einflusskampagne genutzt worden sein sollen (Wakabayashi und Shane 2017).
Das Beispiel zeigt, dass die Wirkung von solchen Kampagnen gerade dort nicht
unterschätzt werden darf, wo die Ausgänge von Wahlen knapp sind.[10]

---

[10]Das Internet ist für Trumps Erfolg sicher nicht allein verantwortlich. Dafür gibt es zu
viele Ursachen, bis hin zur Kampagne von Hillary Clinton. Aber ohne Internet wäre
Trumps Erfolg wohl tatsächlich nur schwer möglich gewesen – und das nicht nur in Bezug
auf die Facebook-Strategie seiner Kampagne. Auch den Weg zu seiner Präsidentschaft
ebnete bereits eine soziale Protestbewegung den Weg, die eine künstliche Online-Gras-
wurzel-Strategie zur Offline-Mobilisierung nutzte. Die Tea Party ist eine über eine Inter-
net-Strategie mobilisierte Astroturf-Bewegung, die im Kontext einer zuträglichen Situation
aufgebaut wurde. Die Tea Party war dafür konstruiert, einen politischen Einfluss für spezifische Interessen geltend zu machen und die ideologischen Grundzüge der Republikanischen Partei zu verändern. Die Tea Party kann sogar soweit klassifiziert werden, dass sie
darauf ausgerichtet war, Heuristiken und Beliefs der populären und politischen Kultur der
USA neu zu definieren. Diese Änderung des gesellschaftlichen Common Senses gelang bei
zumindest einem Teil der Gesellschaft (Oswald 2018).

Besonders besorgniserregend ist, dass sich unter diesen Accounts wiederum ein Teil künstliche Intelligenz versteckt, die diesen Wahlkampf wohl mitsteuerte. Dies ist zunächst nicht überraschend, liegt dem Unternehmen *Incapsula* zufolge die menschliche Interaktion im Internet nunmehr bei nur mehr 48.2 %. Die restlichen knapp 52 % der Aktivität im Netz gehen dahingegen auf das Engagement von *Bots* zurück (Incapsula 2016). Allerdings muss hierbei differenziert werden, dass der Begriff des *Bots* zunächst lediglich eine Abkürzung des Begriffes ‚Roboter‘ ist und diese meist simple Programme sind, die automatisiert alltägliche Funktionen im Internet ausführen. Sie vollziehen 22.9 % der Interaktion im Netz (Incapsula 2016). Dort sind sie unerlässlich und ein entsprechender Bestandteil. Allerdings zählen bereits 28.9 % zu den ‚schlechten *Bots*‘. Dies sind also Programme, die Personen imitieren (24.3 % aller Bots), Hacker-Tools (2.9 %), Scrapers oder Spam-Bots (0.3 %) (Incapsula 2016). Dazu gehört, dass diese Algorithmen auch selbst Inhalte produzieren können. Zwar ist der Einsatz von *Bots* in der Social-Media-Welt noch geringer als im gesamten Netz, aber dieser nimmt parallel zu politischen Prozessen wie Wahlkämpfen zu (Kollanyi et al. 2016). Während im Wahlkampf in den USA bereits etwa ein Viertel der verbreiteten Tweets von *Social Bots* stammten, waren in Deutschland noch unter zehn Prozent automatisch kreiert. Unter den Kommunikatoren befinden auch hybride Systeme, die teils von Menschen, teils durch Programme gesteuert werden (Chu et al. 2012).

Bots können in ihrer Aufgabenstellung darauf ausgerichtet sein, dass sie lediglich entsprechende Berichte ‚liken‘, um diese sichtbarer zu machen. Solche Programme werden auch *Upvote Bots* bezeichnet. Allerdings können *Bots* mittlerweile auch Posts kommentieren oder politische Botschaften erstellen und verbreiten. Diese werden *Social Bots* genannt. Ein einflussreicher Tweet über Angela Merkel, in dem ihr die Aussage unterstellt wurde, dass Deutsche die Gewalt von Einwanderern ertragen müssten, wurde mitunter von *Social Bots* verbreitet. Mittlerweile sind diese Arten von *Bots* so weit entwickelt, dass sie nicht nur mit menschlichen Nutzern eine Online-Diskussion bestreiten, sondern eine solche auch untereinander glaubhaft vollziehen können. Zudem ist es möglich, für wenig Geld ein ganzes Heer an *Social Bots* zu erstehen, insbesondere, wenn man die Ausgaben in ein Verhältnis zu menschlichem Personal setzt.[11]

---

[11]Letztendlich ist es wohl nicht so wichtig, ob gerade der ursprüngliche Post von einem Social Bot stammt – schließlich ist zumindest die Idee hinter einer Meldung meist (noch) menschlich generiert. Entscheidender erscheint, dass große Bot-Netzwerke nach der Erstellung eines beliebigen Tweets dafür sorgen können, dass dieser viral geht – im Idealfall, ohne dabei als Bots identifiziert werden zu können.

Astroturf-Strategien, wie beispielsweise der bewusst manipulative Einsatz von *Bots,* können einflussreich sein. Allerdings sind sie gleichzeitig mit einem gewissen Risiko behaftet. Der Eindruck von engagierten Durchschnittsbürgern muss konstant vermittelt werden. Die Steuerung einer entsprechenden Kampagne ist daher diffizil, da Verschleierungstaktiken gut gewählt und auch zuverlässig ausgeführt werden müssen (Fuchs 2013, S. 275 f.). Eine effektive Kampagne erfordert es weiterhin, stets den Eindruck von Unabhängigkeit aufrecht zu erhalten. Im Zuge dessen müssen persönliche Verstrickungen, der Transfer von Ressourcen sowie ein etwaiges Auftragsverhalten beständig kaschiert werden (Speth 2013, S. 19). Zwar kann eine gute Steuerung gegen eine Enttarnung immunisieren; misslingt dies jedoch, ist etwa mit einer negativen Medienberichterstattung oder einer Rufschädigung des beteiligten Unternehmens zu rechnen (Irmisch 2013, S. 202; Voss 2013, S. 191). Im Falle der Wahlkampagne Trumps ist dies in Form eines Untersuchungsausschusses eingetreten, der, wie er selbst sagte, ‚wie eine dunkle Wolke über seiner Präsidentschaft schwebt' (Rucker 2017).

In Deutschland blieb die Anzahl an *Bots,* die im deutschen Wahlkampf auf *Twitter* und anderen Social Media aktiv waren, verhältnismäßig gering – aber auch nicht unerheblich. Bence Kollanyi, Philip N. Howard und Samuel C. Woolley beziffern den Anteil von automatisch kreiertem Inhalt auf *Twitter* für den deutschen Bundestagswahlkampf 2017 mit 7,4 %. *Fake News* spielten hierbei schon eher eine Rolle, wobei diese zumeist auf eine spezifische Klientel begrenzt blieb – den breiten Einfluss wie in den USA findet die künstliche bzw. falsche politische Kommunikation in Deutschland noch nicht. Allerdings zeigte nicht zuletzt eine *Astroturf*-Kampagne der österreichischen SPÖ über den Kanzlerkandidaten Sebastian Kurz mit *Fake*-Inhalten, dass das digitale *Dirty-Campaigning* auch in der deutschsprachigen konventionellen Politik angelangt ist.[12]

Weiterhin gehen bei Falschmeldungen Wechselwirkungen mit den etablierten Medien einher. Besonders interessant sind in dieser Beziehung gelegentliche Übernahmen von *Fake News.* Nach den ersten großen Pannen hüten sich nunmehr viele Redaktionen vor einer schnellen Übernahme von Schlagzeilen anderer. Spätestens die absichtlich lancierten *Fake News* des Satirikers Leo Fischer über den *Twitter*-Account der *Zeit,* welche den vermeintlichen Tod des Fußballspielers Mehmet Scholl meldete, zeigte, wie schnell eine solche Berichterstattung wirken kann. *Die Zeit,* von deren *Twitter*-Kanal diese Meldung über den Gastreporter und

---

[12]Der SPÖ-Berater Tal Silberstein orchestrierte beispielsweise eine Fake-*Facebook*-Seite mit dem Namen *Die Wahrheit über Sebastian Kurz,* auf der gegen den Kanzlerkandidaten gehetzt wurde. Dieses Engagement flog auf.

Redakteur der Satire-Zeitschrift *Titanic* ausging, musste dies schmerzhaft erfahren: Ein ausgewachsener *Shitstorm* war die Folge. Abgesehen von der satirischen Kritik dieser Form von Schlagzeilen sind über die digitale Kommunikation die Chancen, einen politischen Einfluss über Lügen zu generieren, immens gestiegen. Dabei profitieren *Astroturf*-Kampagnen generell von einer ausgiebigen Berichterstattung (Speth 2013, S. 19). Die Inhalte einer spezifisch ausgerichteten Botschaft entfalten ihre Wirkung insbesondere, wenn diese wiederholt propagiert werden (Lakoff 2006, S. 11, 16). Gordon Pennycook und David G. Rand zeigten in einer Studie, dass sich eine noch so abstruse Falschnachricht durch stetige Wiederholung bei den Rezipienten immer stärker als wahr verankert werden, selbst wenn auf die falsche Natur der Botschaft hingewiesen wird (Pennycook und Rand 2017, S. 4).

Fake News sind nicht zuletzt deshalb eine Gefahr, weil stetig Forderungen wiederkehren, dass das Internet vermehrt zu einem staatstragenden Raum entwickelt werden soll, auf den Funktionen der politischen Partizipation in Zukunft übertragen werden sollen. Die Anfänge der Privatwirtschaft, *Fake-Accounts* aufzuspüren und den Hintergrund von Auftraggebern zu überprüfen, sind ein erster Schritt. Eine weitere Möglichkeit wäre eventuell die Einführung von verifizierten Accounts, hinter denen sich Privatpersonen oder Organisationen ausweisen müssen. Allerdings fängt auch genau hier ein Problem an: Das Internet hat als virtueller Kommunikationsraum einen Status erreicht, welcher der Gewalt der Medien gegenwärtig nicht mehr in Vielem nachsteht. Da sich in einer Demokratie die Gewalten durch Kontrolle balancieren, wäre zumindest in einem normativen Verständnis auch das Netzverhalten von Unternehmen, Medien und Individuen, zumindest in Bezug auf die politische Kommunikation zu kontrollieren – insbesondere, wenn es sich dabei um unlautere Methoden wie bei Cambridge Analytica handelt. Entsprechend sind auch erste Regulationsansätze wie das Gesetz zum härteren Vorgehen gegen Hasskommentare und Hetze im Netz, zumindest als Übergangsregelung in Kraft. Wenn nun die Kontrolle von *Fake News* unter dem Pejorativ wie einem Wahrheitsministerium beschrieben wird, wird es nicht nur klar, dass sich im Endeffekt der Kreislauf bei Gellners (1995) Verortung der Grundmuster Politischer Kommunikation schließt. Er postuliert, dass es aufgrund des bestehenden Chaos im anarchisch-individualisten Muster für Machthaber einfach ist, einen autokratischen Mantel über das gesamte System zu stülpen. Schließlich ist der Schritt zum etatistisch-bürokratischen Muster über das Chaos und die Kakofonie hinweg kein großer. Da gerade populistisch-autoritäre Kandidaten von dem anarchischen Grundmuster der Politischen Kommunikation profitieren, handelt es sich dabei um jene Personen, die in einer Machtposition dann auch autoritärer regierten. Und der Netz-Aktivismus ist auf deren Seite: Die AfD verfügt bei *Facebook*

beispielsweise über mehr als 383.000[13] ,Fans' – ein solches Potenzial erreicht bislang
keine andere Partei. Freilich liegt das an der soziostrukturellen Beschaffenheit ihrer
Anhänger und auch am Charakter des Aktivismus. Jedoch ist dies ein nicht zu ver-
nachlässigendes Zeichen für die Strukturverlagerung im Aktivismus.

6   Resümee

Aus der McLuhanschen Perspektive betrachtet, können wir das gesamte Ausmaß
der digitalen Revolution nicht absehen. Die großen Umwälzungen im Hintergrund bleiben für uns wohl mit der inhaltlichen Überflutung noch im Dunkeln.
Mit dem Internet haben wir ein freies, aber auch mitunter manipulatives neues
politisches Medium gewonnen und lernen derzeit viel über den Umgang mit den
Grenzen des menschlichen Verstandes wie auch den politischen Konsequenzen
der neuen Formen von demokratischer Entscheidungsfindung. Die negativen
Effekte des freien und partizipativen Meinungsmediums wurden von den meisten
Theoretikern nicht antizipiert. Zwar etabliert sich eine Art ,E-gora', allerdings ist
dies keine, in der Vernunft obwaltet und bedachte Aussagen verkündet werden.
Vielmehr kommentieren viele Nutzer affektiv und geben ihren Missmut über jedwede Angelegenheit achtlos preis. Dabei mutiert nicht nur jeder zum scheinbaren Experten für alles, auch die Empörung und vor allem die Negativdarstellung
nehmen überhand. Somit steigen auch die Ideologisierung sowie die Ablehnung
von ,Outgroups', Eliten und Experten. So rutsch das öffentliche Meinungsbild in
eine Negativdemokratie, da die Demokratie immer mehr als schlechte Variante
und unzureichende Notlösung eines politischen Systems wahrgenommen wird.
Damit leuchtet es in diesem Lichte auch ein, warum der Begriff der ,E-gora' wieder verblasste. Die einflussreichen Kommunikatoren dieser Sphären tragen eine
zunehmend gewichtige Verantwortung und sie müssen sich deshalb wichtige
Fragen beantworten: Hält man sich an einst etablierte Regeln oder lässt man sie
aufweichen? Was gilt, Schnelligkeit oder Genauigkeit? Doch nicht nur die Kommunikatoren stehen vor einer Kanonade an Fragen, auch die Wissenschaft wird
damit konfrontiert: Was sind beispielsweise die Rückkopplungen zwischen den
Fake-Auftritten und legitimen Graswurzel-Protest? Wird ein solcher in Zukunft
noch entsprechend wahrgenommen? Wohin geht die Reise der Desinformation und wie wirkt sie auf den politischen Prozess? Der skizzierten Entwicklung
zufolge ist einerseits zu befürchten, dass die neue Struktur langfristig etablierte

---

[13]Stand November 2017.

und relevante politische Mitteilungen benachteiligt. Andererseits haben sich auch verschiedene Medien-Modelle daraus entwickelt: Während der *Economist* darauf verzichtet, das erste Medium mit einer Meldung sein zu müssen, setzt es auf differenzierte und gut recherchierte Berichterstattung. Allgemein zeichnet sich bereits ab, dass Mainstream-Medien-Organisationen gerade durch die inhaltliche Färbung von medialer Berichterstattung und *Fake News* eine neue Chance wittern: Immer mehr Redaktionen machen es sich geradezu zur Aufgabe, neutral, akkurat und kontextgebunden zu publizieren. So können die negativen Faktoren eines disruptiven Zeitalters auch positive Effekte haben.

Literatur- und Quellenverzeichnis

Barber, B. R. (1984). *Strong democracy*. Berkeley: University of California Press.

Bennett, W. L. (2012). The personalization of politics: Political identity, social media, and changing patterns of participation. *The Annals, 644,* 20–38.

Bennett, W., Segerberg, A., & Knüpfer, C. B. (2017). The democratic interface: Technology, political organization, and diverging patterns of electoral representation. *Information, Communication & Society, 1*(2), 1–26.

Blumler, J. G. (2013). The fourth age of political communication. Fgpk.de. DFG Forschergruppe 1381. http://www.fgpk.de/2013/gastbeitrag-von-jay-g-blumler-the-fourth-age-of-political-communication-2/. Zugegriffen: 23. Mai 2017.

Blumler, J. G., & Kavanagh, D. (1999). The third age of political communication: Influences and features. *Political Communication, 16*(3), 209–230.

Burack, C., & Snyder-Hall, C. R. (2012). Introduction: Right-wing populism and the media. *New Political Science, 34*(4), 439–454.

Chu, Z., Gianvecchio, S., Wang, H., & Jajodia, S. (2012). Detecting automation of Twitter accounts: Are you a human, bot, or cyborg? *IEEE Transactions on Dependable and Secure Computing, 9*(6), 811–824.

CNN. (2016). 2016 election results. http://edition.cnn.com/election/results. Zugegriffen: 23. Okt. 2017.

DeLuca, K. M., Lawson, S., & Sun, Y. (2012). Occupy wall street on the public screens of social media: The many framings of the birth of a protest movement. *Communication, Culture & Critique, 5*(4), 483–509.

Druckman, J. (2011). What's it all about? Framing in political science. In K. Gideon (Hrsg.), *Perspectives on framing* (S. 279–300). New York: Psychology Press/Taylor & Francis.

Entman, R. M. (1993). Framing: Toward clarification of a fractured paradigm. *Journal of Communication, 43*(4), 51–58.

Entman, R. M. (2007). Framing bias: Media in the distribution of power. *Journal of Communication, 57*(1), 163–173.

Entman, R. M. (2009). *Projections of power. Framing news, public opinion, and U.S. foreign policy.* Chicago: University of Chicago Press.

Feldman, L. (2011). Partisan differences in opinionated news perceptions: A test of the hostile media effect. *Political Behavior, 33*(3), 407–432.

Fuchs, C. (2013). Die Kunstrasen-Guerilla. Wenn Grassroots-Campaining nur vorgetäuscht ist. In R. Speth (Hrsg.), *Grassroots-Campaigning* (S. 273–280). Wiesbaden: Springer VS.

Gamson, W. A. (2004). Bystanders, public opinion, and the media. In D. A. Snow, S. A. Soule, & H. Kriesi (Hrsg.), *The Blackwell companion to social movements* (S. 242–261). Oxord: Blackwell.

Gellner, W. (1995). Medien und Parteien: Grundmuster Politischer Kommunikation. In W. Gellner & J. H. Veen (Hrsg.), *Umbruch und Wandel in westeuropäischen Parteiensystemen* (S. 17–33). Frankfurt a. M.: Lang.

Gellner, W. (2001). Das Internet: Digitale Agora oder Marktplatz der Eitelkeiten. In K. Koziol (Hrsg.), *Forum Medienethik 1/2001 E-Demokratie – Ende der Demokratie?* (S. 12–19). München: kopaed.

Gellner, W., & Dölle, C. (2011). WikiLeaks. Chance oder Gefahr für repräsentative Demokratien? In C. Barmeyer, J. O. Decker, W. Gellner, A. Glas, O. Hahn, R. Hohlfeld, T. Knieper, H. Kosch, H. Krah, F. Lehner, R. Müller-Terpitz, U. Reutner, M. Scholz, M. Thimann, D. Uffelmann, & D. Wawra (Hrsg), *Passauer Schriften zur interdisziplinaren Medienforschung* (Bd. 1, S. 185–208). Passau: Institut für interdisziplinäre Medienforschung (IfIM).

Gellner, W., & Oswald, M. (2015). IPolitics: Parteien, Medien und Wähler in den USA. In U. Jun & M. Jäckel (Hrsg.), *Wandel und Kontinuität der politischen Kommunikation* (Bd. 2, S. 191–204). Leverkusen: Budrich.

Gillan, K. (2008). Understanding meaning in movements: A hermeneutic approach to frames and ideologies. *Social Movement Studies, 7*(3), 247–263.

Hall Jamieson, K., & Capella, J. N. (2010). *Echo chamber: Rush limbaugh and the conservative media establishment.* Oxford: Oxford University Press.

Hatfield-Edwards, H., & Shen, F. (2005). Economic individualism, humanitarianism, and welfare reform: A value-based account of framing effects. *Journal of Communication, 55*(4), 795–809.

Heesen, J. (2008). *Medienethik und Netzkommunikation. Öffentlichkeit in der individualisierten Mediengesellschaft.* Frankfurt a. M.: Humanities Online.

Hölig, S., & Hasebrink, U. (2016). Nachrichtennutzung über soziale Medien im internationalen Vergleich. Ergebnisse des Reuters Institute Digital News Survey 2016. *Media Perspektiven, 11,* 534–548.

Incapsula. (2016). Incapsula bot traffic report. https://www.incapsula.com/blog/bot-traffic-report-2016.html. Zugegriffen: 23. Okt. 2017.

Irmisch, A. (2013). Graswurzelkommunikation im Kontext politischer Interessenvertretung. In R. Speth (Hrsg.), *Grassroots-campaigning* (S. 201–212). Wiesbaden: Springer VS.

Iyengar, S., & Hahn, K. (2009). Red media, blue media: Evidence of ideological selectivity in media use. *Journal of Communication, 59*(1), 19–39.

Kollanyi, B., Howard, P. N., & Woolley, S. C. (2016). Bots and automation over Twitter during the U.S. election. Data memo 2016. http://comprop.oii.ox.ac.uk/publishing/working-papers/bots-and-automation-over-Twitter-during-the-u-s-election/. Zugegriffen: 23. Okt. 2017.

Kruikemeier, S., & Lecheler S. (2016). News consumer perceptions of new journalistic sourcing techniques. *Journalism Studies, 6,* 1–18.

Lakoff, G. (2006). *Thinking points. Communicating our American values and vision: A progressive's handbook*. New York: Farrar, Straus & Giroux.

Lakoff, G., & Wehling, E. (2009). *Auf leisen Sohlen ins Gehirn. Politische Sprache und ihre heimliche Macht*. Heidelberg: Carl-Auer.

Landau, M. J., Keefer, L. A., & Rothschild, Z. K. (2014). Epistemic motives moderate the effect of metaphoric framing on attitudes. *Journal of Experimental Social Psychology, 53*, 125–138.

Levinson, P. (1999). *Digital McLuhan: A guide to the information millennium*. London: Routledge.

McLuhan, M. (1962). *The Gutenberg galaxy: The making of typographic man*. New York: University of Toronto Press.

McLuhan, M. (1964). *Understanding the extensions of men*. London: Latimer Trend & Co. Limited.

Meagher, R. (2012). The ‚Vast Right-Wing Conspiracy': Media and conservative networks. *New Political Science, 34*(4), 469–484.

Nielsen, K., & Graves, L. (2017). News you don't believe: Audience perspective. Reuters Institute for the Study of Journalism.

Oswald, M. (2018). *Die Tea Party als Obamas Widersacher und Trumps Wegbereiter. Strategischer Wandel im Amerikanischen Konservatismus*. Wiesbaden: Springer VS.

Pennycook, G., & Rand, D. G. (2017). Who falls for fake news? The roles of analytic thinking, motivated reasoning, political ideology, and bullshit receptivity. SSRN. https://ssrn.com/abstract=3023545. Zugegriffen: 25. Okt. 2017.

Pew Research Center. (2017). Social media fact sheet. http://www.pewinternet.org/factsheet/social-media/. Zugegriffen: 3. Okt. 2017.

Rucker, P. (2017). To Trump, the Russia matter is a ‚cloud' that hangs over his presidency. https://www.washingtonpost.com/politics/to-trump-the-russia-matter-is-a-cloud-that-hangs-over-his-presidency/2017/06/07/bfeae59e-4bb5-11e7-9669-250d0b15f83b_story.html. Zugegriffen: 5. Nov. 2017.

Shane S., & Isaac M. (2017). Facebook to give ads to congress in Russia inquiry. https://www.nytimes.com/2017/09/21/technology/Facebook-russian-ads.html. Zugegriffen: 23. Okt. 2017

Shearer, E., & Gottfried, J. (2017). News use across social media platforms 2017. http://www.journalism.org/2017/09/07/news-use-across-social-media-platforms-2017/. Zugegriffen: 3. Okt. 2017.

Snow, D. A., Rochford, E. B., Jr., Worden, S. K., & Benford, R. D. (1986). Frame alignment processes, micromobilization, and movement participation. *American Sociological Review, 51*(4), 464–481.

Speth, R. (2013). Grassroots-Campaigning: Mobilisierung von oben und unten – Einleitung. In R. Speth (Hrsg.), *Grassroots-campaigning* (S. 7–25). Wiesbaden: Springer VS.

Taylor, V., & Van Dyke, N. (2004). ‚Get up, Stand up': Tactical repertoires of social movements. In D. A. Snow, S. A. Soule, & H. Kriesi (Hrsg.), *The Blackwell companion to social movements* (S. 262–293). Oxford: Blackwell.

Toffler, A. (1980). *The third wave*. London: Collins.

Van Gorp, B. (2007). The constructionist approach to framing: Bringing culture back in. *Journal of Communication, 57*(1), 60–78.

Vliegenthart, R. (2012). Framing in mass communication research – An overview and assessment. *Sociology Compass, 6*(12), 937–948.

Voss, K. (2013). Grassroots-campaigning im internet. In R. Speth (Hrsg.), *Grassroots-campaigning* (S. 183–199). Wiesbaden: Springer VS.

Wakabayashi D., & Shane S. (2017). Twitter, with accounts linked to Russia, to face congress over role in election. https://www.nytimes.com/2017/09/27/technology/Twitter-russia-election.html. Zugegriffen: 23. Okt. 2017.

Wildavsky, A. (1987). Choosing preferences by constructing institutions: A cultural theory of preference formation. *The American Political Science Review, 81*(1), 4–21.

Williams, R. H. (2004). The cultural contexts of collective action: Constraints, opportunities, and the symbolic life of social movements. In D. A. Snow, S. A. Soule, & H. Kriesi (Hrsg.), *The Blackwell companion to social movements* (S. 91–115). Oxford: Blackwell.

Wu, L., Morstatter, F., Hu, X., & Liu, H. (2015). Mining misinformation in social media. In M. T. Thai, W. Wu, & H. Xiong (Hrsg.), *Big Data in complex and social networks* (S. 125–152). Boca Raton: CRC Press, Taylor & Francis Group.

Zellner, J. C. (2010). Artificial grassroots advocacy and the constitutionality of legislative identification and control measures. *Connecticut Law Review, 43,* 357–400.

„Twitter-Armies", „Earned Media" und „Big Crowds" im US-Wahlkampf 2016: Zur wachsenden Bedeutung des Nachrichtenfaktors Öffentlichkeitsresonanz

Silke Fürst und Franziska Oehmer

Zusammenfassung

Vor dem Hintergrund von Digitalisierung und Publikumsfragmentierung verändern sich auch die Kriterien der journalistischen Nachrichtenauswahl und -darstellung. Im vorliegenden Beitrag arbeiten die Autorinnen zunächst theoretisch-konzeptionell heraus, dass sich ein neuer Nachrichtenfaktor etabliert hat, der auch die Politische Kommunikation verändert: die *Öffentlichkeitsresonanz*. Mit diesem Nachrichtenfaktor wird angenommen, dass Journalismus über die gesellschaftliche Aufmerksamkeit berichtet, die bestimmte Ereignisse, Themen und Akteure erzielt haben oder erregen werden. Aus dieser Sicht werden politische Themen und Akteure umso mehr in den Medien aufgegriffen und diskutiert, je stärker sie mit einem großen Medienpublikum, einer übergreifenden Medienberichterstattung und großen Menschenmengen in Verbindung gebracht werden können. Auch bedingt durch die Verfügbarkeit von Nutzungsdaten sozialer Medien machen Journalisten zunehmend die jeweilige Bekanntheit von Ereignissen und Botschaften zum Thema und vermitteln damit

Die Originalversion dieses Kapitels wurde revidiert. Ein Erratum ist verfügbar unter https://doi.org/10.1007/978-3-658-20860-8_15

S. Fürst (✉) · F. Oehmer
Universität Fribourg, Fribourg, Schweiz
E-Mail: silke.fuerst@unifr.ch

F. Oehmer
E-Mail: franziska.oehmer@unifr.ch

Meta-Informationen. Auf Basis einer qualitativen Inhaltsanalyse werden erste Hinweise dafür gegeben, dass der Nachrichtenfaktor *Öffentlichkeitsresonanz* in der Presseberichterstattung zum amerikanischen Wahlkampf 2016 eine große Rolle gespielt hat. Die Studie zeigt, dass eine hohe Anzahl an Medienberichten Donald Trump als Zentrum der gesellschaftlichen Aufmerksamkeit darstellte, während demgegenüber nur wenige Berichte die *Öffentlichkeitsresonanz* Hillary Clintons thematisierten. Die selbstverstärkende Aufmerksamkeitsdynamik um Trump war offenbar auch ein Ergebnis politischer Strategien.

Schlüsselwörter

Journalismus · Nachrichtenwert · Aufmerksamkeit · Quantifizierungen · Soziale Medien · Wahlkampfberichterstattung

1   Einleitung

Der Aufstieg und Sieg von Donald Trump überraschte nicht nur weite Teile der Öffentlichkeit, sondern ließ auch die Kommunikationsforschung mit vielen offenen Fragen zurück (Azari 2016; Breur 2016; Lowe 2018). Seit Herbst 2016 suchen Wissenschaftler nach Erklärungen dafür, wie „Trump's campaign somehow won while appearing to violate every unwritten rule and established pattern of modern political campaigning" (Karpf 2017, S. 1). Dabei heben viele Forscher[1] die Rolle von sozialen Netzwerken hervor. Trump habe insbesondere mittels *Twitter* nicht nur unmittelbar die Wähler mobilisiert, sondern auch seine Präsenz in den Nachrichtenmedien verstärkt (Breur 2016; Lowe 2018; McNair 2018, S. 22, 88, 102; Ott 2017; Wells et al. 2016; Woolley und Guilbeault 2017). Darüber hinaus herrscht weitgehender Konsens, dass der Wahlausgang mit der massiven Berichterstattung zusammenhängt, die Trump von Beginn an erregt habe. Demnach habe Trump „free media coverage" (McNair 2018, S. 102, 138 ff.; Pickard 2016, S. 118) bzw. „earned media" (Wells et al. 2016, S. 670) im Wert von mehreren Milliarden Dollar erhalten. Mit „free" und „earned media" sind „those spaces and outlets" gemeint, „in which political actors may gain exposure and coverage, without having to pay media organisations for the privilege" (McNair 2018, S. 137). Darin habe Trump mehr Erfolg gehabt als jeder andere

---

[1]In diesem Kapitel werden zur Personenbezeichnung vor allem generische Maskulina (z. B. ‚die Nutzer') verwendet. Im Sinne der Ambiguitätstoleranz sind selbstverständlich immer beide Geschlechter gemeint.

republikanische oder demokratische Kandidat, weil sein Verhalten und seine Person in besonderer Weise den Kriterien der journalistischen Nachrichtenauswahl entsprochen hätten. Viele Forscher sprechen in diesem Kontext die Nachrichtenfaktoren *Kontroverse, Konflikt, Überraschung* und *Unterhaltung* an, die Trump mit zahlreichen provokativen und zum Teil diskriminierenden Äußerungen fortlaufend bedient habe (Karpf 2017; Lawrence und Boydstun 2017b; Lowe 2018; McNair 2018, S. 43, 138; Patterson 2016a, b; Wells et al. 2016). Daneben wird die massive Berichterstattung auch auf den Nachrichtenfaktor *Prominenz* zurückgeführt, da Trump insbesondere als langjähriger Reality-TV-Star bereits einen hohen Bekanntheitsgrad hatte (Hearn 2016; Lawrence und Boydstun 2017a). Aus Sicht der bisherigen Forschung gilt: Trump erhielt überwiegend negative Berichterstattung. Doch damit gelang es ihm, dem Kandidaten ohne vorherige politische Ämter, über weite Strecken des Wahlkampfes im Zentrum der Aufmerksamkeit zu stehen – und diese Aufmerksamkeit zugleich anderen Kandidaten zu entziehen.

Was bei diesen Befunden und Erklärungen bisher übersehen wird, ist der Umstand, dass diese größtenteils nicht auf die nachträgliche Analyse von Wissenschaftlern zurückgehen, sondern bereits während des Wahlkampfes Teil des öffentlichen Diskurses waren. Die Nachrichtenmedien selbst berichteten also darüber, welche Kandidaten in welcher Form und aus welchen Gründen die Aufmerksamkeit auf sich zogen. Bereits vier Wochen nach Bekanntgabe von Trumps Kandidatur fand sich beispielsweise in der *Washington Post* die Schlagzeile: „Why is Trump getting so much attention?" (Cillizza 13. Juli 2015).

Folgt man neueren konzeptionellen Entwicklungen in der Nachrichtenwertforschung, so kann diese Art der journalistischen Berichterstattung mit dem Nachrichtenfaktor *Öffentlichkeitsresonanz* erfasst werden (Fürst 2013b). Dieser neue Nachrichtenfaktor verdeutlicht, dass Journalismus zunehmend das zum Thema macht, was als verbreitungsstark und nachgefragt gilt. Angesichts der ins Unüberschaubare gestiegenen Anzahl an Kommunikationsangeboten gewinnt also das an Relevanz, was breite oder unerwartete Aufmerksamkeit erregt. Dies wird häufig anhand von Zahlen illustriert, wie etwa Anzahl der *Twitter*-Follower oder Fernsehzuschauer, Häufigkeit der Berichterstattung oder Größe der Menschenmengen bei Veranstaltungen. Mit solchen Quantifizierungen kann auch ein Geschehen ohne sonstigen Nachrichtenwert zum Ereignis werden (Fürst 2018, S. 172). Die Berichterstattung über Öffentlichkeitsresonanz setzt nicht voraus, dass es belastbare Fakten gibt. Ausschlaggebend sind vielmehr die strategischen und rhetorischen Bemühungen der beteiligten Akteure sowie die scheinbare Objektivität von Zahlen – denn deren Basis und Aussagekraft wird selten hinterfragt (Fürst 2018, S. 173, 192 ff.; Heintz 2010). Donald Trump hat unter anderem stetig darauf hingewiesen, dass er „ratings gold" (Hearn 2016, S. 656; vgl. auch Werber 2017) sei.

In diesem Beitrag wird gezeigt, dass dieses Narrativ sich erfolgreich im öffentlichen Diskurs durchsetzen konnte.

Wir gehen also der Frage nach, welche Rolle der Nachrichtenfaktor *Öffentlichkeitsresonanz* in der Berichterstattung zu den US-Präsidentschaftswahlen 2016 gespielt hat. Zunächst legen wir dar, was unter diesem Nachrichtenfaktor verstanden wird und wie dies auf gesellschaftlicher Ebene mit einem Medien- und Aufmerksamkeitswandel zusammenhängt (Abschn. 2). Im Anschluss stellen wir Methode und Ergebnisse unserer Analyse vor (Abschn. 3 und 4). Mittels einer qualitativen Inhaltsanalyse wird untersucht, wie die Berichterstattung amerikanischer Leitmedien durch den Nachrichtenfaktor *Öffentlichkeitsresonanz* geprägt wurde. Dabei konzentrieren wir uns auf Berichte zu den Präsidentschaftskandidaten der Demokraten und Republikaner: Hillary Clinton und Donald J. Trump. Wir schließen den Beitrag mit einer kritischen Diskussion der Ergebnisse und Überlegungen zu zukünftigem Forschungsbedarf (Abschn. 5).

2   Öffentlichkeitsresonanz als Nachrichtenfaktor

Die Nachrichtenwerttheorie gehört zu den bekanntesten und ertragreichsten Ansätzen der Kommunikationswissenschaft und wurde insbesondere durch die europäische Forschung geprägt (Eilders 2006, 2016). Wenngleich die Nachrichtenfaktoren seit der bahnbrechenden Studie von Galtung und Ruge (1965) weiter ausdifferenziert und systematisiert worden sind (Eilders 2016), hat sich der Kern der identifizierten Nachrichtenfaktoren in den letzten fünfzig Jahren kaum verändert (Brüggemann 2013, S. 403; Eilders 2006, S. 8; Golding und Elliott 1979, S. 114–123). Insofern ist der Medien- und Aufmerksamkeitswandel, der in diesem Zeitraum stattgefunden hat und zuletzt durch die Digitalisierung stark vorangetrieben wurde, bisher noch nicht in ausreichender Weise in der Nachrichtenwertforschung berücksichtigt (Joye et al. 2015, S. 17).

Der zuletzt vorgeschlagene Nachrichtenfaktor *Öffentlichkeitsresonanz* soll einen Beitrag dazu leisten, diese Lücke zu schließen (Fürst 2013b).[2] Mit diesem Nachrichtenfaktor wird das Untersuchungsinteresse darauf gelenkt, wie der Journalismus jenes Geschehen aufgreift, das öffentliche Aufmerksamkeit erfahren hat bzw. als verbreitungsstark und nachgefragt ausgewiesen werden kann.

---

[2]An dieser Stelle wurde auch genauer dargelegt, wie sich der neue Nachrichtenfaktor *Öffentlichkeitsresonanz* von bereits bestehenden Nachrichtenfaktoren, wie zum Beispiel *Betroffenheit* und *Kontinuität,* abgrenzen lässt (Fürst 2013b, S. 10 f.).

Wir gehen davon aus, dass die Bedeutung des Nachrichtenfaktors *Öffentlich-keitsresonanz* in den vergangenen Jahrzehnten zugenommen hat. Denn in einer Gesellschaft, in der der Wettbewerb um die knappe Ressource Aufmerksamkeit stetig zunimmt (Webster 2014, S. 1), erhält die Verdichtung von gesellschaftlicher Aufmerksamkeit einen erhöhten Nachrichtenwert. Mit jeder Vermehrung der Kanäle und Medienangebote wurde in der Kommunikationsforschung über Ausmaß und Probleme der Publikumsfragmentierung und mangelnden kommunikativen Anschlussfähigkeit diskutiert (Eilders 2013, S. 336; Webster 2014, S. 18 f., 98–104). Die zunehmende Nutzung des Internets und sozialer Netzwerke wird in diesem Sinne als weiterer Zuwachs von „Selektions- und Individualisierungsmöglichkeiten" verstanden (Stark 2013, S. 204). Mit diesen Entwicklungen wird nicht nur die Erzeugung von kollektiver Aufmerksamkeit schwieriger. Auch die Rezipienten können im Zuge der unüberschaubaren Kommunikationsangebote und der Individualisierung der Mediennutzung potenziell die Orientierung darüber verlieren, was breite Aufmerksamkeit erregt und Anschlusskommunikation ermöglicht (Wehner 2008, S. 371).

Diesen Problemen wirken Journalisten in ihrer zentralen Funktion der gesellschaftlichen Selbstverständigung (Fürst et al. 2015) letztlich auch entgegen, indem sie *explizit* jene Ereignisse und Akteure thematisieren und diskutieren, die als verbreitungsstark und nachgefragt gelten. Mit der zunehmenden Ausdifferenzierung und Digitalisierung der Medien werden zugleich mehr Nutzungsdaten und Meta-Informationen generiert und kommuniziert (Gillespie 2016; Webster 2014). Auf vielen Online-Plattformen erhalten Rezipienten Informationen zu den meistgelesenen oder meistgeteilten Inhalten – wenngleich zumeist unklar bleibt, was dabei jeweils genau gemessen wird und wie hoch die Nutzungshäufigkeit konkret ist (Webster 2014, S. 83–91; Fürst 2018, S. 173). Dazu zählen etwa auch die sogenannten *Trending Topics* auf *Twitter* (Beckers und Harder 2016, S. 917; Gillespie 2016). Auf Basis der nahezu omnipräsenten und zumeist intransparenten Popularitäts-Rankings werden also einzelne Inhalte besonders hervorgehoben und beständig miteinander verglichen. Die damit ermöglichte Ko-Orientierung unter Mediennutzern verstärkt die Aufmerksamkeit für jene Inhalte, die als populär herausgestellt werden (Gillespie 2016, S. 60 f.; Webster 2014). Nutzungsdaten und -rankings werden offenbar sowohl von Mediennutzern als auch von Medienschaffenden als etwas aufgefasst, das Aussagen über die Öffentlichkeit und kulturelle Bedeutsamkeit eines Angebots ermöglicht (Gillespie 2016, S. 67).

Quantifizierungen zur Öffentlichkeitsresonanz erleichtern Journalisten die Auswahl aus dem schier unüberschaubaren Spektrum des aktuellen Kommunikationsgeschehens. Insbesondere im Zuge des zunehmenden ökonomischen Drucks in Redaktionen (Fürst et al. 2017; Pointner 2010) stellen sie auch eine kostengünstige und zeitsparende Möglichkeit der Recherche dar. Dadurch haben beispielsweise jene Inhalte auf *Twitter,* die unter den *Trending Topics* aufgeführt oder von followerstarken Nutzern gepostet werden, eine erhöhte Wahrscheinlichkeit zur journalistischen Nachricht zu werden (Beckers und Harder 2016; Chadha und Wells 2016).[3] Zugleich können die verfügbaren Zahlen zur Resonanz in journalistischen Berichten verwendet werden, um die Faktenorientierung zu unterstreichen sowie die Akzeptanz und Anschlussfähigkeit von Themensetzungen zu verstärken (vgl. Heintz 2010). Der Journalismus greift somit Informationen und Angebote auf, die Viralität entwickeln, und trägt damit zu deren weiterer Verbreitung bei (Nahon und Hemsley 2013, S. 5, 94).

Anhand des Nachrichtenfaktors *Öffentlichkeitsresonanz* wird also untersucht, inwieweit die journalistische Berichterstattung *explizit* die Quantität und Qualität von kollektiver Aufmerksamkeit thematisiert. Meist geht es dabei um ‚Leuchttürme' der Aufmerksamkeit. Deutlich seltener werden Ereignisse und Akteure zum Thema gemacht, weil sie – verglichen mit früheren Ereignissen oder anderen Akteuren – eine unerwartet geringe Aufmerksamkeit erzeugt haben (Fürst 2014). Die an Öffentlichkeitsresonanz orientierte Berichterstattung lässt sich analytisch in drei Ebenen unterscheiden: Publikumsresonanz, Medienresonanz sowie Veranstaltungsresonanz.

Auf der Ebene der *Publikumsresonanz* wird über Zahlen der Mediennutzung und über den Grad der Popularität berichtet. Dies können etwa Berichte über gemessene oder prognostizierte Einschaltquoten (Fürst 2013a; Mertens 2006, S. 27–29; Pundt 2002; Stauff und Thiele 2007) oder über ‚Bestseller' auf dem Buch-, Musik- und Filmmarkt sein (Hepp 2003, S. 92 f.; Gillespie 2016). Neben häufigen Bezügen auf Nutzungsdaten werden auch Metaphern und sprachliche Generalisierungen verwendet („Internet Age", „Deutschland ist im Casting-Fieber!", „Twitter just exploded"), um eine breite Öffentlichkeit oder Kommunikationsgemeinschaft zu konstruieren (Beckers und Harder 2016, S. 917; Fürst 2017, S. 48; Hickethier 2005, S. 355). Erste empirische Ergebnisse deuten darauf hin, dass die Thematisierung von Publikumsresonanz in den vergangenen 30 Jahren deutlich zugenommen hat und sich inzwischen häufig auf die Internetnutzung bezieht (Fürst 2014). Allein die Höhe von Klickzahlen kann den Ausschlag dafür geben, ob über etwas berichtet wird oder nicht.

---

[3]Dieser *Spill-over Effect* eines Themas oder Ereignisses von einem Medium zum anderen ist kein neues Phänomen: Vor der Digitalisierung wurde dies u. a. im Zusammenhang mit der Bedeutung von Leitmedien und Alternativpresse diskutiert (vgl. Mathes und Pfetsch 1991).

Befragte Journalisten haben dies bereits explizit eingeräumt: „This decision depends not only on whether or not the video itself is journalistically important but whether its circulation itself is news. So the news might not be what's in the video but that this video is in wide circulation" (Gürsel 2016, S. 295 f.). In ähnlicher Form wird auch über Inhalte aus sozialen Netzwerken berichtet. Ausgewiesene Trends, die Anzahl der Tweets, Retweets und Follower werden thematisiert, um die Relevanz einer Nachricht zu unterstreichen oder zum Aufhänger zu machen (Adornato 2016; Anstead und O'Loughlin 2015; Beckers und Harder 2016; Gillespie 2016, S. 64).

Mit der Thematisierung von *Medienresonanz* sind explizite Hinweise auf eine *übergreifende* Berichterstattung gemeint. Dies wird durch unterschiedlichste Informationen und sprachliche Formen vermittelt. Erstens wird Medienresonanz thematisiert, indem auf die Menge der veröffentlichen Medienberichte zu einem bestimmten Thema oder Ereignis Bezug genommen wird. Dies kann durch Nennung konkreter Zahlen erfolgen, aber auch durch eine Auflistung zahlreicher Medien (Mertens 2006, S. 29 f.) sowie durch sprachliche Verallgemeinerungen (zum Beispiel: „Nahezu jede bundesdeutsche Zeitung empörte sich", Pundt 2002, S. 267). Zweitens kann auf die Menge der Journalisten und Kamerateams verwiesen werden, die bei einem Ereignis vor Ort waren oder erwartet werden. Dabei können konkrete Zahlen genannt (Fürst 2013a; Lang und Lang 1953, S. 9), aber auch verallgemeinernde Beschreibungen gegeben werden („Umlagert von Fernsehkameras und Berichterstattern aus aller Welt", Mertens 2006, S. 26). Drittens wird die Medienresonanz visuell eingefangen, indem eine Menge von Journalisten, Kameras oder Mikrofonen gezeigt wird (Caple und Bednarek 2016; Esser und D'Angelo 2003, S. 628 f.; Ulrich 2012). Durch den Blick auf eine gedrängte Menge von Kameras oder zahlreiche Mikrofone sowie durch Bilder, in denen ein regelrechtes ‚Blitzlichtgewitter' zu erkennen ist, erzeugen Nachrichtenfilme den Eindruck einer starken Medienresonanz.

Auf der Ebene der *Veranstaltungsresonanz* werden alle Aussagen erfasst, die die Quantität (z. B. Angabe der Teilnehmeranzahl) oder Qualität (z. B. begeisterte Reaktionen) der Teilnahme an Veranstaltungen in numerischer, sprachlicher oder visueller Form zum Ausdruck bringen. Die Zahl derer, die an öffentlichen Veranstaltungen (politische wie kulturelle) teilnehmen, gilt allgemein als Ausweis der Relevanz einer Veranstaltung (Klenk 2006, S. 354 f.; Mann 1974). Deshalb kann allein die Frage, wie viele Menschen an einer Veranstaltung teilgenommen haben, zu kontroversen Diskussionen und starker Medienberichterstattung führen – wie zuletzt etwa bei der *Inauguration* Donald Trumps am 20. Januar 2017 (Kitch 2017, S. 5; Werber 2017, S. 42 ff.). Auch bei Demonstrationen gibt es häufig einen

Kampf um die Deutungshoheit über die an die Presse weiterzugebenden Teilnahmerzahlen – hier typischerweise zwischen Polizei und Veranstaltern (Cammaerts
2012, S. 122). In der Forschung zeichnet sich bereits ab, dass Demonstrationen
nicht an sich journalistische Ereignisqualität haben, sondern häufig erst dann als
berichtenswert gelten, wenn ihnen eine sehr hohe Resonanz zugesprochen wird
(Ertl 2015, S. 316 f.; Kitch 2017; McCarthy et al. 1996, S. 38; Wouters 2013).
Die Besucher einer Veranstaltung werden teilweise auch durch ihre Erwartungen
bezüglich der Menschenmenge zur Teilnahme motiviert (Lang und Lang 1953).
Entsprechend zielen viele Veranstalter darauf ab, dass (möglichst attraktive) erwar-
tete Teilnahmerzahlen bereits im Vorfeld an die Öffentlichkeit gelangen (Ertl 2015,
S. 300; Werber 2017). Unübersehbar ist diese Strategie bei Demonstrationen, die
vorab als „Marsch der Millionen" oder „Million Man March" ausgerufen werden
(Fürst 2013a; Sumiala und Korpiola 2016, S. 41; Watkins 2001). Damit konnte
bisher häufig eine massive Berichterstattung ausgelöst werden – nicht zuletzt,
weil Journalisten so bereits lange im Voraus über die kommunizierten Erwartungen kontrovers diskutieren konnten (Watkins 2001). Im Rahmen von Public
Relations-Bemühungen werden Prognosen zur Veranstaltungsresonanz teilweise
auch in Form von sprachlichen Generalisierungen erfolgreich an die Presse vermittelt („Mega-Ereignis", „Pilger aus aller Welt", Klenk 2006, S. 354 f.). Auch
die visuelle Darstellung von Veranstaltungsresonanz ist von Bedeutung. Nachrichtenmedien berichten insbesondere dann über Veranstaltungen und politische
Reden, wenn sich diese mit Bildern von großen und begeisterten Menschenmengen darstellen lassen. Entsprechend streben Politiker danach, genau solche Bilder
zu erzeugen (Grabe und Bucy 2009, S. 107 ff., 116–127, 291; Muñoz und Towner
2017; Sülflow und Esser 2014). Dabei ist auch zu berücksichtigen, dass der Eindruck einer großen und begeisterten Menschenmenge mit spezifischen Darstel-
lungsmitteln inszeniert werden kann (Lang und Lang 1953).

Die drei genannten Ebenen von Öffentlichkeitsresonanz sind analytisch voneinander zu unterscheiden. Gleichwohl wird über Themen und Akteure besonders
umfassend berichtet, wenn alle Ebenen konstruiert und miteinander verwoben
werden können (Fürst 2013a, b, S. 9; vgl. auch Hepp 2003).

3   Methode und Design

Da noch keine empirischen Untersuchungen zum Nachrichtenfaktor *Öffentlichkeitsresonanz* vorliegen, wurde ein explorativer Zugang gewählt. Mittels einer qualitativen Inhaltsanalyse (Fürst et al. 2016; Scheufele 2008) wurde untersucht, welche
Rolle der Nachrichtenfaktor Öffentlichkeitsresonanz in der Berichterstattung über

die US-Präsidentschaftswahlen 2016 spielt. Dazu wurden drei Presseangebote ausgewählt, die in den USA besonders stark zur politischen Information genutzt werden und zudem Einfluss auf die Berichterstattung anderer Nachrichtenmedien haben (Barthel und Gottfried 2017; Weaver und Choi 2017). Dies sind *The New York Times* (NYT), *The Washington Post* (WP) sowie *USA Today*. Analysiert wurden also sämtliche Artikel, die

- die Öffentlichkeitsresonanz der Präsidentschaftskandidaten Hillary Clinton und Donald Trump thematisierten (Analysegegenstand),
- vom Zeitpunkt der Kandidatur bis zum Wahltag (12.04.2015–08.11.2016) veröffentlicht wurden (Analysezeitraum) und
- in den drei genannten Zeitungen (NYT, WP und *USA Today*) erschienen sind („Newspapers" und „Web-based Publications", *keine* „Blogs") (Analysematerial).

Die allgemeine Wahlkampfberichterstattung, die bspw. ausschließlich auf politische Positionen, die Eignung der Kandidierenden oder deren Wahlchancen fokussiert, wird daher nicht berücksichtigt. Folglich kann nicht bestimmt werden, wie hoch der relative Anteil der Berichterstattung zu Öffentlichkeitsresonanz an der gesamten Wahlberichterstattung ist.

Die Recherche erfolgte über die Datenbank *LexisNexis*. Da diese Datenbank keine Bilder oder Grafiken archiviert, konzentriert sich die Analyse auf die Nachrichtentexte. Aufgrund der Vielzahl der erschienenen Artikel zum US-Wahlkampf wurde mit ausgewählten Suchbegriffen auf das Material der Volltextdatenbank zugegriffen (vgl. Tab. 1). Diese Suchbegriffe wurden zum einen deduktiv aus den theoretischen Überlegungen zu den drei Ebenen des Nachrichtenfaktors *Öffentlichkeitsresonanz* abgeleitet und zum anderen induktiv anhand einer Vorab-Recherche am Analysematerial zur US-amerikanischen Wahlkampfberichterstattung spezifiziert. Die gewählten Suchbegriffe sind nur ein kleiner Ausschnitt möglicher Darstellungsformen von Öffentlichkeitsresonanz (vgl. Abschn. 2). Die mit ihnen generierte Menge an Nachrichtenbeiträgen bot bereits ausreichendes Material für eine explorative Analyse.

Inwiefern die somit gefundenen Artikel die für die Analyse relevanten Aussagen enthielten, wurde per manueller Recherche bestimmt: Hierfür wurden die Abschnitte, in denen die gewählten Suchbegriffe vorkamen, sowie der vorherige und nachfolgende Abschnitt gelesen und geprüft. Beiträge, die beispielsweise nur einen Aufruf zur Beteiligung an einer von der Zeitung initiierten Debatte auf *Twitter* oder Angaben über das ,Rating' der *Trump University* enthielten, wurden ausgeschlossen. Auch wurden solche Artikel aussortiert, in denen nicht der

Tab. 1 Suchbegriffe und -parameter zur Identifikation relevanter Artikel

Ebene	Beschreibung der Ebene	Suchbegriffe (fett) und Suchparameter (in Großbuchstaben)
Publikumsresonanz	Verweis auf den Grad der Popularität von Botschaften und Kommunikationsangeboten mittels Nutzungszahlen (TV-Quoten, Follower etc.) und sprachlicher Generalisierungen (Konstruktion von Kommunikationsgemeinschaften, wie etwa: ‚die ganze Nation schaute zu als…‘)	**Donald** AND **Trump** oder **Hillary** AND **Clinton** GLEICHER ABSATZ **Rating**
		Donald AND **Trump** oder **Hillary** AND **Clinton** GLEICHER ABSATZ **Follower** AND **Social Media**
		Donald AND **Trump** oder **Hillary** AND **Clinton** GLEICHER ABSATZ **Follower** AND **Twitter**
		Donald AND **Trump** oder **Hillary** AND **Clinton** GLEICHER ABSATZ **Follower** AND **Facebook**
		Donald AND **Trump** oder **Hillary** AND **Clinton** GLEICHER ABSATZ **Follower** AND **Instagram**
Medienresonanz	Verweis auf eine übergreifende Medienberichterstattung durch Betonung der Menge an journalistischen Beiträgen, berichtenden Nachrichtenangebote oder Journalisten, mittels Zahlen, sprachlicher Generalisierungen (‚nahezu alle Medien berichten‘) oder Visualisierungen (z. B. der vor Ort anwesenden Journalisten)	**Donald** AND **Trump** oder **Hillary** AND **Clinton** GLEICHER ABSATZ **earned** GLEICHER SATZ **media**
		Donald AND **Trump** oder **Hillary** AND **Clinton** GLEICHER ABSATZ **attention** GLEICHER SATZ **media**
		Donald AND **Trump** oder **Hillary** AND **Clinton** GLEICHER ABSATZ **dominat*** GLEICHER SATZ **media**
		Donald AND **Trump** oder **Hillary** AND **Clinton** GLEICHER ABSATZ **free** GLEICHER SATZ **coverage**

(Fortsetzung)

Tab. 1 (Fortsetzung)

Ebene	Beschreibung der Ebene	Suchbegriffe (fett) und Suchparameter (in Großbuchstaben)
Veranstaltungsre-sonanz	Verweis auf die Menge und die Reaktionen der Teilnehmer von Veranstaltungen mittels Zahlen, sprachlicher Generalisierungen (,großer Menschenandrang') oder Visualisierungen (z. B. der Menschenmenge)	**Donald** AND **Trump** oder **Hillary** AND **Clinton** GLEICHER ABSATZ **crowd** GLEICHER ABSATZ **rally**
		Donald AND **Trump** oder **Hillary** AND **Clinton** GLEICHER ABSATZ **thousand** GLEICHER ABSATZ **rally**

Kandidat selbst Öffentlichkeitsresonanz erzeugt, sondern allein andere Akteure, die für den Kandidaten werben (etwa: Berichte über eine große Kundgebung von Barack Obama oder von Mike Pence). Die Überprüfung der Trefferlisten erfolgte separat für jede Suchbegriffskombination. Wenn Artikel für mehrere Suchanfragen angezeigt wurden, wurden jeweils die Dopplungen gelöscht. Dopplungen zeichneten sich durch Übereinstimmung im Autorennamen, Titel sowie Veröffentlichungsdatum aus. Unterschied sich der Artikel in einem der genannten Kriterien, wurde das als neuer Artikel gewertet. In der Trefferliste befanden sich nach den in der Datenbank verfügbaren Angaben zum Artikel sowohl rein online-basierte als auch nur in der Printausgabe erschienene Beiträge. Im Folgenden werden wir jedoch keine separate Auswertung von Online- und Offline-Beiträgen vornehmen.

Zur Beantwortung der Forschungsfrage wurden die Artikel anhand folgender Kriterien analysiert, die aus den theoretischen Überlegungen zum Nachrichtenfaktor Öffentlichkeitsresonanz und aus dem Forschungsstand zum US-amerikanischen Wahlkampf entwickelt wurden (siehe Abschn. 1 und 2):

- Beschreibungen der Öffentlichkeitsresonanz (z. B. als stark oder schwach), unterschieden nach den drei Ebenen Publikums-, Medien- und Veranstaltungsresonanz
- Relationale Charakterisierungen der Öffentlichkeitsresonanz (z. B. Vergleiche zwischen verschiedenen Kandidierenden einer Partei)
- Zugeschriebene Ursachen für die Öffentlichkeitsresonanz eines Kandidaten (z. B. provokativer Kommunikationsstil)

4   Ergebnisse zum Nachrichtenfaktor Öffentlichkeitsresonanz im US-Wahlkampf

Insgesamt konnten mittels der bereits beschriebenen Suchstrategie 765 Artikel identifiziert werden, die mindestens einen Verweis auf eine der drei Ebenen des Nachrichtenfaktors *Öffentlichkeitsresonanz* enthalten. Besonders häufig lassen sich dabei Aussagen zur Publikumsresonanz ($n = 306$) und zur Veranstaltungsresonanz ($n = 302$) finden. Vergleichsweise weniger Raum nehmen Ausführungen zur Medienresonanz ($n = 208$) ein. Ein Großteil der Artikel ist in der *New York Times* (NYT, $n = 351$) sowie in der *Washington Post* (WP, $n = 343$) erschienen. Lediglich 71 Beiträge wurden hierzu in der *USA Today* veröffentlicht, die sich im Vergleich zu NYT und WP – auch bei anderen politischen Themen – gemeinhin durch einen deutlich geringeren Umfang der Berichterstattung auszeichnet (vgl. Benson 2010; DeLuca et al. 2012, S. 500).

Wie vermutet, bezieht sich die überwiegende Mehrheit der Beiträge auf Donald Trump: Hinweise auf seine Öffentlichkeitsresonanz lassen sich in insgesamt 706 Artikeln finden. Nur 101 Artikel thematisieren die Öffentlichkeitsresonanz von Hillary Clinton – und dies häufig nur im Zusammenhang und Vergleich mit jener von Trump. So nehmen 42 der insgesamt 101 Artikel zu Clinton gleichzeitig auch Bezug auf Trump.

Wie die Analyse im Zeitverlauf deutlich macht, wird die Öffentlichkeitsresonanz von Trump und Clinton zu Beginn der ersten Wahlkampfphase nur vereinzelt thematisiert (vgl. Abb. 1). Während solche Berichte zu Clinton seit Bekanntgabe ihrer Kandidatur (12. April 2015) im gesamten Zeitraum vergleichsweise geringfügig ansteigen, generiert Trump innerhalb der ersten Monate nach Beginn seiner Kandidatur (16. Juni 2015) eine kontinuierlich wachsende Berichterstattung, die zudem in 2016 zu drei Zeitpunkten erheblich ansteigt. Ein erster Höhepunkt findet sich im Februar/März 2016 rund um den *Super Tuesday* (01.03.2016), an dem in einer Vielzahl amerikanischer Bundesstaaten die Vorwahlen zur Kandidatur stattfanden. In diesem Zeitraum wurden auch die ersten Ergebnisse der kommerziellen Medienforschung zur unterschiedlichen Medienpräsenz (‚earned media‘) der Kandidaten veröffentlicht. Im Juli 2016 erhöht sich die Anzahl der Artikel nochmals leicht. Ein starker Anstieg zeigt sich in der letzten Wahlkampfphase im September und Oktober 2016, in der auch die im Fernsehen übertragenen *Presidential Debates* stattgefunden haben.

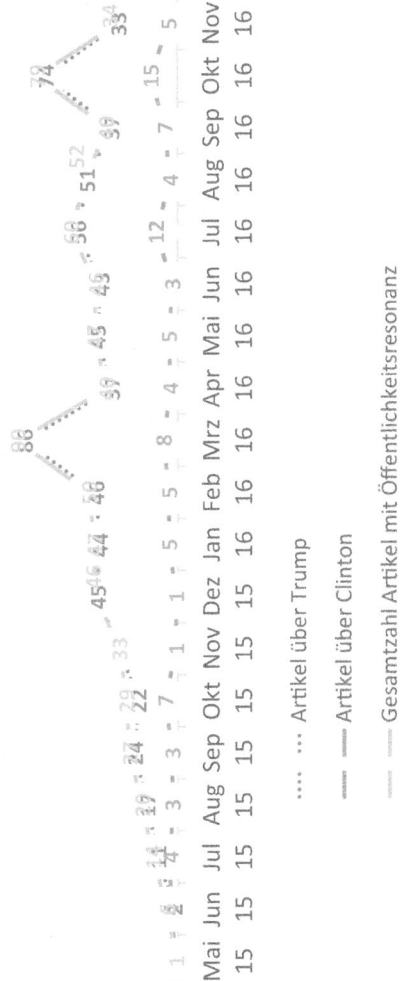

Abb. 1 Anzahl der Artikel mit Bezug zur Öffentlichkeitsresonanz im Zeitverlauf. (Quelle: eigene Erhebung)

4.1 Ergebnisse zur Publikumsresonanz

Aussagen zur Mediennutzung oder zum Grad der Popularität von Kommunikationsangeboten und Botschaften der Kandidierenden werden als Indikatoren für Publikumsresonanz gewertet. In modernen digitalen Gesellschaften, die vielfältige Möglichkeiten zur Generierung von Nutzungsdaten bieten, beziehen sich solche Aussagen nicht nur auf Einschaltquoten von Fernsehformaten, sondern meist auch auf den Erfolg auf Plattformen der sozialen Medien. Wie die Analyse zeigt, wird über Trumps Publikumsresonanz besonders häufig berichtet ($n = 301$). Vereinzelt, und insbesondere mit Bezug auf TV-Einschaltquoten, werden solche Hinweise bereits in der Schlagzeile hervorgehoben. Zum Beispiel: „Record numbers watch debates – with or without Trump" (WP vom 16.10.2015), „84 Mio.: Debate sets a record for viewers" (WP vom 28.09.2016).

In den Berichten wird Trump vielfach als Person dargestellt, die gemeinhin für besonders hohe Einschaltquoten sorge. Dies drückt sich etwa in Bezeichnungen Trumps als „ratings machine", „ratings boon", „big ratings draw" oder „ratings bonanza" aus (WP vom 13.10.2015; WP vom 04.12.2015; NYT 05.05.2016; NYT vom 19.05.2016). Darunter finden sich häufig Begriffe und Zuschreibungen, die Trump selbst geprägt hat. Journalisten verbreiten auch die Superlative, mit denen sich Trump als Mittelpunkt der gesellschaftlichen Aufmerksamkeit darstellen will: „‚That was an exciting evening for me folks,' he said, adding, ‚And it set the all time record for debates and maybe television, who knows'" (NYT vom 28.09.2016). Mit diesen sehr positiven und fortwährend wiederholten Selbstdarstellungen hat Trump offenkundig die Medienberichterstattung über ihn ein Stück weit beeinflusst. Dies legen nicht nur die bereits geschilderten Nachrichtenbeiträge nahe, sondern auch die selbstkritische Aussage eines Journalisten:

It's certainly not news to anyone at this point that the only things Trump is good at talking about are his ratings, his number of social-network followers and the size of the crowds at his appearances. Granting this interview, of course, will simply serve as another way for him to measure his popularity (WP vom 19.05.2016).

Zahlreiche Berichte heben ebenfalls hervor, wie viel Resonanz Trump auf den Plattformen der sozialen Medien generiere. Zumeist wird dabei explizit auf die hohen Nutzerzahlen von Trumps *Twitter*- und *Facebook*-Kanal verwiesen. Durch den gleichzeitigen Verweis auf Nutzerzahlen anderer Kandidierender wird häufig verdeutlicht, dass Trump die größte Resonanz erzeuge. Auf dieser Basis wird Trumps Aktivität auf sozialen Netzwerken für einflussreich gehalten – und auch im Vergleich zu anderen Kandidierenden ausführlicher thematisiert. Die hohen

Follower-Zahlen werden also meist mit einer relevanten Machtressource gleichgesetzt. Dies zeigt sich besonders eindrücklich in metaphorischen Bezeichnungen des Publikums als Trumps „legion" oder „army of Twitter followers" und
der Darstellung Trumps als „king of Twitter, collecting 5 Mio. followers" (NYT
28.01.2016; WP vom 13.12.2015; USA Today vom 22.12.2015).

Dagegen wird in den Nachrichten über Hillary Clinton eher selten auf ihre Publikumsresonanz verwiesen ($n = 24$). Soziale Netzwerke spielen dabei zudem eine
geringe Rolle. In den wenigen Artikeln hierzu wird herausgestellt, dass Clinton
über *Twitter* und *Facebook* Hunderttausende und Millionen von Menschen errei-
che – und diese Kanäle von der Clinton-Kampagne auch gezielt eingesetzt würden, um die Medienagenda zu beeinflussen oder zu umgehen. Ein Teil der Berichte
zielt auf den direkten Vergleich mit Trump – und stellt Clinton als Unterlegene dar.
Auslöser dieser Berichterstattung sind auch Trumps Selbstdarstellungen:

> Campaigning via social media is ‚a very effective way of communication,' Trump
> said on the Sunday debate, noting his 12.4 million Twitter followers and 11.3 mil-
> lion Facebook likes. Democrat Hillary Clinton has 9.7 million Twitter followers and
> more than 7 million likes to her page on Facebook (USA Today vom 04.10.2016).

Vereinzelt werden auch Ursachen für die unterschiedliche Publikumsresonanz der
beiden Kandidierenden benannt: Trump habe mehr Follower als Clinton, weil er
viel authentischer kommuniziere. Ferner enthalten manche Berichte explizite Aussagen dazu, dass die unterschiedlichen Follower-Zahlen von Clinton und Trump
etwas über deren jeweiligen Kampagnenerfolg und Wahlchancen aussagen.

Die große Mehrheit der Berichte zur Publikumsresonanz Clintons stammt aus
dem Jahr 2016 und behandelt das Interesse, das sie bei Fernsehzuschauern wecke.
In diesen Artikeln werden typischerweise Clinton und Trump gleichermaßen hervorgehoben. Der Wahlkampf zwischen den Rivalen sorge dafür, dass die Fernsehsender mit Nachrichten im Allgemeinen und mit den TV-Debatten im Speziellen
gute Einschaltquoten generieren. Vereinzelt wird bereits im Vorfeld dieser Debatten die Erwartung ausgedrückt, dass diese Rekordquoten erzeugen werden. In
wenigen Berichten wird zudem verglichen, ob Clinton oder Trump die meisten
Fernsehzuschauer anziehe. Auch hier werden zum Teil die strategischen Aussagen Trumps als Ausgangspunkt genommen, um ausführlicher darzustellen, welcher Kandidat wann besser abgeschnitten habe:

> ‚The Nielsen ratings just came out,' Donald J. Trump, the Republican presidential
> nominee, said with a smile on Friday in Colorado, hours after his Democratic oppo-
> nent, Hillary Clinton, delivered her climactic convention speech. ‚We beat her by
> millions.' Well, yes and no (NYT vom 30.07.2016).

Die Berichte rekurrieren vielfach auf konkrete Nutzungszahlen (Anzahl der Fernsehzuschauer sowie der Follower Clintons auf *Twitter* und *Facebook*). Häufig wird aber auch, ohne Nennung konkreter Zahlen, allgemein davon gesprochen, dass die Einschaltquoten besonders hoch ausfielen oder ganz Amerika die Aufmerksamkeit auf die letzten Fernseh- und Nachrichtenereignisse richtete.

4.2   Ergebnisse zur Medienresonanz

Unter Medienresonanz werden hier sämtliche Aussagen dazu verstanden, in welchem Ausmaß Kandidierende die Aufmerksamkeit der Medien auf sich ziehen und die medienübergreifende Berichterstattung prägen. Artikel zur Medienresonanz von Trump ($n = 195$) heben zum Teil bereits in der Schlagzeile Trumps besonderen Erfolg hervor. Dabei kommt auch eine medienkritische Perspektive zum Ausdruck: „Trump coverage is out of control" (USA Today vom 25.08.2015), „The media's $2 billion gift to Trump" (WP vom 16.03.2016). In den Beiträgen wird Trump als „breakout media star" bezeichnet, der eine „massive" oder „significant" Aufmerksamkeit in den Medien erziele (WP vom 11.09.2016; USA Today vom 23.06.2016; WP vom 01.06.2016). Neben diesen verallgemeinernden Beschreibungen der Resonanz finden sich konkrete Zahlen, die das Ausmaß der journalistischen Aufmerksamkeit illustrieren, quantifizieren und damit objektivieren sollen: Einige Autoren verweisen auf den Sendezeitanteil, den Trump für sich beanspruchen konnte oder auf die Höhe der Kosten, die für gleichwertige gekaufte Sendezeit zu zahlen gewesen wäre („earned media" beziffert in Dollar). Solche Berechnungen werden während des Wahlkampfs wiederholt aufgestellt und veröffentlicht, wodurch Trump jeweils weitere Medienberichte generiert, die ihn als Zentrum der öffentlichen Aufmerksamkeit darstellen. Häufig wird der mediale Erfolg Trumps dabei in Relation zu anderen Kandidierenden gesetzt – zunächst im Rennen um die Spitzenkandidatur der republikanischen Partei und dann um das Weiße Haus selbst. Dabei wird Trump meist als deutlich erfolgreicher dargestellt.

Als ursächlich für Trumps Mediendominanz werden sein teilweise aggressiver und provokativer Kommunikationsstil sowie sein bereits vorhandener Status und seine Medienerfahrungen als prominente Persönlichkeit und Reality-TV-Star gesehen. Zudem wird in Artikeln beschrieben, dass Trump auch selbst jede Möglichkeit zur Medienpräsenz ergreife, indem er Interviewanfragen – auch per Telefonschalte – in der Regel nachkomme. Auch wird Trumps Medienpräsenz auf seine zahlreichen Nachrichten auf *Twitter* zurückgeführt – zumal diese durch Verweis auf die Anzahl seiner Follower als besonders relevant erscheinen (siehe Abschn. 4.1). So berichten Journalisten darüber, dass Trump mit seinen Tweets praktisch die Medienagenda diktiere:

On Twitter, where he regularly regales his millions of followers with 140-character bursts of id, Mr. Trump's posts are mainlined and amplified by the rest of the media; with one or two tweets, he can dominate cable TV, the web, newspapers and talk radio for an entire day (NYT vom 19.05.2016).

Dagegen gibt es nur wenige Artikel, die die Medienresonanz von Clinton thematisieren ($n = 27$). In 2015 finden sich vereinzelt Berichte, in denen Clinton als die demokratische Kandidatin dargestellt wird, die am stärksten im Zentrum der medialen Aufmerksamkeit stehe – und sich die Bühne allenfalls mit Bernie Sanders teilen müsse. Teilweise wird diese Aufmerksamkeit allerdings nicht als vorteilhaft bewertet, weil diese weitgehend mit kritischer Berichterstattung gleichgesetzt wird. So titelt beispielsweise die *Washington Post* in der ersten Woche von Clintons Wahlkampf: „Spotlight on Clinton helps others emerge from shadows" (17.04.2015). Die nachteilige Wirkung von starker Medienaufmerksamkeit wird zudem in Zusammenhang mit Skandalen angesprochen. Diese Artikel äußern sich überwiegend kritisch dazu, dass die Medien beispielsweise viel über Clintons E-Mail Affäre, aber wenig über ihre politischen Konzepte berichten. Auch würden die Skandale Clintons in den Medien deutlich intensiver diskutiert als jene Trumps, wie etwa die *USA Today* (vom 08.09.2016) in einer Schlagzeile betont: „Trump Foundation scandal deserving of more attention; Ample coverage of Clinton Foundation screams for full-court press of GOP nominee".

Der größte Teil der Berichte zur Medienresonanz Clintons stellt allerdings dar, dass Trump deutlich mehr Aufmerksamkeit in den Medien erhalte als Clinton. Diese Aufmerksamkeit wird überwiegend als vorteilhaft für Trump gesehen – und oft auch genau beziffert. Basis dafür sind die Daten der kommerziellen Medienforschung, die seit Frühjahr 2016 generiert wurden und die Medienpräsenz aller Kandidaten in einem Geldwert vergleichen (wie bereits ausgeführt):

Despite spending little on advertising, Mr. Trump had a news media presence that dwarfed those of other candidates, with pervasive coverage of his campaign on television, in print and on social media. According to mediaQuant, Mr. Trump earned $639 million in free media in May – more than double Mrs. Clinton's $275 million (NYT vom 22.06.2016).

Vereinzelt bieten Berichte für diese unterschiedliche Medienresonanz von Clinton und Trump Erklärungen an und heben diese bereits im Titel hervor: „Can media resist Trump temptation? It's hard to be fair when one nominee is a headline machine and the other, uh, isn't" (USA Today vom 04.08.2016). Dieser Artikel problematisiert zwar auch die Funktionsweise der Medien, unterstreicht

aber letztlich, dass Clinton aufgrund ihres Kommunikationsstils und ihrer Kern-
botschaften die Medien deutlich weniger für sich einnehmen könne als Trump.
Durch die laufende Aktualisierung von Messungen und Schätzungen zur Medienpräsenz der Kandidaten tragen die Zeitungen letztlich zu dem Phänomen bei, das
sie beschreiben. Dabei kommen teilweise auch eigene Prognosen der Journalisten
ins Spiel, die eine deutliche Verschärfung von Clintons mangelnder Medienpräsenz postulieren:

> By some estimates, Donald Trump has received the advertising equivalent of more
> than $4 billion in free media coverage, while Clinton has gotten little more than half
> that. Since the conventions, as his daily obnoxiousness and varied offenses against
> good politics continue, let me spitball that he gets 90% of the coverage to her 10%
> (USA Today vom 22.08.2016).

4.3   Ergebnisse zur Veranstaltungsresonanz

Die Befunde zur Veranstaltungsresonanz, die durch die Menge der Menschen
oder deren Reaktionen charakterisiert wird, bestätigen die bereits bei den anderen Ebenen identifizierten Muster: Es sind überwiegend Artikel, die sich mit dem
Zuspruch zu Wahlkampfveranstaltungen Trumps befassen ($n = 260$). Ein Journa-
list verweist sogar explizit auf hohe Teilnehmerzahlen als Berichterstattungsan-
lass: „Were the cable networks wrong to carry live coverage of so many Trump
rallies? Recall that the events themselves were newsworthy because of the ext-
raordinary size of the crowds" (WP vom 29.03.2016).

Es gibt mehrere Artikel, die die Veranstaltungsresonanz von Trump bereits
in der Schlagzeile betonen, wie etwa: „Trump message plays well to big Dal-
las crowd" (WP vom 15.09.2015), „Overflow crowd for Trump in the backyard
of Sanders" (NYT vom 08.01.2016), „Trump's crowds are big, but his counts
are bigger" (WP vom 31.10.2016). Viele Artikel berichten ausführlich über die
Menge und die Reaktionen der Zuschauer. Geschildert wird etwa, wie die Teilnehmer in Chören auf Aussagen Trumps reagieren. Zudem finden sich zahlreiche
Verweise auf die Größe der Menschenmenge und die kollektive Stimmung auf
den Veranstaltungen: Trump ziehe „enormous", „large, enthusiastic" und „big,
boisterous crowds" von 10.000 oder „more than 15,000" Teilnehmenden an (USA
Today vom 01.02.2016; WP vom 03.05.2016; WP vom 12.01.2016; NYT vom
15.10.2016). Daneben finden sich einige Artikel, in denen die Auftritte Trumps
bereits im Vorfeld zum Ereignis werden. Hier wird berichtet, dass tausende oder
zehntausende Menschen zur Veranstaltung erwartet werden – darunter häufig
auch Gegendemonstranten.

In vielen Berichten wird auf Trumps Status und Kommunikationsstil als Grund für hohe Teilnehmerzahlen verwiesen (siehe bereits die obigen Ausführungen zu Medien- und Publikumsresonanz). Zudem berichten einige Nachrichtenbeiträge darüber, dass Trump die Menschenmengen auf seinen Wahlveranstaltungen möglichst stark in der Öffentlichkeit sichtbar machen wolle. Um dieses strategische Ziel zu erreichen, stelle Trump auch explizite Forderungen an Journalisten: „[H]e does what he routinely demands that television reporters do at his rallies: Show the crowds" (NYT vom 05.02.2016). Ferner lassen sich in den Nachrichtenbeiträgen Zitate von Trumps Selbstzuschreibungen finden, in denen er auf den Erfolg seiner Veranstaltungen – gerade auch im Vergleich zu anderen Kandidaten – verweist.

In Berichten zur Resonanz von Clintons Wahlveranstaltungen ($n = 55$) wird demgegenüber häufig zum Ausdruck gebracht, dass diese vergleichsweise klein ausfallen. Vereinzelt stellen Berichte in den ersten Wochen des Wahlkampfs heraus, dass die Kampagne auf die Organisation kleinerer Veranstaltungen mit spezifischen Zielgruppen ausgerichtet sei. Dies generiert vereinzelt positive Schlagzeilen zur Veranstaltungsresonanz („For Clinton, ‚small' events still draw a frenzy of attention", NYT vom 15.04.2015), die jedoch im weiteren Verlauf des Wahlkampfs ausbleiben. Zwischen Juni 2015 bis Juni 2016 wird ein beständiger Vergleich zwischen Hillary Clinton und Bernie Sanders hergestellt. Dabei wird lediglich bis Mitte Juni 2015 noch die Erwartung ausgedrückt, dass Clinton eine stärkere Resonanz als Sanders erzielen könnte. Die nachfolgenden Berichte stellen dagegen deutlich heraus, dass Sanders Begeisterung auslöse und große Menschenmengen anziehe, während Clinton darin eher wenig Erfolg habe.

His unabashedly progressive message of taking on ‚the billionaire class' has drawn thousands of people, in some cases tens of thousands, to his rallies. Clinton, by contrast, generally campaigns in smaller venues and has sometimes struggled to fill them (WP vom vom 12.09.2015).

Zum Teil wird in den Berichten auch hervorgehoben, dass Clinton dies selbst mittels „boxes of free pizza" oder „live band and burgers" nicht ändern könne (NYT 18.07.2015; WP vom 19.06.2015). Ab Juli 2016, also zu Beginn des Wahlkampfs zwischen den nominierten Präsidentschaftskandidaten, verlagert sich der Vergleich dann auf Trump. Auch hier wird geschildert, dass Clinton meist eine geringere Resonanz erziele. Zum einen wird Trump also als erfolgreicher Konkurrent dargestellt. Zum anderen wird im letzten halben Jahr des Wahlkampfs zunehmend darüber berichtet, dass Trump zum Mittel werde, mit dem Clinton schließlich doch große Menschenmengen erreichen und Stimmung machen könne: „Trump is a big motivator for these voters. Clinton's crowd was never as rapt as when she asked how embarrassing it was to see violence break out at Trump rallies" (WP vom 09.05.2016).

In diesen Berichten wird impliziert, dass Clinton auf ihren Veranstaltungen weniger durch eigene politische Botschaften und Stärken überzeuge, sondern vor allem durch deutliche Kritik an Trump. Darüber hinaus greift die Berichterstattung in diesem Zeitraum mehrere Veranstaltungen auf, bei denen Clinton gemeinsam mit anderen Spitzenpolitikern oder mit *Celebrities* viele Menschen angezogen und Begeisterung ausgelöst habe. Außerhalb von Bezügen zu namhaften Unterstützern oder zu anderen Kandidaten wird die Resonanz von Clintons Auftritten eher selten thematisiert. Auch finden sich in dieser Berichterstattung keine ausführlichen Schilderungen der Teilnehmerreaktionen.

5   Diskussion und Fazit

Die qualitative Inhaltsanalyse hat exemplarisch gezeigt, dass der Nachrichtenfaktor *Öffentlichkeitsresonanz* in einer Vielzahl von Berichten zum US-amerikanischen Wahlkampf 2016 vorzufinden ist. Zugleich zeigen sich mit Blick auf die beiden Präsidentschaftskandidaten der republikanischen und demokratischen Partei erhebliche Unterschiede. Während Trump eine massive Berichterstattung erhielt, in der er überwiegend als Zentrum der gesellschaftlichen Aufmerksamkeit dargestellt wurde, erschienen über Clinton während des gesamten Wahlkampfs vergleichsweise wenig Berichte, die ihre Resonanz in der Öffentlichkeit thematisierten. In diesen Berichten wurde Clinton zudem meist als Politikerin dargestellt, die im Vergleich zu Donald Trump oder Bernie Sanders weniger Aufmerksamkeit und Begeisterung auslöse – oder dazu prominente Unterstützung benötige. In manchen Berichten wurde die ihr zugeschriebene geringe Resonanz auf ihren Kommunikationsstil und ihre fehlende Authentizität zurückgeführt. Demgegenüber erklärten sich Journalisten die überragende Aufmerksamkeit, die sie Trump zurechneten, mit seinem authentischen, provokativen und unterhaltsamen Kommunikationsstil, mit seiner Prominenz, seinen Medienerfahrungen und seiner Interviewbereitschaft sowie mit seiner Präsenz auf *Twitter.* Mit der Zuschreibung solcher Gründe wurde auf persönliche Eigenschaften und Eigenheiten der Politiker fokussiert – während mögliche äußere Bedingungen und spezifische Aufmerksamkeitsdynamiken ausgeblendet blieben.

Zwar berichteten Journalisten teilweise auch kritisch über die unverhältnismäßige Aufmerksamkeit, die Trump zuteilgeworden sei. Ihre Berichte trugen aber letztlich zu einer Ungleichverteilung der Aufmerksamkeit bei – und beeinflussten potenziell auch das Image der Kandidierenden. Trump wurde in der öffentlichen Kommunikation dafür bekannt gemacht, dass er überall bekannt sei, Interesse errege und die gesellschaftliche Debatte bestimme. Clinton wurde dagegen eher dafür bekannt gemacht, dass sie die Aufmerksamkeit nicht an sich binden könne – oder ungewollte negative Aufmerksamkeit erhalte. Wie die Analyse zeigt, sind damit jene Botschaften in starker Weise in den Medien verbreitet worden, die Trump selbst auf seinen Wahlveranstaltungen und in Medienauftritten häufig postuliert hat. Diese Botschaften basieren sowohl auf eingängigen Metaphern wie „ratings machine" und „king of Twitter" (WP vom 13.10.2015; USA Today vom 22.12.2015) als auch auf Quantifizierungen, die soziale Netzwerke sowie die kommerzielle Medienforschung laufend bereitstellen.

In der Regel wurde in der Berichterstattung nicht darüber reflektiert, wie diese Daten zustande kommen und was sie aussagen können. Das Geschehen auf *Twitter* erscheint beispielsweise weniger bedeutsam, wenn eingeordnet wird, dass es dort zwar Millionen Nutzerkonten gibt, diese aber in den USA kaum genutzt werden. Das soziale Netzwerk weist eine wachsende Anzahl inaktiver Konten auf und wird insbesondere in Wahlkampfzeiten durch *Social Bots* geprägt (Kollanyi et al. 2016; Woolley und Guilbeault 2017). Während des Wahlkampfs wurde *Twitter* von nur knapp zehn Prozent der US-Amerikaner mindestens einmal wöchentlich genutzt – und dann häufig nur kurz (Pancer und Poole 2016, S. 260; Pew Research Center 2016, S. 20; 2017, S. 17). Noch vor den Wahlen wurde öffentlich bekannt, dass unter den Followern Trumps besonders viele *Social Bots* vorzufinden sind (Karpf 2017; Ott 2017, S. 63 f.) – und letztlich natürlich auch Personen, die Trump nicht unterstützen oder nicht aus den USA stammen. Auch die Messung von TV-Einschaltquoten erlaubt es nicht, Aussagen darüber zu treffen, welche beteiligten Akteure einer Sendung die Aufmerksamkeit und den Zuspruch der Zuschauer finden – und welche nicht.

Um für eine Kampagne möglichst viel Aufmerksamkeit zu gewinnen, mag also die tatsächliche Resonanz bei *Twitter*-Followern und Fernsehnutzern zum Teil nicht entscheidend sein. Denn bedeutsam ist bereits, wie diese Resonanz in verschiedensten Nachrichtenmedien thematisiert wird. Trumps Kampagnenmitarbeiter haben eingeräumt, dass in erster Linie die Medienagenda strategisch beeinflusst werden sollte und dabei auch darauf gezielt wurde, einen falschen Eindruck von der Resonanz in Online-Medien zu vermitteln (Woolley und Guilbeault 2017, S. 4 f.). Auch die Organisation von wenigen, aber großen Wahlveranstaltungen erfolgte gezielt, um mit großen Menschenmengen in die Nachrichten zu gelangen (Cosgrove 2018, S. 58 f.; Lowe 2018, S. 288 f.). Aus der Forschung zu Nachrichtenfaktoren und Agenda-Building (Parmelee 2014) ist bekannt, dass politische Akteure versuchen, „ihre Botschaften strategisch auf die Auswahlkriterien der Journalisten hin abzustimmen" (Eilders 2016, S. 432; vgl. auch McNair 2018, S. 76 f., 143). Insofern kann angenommen werden, dass Trumps Kampagne die Berichterstattung über Öffentlichkeitsresonanz ein Stück weit antizipiert und gezielt vorangetrieben hat. Die Ergebnisse zeigen, dass Trump auf diese Weise im Verlauf des Wahlkampfs selbstverstärkende Effekte der Aufmerksamkeitserzeugung generieren konnte.

Die vorgelegte Studie ist ein erster Schritt, um die Bedeutung des Nachrichtenfaktors *Öffentlichkeitsresonanz* zu erfassen. Wir haben mittels ausgewählter Suchbegriffe Ausschnitte aus der Presseberichterstattung analysiert und so erste grundlegende Erkenntnisse gewonnen. Zukünftig sind insbesondere Studien interessant, die die ganze Berichterstattung zu einem bestimmten Thema erfassen, um Aussagen über den relativen Stellenwert des Nachrichtenfaktors *Öffentlichkeitsresonanz* treffen zu können. Zugleich sollte das Zusammenspiel von Text und Bild erforscht werden. Vorliegende Studien zur journalistischen Auswahl von Bildmaterial (siehe Abschn. 2) legen nahe, dass die dargestellte Öffentlichkeitsresonanz von Politikern häufig auch durch visuelle Elemente illustriert wird. Systematische und umfassende Studien hierzu stehen jedoch noch aus. Dabei wäre auch die Analyse von sogenannten „embedded tweets" (Beckers und Harder 2016, S. 915) von Interesse. Hierbei werden Original-Tweets als Bilder in Medienberichte integriert, mitsamt deren Zahlen zur Resonanz auf *Twitter* (Anzahl der Retweets etc.). Mit Blick auf die Rolle von Öffentlichkeitsresonanz im US-amerikanischen Wahlkampf verspricht auch die Analyse von Fernsehnachrichten wichtige Einblicke, denn diese sind für die politische Meinungsbildung von hoher Bedeutung (Pew Research Center 2016, 2017). Die vorliegende Analyse kann auch Anregungen für die Operationalisierung des Nachrichtenfaktors *Öffentlichkeitsresonanz* in quantitativen Studien geben, etwa mit Blick auf die sprachliche Darstellung (implizit oder explizit) oder die gemachten Mengenangaben (abstrakt oder numerisch). Auf diese Weise könnte zukünftig umfassender untersucht werden, wie jene selbstverstärkende öffentliche Aufmerksamkeitsdynamik entsteht, in der besonders über Akteure berichtet wird, die als aufmerksamkeitsstark gelten.

Literatur- und Quellenverzeichnis

Adornato, A. C. (2016). Forces at the gate: Social media's influence on editorial and production decisions in local television newsrooms. *Electronic News, 10,* 87–104.
Anstead, N., & O'Loughlin, B. (2015). Social media analysis and public opinion: The 2010 UK general election. *Journal of Computer-Mediated Communication, 20,* 204–220.

Azari, J. R. (2016). How the news media helped to nominate Trump. *Political Communication, 33,* 677–680.

Barthel, M., & Gottfried, J. (2017). For election news, young people turned to some national papers more than their elders. Pew Research Center. http://tinyurl.com/election-news-2016. Zugegriffen: 21. Juli 2017.

Beckers, K., & Harder, R. A. (2016). "Twitter just exploded". Social media as alternative vox pop. *Digital Journalism, 4,* 910–920.

Benson, R. (2010). What makes for a critical press? A case study of French and U.S. immigration news coverage. *International Journal of Press/Politics, 15,* 3–24.

Breur, T. (2016). US elections: How could predictions be so wrong? *Journal of Marketing Analytics, 4,* 125–134.

Brüggemann, M. (2013). Transnational trigger constellations: Reconstructing the story behind the story. *Journalism, 14,* 401–418.

Cammaerts, B. (2012). Protest logics and the mediation opportunity structure. *European Journal of Communication, 27,* 117–134.

Caple, H., & Bednarek, M. (2016). Rethinking news values: What a discursive approach can tell us about the construction of news discourse and news photography. *Journalism, 17,* 435–455.

Chadha, K., & Wells, R. (2016). Journalistic responses to technological innovation in newsrooms. *Digital Journalism, 4,* 1020–1035.

Cillizza, C. (13. Juli 2015). Why is Trump getting so much attention? *Washington Post.*

Cosgrove, K. (2018). Trump and the Republican Brand Refresh. In J. Gillies (Hrsg.), *Political marketing in the 2016 U.S. presidential election* (S. 49–64). Cham: Springer.

DeLuca, K. M., Lawson, S., & Sun, Y. (2012). Occupy Wall Street on the public screens of social media: The many framings of the birth of a protest movement. *Communication, Culture & Critique, 5,* 483–509.

Eilders, C. (2006). News factors and news decisions: Theoretical and methodological advances in Germany. *Communications, 31,* 5–24.

Eilders, C. (2013). Öffentliche Meinungsbildung in Online-Umgebungen. Zur Zentralität der normativen Perspektive in der politischen Kommunikationsforschung. In M. Karmasin, M. Rath, & B. Thomaß (Hrsg.), *Normativität in der Kommunikationswissenschaft* (S. 329–351). Wiesbaden: Springer VS.

Eilders, C. (2016). Journalismus und Nachrichtenwert. In M. Löffelholz & L. Rothenberger (Hrsg.), *Handbuch Journalismustheorien* (S. 431–442). Wiesbaden: Springer VS.

Ertl, S. (2015). *Protest als Ereignis. Zur medialen Inszenierung von Bürgerpartizipation.* Bielefeld: Transcript.

Esser, F., & D'Angelo, P. (2003). Framing the press and the publicity process: A content analysis of meta-coverage in camapign 2000 network news. *American Behavioral Scientist, 46,* 617–641.

Fürst, S. (2013a). Die Masse als Massstab. http://medienwoche.ch/2013/08/08/die-masse-als-massstab-2/. Zugegriffen: 17. Sept. 2017.

Fürst, S. (2013b). Öffentlichkeitsresonanz als Nachrichtenfaktor – Zum Wandel der Nachrichtenselektion. *Medien Journal, 37,* 4–15.

Fürst, S. (2014). „The audience is the message". Die journalistische Berichterstattung über Publikumsresonanz. In W. Loosen & M. Dohle (Hrsg.), *Journalismus und (sein) Publikum. Schnittstellen zwischen Journalismusforschung und Rezeptions- und Wirkungsforschung* (S. 131–149). Wiesbaden: Springer VS.

Fürst, S. (2017). Die Etablierung des Internets als Self-Fulilling Prophecy? Zur Rolle der öffentlichen Kommunikation bei der Diffusion neuer Medien. *Medien & Zeit, 32,* 43–55.

Fürst, S. (2018). Popularität statt Relevanz? Die journalistische Orientierung an Online-Nutzungsdaten. In T. Mämecke, J.-H. Passoth, & J. Wehner (Hrsg.), *Bedeutende Daten. Modelle, Verfahren und Praxis der Vermessung und Verdatung im Netz* (S. 171–204). Wiesbaden: Springer VS.

Fürst, S., Jecker, C., & Schönhagen, P. (2016). Die qualitative Inhaltsanalyse in der Kommunikationswissenschaft. In S. Averbeck-Lietz & M. Meyen (Hrsg.), *Handbuch nicht standardisierte Methoden in der Kommunikationswissenschaft* (S. 209–225). Wiesbaden: Springer VS.

Fürst, S., Meißner, M., Hofstetter, B., Puppis, M., & Schönhagen, P. (2017). Gefährdete Autonomie? Kontinuität und Wandel der journalistischen Berichterstattungsfreiheit und redaktioneller Arbeitsbedingungen in der Schweiz. In I. Stapf, M. Prinzing, & A. Filipović (Hrsg.), *Gesellschaft ohne Diskurs? Digitaler Wandel und Journalismus aus medienethischer Perspektive* (S. 219–236). Baden-Baden: Nomos.

Fürst, S., Schönhagen, P., & Bosshart, S. (2015). Mass communication is more than a one-way street: On the Persistent function and relevance of journalism. *Javnost – The Public, 22,* 328–344.

Galtung, J., & Ruge, M. H. (1965). The structure of foreign news: The presentation of the Congo, Cuba and Cyprus crisis in four Norwegian newspapers. *Journal of Peace Research, 2,* 64–90.

Gillespie, T. (2016). #Trendingistrending: When algorithms become culture. In R. Seyfert & J. Roberge (Hrsg.), *Algorithmic cultures: Essays on meaning, performance and new technologies* (S. 52–75). New York: Routledge.

Golding, P., & Elliott, P. (1979). *Making the news.* London: Longman.

Grabe, M. E., & Bucy, E. P. (2009). *Image bite politics: News and the visual framing of elections.* New York: Oxford University Press.

Gürsel, Z. D. (2016). *Image brokers: Visualizing world news in the age of digital circulation.* Oakland: University of California Press.

Hearn, A. (2016). Trump's "reality" hustle. *Television & New Media, 17,* 656–659.

Heintz, B. (2010). Numerische Differenz. Überlegungen zu einer Soziologie des (quantitativen) Vergleichs. *Zeitschrift für Soziologie, 39,* 162–181.

Hepp, A. (2003). Stefan Raab, Regina Zindler und der Maschendrahtzaun: Ein populäres Medienereignis als Beispiel der Eventisierung von Medienkommunikation. In A. Hepp & W. Vogelgesang (Hrsg.), *Populäre Events: Medienevents, Spielevents, Spaßevents* (S. 39–112). Opladen: Leske + Budrich.

Hickethier, K. (2005). „‚Bild' erklärt den Daniel" oder „Wo ist Küblböcks Brille?" – Medienkritik zur Fernsehshow „Deutschland sucht den Superstar" (2003). In R. Weiß (Hrsg.), *Zur Kritik der Medienkritik. Wie Zeitungen das Fernsehen beobachten* (S. 337–394). Berlin: Vistas.

Joye, S., Heinrich, A., & Wöhlert, R. (2015). 50 Years of galtung and ruge: Reflections on their model of news values and its relevance for the study of journalism and communication today. *Communication and Media, 36,* 5–28.

Karpf, D. (2017). Digital politics after Trump. *Annals of the International Communication Association, 41,* 198–207.

Kitch, C. (2017). "A living archive of modern protest": Memory-making in the women's march. *Popular Communication,* 1–9. https://doi.org/10.1080/15405702.2017.1388383.

Klenk, C. (2006). Hauptsache Papst, Hauptsache Emotion. Der Kölner Weltjugendtag in der Presse. *Communicatio Socialis, 39,* 337–360.

Kollanyi, B., Howard, P. N., & Woolley, S. C. (2016). Bots and automation over Twitter during the U.S. election. https://www.oii.ox.ac.uk/blog/bots-and-automation-over-Twitter-during-the-u-s-election/. Zugegriffen: 10. Aug. 2017.

Lang, K., & Lang, G. E. (1953). The unique perspective of television and its effect: A pilot study. *American Sociological Review, 18,* 3–12.

Lawrence, R. G., & Boydstun, A. E. (2017a). Celebrities as political actors and entertainment as political media. In P. Van Aelst & S. Walgrave (Hrsg.), *How political actors use the media: A functional analysis of the media's role in politics* (S. 39–62). London: Palgrave Macmillan.

Lawrence, R. G., & Boydstun, A. E. (2017b). What we should really be asking about media attention to Trump. *Political Communication, 34,* 150–153.

Lowe, B. M. (2018). Coda: The election of Donald J. Trump as spectacle. In B. M. Lowe (Hrsg.), *Moral claims in the age of spectacles: Shaping the social imaginary* (S. 285–302). New York: Palgrave Macmillan.

Mann, L. (1974). Counting the crowd: Effects of editorial policy on estimates. *Journalism & Mass Communication Quarterly, 51,* 278–285.

Mathes, R., & Pfetsch, B. (1991). The role of the alternative press in the agenda-building process: Spill-over effects and media opinion leadership. *European Journal of Communication, 6,* 33–62.

McCarthy, J. D., McPhail, C., & Smith, J. (1996). Selektionskriterien in der Berichterstattung von Fernsehen und Zeitungen. Eine vergleichende Fallstudie anhand von Demonstrationen in Washington D.C. in den Jahren 1982 und 1991. *Forschungsjournal NSB, 9,* 26–58.

McNair, B. (2018). *An introduction to political communication.* Oxon: Routledge.

Mertens, M. (2006). „Der Rummel wuchs und kumulierte" – Über den Prozess des Medienereignisses. In J. Schwier & C. Leggewie (Hrsg.), *Wettbewerbsspiele. Die Inszenierung von Sport und Politik in den Medien* (S. 20–41). Frankfurt a. M.: Campus.

Muñoz, C. L., & Towner, T. L. (2017). The image is the message: Instagram marketing and the 2016 presidential primary season. *Journal of Political Marketing, 16,* 290–318. https://doi.org/10.1080/15377857.2017.1334254.

Nahon, K., & Hemsley, J. (2013). *Going viral.* Cambridge: Polity.

Ott, B. L. (2017). The age of Twitter: Donald J. Trump and the politics of debasement. *Critical Studies in Media Communication, 34,* 59–68.

Pancer, E., & Poole, M. (2016). The popularity and virality of political social media: Hashtags, mentions, and links predict likes and retweets of 2016 U.S. Presidential Nominees' Tweets. *Social Influence, 11,* 259–270.

Parmelee, J. H. (2014). The agenda-building function of political tweets. *New Media & Society, 16,* 434–450.

Patterson, T. E. (2016a). News coverage of the 2016 general election: How the press failed the voters. http://tinyurl.com/coverage2016election. Zugegriffen: 10. Aug. 2017.

Patterson, T. E. (2016b). Pre-primary news coverage of the 2016 presidential race: Trump's rise, Sanders' emergence, Clinton's struggle. http://tinyurl.com/pre-primary-news-coverage. Zugegriffen: 10. Aug. 2017.

Pew Research Center. (2016). The 2016 presidential campaign – A news event that's hard to miss. http://tinyurl.com/campaign-hard-to-miss. Zugegriffen: 10. Aug. 2017.

Pew Research Center. (2017). Trump, Clinton voters divided in their main source for election news. http://tinyurl.com/main-source-election. Zugegriffen: 10. Aug. 2017.

Pickard, V. (2016). Media failures in the age of Trump. *The Political Economy of Communication, 4,* 118–122.

Pointner, N. (2010). *In den Fängen der Ökonomie? Ein kritischer Blick auf die Berichterstattung über Medienunternehmen in der deutschen Tagespresse.* Wiesbaden: Springer VS.

Pundt, C. (2002). Konflikte um die Selbstbeschreibung der Gesellschaft: Der Diskurs über Privatheit im Fernsehen. In R. Weiß & J. Groebel (Hrsg.), *Privatheit im öffentlichen Raum. Medienhandeln zwischen Individualisierung und Entgrenzung* (S. 247–414). Opladen: Leske + Budrich.

Scheufele, B. (2008). Content analysis, qualitative. In W. Donsbach (Hrsg.), *The international encyclopedia of communication* (S. 967–972). Malden: Wiley-Blackwell.

Stark, B. (2013). Fragmentierung Revisited: eine theoretische und methodische Evaluation im Internetzeitalter. In W. Seufert & F. Sattelberger (Hrsg.), *Langfristiger Wandel von Medienstrukturen. Theorie, Methoden, Befunde* (S. 199–218). Baden-Baden: Nomos.

Stauff, M., & Thiele, M. (2007). Mediale Infografiken. Zur Popularisierung der Verdatung von Medien und ihrem Publikum. In I. Schneider & I. Otto (Hrsg.), *Formationen der Mediennutzung II: Strategien der Verdatung* (S. 251–267). Bielefeld: Transcript.

Sülflow, M., & Esser, F. (2014). Visuelle Kandidatendarstellung in Wahlkampfbeiträgen deutscher und amerikanischer Fernsehsender – Image Bites, Rollenbilder und nonverbales Verhalten. *Publizistik, 59,* 285–306.

Sumiala, J., & Korpiola, L. (2016). Tahrir 2011: Contested dynamics of a global media event. In B. Mitu & S. Poulakidakos (Hrsg.), *Media events: A critical contemporary approach* (S. 31–52). Hampshire: Palgrave Macmillan.

Ulrich, A. (2012). Die Sichtbarkeit der ‚Meute'. Probleme und Potentiale visuellrhetorischer Selbstthematisierung im Fernsehjournalismus. In J. Knape & A. Ulrich (Hrsg.), *Fernsehbilder im Ausnahmezustand? Zur Rhetorik des Televisuellen in Krieg und Krise* (S. 265–287). Berlin: Weidler.

Watkins, S. C. (2001). Framing protest: News media frames of the Million Man March. *Critical Studies in Media Communication, 18,* 83–101.

Weaver, D., & Choi, J. (2017). Media agenda: Who (or What) sets it? In K. Kenski & K. Hall Jamieson (Hrsg.), *The Oxford handbook of political communication* (S. 359–376). Oxford: University Press.

Webster, J. G. (2014). *The marketplace of attention: How audiences take shape in a digital age.* Cambridge: MIT Press.

Wehner, J. (2008). „Taxonomische Kollektive" – Zur Vermessung des Internets. In H. Willems (Hrsg.), *Weltweite Welten. Internet-Figurationen aus wissenssoziologischer Perspektive* (S. 363–382). Wiesbaden: Springer VS.

Wells, C., Shah, D. V., Pevehouse, J. C., Yang, J., Pelled, A., Boehm, F., et al. (2016). How Trump drove coverage to the nomination: Hybrid media campaigning. *Political Communication, 33*, 669–676.

Werber, N. (2017). Trumps Twittern. Der populäre Donald Trump (II). *POP. Kultur und Kritik, 6*, 39–44.

Woolley, S. C., & Guilbeault, D. R. (2017). *Computational propaganda in the United States of America: Manufacturing consensus online* (Working Paper No. 2017.5). http://tinyurl.com/computational-propaganda. Zugegriffen: 20. Juli 2017.

Wouters, R. (2013). From the street to the screen: Characteristics of protest events as determinants of television news coverage. *Mobilization: An International Quarterly, 18*, 83–105.

Prospect Theory, Loss Aversion, and the Impact of Social Media and Online Activity: Political Affect and the 2016 American Presidential Elections

John Robertson

Abstract

The one common feature of almost any analysis of the surprising 2016 US presidential election includes the role of social media, the internet and the explosion of messaging across venues and platforms that flooded the electorate with highly inflammatory, often inaccurate and certainly dramatic information, description, narratives and reputation impugning accusations directed at various candidates and their supporters. This paper suggests that in order to appreciate the political significance of active social media and internet use one must place these tools of communication into a heuristic context which accounts for how the unique effects of social media and internet use generate energy and force which certifies their social phenomenon of consequence, not merely of interest. This study explores the heuristic framework of *Prospect Theory* in order to understand and appreciate how the cog of social media and the internet have contributed to the great wheel of public emotion, turning just enough in 2016 to elect a brash billionaire President of the American republic. This study focuses specifically on the power social media and internet has in shaping citizen political affect—or, their emotions toward the two primary candidates. Within the context of the majoritarian mechanics of the American electoral system for presidency, it is shown that *Prospect Theory* can be uniquely effective in clarifying the process leading to collective outcomes thought unlikely. We employ data from the updated 2017 American National

J. Robertson (✉)
Department of Political Science, College Station, USA
E-Mail: jrobertson@tamu.edu

© Springer Fachmedien Wiesbaden GmbH, ein Teil von Springer Nature 2018
M. Oswald und M. Johann (Hrsg.), *Strategische Politische Kommunikation im digitalen Wandel,* https://doi.org/10.1007/978-3-658-20860-8_4

Election Survey (ANES) to draw out the linkages between loss aversion, candidate affect, and social media/internet effect. We will conclude with a consideration of how the findings provide confirmation of the basic mechanics and linkages that connect the new social media age to that of electoral contest in the American democracy with implications for determining the outcomes of the electoral process—an electoral process combining 21st century technology with 18th century institutional mechanics.

Keywords
Prospect theory · Loss aversion · Political affect · Social media · 2016 presidential election

1   Introduction

In November 2016 the American voters elected Donald Trump as their 45th president. The shocking result was made all the more dramatic by the fact that he actually lost the popular vote to his establishment opponent, Hillary Clinton, 46–48 % (Leip 2017). Explanations for the outcome include the last stand of the white male; the inevitable rise of disgust with ideological and partisan divided government; frustrations over specific challenges facing the nation, such as financial and economic in inequality, race, immigration; ongoing wars in the Middle East; the sense of a decline in America's global power and respect accorded it by other nations and allies; and the hardened pursuit of multicultural values in many leading institutions, including universities and the military (Sides et al. 2017; Sabato 2017). These explanations in one way or the other coalesce around a consensus on the power of identity politics in the 2016 elections—identity politics that could not be managed or contained by the establishment parties and their leadership. The one common feature of almost any interpretation of what went wrong, implicitly or explicitly, embraces the culprit of social media, the internet and the explosion of messaging across venues and platforms that flooded the electorate with highly inflammatory, often inaccurate and certainly dramatic information, description, narratives and reputation impugning accusations directed at various candidates and their supporters. As Graber and Dunaway note, "If the 2008 election cycle is largely identified with breakout use of social media in political campaigns, the 2016 cycle asserted its dominance" (Graber and Dunaway 2018, p. 129).

The literature on social media communication, political campaigns, and effects of targeting messages for audiences is voluminous (Harvey 2013; Kenski and Jamieson 2017). There is little doubt social media, like any broad-based media, can readily excite, impassion, distract, and mislead. Who can now reasonably reject the notion that at a particular moment, the cascading of information, accurate or not, accelerated by *Twitter*, *Facebook*, *Instagram* cannot steadily accumulate to the point where collective public behavior can be altered slightly from the previously expected trajectory of decisions and public opinion? However, what seems in need of some clarification is where we should effectively place the broader role of social media and internet information into a framework for explaining more than short-term actions or decisions by voters. Rather, the arrival of widespread social media and online activity by voters and citizens now requires that we connect our knowledge of these technologies to our modeling of political decision making. More importantly, this requires we bring into closer view why and when the use of social media and internet shift public judgement, reasoning and attachments of citizens to their political world. It is well past the time when we need to more carefully embed the role of these socializing media platforms into models which account for political attitudes and the influence that lay beneath the immediate surface of the voters'responsiveness to the noise and commotion of information in their conscious and proximate political environment. Specifically, what needs specification is why, not only how, the role of the citizen's active social media and internet use impacts the rationalizing process which ultimately forges citizen evaluation and judgement in political affairs.

It is suggested in this chapter that in order to appreciate why active social media and internet use take on a significance within democracies, one must place these tools of communication into a heuristic context which accounts for how the unique effects of social media and internet use take on energy and force which certifies it as a social phenomenon of consequence, not merely of interest. We explore within the context of the 2016 American presidential elections a model that will allow us a better appreciation through the heuristic framework of *Prospect Theory* of how the cog of social media and the internet have contributed to the great wheel of public emotion, turning just enough to elect a brash billionaire President of the American republic. That wheel was undoubtedly lubricated by narratives that compelled enough voters in enough geographical locations to abandon what might be thought of as their involuntary habit of moving in one partisan direction rather than another. However, the message—the lubrication—had to have effect. It had to have been welcomed in a way that made it familiar and acceptable enough to legitimize an alternative disposition that might otherwise compel the receiver to turn away from what one might expect under other circumstances. It is not our purpose here to articulate the content of the narratives. Nor is it to evaluate the validity of complex, sophisticated, and profoundly influential experimental based research in social psychology. Rather, it is to draw on the framework of *Prospect Theory* to suggest a useful framework from which to help locate the role of social media and modern technological tools of communication within the process of shaping political affect and judgment and in so doing, to help answer one simple question: Did social media and the internet have a distinct role in adding momentum to that behavioral nudge which turned the 2016 presidential election, and how did it work? (Neville-Shepard 2017; Ryoo and Bendle 2017; Enli 2017).

Specifically, in the pages which follow, we will consider to what extent social media and internet activity came to align with political affect during the 2016 American presidential elections. We shall do so by placing the social media and internet effect within the heuristic framework of *Prospect Theory*. In particular, we will argue that the power of social media and internet had distinct impact on citizen political affect—or, their emotions toward the two primary candidates. Within the context of the majoritarian mechanics of the American electoral system for presidency, we argue *Prospect Theory* can be uniquely effective in clarifying the process leading to collective outcomes thought unlikely. We will show how in particular the logic of loss aversion at the core of *Prospect Theory* highlights the dramatic role of social media and internet use. The loss aversion factor can usefully explain the reasons for the surprising outcome which occurred and, more importantly, highlight how the active use of social media and internet assumes a distinct and important imprint on the connection between loss aversion and political affect (Heintz 2016; Faro 2017; Kanev 2017).

We begin with a brief overview of *Prospect Theory* and its utility to the 2016 American presidential elections. We will then consider how we can appropriately connect the basic principles of *Prospect Theory* to the active use of social media and internet in shaping the cognitive and affective frameworks of voters. We will then employ data from the updated 2017 *American National Election Survey* (ANES) to draw out the linkages between loss aversion, candidate and political affect. We will conclude with a consideration of how the findings provide confirmation of the basic mechanics and linkages that connect the new social media age to that of electoral contest in the American democracy with implications for determining the outcomes of the electoral process—an electoral process combining 21st century technology with 18th century institutional mechanics.

2   Prospect Theory

Prospect Theory offers a powerful heuristic framework for not only understanding what happened in the 2016 elections, but for appreciating the unique role and contribution of social media and online activity as a fuel source propelling adjustment to voter and citizen political affect, or simply the emotional evaluation along a continuum of attitudes from a positive disposition toward the subject or a negative disposition toward the subject (Granberg and Brown 1989). Unlike classic utility maximization models, *Prospect Theory* draws attention to the net changes in a person's political assets or values, not merely their level or absolute amount of assets. The framework relies on two concepts essential to understanding the promise of *Prospect Theory*: reference points which influence the calculations of net and relative loss or gain (along with its associated concept of anchoring effect); endowment assessments of individuals (associated in part with the tendency of humans to instantly evaluate information based on the easiest assessments they have—their current possessions not their future possible gains); and arguably, the most important concept of *Prospect Theory*, loss aversion coloring the motivation to accept loss over gain (i.e., one's relative preference for avoiding loss over enjoying gain). It draws explicit attention to why someone would prefer to undertake a risky action, as well as why and when they might avert future loss to preserve that which they have.[1]

Reference points inform the voter of what asset they have relative to what they may not have in the future, given choice options pertinent to their assets. So, in the case of the 2016 Presidential election, a vote for Trump in the calculation of a voter may mean more than the level of gains they will actually enjoy from a Clinton victory. The important reference point (for example, declining status of white working class people in a society where expensive college education and status is increasingly attached to material reward and prosperity) informs them that a Clinton victory might be to their net gain (more public spending on job retraining), but not without the prospect of losses accruing in the future (white working class status) which are more difficult to absorb than the material gain from Clinton. The gain is less important than the loss—the latter carries greater cognitive value than the former. The frame of reference and context to the voter becomes crucial to assessing whether the net gain in some assets can compensate for the expected loss of other assets that come with that net gain. *Prospect Theory* directs our attention to this relative comparison process and ties this process directly to the psychological costs of loss which are more determinant than that of gain at relative levels of comparison. What motivates the reasoning which may move the choice from one candidate to the other is that of loss aversion or the unwillingness—indeed,

---

[1] The most basic and comprehensive examination of *Prospect Theory* within the broader context of human behavior, cognition and the mechanics of rational decision making is found in Kahneman (2011). See also Tversky and Kahneman (1992), Barberis (2013). The applications of *Prospect Theory* to political behavior, institutional processes and conflict management is extensive. See Quattrone and Tversky (1988), Mercer (2005), Mintz (2004), Levy (2003), and Jervis (2004).

aversion—to absorb more losses along a set of values to which the voter cognitively attaches preferences.

Such estimates of net asset gains or losses are a function not merely of a cognitive process of calculating current endowments. The endowment effect determines what you think you have at the moment and which you cannot afford, and will not easily tolerate, to lose. Such endowment effects, as incorporated into *Prospect Theory* by Tversky and Kahneman (1992), are contingent on the cognitive process of working through mental calculations that engage the two systems of mental activity: the *System 1* process of rapid assessment intended to provide quick heuristically accurate estimates of reality (i.e., implicit or unconscious processing) and *System 2* which is intended to slow the process for analytical purposes, draw on memory and reason to regulate estimates and assessments which might require refinement and prudent adjustment (e.g., explicit or reflective processing). "One of the main functions of *System 2* is to monitor and control thoughts and actions ,suggested'by *System 1*, allowing some to be expressed directly in behavior and suppressing and modifying others" (Kahneman 2011, p. 2).

As Kahneman notes, *System 2* is the "lazy" system, as it draws heavily on the cognitive and mental energies of the individual (Kahneman 2011, pp. 39–50). Thus, *System 1* is more prone to impact the endowment effect, especially when the individual is confronted by seemingly obvious associations, suggesting the endowments accuracy and the continual demands placed on *System 2*. As Kahneman observes, "System 1 tries its best to construct a world in which the anchor [one's belief as to what the quantity of value or cost of an asset actually is before actually estimating that cost or value] is the true number" (2011, pp. 337–356). This is what many see as a fundamentally distinctive feature and contribution of *Prospect Theory* to alternative models of cognition-driven utility assessment. Once *System 1* and *System 2* are taken into account, the change offered by *Prospect Theory* is "radical due to the fact that the reference point that decision makers use is chosen by the automatic system of thinking, making it subjective and subject to their emotions and intuition" (Kanev 2017, p. 32). The implication is simple: Endowment estimates are subject to manipulation through repeated, intense information that leads one to discount the braking effect of *System 2*.

Finally, at the core of *Prospect Theory* as a heuristic device for accounting for behavior is its demonstration and logical explanation for the asymmetric nature of utility estimations. Reference points, anchors, and endowment effects all find their most important impact on the assessment of loss and the disposition of loss aversion. As summarized by Kanev, "Contrary to the principles of rationality, the hedonic impact of loss is more significant than the hedonic impact of gains of the same value [...]. If loss aversion is more valuable than gains of the same value, then people will tend to risk when they expect losses, and will avoid risk when they expect gains" (Kanev 2017, p. 30). This is brought into perspective by Kahneman who notes, "This asymmetry between the power of positive and negative expectations or experiences has an evolutionary history. Organisms that treat threats as more urgent than opportunities have a better chance to survive and reproduce" (2011, p. 282).

The 2016 Presidential election in the United States is a classic situation where *Prospect Theory* has useful application. Essentially, American voters (after the primaries) in a two-party presidential system were faced with a binary choice (excluding abstention, or of voting for an independent candidate) in their voting decision: vote for a relative novice and radically populist candidate (Trump) or an establishment candidate well known to the public for three decades (Hillary Clinton). The overwhelming consensus within the media and academic circles— not the universal assessment, but prevailing sentiment—was that Trump would lose and Clinton would win. Huge majorities of Democrats supported Clinton, as did huge majorities of Republicans voted for Trump. Nonetheless, Republicans in various polls seemed troubled by the candidate's behavior, comportment, and background, let alone that he was not a trusted Republican. Yet, Donald Trump won 306 Electoral College votes to propel him to the presidency.

3 The Effect of Social Media and Online Activity and the Prospect of Loss Aversion

The impact of social media and online news gathering and campaign information during the 2016 presidential elections expose in dramatic fashion the powerful linkage between the cognitive aspects highlighted by *Prospect Theory,* online and social media information consumption, and the significance and role of loss aversion. Indeed, the strategy undoubtedly of the Trump campaign, built around a common slogan of *Make America Great Again* was all about loss, the risk of proceeding down the same path with an establishment option (with reference to either his Republican primary opponents or his Presidential opening, Hillary Clinton). The overwhelming conclusions drawn by experts on social media during the 2016 presidential election was that a profound transformation had occurred in how campaigns were to be conducted; how information would be used or abused for partisan purposes; and most importantly, how the institutional transformations of the US media market and political campaign process required recalibrating one's conception of the potential for social media and online venues to influence not only the vote totals, perhaps, but more fundamentally, the affective attitudes of citizens toward candidates and parties.

Whereas the stories of the last two campaigns focused on the use of new tools, most of the 2016 story revolves around the online explosion of campaign-relevant communication from all corners of cyberspace. Fake news, social-media bots (automated accounts that can exist on all types of platforms), and propaganda from inside and outside the United States—alongside revolutionary uses of new media by the winning campaign—combined to upset established paradigms of how to run for president. Indeed, the 2016 campaign broke down all the established distinctions that observers had used to describe campaigns: between insiders and outsiders, earned media and advertising, media and nonmedia, legacy media and new media, news and entertainment, and even foreign and domestic sources of campaign communication [...]. The 2016 election represents the latest chapter in the disintegration of the legacy institutions that had set bounds for U.S. politics in the postwar era. It is tempting (and in many ways correct) to view the Donald Trump campaign as unprecedented in its breaking of established norms of politics. Yet this type of campaign could only be successful because established institutions—especially the mainstream media and political party organizations—had already lost most of their power, both in the United States and around the world (Persily 2017, pp. 63–64).

The dominant assumption about social media and the internet as powerful venues and forums for political communication and political marketing during campaigns revolves around the themes of information inaccuracy (blurring), the rise of deliberative enclaves that reinforce filter bubbles, echo chambers and micro-targeting of information and algorithmic manipulation of information choice. Moreover, heavy attention is drawn to the disruptive and unpredictable nature of information and event reporting, with the vast networks of information and communication (multiaxial nature of the internet and social media) fostering a sense of 'hyper reality', drama and cascading effects that further narrow attention and render information management by the individual user as a costly and demanding mental exercise. All of the these forces implicitly suggest that *System 1* thinking becomes the dominant mental operating mechanism for individuals, making the slower and more costly *System 2* reasoning and fact-checking process less viable an option to stem dominant emotional dispositions to avert loss and thereby offering little alternative to the voter's interpretation of the world about her as a series of threats (Allcott and Gentzkow 2017; Stromer-Galley et al. 2017; West 2017; Hendricks and Schill 2017; Sunstein 2017; Groshek and Koc-Michalska 2017). These points are underscored vividly by Persily (2017, p. 66):

By election day, Trump had thirteen-million Twitter followers as compared to ten million for Hillary Clinton. Every tweet from Trump's account or the account of one of his formal allies would be amplified through retweets from hordes of followers. On average, during one three-week period in mid-2016, Trump's tweets were retweeted more than three times as often than Hillary Clinton's, while his Facebook posts were reshared five times more often. This reinforcement went in both directions, as roughly 20 percent of Trump's own tweets were retweets of the general public, and roughly half his tweets contained links to other news media, as did 78 percent of his Facebook posts.

The combination of social media and online activity, on the one hand, and loss aversion weighted by reference points, anchoring cues and endowment effects on the other, suggests a likely impact on modifying emotive intensity of voter assessments—political affect—toward candidates. In the context of the 2016 presidential elections, exposure to deliberative enclaves and working through filter bubbles seemed to more effectively serve the purpose of Trump as a stimulant and motivator to perceptions of loss aversion. Such a disposition would logically foster to some degree the willingness on the part of voters who were in a frame of loss relative to the country and the broader conditions of the American social and economic condition, to risk the uncertainty of an unknown candidate winning the election if it meant avoiding the relative continued costs of an establishment candidate accentuating or sustaining the prospect of loss.

The prevailing assumption within the literature clearly leads one to the conclusion that the prospects of loss and the influence of loss aversion, working through targeted reference points anchors and assessed endowment effects, would have pushed the negative affective emotional attachment of candidates less to Trump and more to Clinton. His campaign was more negative in its social media message, drawing attention to the loss to be expected with Clinton ("Make America Great Again", "Crooked Hillary,", "Lock Her Up,", "Build the Wall", "Drain the Swamp"), compared to those of Clinton which seemed to focus on the inclusive messages of the Obama years ("Progress for the Rest of Us", "Making America Work Together", "Lifting Us Up. Moving Us Forward", "A Stronger America One Family at a Time").

Therefore, prospects of loss propelled by anchoring, endowment effects, and reference points working in part through the social media and online networks—if real in their effect and not merely a descriptive framework—should be seen distributing differing levels of political affect across the candidates. If one candidate is seen as more threatening to a frame of loss through biasing a voter, we would expect that candidate will suffer more from the resulting loss aversion than their opponent. In 2016, *Prospect Theory* would suggest this differential was at work in the 2016 American presidential elections: Trump, for all his drawbacks as a classic political candidate, benefitted from the influence of loss aversion attached to Clinton, the establishment candidate. It is reasonable to assume this was in effect made more salient via social media and online activity. As well, as we have seen, his online and social media reach was broader than Clinton's, despite Clinton's more elaborate campaign spending and structured organization surrounding the social media and internet activity communication.

Thus, in terms of observed collective outcomes, we should see demonstrable, statistical shifts in the margins of affective attachment to the respective major party candidates in the 2016 presidential elections consistent with what *Prospect Theory* would predict on the basis of the loss aversion calculation. Namely, Trump would receive a bonus in terms of marginal affect from those with a frame of loss overall, while Clinton would suffer a marginal decline in affect among those evaluating their political world from a frame of loss. Loss aversion would push the negative affect less to Trump, and more to Clinton. We would further expect, given the prevailing logic of social media and online activity within the 2016 campaign, an additional boost to Trump in terms of more negative affect apportioned to Clinton than Trump.

4   Measures

In order to draw an initial assessment of the distributional impact which loss aversion may have on the degree of negative affect within the electorate, and then to estimate the impact which social media and online platform activity might have on allocating negative affect across the two candidates within the context of loss aversion, it is important to place these findings within a meaningful context of the 2016 presidential elections. The election was not a landslide. Rather, it was one of many in the country's long history which was decided at the margins. The difference between Trump's popular vote and that of Clinton was less than 3 %, with Clinton winning 65,845,063 votes to Trump's 62,980,160 (Leip 2017). This was well within the sampling error of most major public opinion polls on the eve of the election. However, the more fundamental issue was the 77,744 votes for Trump distributed across Wisconsin, Michigan, and Pennsylvania which tipped the Electoral College to Trump and converted a popular vote loss for the Republican candidate into overall election victory. With this in mind, it would seem that the significance of any impact on political affect registered by online and social media use would not require substantial shifts in dispositions among voters' negative or positive affect in order to record an overall significant tilt to an election. Rather, all that would be needed is a marginal degree of change in the allocation of negative affect of support for one candidate or the other.

Accordingly, our analysis will focus on the primary linkage between three variables: (1) the primary target variable, which is citizen negative affect toward the two major party candidates for president, Hillary Clinton and Donald Trump, respectively; (2) estimates of loss aversion, which is the primary control which

Prospect Theory suggest should serve as the core regulator for allocating affect modification; and (3) social media and online activity for obtaining political and personal information, which serves as the principal control variable in this model both as the primary accelerator of promising effects or the volume regulator of emotive-loaden information that, as we have seen, can either reinforce bias and filtering effects, serve to reinforce the rationalizations to block more objective assessments of previous attitudes and beliefs, or can serve to change one's original affect position through backdoor channeling of information serving to override beliefs and nudge the cognitive processes toward reevaluation (Petty and Cacippo 1986; Petty et al. 2009; Redlawsk and Pierce 2017; Lanoue 1994).

However, we will also incorporate additional controls for the powerful referencing effect of cognitive and emotional processing of information. In the context of the 2016 presidential elections, the three most powerful referencing effects which drew the greatest attention in both the pre-election and post-election analysis were: (1) race and class (i.e., especially the sharp cleavage existing within the largest single demographic block of voters, the division between white non-college educated voters and their college educated counterpart); (2) populist disposition and the growing anti-establishment and anti-government sentiment expressed throughout the Obama years preceding the election and sharpened during the 2016 presidential campaign; and (3) partisanship, which in the end proved to be for the Democrats not as reliable an ally as anticipated, and for Trump, a passionate base upon which he could dramatically project his vision of anti-establishment and anti-government politics (Galston and Hendrickson 2016). What our model offers is a basic framework within which to both properly place and assess the role of social media and online activity within the classical model of political affect and cognitive reasoning within the context of partisan politics.

The *American National Election Survey* (ANES) has provided a standard battery of candidate affect questions since its inception.[2] These five items contained in the 2017 version of the ANES were asked of each respondent and deal with the fear, disgust, pride, anger, and hopefulness of the respondent toward the candidate. From these five items, for each candidate (Trump and Clinton), a separate affect score was produced by summing the scores for the five separate affect items. The original scale was collapsed for ease of comparison across items: a score of 1 for "negative", 2 for "not negative" for each item. From this, a final overall affect score was computed for Clinton and Trump separately for each respondent. A "negative"

---

[2]The sample consists of both face-to-face and online surveys, with a pre- and post-election surveys of the same respondents (*American National Election Studies* 2017).

aspect reflects a preponderance of "negative" assessments offered by each respondent across the five separate affect measures.[3]

A frame of loss on the part of a respondent, reflecting a disposition of loss aversion during the 2016 presidential election was defined as consisting of two broad assessment dimensions: one toward those conditions or circumstances in the personal, community, and national environment of the respondent which could be reasonably seen as bearing measurably on the security/welfare, property and economic opportunity for the respondent. The second type of loss domain were those conditions or circumstances that dealt specifically with the respondent's assessment of the nation's identity and unique cultural integrity. Each dimension captures one of the two unique public concerns exposed 2016 in the campaign: (1) those with the aspiration for a return to national and cultural supremacy of the United States, and (2) those concerns bearing more directly on the person's immediate circumstances and conditions for their welfare, property and opportunity (Edsall 2016; Oliver and Rahn 2016; Rahn and Oliver 2016; Robertson 2018). Thus, we distinguish two loss aversion domains: (1) a frame of loss with

---

[3]With respect to each candidate, when a respondent (1) indicated they were "most of time" or "always" *afraid* of the candidate, a negative affect (score = 1) was coded for that respondent—not negative was scored as 2; (2) indicated they were "most of time" or "always" *angry* with the candidate, a negative affect (score = 1) was coded for that respondent—not negative was scored as 2; (3) indicated they were "never" *hopeful* about the candidate, a negative affect (score = 1) was coded for that respondent—not negative was scored as 2; (4) indicated they were "never" *proud* of the candidate, a negative affect (score = 1) was coded for that respondent—not negative was scored as 2; (5) indicated they were "most of time" or "always" disgusted with the candidate, a negative affect (score = 1) was coded for that respondent—not negative was scored as 2. For Trump, the statistical distribution of negative affect for each item is (1) (afraid) 40.2 %, $N = 1462$; (2) (angry) 42.1 %, $N = 1532$; (3) (hopeful) 50.5 %, $N = 1840$; (4) (proud) 56.7 %, $N = 2062$; (5) (disgust) 47.7 %, $N = 1737$. For Clinton, the respective breakdown is (1) (afraid) 30.5 %, $N = 1111$; (2) (angry) 33.4 %, $N = 1215$; (3) (hopeful) 43.4 %, $N = 1581$; (4) (proud) 46.2 %, $N = 1683$; (5) (disgust) 36.1 %, $N = 1312$. Trump's mean score across the five items is 7.63 (maximum = 10). Those respondents recording a sum score of 8 (the score at the mean, rounded) across the five Trump affect items was scored as a "negative, or non-positive affect" (55.8 %, $N = 2026$). Clinton's mean affect score across the five items was 8.10 (maximum 10). Those respondents recording a sum score of 8 (the score at the mean, rounded) across the five Clinton affect items was scored as a "negative, or non-positive affect" (46.1 %, $N = 1674$). To verify the validity of the measure, a cross tabular analysis of the negative affect responses for Trump and Clinton respectively, with respondent's reports vote choice in 2016 (Trump or Clinton). The diagonals reported approximately 90 % of voters holding negative affect for a candidate voting for the opposite party, and 90 % of those voting for the party of "positive/not negative" affect. $\chi^2 = 1528.764$ ($p = .000$).

regard *National Identity* and *Integrity*, and (2) a frame of loss with regard *General State of Economic Prosperity*, *Security*, and *Opportunity*. Each dimension implies a broad collection of attitudinal and belief assessments leading ultimately to an overall assessment disposition on the part of the respondent toward where she might fear the country could go, what it might mean to be an American, how one should adopt and modify their values and lifestyle to adjust to the change for which they harbor anxiety, etc. These fears, anxieties and general apprehensions measure the respondent's broader frames of loss. They are not their assessment of specific policy issues, but reflections on deeper, broader changes that can ultimately demean their own and the country's identity, integrity and security.

Accordingly, we combine thirteen different items for measuring a respondent's disposition toward a frame of loss regarding the domain of *Economic Prosperity*, *Security*, and *Opportunity*, and eleven items measuring a respondent's disposition toward a frame of loss regarding the domain of *National Identity* and *Integrity*. Thus, these the two measures of a frame of loss approximates a respondent's level of loss aversion. The measures are not entirely independent of each other (the 2 × 2 tabular correlation of the two dimensions is statistically significant with only about 35 % of the sample aligning off-diagonal with the other). These measures collectively highlight distinctly different shades of loss aversion: one capturing the perceived decline and threat to the national culture and "brand" integrity of the United States, the other the impending threat to the well-being, security, and opportunity of the individual, either as seen through economic, social, or international changes bearing on the individual identity and place within the American society.[4]

---

[4]The 13 items for the domain of *Economic Prosperity, Security and Opportunity* which are used to define those respondents revealing a sense of prevailing loss are (based on discrete choices on a scaled response item) were recoded into a binary score: 1 = loss aversion, 2 = non-loss aversion. Loss aversion was coded as: (1) those who "disagree" or "strongly disagree" that the world is changing and we should adjust are coded as expressing loss aversion: 36 %, $N = 1310$); (2) those who "agree strongly" or "somewhat" that there should be more emphasis on traditional family values are coded as expressing loss aversion: 60 %, $N = 2179$; (3) those who indicate the economy is "somewhat" or "much worse" off in than last year are coded as expressing loss aversion: 29.5 %, $N = 1074$; (4) those who are "moderately" or "extremely" worried about losing their job in the near future are coded as expressing loss aversion: 22.6 %, $N = 530$; (5) those who "strongly" or "somewhat" agree that the country needs a strong leader to take us back to the true path are coded as expressing loss aversion: 52.8 %, $N = 1920$; (6) those who "disagree strongly" or "somewhat" agree that people should be more tolerant of other moral standards are coded as expressing loss aversion: 19 %, $N = 689$; (7) those who are "extremely" or "moderately" worried about their financial situation are coded as expressing loss aversion: 55 %, $N = 2000$; (8) those who are "slightly not" or not at all" satisfied with their life are coded as expressing loss aversion: 13 %, $N = 469$; (9) those who "agree strongly" or "somewhat" that newer lifestyles are breaking down society

To estimate the filtering effect of social media and online activity impinging on the relationship between loss aversion and political affect for the candidate, we have combined three different survey items from the 2017 ANES to construct a compound measure designed to more effectively capture the breadth of activity

---

are coded as expressing loss aversion: 50 %, $N = 1818$; (10) those who are "not very satis-fied" or "not at all satisfied" with the way democracy works in the United States are coded as expressing loss aversion: 33.8 %, $N = 1221$; (11) those who believe is it "moderately" or "a great deal" harder than 20 years ago to improve their financial situation are coded as expressing loss aversion: 67.2 %, $N = 2452$; (12) those who "agree" that the country would be better off if we just stayed at home are coded as expressing loss aversion: 33 %, $N = 1193$; and, (13) those who say the US position in the world has become "weaker" during the last year are coded as expressing loss aversion: 53.9 %, $N = 1958$. The individual values across all 13 coded variables (with scores of 1 or 2, per variable) were summed, with an $\bar{x} = 20.91$ (for maximum value of 26). Those respondents with ≤ 20 (reflecting a score larger than the mean within the sample and revealing a mix of dispositions exposing a profile more adverse to the typical voter) were coded as "loss averse" (43.4 %, $N = 986$), those > 20 are coded as "not loss averse" (56.6 %, $N = 1288$). The 11 items for the domain of *National Identity and Integrity* which are used to define those respondents revealing a sense of prevailing loss are (based on discrete choices on a scaled response item): (1) those who indicate it is "very important" or "fairly important" to have American ancestry to be truly American are coded as expressing loss aversion: (41.7 %, $N = 1514$); (2) those who indicate is it "very import-ant" or "fairly important" to have been born in the United States to be truly American are coded as expressing loss aversion: (55 %, $N = 1991$); (3) those who indicate that US policy toward unauthorized immigrants should be to treat them as felons and send them back to their home country are coded as expressing loss aversion: 17.1 %, $N = 614$; (4) those who indicate being American is "very" or "moderately" important to their identity are coded as expressing loss aversion: 89.5 %, $N = 3224$; (5) those who indicate they "disagree strongly" or "some-what" that immigrants are generally good for America's economy are coded as expressing loss aversion: 21.4 %, $N = 774$; (6) those who "agree strongly" or "somewhat" that American culture is harmed by immigrants are coded as expressing loss aversion: 19.5 %, $N = 705$; (7) those who oppose a "little", "moderately" or a "great deal" free trade agreements are coded as expressing loss aversion: 21 %, $N = 755$; (8) those who favor a "great deal" or "modera-tely" birthright citizenship in the United States are coded as expressing loss aversion: 45.3 %, $N = 1033$; and (9) those who say that increasing trade with other countries is "bad" for Ame-rica are coded as expressing loss aversion, $N = 179$; (10) those who indicate a thermometer score of 40 or less toward Hispanics are coded as expressing loss aversion: 5 %, $N = 179$; and, (11) those who indicate a thermometer score of 40 or less toward Muslims are coded as expres-sing loss aversion: 24.7 %, $N = 886$. The individual values across all 11 coded variables making up the *National Identity and Integrity* dimension of loss aversion (with scores of 1 or 2, per variable) were summed, with a $\bar{x} = 18.05$ (for maximum value of 22). Those respondents with ≤ 18 (reflecting a score smaller than the mean within the sample and revealing a mix of dispositions exposing a profile more adverse to the typical voter) were coded as "loss averse" (53.2 %, $N = 1133$), those > 18 are coded as "not loss averse" (46.8 %, $N = 996$).

characterizing the online and social media activity associated with the 2016 campaign. It combines ANES questions regarding *social media use, use of internet to gain information* about the presidential campaign, and *regular use of media sources* for information (TV news programs, newspapers, TV public affairs talk shows, internet sites, chat rooms, blogs, and radio news and talk shows). Respondents were coded as "active users" if they indicated they used social media 4–7 days a week (56.9 %, $N = 2050$); used chats rooms to learn about the campaign and election, and used at least three of the other media sources to lean about the election (41.3 %, $N = 1492$); and, relied on the internet "several" or a "good many" times to gain information about the presidential campaign (70.7 %, $N = 2578$). Combining these measures into a single measure affords a means to distinguish between active social media and online users (44.8 %, $N = 1612$) and those passive in their use (55.2 %, $N = 1988$).

Finally, we control for three reference point effects which within the framework of *Prospect Theory* should mediate the extent to which loss aversion influences political affect. The references are essential to shaping and sharpening the person's context within which loss aversion is evaluated by the person. The first reference point measure captures what many suspected was the most compelling demographic force during the 2016 presidential elections: white class (Sides 2017; Edwards-Levy 2016; Walley 2017). Demographic traits of white and class were measured by coding respondents in order to distinguish those who are 18 years of age or more with a college degree (34.7 %, $N = 858$) from those who are white, 18 years or older, and without an earned bachelor's degree (65.3 %, $N = 1612$).

The second reference point measures a respondent's populist deposition. Populism, along with class and race, were clearly a driving force in the 2016 presidential elections (Oliver and Rahn 2016; Groshek and Koc-Michalska 2017). We have once again constructed a compound measure consisting of several individual items asked of respondents in the 2017 ANES. Eleven items were selected reflecting in effect differing dimensions of a person's concern with the relationship between the individual and government and the power of government to legitimately represent individuals and "people's" interests. The 11 items specifically regard the integrity of elections, the special privileges of organizations and individuals in buying elections, the nature of how comprehensible politics have become, whether government actually represents and listens to the public, whether government and politicians care about the individual citizen's needs, whether politics is corrupt, and the respondent's attitude toward the Tea Party. As with affect and the two measures of loss aversion, the respondent was coded as

being either "populist" or "non-populist" with a binary distinction based on reco-
ding of the original items comprising the compound measure.[5]

Partisanship is defined as the respondent's self-specified identification with
a party (with no valence or intensity specified). We specify only Democrat or
Republican. Democrats comprise 55.9 % ($N = 1287$) of the sample, Republicans
44.1 % ($N = 1016$).

5   Findings

Tables 1–3 report the core findings central to the two interrelated questions driving this study: (1) Can *Prospect Theory* and its central tenet of loss aversion be
shown to drive the political affection of voters to candidates, and more importantly? (2) Does the role of social media and online activity by citizens accelerate
whatever impact loss aversion has on the political affect of the voters? Tables 1
and 2 report the percentages based on 2 × 2 cross tabular analyses of the primary measures outlined above. We are not interested here in frames of gain. Our
focus is on frames of loss expressed by respondents, and negative affect (not
positive affect) toward the candidate. The 2 × 2 tables produced through simple
cross tabular analysis correlate the prospective frame of the voters (loss or "not"
loss) with affect toward the candidate (negative or positive). Tables 1–3 contain

---

[5]A respondent is coded as "populist" when he/she (1) indicates "most" or "all" of those
in government are corrupt: 36.4 %, $N = 1317$; (2) agrees "strongly" or "somewhat" that
public officials do not care what people think: 59.2 %, $N = 2152$; (3) agrees "strongly" or
"somewhat" that people have no say about what government does: 50.3 %, $N = 1829$; (4)
indicates that a "great deal" or "a lot" of laws passed by Congress benefit contributor organizations: 37.4 %, $N = 1331$; (5) indicates that corruption among politicians in the US is
"very widespread" or "quite wide spread": 75 %, $N = 2697$; (6) agree "strongly" or "somewhat" that people, not politicians, should make most important policy: 54.0 %, $N = 1989$;
(7) agree "strongly" or "somewhat" that politics and government are too complicated to
understand: 28.3 %, $N = 1030$; (8) indicates that "all the time" or "most of the time" the
rich buy elections in the United States: 39.1 %, $N = 1251$; (9) indicates that "not much"
attention is paid by government to elections: 26.9 %, $N = 978$; (10) indicates a thermometer score of 60 or more toward the populist Tea Party, 20.5 %, $N = 721$; and (11) indicates
that a "great deal" or "a lot" of laws passed by Congress benefit individual contributors:
24.3 %, $N = 858$. The individual values across all 11 coded variables defining a respondent
as "populist" or not were summed, with an $\bar{x} = 17.27$ (for maximum value of 22). Those
respondents with ≤ 17 (reflecting a score smaller than the mean within the sample) were
coded as "populist" (49.2 %, $N = 1513$), those > 17 are coded as "not populist" (50.8 %,
$N = 1562$).

Table 1 Negative political affect toward presidential candidate and loss aversion, by selected reference points

A. Percentage of respondents expressing negative affect for major party presidential candidate

Trump	Clinton
55.8 % (3629)	46.1 % (3629)

B. By loss frame (loss aversion)

Loss averse: National identity and integrity		Loss averse: General sense of economic prosperity, security and opportunity	
Trump	Clinton	Trump	Clinton
30.1 % (1128)	67 % (1129)	35.4 % (985)	69.1 % (985)

C. By loss frame (loss aversion) and white/class

Loss averse: National identity and integrity, and 18 yrs + and no college education		Loss averse: National identity and integrity, and 18 yrs + and college education		Loss averse: General sense of economic prosperity, security and opportunity, and 18 yrs + and no college education		Loss averse: General sense of economic prosperity, security and opportunity, and 18 yrs + and college education	
Trump	Clinton	Trump	Clinton	Trump	Clinton	Trump	Clinton
20.1 % (682)	76.9 % (683)	23.8 % (181)	76.5 % (179)	23.7 % (497)	80 % (497)	27 % (204)	79.8 % (203)

(Continued)

Table 1 (Continued)

D. By Loss frame (loss aversion) and populist disposition

Loss averse: National identity and integrity, and populist		Loss averse: National identity and integrity, and not populist		Loss averse: General sense of economic prosperity, security and opportunity, and populist		Loss averse: General sense of economic prosperity, security and opportunity, and not populist	
Trump	Clinton	Trump	Clinton	Trump	Clinton	Trump	Clinton
31.3 % (592)	70 % (593)	32.8 % (378)	59.7 % (377)	38.7 % (511)	68.8 % (510)	30.2 % (334)	71 % (335)

E. By loss frame (loss aversion) and partisanship

Loss averse: National identity and integrity, and democrat		Loss averse: National identity and integrity, and republican		Loss averse: General sense of economic prosperity, security and opportunity, and democrat		Loss averse: General sense of economic prosperity, security and opportunity, and republican	
Trump	Clinton	Trump	Clinton	Trump	Clinton	Trump	Clinton
70.8 % (250)	25.8 % (252)	8.4 % (475)	89.2 % (474)	80 % (200)	19.1 % (201)	11 % (464)	89.3 % (422)

Table 2 Negative political affect toward presidential candidate and loss aversion, by selected reference points for respondents classified as active social media and online users for acquiring political information

A. Percentage of respondents expressing negative affect for major party presidential candidate

Trump	Clinton
56.9 % (1611)	47.3 % (1610)

B. By loss frame (loss aversion)

Loss averse: National identity and Integrity		Loss averse: General sense of economic prosperity, security and opportunity	
Trump	Clinton	Trump	Clinton
27.7 % (480)	71.7 % (481)	35.9 % (462)	72.1 % (462)

C. By loss frame (loss aversion) and white/class

Loss averse: National identity and integrity, and 18 yrs + and no college education		Loss averse: National identity and integrity, and 18 yrs + and college education		Loss averse: General sense of economic prosperity, security and opportunity, and 18 yrs + and no college education		Loss averse: General sense of economic prosperity, security and opportunity, and 18 yrs + and college education	
Trump	Clinton	Trump	Clinton	Trump	Clinton	Trump	Clinton
18.7 % (294)	82.3 % (294)	19.3 % (83)	81.9 % (83)	27.5 % (233)	81.1 % (233)	24.3 % (107)	82.2 % (107)

(Continued)

Table 2 (Continued)

D. By loss frame (loss aversion) and populist disposition

Loss averse: National identity and integrity, and populist		Loss averse: National identity and integrity, and not populist		Loss averse: General sense of economic prosperity, security and opportunity, and populist		Loss averse: General sense of economic prosperity, security and opportunity, and not populist	
Trump	Clinton	Trump	Clinton	Trump	Clinton	Trump	Clinton
30.8 % (263)	71.1 % (263)	28.3 % (152)	69.1 % (152)	39.9 % (238)	69.7 % (238)	31.3 % (176)	82.2 % (176)

E. By loss frame (loss aversion) and partisanship

Loss averse: National identity and integrity, and democrat		Loss Averse: National identity and integrity, and republican		Loss averse: General sense of economic prosperity, security and opportunity, and democrat		Loss averse: General sense of economic prosperity, security and opportunity, and republican	
Trump	Clinton	Trump	Clinton	Trump	Clinton	Trump	Clinton
68.6 % (105)	31.4 % (105)	7.6 % (223)	91 % (222)	82 % (87)	21.8 % (87)	14.6 % (206)	91.3 % (206)

Table 3 Net change in percentage points of negative political affect toward presidential candidate by loss aversion when controlling for active social media and online use for acquiring political information

A. Percentage of respondents expressing negative affect for major party presidential candidate

Trump	Clinton
1.1	1.2

B. By loss frame (loss aversion)

Loss averse: National identity and integrity		Loss averse: General sense of economic prosperity, security and opportunity	
Trump	Clinton	Trump	Clinton
−2.4	4.7	.5	3

C. By loss frame (loss aversion) and white/class

Loss averse: National identity and integrity, and 18 yrs + and no college education		Loss averse: National identity and integrity, and 18 yrs + and college education		Loss averse: General sense of economic prosperity, security and opportunity, and 18 yrs + and no college education		Loss averse: General sense of economic prosperity, security and opportunity, and 18 yrs + and college education	
Trump	Clinton	Trump	Clinton	Trump	Clinton	Trump	Clinton
−1.4	5.4	−4.5	5.4	3.8	1	−2.7	−.2

(Continued)

Table 3 (Continued)

D. By loss frame (loss aversion) and populist disposition

Loss averse: National identity and integrity, and populist		Loss averse: National identity and integrity, and not populist		Loss averse: General sense of economic prosperity, security and opportunity, and populist		Loss averse: General sense of economic prosperity, security and opportunity, and not populist	
Trump	Clinton	Trump	Clinton	Trump	Clinton	Trump	Clinton
-.5	1.1	-4.5	9.4	1.2	.9	1.1	11.2

E. By loss frame (loss aversion) and partisanship

Loss averse: National identity and integrity, and democrat		Loss averse: National identity and integrity, and republican		Loss averse: General sense of economic prosperity, security and opportunity, and democrat		Loss averse: General sense of economic prosperity, security and opportunity, and republican	
Trump	Clinton	Trump	Clinton	Trump	Clinton	Trump	Clinton
-2.2	5.6	-.8	1.8	2	2.7	3.6	2

five panels (A, B, C, D, and E). The recorded percentages in each Panel B—E in Tables 1 and 2 reflect the result of a unique 2 × 2 analysis matching the proportions of respondents expressing the two respective dimensions of a frame loss and implying their degree of loss aversion, with negative affect. Political affect for Trump and Clinton were estimated in separate 2 × 2 tests. There are 28 such entries in panels B—E in Tables 1 and 2 respectively, thus 28 separate 2 × 2 tabular analyses (14 2 × 2 tests for estimating the Trump affect, and 14 for estimating the Clinton affect across panels B—E in Tables 1 and 2, respectively). Each 2 × 2 cross tabular model from which the percentages reported in Tables 1 and 2 are obtained are statistically significant at or beyond the $p = .000$ level.

The percentages reported in Tables 1 and 2 represent the proportion of respondents who express a frame of loss. Such a frame of loss according to *Prospect Theory* should influence a person's perception of the risk of future loss and accordingly the person's willingness to undertake higher levels of electoral risk to avert further loss. As such, this in turn would result in a parsing of the person's political affect between the two candidates. If each candidate was seen as equally likely to increase the losses to the prospective voter, proportions of negative affect would be expressed equally for each candidate and would be reflected as such in the 28 cell entries produced from the 28 2 × 2 tests. These cell entries would show roughly equal amounts of negative affect apportioned to each candidate; indeed, there would be no correlation between affect and a frame of loss for the voter and a frame of gain for the voter. This would be reflected by a random distribution of affect positions across loss or gain frames for models exploring affect for Trump and Clinton, separately. Each model would be random and statistically non-significant. In short, if no such relationship existed between a frame of loss and consequent loss aversion and political affect, a comparison of any of the four cells in each of the 28, 2 × 2 models for the two candidates separately (one for Trump, one for Clinton) would reveal no sizeable difference, as each model individually would reflect a random distribution of cell proportions (and therefore, a statistically insignificant chi square result).

As expected from our working proposition, this is not the case, based on the results recorded in Tables 1 and 2. Respondents clearly show a preference for assuming risk for one candidate over the other (risk is understood here as preferring the unknown candidate of Donald Trump to the better known and more tested Hillary Clinton). Table 1 reports the baseline percentages derived from the 2 × 2 table analyses which do not include controls for social media and online activity by respondents. Thus, it tests the first question driving this study: *Can Prospect Theory and its central tenet of loss aversion be shown to drive the political affection of voters to candidates?* Table 2 presents the percentages derived from the

2 × 2 table analyses as in Table 1. However, while all 28 cells in Panels B—E in Table 2 are based on the same 2 × 2 models as those from which the results reported in Table 1 were derived, the 2 × 2 models from which the findings reported in Table 2 include controls for social media and online activity. Thus, it tests the second question driving this study: *Does the role of social media and online activity by citizens accelerate whatever impact loss aversion has on the political affect of the voter toward a candidate (Trump and Clinton)?*

Table 3 summarizes systematically the relevant cell comparisons across Tables 1 and 2 which reflect the primary focus of this paper. The cells in Table 3 show the net percentage point change from the baseline results in Table 1 from those of the respective tests reported in Table 2 which include the controls for social media and online activity. They are simply the percentages in Table 2, minus the percentage reported in their respective cell in Table 1. These percentage point entries in Table 3 offer an estimate of the actual impact social media and online activity have on tempering or accelerating the effect of loss aversion on political affect. Therefore, Table 3 provides a summary of the basic information we need to assess the impact of social media, implicit in the second question guiding this analysis.

Three conclusions emerge from Tables 1–3:

1. Clinton suffered considerably more from negative affect allocation associated with a frame of loss on the part of the person, indicating Clinton was seen as the greater threat to more loss on the part of the respondent. Thus, loss aversion impacted the establishment and well-known candidate, as we would have predicted working from a *Prospect Theory* framework.
2. Key reference points play a role in further tempering Trump's overall negative affect while energizing Clinton's overall negative affect. In other words, relying on controls for reference points only underscores the disproportionate negative political affect accorded Clinton than Trump in the face frames of loss and the attendant aversion to loss.
3. Social media and online activity served to exacerbate the negative affect allocated to Clinton over that allocated to Trump, on the whole, while further mitigating negative affect toward Trump, on the whole.

In short, loss aversion, reference points, and social media and online activity had much less deleterious impact on Trump than Clinton, who could not escape the cognitive assessment of the voter as a risk to more loss and therefore a candidate who, for those trying to avert loss, could not be accepted. Loss aversion did substantial damage to Clinton; social media and online activity "sealed the deal" for Trump.

6   Discussion

Panel A of Table 1 documents the overall advantage in reduced negative affect from which Clinton begins, with no controls taken into account for loss aversion, reference points, or social media/online activity. In this baseline state, one would have estimated for Clinton a 9.1 % advantage in negative political affect—roughly in line with many popular polling reports just prior to the presidential elections in November 2016. However, once loss aversion is takin into account, the advantage is entirely reversed by a factor of about three. Clinton's negative affect for those holding a frame of loss climbs to 67 and 69.1 % respectively, for both frames of loss regarding national identity and general social and economic conditions. Trump's negative affect, on the other hand, drops almost by half once loss aversion is factored into the estimates, falling to 30.1 and 35.4 %, respectively (Panel B, Table 1). These trends are continued even further when controlling for the white class (Panel C, Table 1). The gap between Clinton and Trump for adult white non-college educated Americans in a loss frame grows to 56.8 % regarding national identity and integrity loss aversion, and 52.7 % for college educated white voters who hold a clear loss aversion for this dimension. This gap is replicated for loss aversion directed towards general prosperity, security, and opportunity issues.

These patterns continue when controlling for a populist reference point within the prospect assessment of voters (Panel D, Table 1). Even among Democrats with loss aversion for national identity and integrity nearly 26 % of respondents attached a negative affect for Clinton. The respective amount for Democrats expressing a frame of loss for economic personal economic, security and opportunity issues and holding a negative affect for Clinton was 19.1 % (Table 2, Panel E). From Table 1 it becomes readily apparent that loss aversion had the effect of disproportionately distributing negative affect between Trump the populist and non-establishment non-politician, and Clinton the establishment icon. This conclusion confirms the expectations of *Prospect Theory*: Loss aversion pushed voter affect toward what conventional judgment considered the choice of risk—the vote for Trump.

However, it is the results in Tables 2 and 3 which draw attention to the filtering effect of social media and online activity. As shown in Panel A of Table 2, active social media and online use by the voter had little impact overall on changing the respective negative affect for Trump or Clinton (see Table 3 Panel A for the net percentage point change between the respective percentages in Table 1 and those in Table 2). However, before dismissing 1.1 or 1.2 net percentage point change from the baseline to the social media/online activity model as small and inconsequential, one must place these net percentage change statistics into perspective.

Turnout in 2016 was approximately 137 million voters (down substantially from recent turnout levels for presidential elections in the United States) (Leip 2017). The net change associated with social media and online platform use when combined with loss aversion and candidate affect translates into 1.5 million votes. That is 8.5 times larger than the 77,744 votes that tipped the Electoral College vote from Clinton to Trump.

From this perspective, the remaining results reported in Tables 2 and 3 assume a much more dramatic and compelling picture for the impact of social media and online activity as propellants to distributing negative affect. For example, the percentages in Table 2 estimate the proportion of white college educated adults in a frame of loss aversion regarding national integrity and identity and who were relatively active social media and online users. Of this group, 4.5 % saw a decline in their negative affect for Donald Trump relative to the baseline estimates in Table 1. Based on the proportion of white college educated Americans who voted in the 2016 presidential elections (37 %, or approximately 51 million), and our estimates from this number of how many white college educated Americans would have held a negative affect toward Trump (20.1 %, or 10 million), a decrease of 4.5 % among white college educated voters negative on Trump due to active social media and internet use would translate into roughly 460,000 votes, or 1.7 times larger than the simple 77,744 votes standing between victory and loss for Trump. This estimated impact comes from those among the white voter group least likely to support Trump—white college educated Americans, based on our estimated impact of online use reported in Table 2 and the net impact reported in Table 3, Panel C (−4.5 %). The net impact of online use for negative affect toward Clinton among white college educated respondents was +5.4 (Table 3, Panel C), or an estimated increase in negative affect toward Clinton of nearly 2 million voters, 26 times larger than the 77,744 votes separating Trump's Electoral College victory from a Trump loss (Tyson and Maniam 2016; Galston and Hendrickson 2016; United States Election Project 2016; Ryan et al. 2015).

The results from social media/online activity model reported in Table 2 (Panel D) and summarized in Table 3 (Panel D) show that for "non-populists" (i.e., the sample of respondents expressing "non-populist" valid responses to all eleven items measuring populism within the ANES 2017 survey) who are active on social media and online sources, a significant difference in negative political affect for Trump and Clinton transpired. For those expressing a loss aversion with regard to national identity and integrity issues, negative affect for Trump declines 4.5 % for active social media and online users, while it increases 9.4 % for Clinton. For those expressing a frame of loss toward the more general American economy and society, the respective proportional change in negative affect for the two candidates was 1.1 and 11.2 %, respectively. It was not merely populists that generated the negativity of Clinton, but non-populists who were active social media and online users, as well.

Turning to partisanship (i.e., simple self-reporting as Democrat or Republican) requires a slight extension of *Prospect Theory*. Lodge and Taber's (2013) "John Q. Public" model of motivated political reasoning suggests that even in the context of loss aversion, growing from a frame of prospective loss relative to assets valued by a voter, the voter's affect disposition toward her party candidate will be at best only marginally modified if that voter already has structured her affect securely around attitudinal attachments prior to the reflection on loss. If so, partisanship would anchor the voter to her party regardless of loss aversion—or, perhaps, almost regardless—and the impact of loss aversion attaching to one's own party should be very small (Lodge and Taber 2013, p. 62). This would be reflected in the samples reported in Table 1 (Panel E) by large percentages of Democrats remaining loyal to their candidate despite a frame of loss; the same would hold for Republicans. This is generally, though not uniformly, confirmed in Table 1, (Panel E).

A notable exception is the significant difference in the negative affect for Hillary Clinton expressed by those Republicans in a frame of loss regarding national identity and integrity dimension compared to Democrats in such a frame of loss who hold a negative affect for Donald Trump. Nine of ten Republicans (89.2 %) in such a frame of loss and influenced by loss aversion have negative emotive dispositions toward Clinton, yet only 80 % of Democrats expressed a negative affect toward Trump in this group (Table 1, Panel E).

For Democrats with a frame of loss for either dimension, negative affect for Clinton climbed slightly with social media and internet use compared to the baseline affect value for Democrats without such controls for online and social media use (Table 3, Panel E): by 5.6 percentage points for those with loss aversion regarding the national identity and integrity dimension (from 25.8 to 31.4 %), and 2.7 percentage points for those with loss aversion toward general American social and economic matters (from 19.1 to 21.8 %). Trump's negatives dropped for Democrats actually using the social media and internet who were loss averse for national identity and integrity (2.2 percentage points). Among Republicans, Trump recorded a mixed result among social media and online activity users. His negative affect among those with loss aversion toward national identity and integrity dropped less than one percentage point (.8) but rose 3.6 percentage points for those with loss aversion toward general social and economic conditions.

There can be little question about the mediating impact played by the active use of social media and the internet by those in a frame of loss. Its active use serves to clearly heighten the person's overall negative affect toward a candidate who, like Clinton, in the opinion of identity groups and subpopulations within the electorate is closely associated with their frames of loss. As shown in Tables 2 and 3, these mediating effects show distinct patterns to the distribution of negative affect across people with different reference points. This contributes to the further skewing of their perceived prospects for loss.

However, on the whole, negativity seems to be the general affect enhanced through active social media and internet use. Across all of the individual cells in Table 3 reporting gains or losses in percentage points for negative affect toward either candidate, the mean change in scores (plus or minus) was 1.65. Again, we should place this marginal change in context—this can translate into sizeable alterations of vote distribution within various geographical locations. This consideration is all the more relevant when we consider the mere magnitude of change in negative affect associated with social media and online activity. The mean magnitude of change reported across all the cells in Table 3 (eliminating directional indicators from the percentage points reported in the cells) is 2.93. Parsing these percentages reported in Table 3 across the two candidates further confirms the conclusion that the cost to Clinton, which we attribute to loss aversion acting on perceptions of negative affect and given octane by active social media and online platform use, is dramatically higher than that of Trump. Considering Table 3 alone and the cells reporting net change, we note the mean net change in negative affect toward Clinton for those holding frames of loss when factoring in social media and online use was 3.68 percentage points; yet, only −.38 percentage points for Trump. Converting plus and minus signs in Table 3 to simple measures of magnitudes (no negative directions), reveals that both candidates saw 3.7 % points of change on average in magnitude levels of negative affect driven by loss aversion when combined with social media and online activity. In the context of the American electoral system where single member plurality rules exacerbate the power of numerical minorities in acting on seat distributions in Congress, and where winner-take-all rules dictate Electoral College vote distributions in presidential elections, these percentage point changes reported in Table 3 carry considerable significance. They portend notable promise to those wishing to nudge the system one way or the other in two-person elections. Political affect has for many decades been assumed in the literature to have a long tail acting on the prospects of electoral outcomes for any candidate and their party. Social media and online activity by voters and the public in 2016 contributed to that long tail's role in coloring the context and robustly influencing the outcome of the context.

7   Conclusion

The American presidential election of 2016 will be the subject of intense debate and analysis for years to come for reasons that extend beyond merely the academic interest in testing voting and behavioral models or assessing behavioral adjustments to information (or misinformation) or plotting demographic developments and identity issues in the changing American electorate. It will undoubtedly receive a substantial intense interest due to its surprising outcome and the unique character and nature of the victorious candidate. Regardless of what subsequent research will show, it seems unlikely that any sustainable and formidable model will be able to dismiss the broad conclusion that a perfect storm of loss aversion, heightened activity of social media and internet news and information consumption, and their combined impact on the cognitive and emotional assessment by the public of the two major candidates significantly nudged the election in such a direction as to ensure its dramatic impact and profound consequences. This study has proposed the modest task of simply connecting the logical assumptions behind loss aversion within *Prospect Theory* to the strong role of social media and online activity as instruments of communication with intense and voluminous skewing and fragmenting of partisan and polarized political communication.

The primary target of this analysis has been the pattern of distribution of negative political affect among the American electorate evident in the 2016 presidential elections. Our principle proposition is that the aversion to loss (a much stronger emotion than the affinity associated with gain) will not merely drive the distribution of negative political affect in a distinctly discriminating pattern between the two candidates (unless both are seen as having equally threatening prospects to loss); but these broader patterns will be intensified for those actively using the internet and social media as mediums of information, communication, and positive reaffirming of bias and predispositions toward the two candidates. In this way, the current study's principle objective is not merely to confirm the role and, indeed, added effect of the active use of social media and the internet and other online platforms acting on political affect of citizens, but to place the role and impact of technology within a broader heuristic framework that confirms its contribution to a broader process. In this case, that process is commonly described as motivated political reasoning, or the shaping of political affect to construct cognitive foundations of support, tolerance and acceptance of candidates and their messages as public servants. While subsequent research will wish to employ "big data" and tease out the conditional role of content sourcing (*Facebook*, *Twitter*, etc.), refine models of user reliance on social media and internet activity, including experimental designs intended to directly measure the cause and effect in a chronological framework of communication, reasoning, and affect, the current study sheds important light on the triangular structure of technology, proscriptive assessment and affective disposition contouring the 2016 presidential elections. These elements of the triangular influence acted in such a way as to tip a major election in the direction of a populist renegade candidate devoid of practical skills or experience within government, to be selected as the leader of what is arguably the world's most complex and pluralist republican democracy. While 2016 did not invent this triangular model, it has very likely altered how subsequent modeling of the American electorate's expected electoral behavior, choice, and political affect will determine outcomes.

"Both the technology itself, and the way we choose to use the technology, makes it so that what ought to be a conversation is just a set of Post-it notes that are scattered" (Harvey 2016). While this chapter makes no claim to judge Kerric Harvey's assertion as technically correct or otherwise, data from the 2016 American presidential election offers clear evidence that such "Post-it notes" if aligned in the aggregate with a prospect of loss, impassioning the aversion of voters to loss, can turn the election in a direction few may have thought possible. The conclusion offered by this study is to suggest that the broader and more significant question challenging social scientists and students of political behavior is far beyond simply recording how or why social media and online activity was used. Rather, this study suggests research must more clearly expose how this fractured series of "Post-it notes" can be understood to play a role within broader cognitive and socially structured heuristic frameworks for democratic decision making. The findings offered here turn our eyes to why and in what ways social media and the internet in an age of mass social and political communication can nudge aggregate affective attachments of voters between competing candidates in ways and with effects one would not have expected or predicted without taking closer account of their effect acting on the emotional foundations of voter judgements.

References

Allcott, H., & Gentzkow, M. (2017). *Social media and fake news in the 2016 election*. National Bureau of Economic Research Working Paper No. 23089, pp. 1–32.

American National Election Studies (ANES). (2017). Time series study. http://www.electionstudies.org/. Accessed 8 Aug 2017.

Barberis, N. C. (2013). Thirty years of prospect theory in economics: A review and assessment. *Journal of Economic Perspectives, 27*(1), 173–195.

Edsall, T. B. (2016). One problem for democratic leaders is democratic voters. https://www.nytimes.com/2016/12/22/opinion/one-problem-for-democratic-leaders-is-democratic-voters.html. Accessed 1 Oct 2017.

Edwards-Levy, A. (2016). Nearly half of Trump voters think whites face a lot of discrimination. https://www.huffingtonpost.com/entry/discrimination-race-religion_us_5833761 ee4b099512f845bba. Accessed 2 Oct 2017.

Enli, G. (2017). Twitter as arena for the authentic outsider: Exploring the social media campaigns of Trump and Clinton in the 2016 US presidential election. *European Journal of Communication, 32*(1), 50–61.

Faro, D. (2017). Trump's high risk Triumph. *London Business School Review, 28*(1), 44–47.

Galston, W. A., & Hendrickson, C. (2016). The educational rift in the 2016 election. https://www.brookings.edu/blog/fixgov/2016/11/18/educational-rift-in-2016-election/. Accessed 30 Aug 2017.

Graber, D. A., & Dunaway, J. (2018). *Mass media and American politics.* Washington D.C.: CQ Press.

Granberg, D., & Brown, T. A. (1989). On affect and cognition in politics. *Social Psychology Quarterly, 52*(3), 171–182.

Groshek, J., & Koc-Michalska, K. (2017). Helping populism win? Social media use, filter bubbles, and support for populist presidential candidates in the 2016 US election campaign. *Information, Communication & Society, 20*(9), 1–19.

Harvey, K. (Eds.). (2013). *Encyclopedia of social media and politics.* London: Sage.

Harvey, K. (2016). Did social media ruin election 2016? http://www.npr.org/2016/11/08/500686320/did-social-media-ruin-election-2016. Accessed 30 Sept 2017.

Heintz, C. (2016). Does prospect theory explain Trump and Brexit votes? http://cognitionandculture.net/blog/christophe-heintzs-blog/does-prospect-theory-explain-trump-and-brexit-votes. Accessed 2 Oct 2017.

Hendricks, J. A., & Schill, D. (2017). The social media election of 2016. In R. E. Denton Jr. (Ed.), *The 2016 US presidential campaign: Political communication and practice* (pp. 121–150). Cham: Palgrave Macmillan.

Jervis, R. (2004). The implications of prospect theory for human nature and values. *Political Psychology, 25*(2), 163–176.

Kahneman, D. (2011). *Thinking, fast and slow.* New York: Macmillan.

Kanev, D. (2017). Why Trump won the elections – In view of the prospect theory. *Economic Archive, 2,* 27–39.

Kenski, K., & Jamieson-Hall, K. (Eds.). (2017). *The Oxford handbook of political communication.* Oxford: University Press.

Lanoue, D. J. (1994). Retrospective and prospective voting in presidential-year elections. *Political Research Quarterly, 47*(1), 193–205.

Leip, D. (2017) Atlas of US presidential elections. https://uselectionatlas.org/. Accessed 30 Sept 2017.

Levy, J. S. (2003). Applications of prospect theory to political science. *Synthese, 135*(2), 215–241.

Lodge, M., & Taber, C. S. (2013). *The rationalizing voter.* Cambridge: University Press.

Mercer, J. (2005). Prospect theory and political science. *Annual Review of Political Science, 8,*1–21.

Mintz, A. (2004). How do leaders make decisions? A poliheuristic perspective. *Journal of Conflict Resolution, 48*(1), 3–13.

Neville-Shepard, R. (2017). Constrained by duality: Third-party master narratives in the 2016 presidential election. *American Behavioral Scientist, 61*(4), 414–427.

Oliver, J. E., & Rahn, W. M. (2016). Rise of the Trumpenvolk: Populism in the 2016 election. *The ANNALS of the American Academy of Political and Social Science, 667*(1), 189–206.

Persily, N. (2017). Can democracy survive the internet? *Journal of Democracy, 28*(2), 63–76.

Petty, R. E., & Cacioppo, J. T. (1986). The elaboration likelihood model of persuasion. *Advances in Experimental Social Psychology, 19*, 123–205.

Petty, R. E., Fazio, R. H., & Briñol, P. (Eds.). (2009). *Attitudes: Insights from the new implicit measures*. London: Psychology Press.

Quattrone, G. A., & Tversky, A. (1988). Contrasting rational and psychological analyses of political choice. *American Political Science Review, 82*(3), 719–736.

Rahn, W., & Oliver, E. (2016). Trump's voters aren't authoritarians, new research says. So what are they? https://www.washingtonpost.com/news/monkey-cage/wp/2016/03/09/trumps-voters-arent-authoritarians-new-research-says-so-what-are-they/?utm_term=. b24c3242d6d3. Accessed 27 Aug 2017.

Redlawsk, D. P., & Pierce, D. R. (2017). Emotions and voting. In K. Arzheimer, J. Evans, & M. S. Lewis-Beck (Eds.), *The SAGE handbook of electoral behaviour* (S. 406). Los Angeles: Sage.

Robertson, J. D. (2018). Aftershock or shock wave: An assessment of the 2016 presidential election from the perspective of the 'Obama legacy'. In W. Gellner & M. Oswald (Eds.), *Die gespaltenen Staaten von Amerika* (Forthcoming). Wiesbaden: Springer VS.

Ryan, C. L., Bauman, K., Ogunwole, S. U., Drewery, M. P. Jr., & Rios-Vargas, M. (2015). Educational Attainment in the United States: 2015, *US Census Bureau, Current Population Reports, P20–S78*.

Ryoo, J., & Bendle, N. (2017). Understanding the social media strategies of US primary candidates. *Journal of Political Marketing, 16*(3–4), 244–266.

Sabato, L. (2017). The 2016 election that broke all, or at least most, of the rules. In L. Sabato, K. Kondik, & G. Skelley (Eds.), *Trumped: The 2016 election that broke all the rules* (S. 1–29). Lanham: Rowman & Littlefield Publishers.

Sides, J. (2017). Resentful white people propelled Trump to the white house – And he is rewarding their loyalty. https://www.washingtonpost.com/news/monkey-cage/wp/2017/08/03/resentful-white-people-propelled-trump-to-the-white-house-and-he-is-rewarding-their-loyalty/?utm_term=.91fb1afa5ed3. Accessed 20 Aug 2017.

Sides, J., Sides, Tesler, J. M., & Vavreck, L. (2017). How Trump lost and won. *Journal of Democracy, 28*(2), pp. 34–44.

Stromer-Galley, J., Rossini, P., Hemsley, J., Kenski, K., Zhang, F., Bryant, L., & Semaan, B. (2017). Social media, US presidential campaigns, and public opinion polls: Disentangling effects. *AoIR Selected Papers of Internet Research, 6*, 1–5.

Sunstein, C. R. (2017). *#Republic: Divided democracy in the age of social media*. Princeton: Princeton University Press.

Tversky, A., & Kahneman, D. (1992). Advances in prospect theory: Cumulative representation of uncertainty. *Journal of Risk and Uncertainty, 5*(4), 297–323.

Tyson, A., & Maniam, S. (2016). Behind Trump's victory: Divisions by race, gender, education. http://www.pewresearch.org/fact-tank/2016/11/09/behind-trumps-victory-divisions-by-race-gender-education. Accessed 30 Sept 2017.

United States Election Project (2016). Voter turnout data. http://www.electproject.org/home/voter-turnout/voter-turnout-data. Accessed 30 Sept 2017.

Walley, C. J. (2017). Trump's election and the "white working class": What we missed. *American Ethnologist, 44*(2), 231–236.

West, D. M. (2017). *Air wars: Television advertising and social media in election campaigns, 19522016*. Washington D.C.: CQ Press.

Undermining the Message: How Social Media Can Sabotage Strategic Political Communication Actions

Meredith Conroy and Justin S. Vaughn

Abstract

As the strategic use of social media by politicians and other political actors approaches ubiquitousness, scholars have responded by chronicling the various ways in which social media can be harnessed successfully. We argue that the high propensity for strategic communication failure is too often overlooked, however, and attempt to address this by using a contemporary case as a lens through which to view how social media use can also undermine an actor's message. Focusing on the first several months of Donald J. Trump's presidency, we advance a four-part argument using specific examples from the early Trump Administration that showcase ways large and small that unstrategic use of social media can derail political and policy objectives.

Keywords

Social media · Strategic communication · Presidency · Donald J. Trump

M. Conroy (✉)
California State University, San Bernadino, USA
E-Mail: mconroy@csusb.edu

J. S. Vaughn
Boise State University in Boise, Boise, USA
E-Mail: justinvaughn@boisestate.edu

© Springer Fachmedien Wiesbaden GmbH, ein Teil von Springer Nature 2018   97
M. Oswald und M. Johann (Hrsg.), *Strategische Politische Kommunikation im digitalen Wandel,* https://doi.org/10.1007/978-3-658-20860-8_5

1   Introduction

In recent years, social media has become ubiquitous in professional politics. While only a decade ago studies still showed gaps in what kinds of politicians utilized new media technology (Gulati and Williams 2007), from websites to micro-blogging, the near-total embrace of these kinds of resources today has resulted in a shift from analyses about who uses new media tools to how they are used (Farrar-Myers and Vaughn 2015). Meanwhile, public adoption of social media has also increased enormously. In 2005, when the Pew Research Center started to track social media adoption, only 5 % of adults in the United States used at least one social media platform; by early 2017 that figure had increased to 69 % (Pew Research Center 2017). Furthermore, members of the press, who often provide essential filter and linkage functions between political elites and the masses, have also adjusted to this new media landscape. Journalists increasing use online sourcing in their work, not only reporting on what is said and done in the social media space but also using social media tools themselves to both contact potential sources and disseminate stories and news developments (Lecheler and Kruikemeier 2015).

Clearly, from the perspective of politicians and other political elites, in a world where much of the electorate is engaged online and much of what the media says and does also functions online, there is great incentive to use new media tools—and, in particular, social media—in ways that systematically increase the likelihood of achieving goals, whether those goals are electoral, political, or policy-oriented. As Farrar-Myers and Vaughn have noted, "we have reached the point where having a social media presence via a website, *Facebook* page, and *Twitter* account is a necessary means to be an effective political communicator" (Farrar-Myers and Vaughn 2015, p. 2). They go on, however, to note that "merely having such a presence is hardly sufficient to ensure that one's message is reaching its intended audience, not being drowned out—or, worse, distorted—by competing messages" (ibid.). The fundamental point being made is that making use of social media technology is only half the battle; using those tools in a strategic manner (i.e., designed to enhance goal achievement) is what matters. In an era where everyone has easy access to multiple social media accounts, those who use them with discipline, skill, and precision are the most likely to fare the best.

Such an observation is not new to communications professionals or those who study communications professionally. Indeed, a wide range of advice can be found in and outside of the various relevant academic literatures about how best to utilize social media for maximum impact. And while analysis has begun to assess the affects of new technologies and avenues of communication on democratic values, like civility and participation (Feezell et al. 2016; Koc-Michalska and Lilleker 2016), far less attention has been paid to how social media presents a potential threat to the candidates and politicians who use them. In this essay, we seek to address that oversight and do so by examining multiple ways social media can have the opposite effect of what the strategic communications gurus would suggest. To do so, we use a contemporary case—the early months of Donald J. Trump's presidency—as a lens through which to view and engage how social media can effectively undermine an actor's message.

2 The Dark Side of Strategic Communication

Still a relatively young and fundamentally interdisciplinary field, even the meaning of strategic communication remains contested. For clarity's sake, we follow the lead of Hallahan et al., who have stressed strategic communication's emphasis on "the strategic application of communication and how an organization functions as a social actor to advance its mission" (2007, p. 7). Strategic communication is fundamentally focused on utilization of resources and management of techniques, often across a wide and complex range of divisions, for the purpose of achieving identified objectives. In other words, strategic communication is goal-oriented at its core, in terms of not only the information being communicated, but also the way(s) in which it is communicated, both in terms of tone and technique. With respect to the latter, as technology proliferates, so too does the size of the toolbox the strategic communication professional carries. As the communication space becomes increasingly digitized, so too do the ways strategic communication efforts are deployed.

Our particular interest is in how political elites utilize strategic communication techniques as they seek to achieve their political and policy objectives. We are not alone in this interest, though much of the work focusing on strategic political communication—especially in the digital sphere—emphasizes either descriptive discussions of new opportunities for strategic communication or analyses of how strategic communication efforts functioned, with an underlying impulse to document how elites can better communicate in order to get what they want. For example, much of the literature on presidents 'going public' exist to documents which factors 'work' in shaping public opinion. The emerging consensus here suggests that presidents who want to lead in this way are best advised to stay on message, get out of Washington D.C., work local and regional media opportunities rather than national outlets, and deploy surrogates widely while ensuring they are each echoing the president's message (Kernell 2006).

The bulk of research that exists on social media and strategic communication has developed in a similar fashion; whether by packaging together observation-driven advice on how to use social media in the pursuit of key objectives (Kaplan and Haenlen 2010; Culnan et al. 2010) or by drawing conclusions from empirical analyses (Levenshus 2010; LaMarre and Suzuki-Lambrecht 2013; Macnamara and Zerfass 2012; Picazo-Vela et al. 2012; Saffer et al. 2013), the implicit theme of this work is that new technology can be harnessed in effective ways, if approached wisely and strategically. What this work largely leaves unsaid, however, is the danger technological proliferation also presents to political elites' prospects for goal achievement. That is, in their rush to document which factors work and when and why, not enough light is shed on what we call the dark side of strategic communication. That is, just as new media technologies present diverse and dynamic opportunities for political elites to control the message, they also present myriad opportunities for misuse, whether inadvertent or willful, to undermine the strategic narrative they are trying to establish. By analyzing instances of new media-driven strategic communication failure, we can augment and enhance our understanding of the current and future strategic communication environment. Moreover, by emphasizing the political sector, we can add to what we know about how new media and strategic communication affect the policy making process.[1]

We argue that new media-driven strategic communication failure can manifest in the policy making process in four distinct but important ways. First, in ascending order of severity, non-strategic use of new media can distract desired public attention from key agenda items. Second, it can confuse or muddy the policy agenda. Third, non-strategic communication via social media can alienate potential coalition partners. Finally, non-strategic use of new media can directly derail policy goals by providing evidence to others in powerful positions of negative consequences and/or unacceptable motivations.

To support this four-part argument, we identify and contextualize specific situations from the first year of Donald J. Trump's presidency. For an example of when Trump's use of social media distracted public attention from key agenda items, we discuss his *Twitter*-based attack of Mika Brzezinski, which pulled attention away from momentum then being made in the House of Representatives on the president's policy priority, the repeal of the *Affordable Care Act* (aka *Obamacare*). With respect to confusing or muddying the policy agenda, we discuss

---

[1]Compare the chapter by Michael Oswald in this edited volume.

Trump's inconsistent communications about the *Deferred Action for Childhood Arrivals* (DACA) program, which his administration announced would be done away with but later that same day Trump tweeted he would revisit in several months if Congress failed to enact legislation, reforming immigration. In regard to alienating potential coalition partners, we focus on Trump's use of social media to harangue Senate Majority Leader Mitch McConnell, who is an essential partner for the White House in achieving any policy goal, but especially *Obamacare* repeal. Finally, with respect to directly derailing policy goals, we examine the consequences of Trump's tweeting about the so-called *travel ban,* which led a federal court to reject the administration's executive order because his social media communications provided evidence of discriminatory intent. In the sections that follow, we discuss each of these cases in turn.

3 The Undermining of Trump via Twitter: Four Strategic Communication Failures

The 2016 election was unique for a number of reasons, the least of which was the candidates' reliance on the social media platform, *Twitter*, to communicate to and with their supporters, critics, and each other[2]. However, this platform was consequential, by most accounts. And yet, after winning the election, Trump vowed to be, "very restrained, if I use it at all," responding to whether he would continue to communicate via *Twitter*, after inauguration (Flores 2016). Despite this comment, his frequency of taking to *Twitter* to share his commentary barely slowed, and political observers have been tracking his tweets, their expressed sentiment (Kurtzleben 2017), and even the people and places Trump has insulted from the platform (Lee and Quealy 2017). At the *Washington Post*, political scientist Dan Drezner argued that Trump tweets as frequently, and as caustically, as he does for three reasons: to blow off steam, feed his base, and to rebel against institutional constraints (Drezner 2017). Needless to say, the interest in Trump's tweeting, continues. Here, we are less interested in how or why Trump tweets, and more interested in the effects.

---

[2]The most liked and retweeted tweet from the campaign season was when Clinton retweeted Trump, telling him to "delete your account." It has been liked over 715,000 times.

3.1   Agenda Distraction: The Mika Brzezinski Tweets

One harmful effect of Trump's tweets is that they have distracted from his legislative agenda as well as Republican policy victories, arguably thwarting momentum and obstructing public good will. According to reporting in late June 2017, the Trump White House was set to usher through two conservative immigration bills—one that would strengthen penalties for deported criminals who reenter the United States and a second will that would target sanctuary cities. In preparation, earlier in the week Trump met with victims of crimes perpetrated by undocumented immigrants, and the Immigration and Customs Enforcement Director shared prepared remarks at a White House press briefing.

However, Trump's immigration agenda was derailed, after he fired off a couple of bazaar and vulgar tweets directed at MSNBC's *Morning Joe* co-anchors, Mika Brzezinski and Joe Scarborough, early on Thursday, June 29. Trump tweeted:

I heard poorly rated @Morning_Joe speaks badly of me (don't watch anymore). Then how come low I.Q. Crazy Mika, along with Psycho Joe, came. (June 29, 2017, 7:52am)

…to Mar-a-Lago 3 nights in a row around New Year's Eve, and insisted on joining me. She was bleeding badly from a face-lift. I said no! (June 29, 2017, 7:58am)

The speculation is that Trump was watching the Fox news program, *Hannity,* who's host, Sean Hannity, was covering a segment about the increasing criticism of Trump by Mika Brzezinski, and her co-host Joe Scarborough on their MSNBC program. Although *Morning Joe*'s Joe Scarborough and President Trump were once on good terms (Joe was one of 43 *Twitter* accounts Trump was following on *Twitter* after his Inauguration (Businessinsider 2017), and Trump was known to watch the program regularly in the past, as the hosts grew more critical of his administration, Trump's opinion of the hosts soured. This is what likely prompted Trump's tweets.

Trump's criticism of Brzezinski and Scarborough, drew an immediate response. In particular his mentioning of Brzezinski's physical appearance drew immediate condemnation; even fellow Republicans were force to respond. In a House Republicans news conference later that day, when asked about the tweets, Speaker of the House, Paul Ryan (R-WI), responding by saying, "Obviously I don't see that as an appropriate comment. What we're trying to do around here is improve the tone, the civility of the debate. And this obviously doesn't help do that" (Diaz 2017).

On *Twitter*, other Republicans added their disapproval. Ben Sasse (R-NE), Lisa Murkowski (R-AK), Lindsey Graham (R-SC), and Lynn Jenkins (R-KS) all condemned the president's speech, however, none of their tweets mentioned the president's *Twitter* handle. Other Republicans, like Orrin Hatch (R-UT) and Susan Collins (R-ME) indirectly criticized the president's tweets (ibid.).

In sum, although Trump's administration and Party were set to move forward on immigration issues, Republicans were forced to answer questions from the media about the president's comments on *Twitter*, and address their constituents' concerns over whether such language is appropriate. While Republicans could have ignored the comments, neglecting to condemn the remarks could be construed as being complicit, demonstrating how Trump's tweets distract from his party's legislative agenda, and derail a focus on substantive issues for days at a time.

3.2 Muddying the Agenda: The DACA Tweets

In the fall of 2017, Trump's use of *Twitter* contributed to widespread confusion and criticism surrounding the federal program *Deferred Action for Childhood Arrivals (DACA)*, hindering Trump's own Justice Department. At a press conference on September 5th, 2017, sitting Attorney General, Jeff Sessions, announced that the Trump administration would be ending the Obama era policy on the enforcement of undocumented immigrants. In the announcement, Sessions explained that the policy would be phased out in around 6 months (by March 2018). However, just hours later, Trump sent off a tweet that would call into question this six-month deadline, and his White House's commitment to dismantling DACA, leading to confusion over the administration's plans, and around 800,000 affected individuals unsure of their fate.

Deferred Action for Childhood Arrivals was enacted under President Obama in 2012 by a memorandum from Secretary of Homeland Security, Janet Napolitano. Under DACA, children[3] who immigrated illegally to America with their families are given the right to live, study, and work in the U.S. Around 800,000 individuals are beneficiaries of DACA.

Obama's decision to instate DACA in 2012 was due to longstanding Congressional gridlock on immigration reform; seeing a need for action, Obama and his administration elected to instigate policy by executive decree.[4] When DACA was announced in 2012, there was some pushback from conservative commentators

---

[3]To qualify for DACA recipients must have arrived in the U.S. before turning 16 years old.
[4]Memoranda represent one of several executive actions presidents use to create policy, unilaterally.

that this action signaled executive overreach, and was potentially legally dubious, however no congressional action was ever taken to nullify the memorandum, and over time the program grew in popularity. According to a *Pew Research* poll administered in December 2016, three-quarters of Americans agreed that children who were brought to the US illegally should be allowed to stay in the country (Bump 2017). Moreover, according to the *American National Election Studies* survey, also from 2016, two-thirds of Trump voters supported DACA (ibid.).

Despite its modest popularity, Trump campaigned against DACA while running for president; "Donald Trump's 10 Point Plan to Put America First" asserted that Trump would

> Immediately terminate President Obama's two illegal executive amnesties. All immigration laws will be enforced – we will triple the number of ICE agents. Anyone who enters the U.S. illegally is subject to deportation. That is what it means to have laws and to have a country.[5]

In the 10 Point Plan, his campaign refers to "two illegal executive amnesties;" in addition to DACA, this point referred to DAPA (*Deferred Action for Parents of American and Lawful Permanent Residents*), which never went into effect.

Given Trump's stated policy goals during his campaign, the announcement to end DACA in September of 2017 should have been expected. However, while the official position of his campaign was to end DACA, following his election in November Trump somewhat walked back this hardline on this issue in several interviews (Joshi 2017). Yet, Sessions' announcement in September seemed to signal that Trump and his administration had come to an agreement on how to proceed on DACA. But just a few hours after Sessions' announcement that DACA would be coming to an end in 6 months time, Trump went to *Twitter* to equivocate publicly on this decision:

> Congress now has 6 months to legalize DACA (something the Obama Administration was unable to do). If they can't, I will revisit this issue! (September 5, 2017, 7:38pm).

Despite his administration's announcement of their plan for DACA, the tweet sent out later that day implied that the president planned to revisit the issue if Congress did not find a legislative solution before the 6 month time table outlined

---

[5]web.archive.org/web/20170120080752/https://www.donaldjtrump.com/policies/immigration.

by Sessions, "effectively undermining the deadline his own administration set." Further muddying the water, on September 7th, Trump tweeted:

> For all of those (DACA) that are concerned about your status during the 6 month period, you have nothing to worry about – No action! (September 7, 2017, 8:42am).

Here, Trump issued reassurance to DACA recipients, again offering a contrast to the official position of his administration as laid out by his own Justice Department. Reportedly, this sentiment was inspired by a conversation he had with former Speaker of the House, Nancy Pelosi (CA-D) (ibid). Trump's seeming concessions on DACA, especially if inspired by Democrats, infuriated conservative commentators, like Laura Ingraham, and Ann Coulter, as well as fellow Republican legislators (Gonyea 2017; Sinclair 2017). Yet, as speculated, Pelosi and fellow Democrats may have just been reinforcing a position Trump had already considered, given a few public interviews, where he expressed sympathy for younger children impacted by their parents' decision to immigrate illegally (ibid., Joshi 2017). While historically, presidents have had to make tough policy decisions that conflict with their own personal judgment, it is rare for those presidents to make public their disagreements, once a formal administrative position has been taken up. However, Trump's decision to continue to use *Twitter* for his personal musings, and on the fly opinions opens the door for just such an occasion, as the battle over positioning on DACA demonstrates.

3.3   Alienating Partners: The Mitch McConnell Tweets

Trump has also used *Twitter* to alienated members of his own party, in an attempt to displace blame and exculpate his own administration. For example, in July 2017, after Senate Republican's failed to pass their "skinny repeal" healthcare plan, Trump used *Twitter* to blame those Republicans who voted against the bill, as well as Senate Majority Leader Mitch McConnell, whom he eventually credited with the bill's failure in no uncertain terms, after McConnell made a statement that attempted to shift some of the blame from Congress to the President.

On May 4, 2017, House Republicans passed their own version of a healthcare plan known as the *American Health Care Act*. Following the passage, President Trump and Republican House members met in the White House Rose Garden for a celebration and photo op to commemorate the success. The celebration was viewed by many as premature, because a Senate bill had yet to be proposed.

However, within hours, Republicans in the Senate announced their plan to write their own bill, and less than a week later Majority Leader McConnell selected 13 Republicans to write the *Better Care Reconciliation Act* (BCRA). After several false starts, and failed amendments from dissatisfied Republicans, McConnell settled on the skinny repeal bill (also know as the *Health Care Freedom Act*), which was released on July 27; the bill was just 8 pages long. Earlier in the day, President Trump tweeted out some encouraging words, in anticipation of a vote:

> Come on Republican Senators, you can do it on Healthcare. After 7 years, this is your chance to shine! Don't let the American people down (July 27, 2017, 6:24am).

That evening, a little before 10pm, Trump again issued some encouragement:

> Go Republican Senators, Go! Get there after waiting for 7 years. Give America great healthcare! (July 27, 2017, 9:43pm)

Here, Trump's tweets maintain that the burden to pass the bill is on the Senate, and not his administration, by directing his message to "Republican Senators."

After the bill was released, Senate Majority Leader Mitch McConnell moved quickly to pass it. Given the slim GOP majority in the Senate (52–48), Republicans would need support from all but two members, and even then it would require Vice President Mike Pence to break the tie. However, it is widely assumed that Senate Majority leader Mitch McConnell thought he had the votes to pass the bill, since he called for the vote late into the evening on July 27th.

At around 1am, the roll call voting began, and reports claimed that Vice President Pence was on his way to cast the tiebreaking vote, given that Senators Lisa Murkowski (R-AK) and Susan Collins (R-ME) were expected to (and did) vote no. However, when the roll call announced Senator John McCain's name (R-AZ), he did not announce his vote, and the roll call continued. But minutes later, at 1:24am, McCain walked up to the roll call desk, stretched out his arm, and signaled thumbs down. An audible gasp emerged from the chamber, as McConnell stood stoic, glaring, knowing that the bill had failed.

If there was any uncertainty as to whether or not the president was awake to watch the vote, this was quickly dismissed, because at 1:25am President Trump tweeted:

> 3 Republicans and 48 Democrats let the American people down. As I said from the beginning, let ObamaCare implode, then deal. Watch! (July 28, 2017, 1:25am)

Here, Trump takes no responsibility for the failed vote, and points out that three Republicans were responsible for the failure. On *Twitter* the next morning, the blame game continued, only this time Trump blamed the Senate filibuster:

> If Republicans are going to pass great future legislation in the Senate, they must immediately go to a 51 vote majority, not senseless 60 (July 28, 2017, 8:46am)

> ...Even though parts of healthcare could pass at 51, some really good things need 60. So many great future bills & budgets need 60 votes.... (July 28, 2017, 9:00am)

In these two consecutive tweets, Trump places blame on the Senate rules, instead of members of his own party. Yet, a couple of days later, on July 29th, Trump more directly implicated Majority Leader McConnell, by calling on McConnell to dismantle the filibuster:

> The very outdated filibuster rule must go. Budget reconciliation is killing R's in Senate. Mitch M, go to 51 Votes NOW and WIN. IT'S TIME! (July 29, 2017, 6:28am)

In this tweet, Trump did not blame McConnell for the bill's failure, but instead for the rule that likely led to its failure. However, about week later, this would change, and Trump would target McConnell directly for the bill's failure.

What would lead the president to target McConnell directly? More than likely it was a response to some comments McConnell made in early August to a Rotary Group in Kentucky. In his remarks, McConnell defended congress and the unsuccessful vote by reminding the audience that legislation takes time. McConnell blamed the president for unrealistic expectations, noting that "Our new president, of course, has not been in this line of work before..." and "I think he had excessive expectations about how quickly things happen in the democratic process" (Rogin 2017). Clearly reacting to these remarks, about a day later, Trump tweeted:

> Senator Mitch McConnell said I had 'excessive expectations,' but I don't think so. After 7 years of hearing Repeal & Replace, why not done? (August 9, 2017, 1:14pm)

The piling on continued into the week:

> Can you believe that Mitch McConnell, who has screamed Repeal & Replace for 7 years, couldn't get it done. Must Repeal & Replace ObamaCare! (August 10, 2017, 5:54am)

> Mitch, get back to work and put Repeal & Replace, Tax Reform & Cuts and a great Infrastructure Bill on my desk for signing. You can do it! (August 10, 2017, 11:40am)

This particular feud culminated with Trump retweeting Fox and Friends, a daily Fox news program, that speculated openly whether McConnell should step down as Majority Leader:

> RT @foxandfriends: Trump fires new warning shot at McConnell, leaves door open on whether he should step down. https://t.co/tJIRc0usWl (August 11, 2017, 6:12am)

This scenario demonstrates how Trump uses *Twitter* to get ahead of a story, and to remove himself from any blame. It also demonstrates that Trump is unafraid to go after members of his own party, especially when those members target his own political competence. Although past presidents have been known to feud with members of their own party, Trump's *Twitter* account makes these feuds public, making intraparty fissures difficult to deny.

3.4   Derailing Goals: The Travel Ban Tweets

Trump's tweets have also directly thwarted his administrations' expressed policy goals. On January 27th, less than a week after his inauguration, President Trump signed *Executive Order 13769, "Protecting the Nation From Foreign Terrorist Entry Into the United States."* The executive order directed the *Department of Homeland Security* to limit the entry of citizens from seven predominantly Muslim countries (Libya, Iran, Iraq, Somalia, Sudan, Syria, and Yemen) into the US, in order to protect US national security interests.

The response to the order was overwhelming. Individual citizens rushed to the airports to protest the decision; numerous members of both parties of Congress publicly condemned the order, and several Democrats submitted bills that would officially nullify the order's effect. However, the most robust response was from the courts, where Trump's own words from *Twitter* would be used against him and contributed to a federal court's decision that would delay the order's effect.

Less than a week after Trump signed the initial order, a judge in the 9th District Court ruled a temporary suspension of the order. Trump reacted by taking to *Twitter* to attack the judge over the course of two days, and also draw into question the legal authority of the judicial branch in general:

The opinion of this so-called judge, which essentially takes law-enforcement away from our country, is ridiculous and will be overturned! (February 4, 2017, 8:12am)

What is our country coming to when a judge can halt a Homeland Security travel ban and anyone, even with bad intentions, can come into U.S.? (February 4, 2017, 3:44 pm)

Because the ban was lifted by a judge, many very bad and dangerous people may be pouring into our country. A terrible decision (February 4, 2017, 4:44 pm)

The judge opens up our country to potential terrorists and others that do not have our best interests at heart. Bad people are very happy! (February 4, 2017, 7:48 pm)

Just cannot believe a judge would put our country in such peril. If something happens blame him and court system. People pouring in. Bad! (February 5, 2017, 3:39 pm)

As Trump reacted on *Twitter*, the *Department of Justice* (DOJ) appealed the decision to the *U.S. Court of Appeals* for the 9th Circuit, which agreed to hear the case. However, the three-judge-panel ruled against DOJ on February 9th. This February 9th denial provoked the now widely recognized (and mocked) Trump tweet,

SEE YOU IN COURT, THE SECURITY OF OUR NATION IS AT STAKE! (February 9, 2017, 6:35pm)

In addition to this tweet, he also tweeted that the decision was "disgraceful," and said that the legal system is "broken."

According to legal experts, Trump's tweets were a deciding factor in the court's February 9th ruling. However, the court's majority opinion did not reference a specific tweet, or Trump's *Twitter* account; instead, the court merely noted that "[T]he states have offered evidence of numerous statements by the President about his intent to implement a 'Muslim ban' as well as evidence they claim suggests that the Executive Order was intended to be that ban…" (p. 25), referring to evidence that Trump intended to discriminate, supplied by plaintiffs in the case.

More evidence that judges were aware of Trump's tweets surfaced a few days later, when a DOJ attorney again appeared before a 9th circuit judge to ask for a postponement. The judge responded by saying, "Counsel, I'm a little surprised since the President said he wanted to 'see you in court'" (de Vogue 2017). The judge's comments lifted any suspicion as to whether Trump's tweets were affecting the executive order in court.

Recognizing the faults in the initial executive order, the Trump White House spent the next month drafting a new order, *Executive Order 13780*, by the same name that the President signed on March 6, 2017. Unlike the first order, *13780* removed language that could allow for preferential treatment of Christians from the banned countries, which the courts wrote violated both current statute and the Constitution. The order also removed Iraq from the list of banned countries. However, similar to the first order, it was met by criticism, and quickly challenged in court. Again, the challenges drew in evidence outside of the specific language of the order, which included Trump's *Twitter* record.

After multiple judges halted the order from going into effect, the order again ended up being argued in the Court of Appeals for the 9th Circuit. And this time, the opinion, published June 12th, cited a specific tweet from Trump, that supported the argument that the order discriminates on the basis of nationality:

> That's right, we need a TRAVEL BAN for certain DANGEROUS countries, not some politically correct term that won't help us protect our people! (June 5, 2017, 6:20pm).

From the decision by 9th circuit mid-June:

> Indeed, the President recently confirmed his assessment that it is the "countries" that are inherently dangerous, rather than the 180 million individual nationals of those countries who are barred from entry under the President's 'travel ban.'

The decision went on to reference Trump's Press Secretary at the time, Sean Spicer, who publicly stated that Trump considers his tweets to be official statements of the President of the United States.

The choice by a federal court to cite a tweet from the president drew a lot of attention, with many of the stories announcing the ruling referencing the role of his *Twitter* account in the headline. Moreover, this decision has set a precedent, going forward, that will affect not only the Trump administration, but possibly other cases unrelated to the White House troubles. However, it is possible that the *Supreme Court*, which has yet to hear arguments on the executive order, will not consider external statements, or Trump's tweets. But for the time being, Trump's own words on *Twitter* have immobilized his agenda on this issue.

4   Conclusion

As political scientist and media scholar Bruce Bimber argues, "the digital media environment should be understood as a change in the context for action... this changed context is relevant to behavior because it expands opportunities for action" (Bimber 2017, p. 20). While decades of scholarship exist on presidential communications in particular, new theories need to account for how the social media context enables new tools for strategic communication, and when these tools will be used, and to what effect, and on whom. The relationship between Trump's tweets and external phenomena, like support for his policies, or his overall approval rating, is receiving more attention by academics, but this scholarship is in the early stages of development. Here, we attempt to broaden the theoretical scope of these inquiries to consider how communication can backfire, and the various ways the effects can be measured.

Taken together, the four examples discussed in this essay show a range of ways that social media use did not advance but rather undermined the strategic message and interests of a single case, the early months of Donald J. Trump's presidency. By focusing on the counter-productive consequences of these examples, we hope to broaden the conversation in the strategic communications arena to include more than the professional equivalent of how-to manuals and analyses of what factors increase prospects for success and when. By understanding the roots of strategic communications failure and their corresponding consequences, we learn not just how political elites use these techniques but also the dangers inherent in messaging. Future scholars should continue to explore these dimensions while building a bridge between examinations of both positive and negative effects of strategic communications and leadership.

References

Bimber, B. (2017). Three prompts for collective action in the context of digital media. *Political Communication, 34*(1), 6–20.

Bump, P. (2017). With DACA, Trump again prioritizes his base over what's politically popular. https://www.washingtonpost.com/news/politics/wp/2017/09/05/with-daca-trump-again-prioritizes-his-base-over-whats-politically-popular. Accessed 10 Aug 2017.

Businessinsider (2017). http://www.businessinsider.com/donald-trump-Twitter-following-full-list-2017-4. Accessed 13 July 2017.

Culnan, M. J., McHugh, P. J., & Zubillaga, J. I. (2010). How large U.S. companies can use Twitter and other social media to gain business value. *MIS Quarterly Executive, 9*(4), 243–259.

Diaz, D. (2017). GOP lawmakers blast Trump's 'Morning Joe' tweets. http://www.cnn. com/2017/06/29/politics/lawmakers-react-trump-tweet-joe-scarborough-mika-brzezinski-morning-joe/index.html. Accessed 21 July 2017.

Drezner, D. (2017). Why Donald Trump's tweets are only going to get worse. https://www. washingtonpost.com/news/posteverything/wp/2017/09/18/why-donald-trumps-tweets-are-only-going-to-get-worse/. Accessed 31 July 2017.

Farrar-Myers, V. A., & Vaughn, J. S. (2015). *Controlling the message: New media in American political campaigns*. New York: NYU Press.

Feezell, J., Conroy, M., & Guerrero, M. (2016). Internet use and political participation: The socialization of citizenship norms through online activities. *Journal of Information Technology and Politics, 13*(2), 1–13.

Flores, R. (2016). In '60 minutes' interview, Donald Trump weighs Twitter use as president. https://www.cbsnews.com/news/donald-trump-60-minutes-interview-weighs-Twitter-use-as-president/. Accessed 11 July 2017.

Gonyea, D. (2017). Conservatives express outrage over Trump's reported DACA deal with democrats. http://www.npr.org/2017/09/14/551047963/conservatives-express-outrage-over-trumps-reported-daca-deal-with-democrats. Accessed 19 July 2017.

Gulati, G. J., & Williams, C. B. (2007). Closing the gap, raising the bar: Candidate web site communication in the 2006 campaigns for congress. *Social Science Computer Review, 25*(4), 443–465.

Hallahan, K., Holtzhausen, D., van Ruler, B., Verčič, D., & Sriramesh, K. (2007). Defining strategic communication. *International Journal of Strategic Communication, 1*(1), 3–35.

Joshi, A. (2017). Donald Trump and DACA: A confusing history. https://www.huffingtonpost.com/entry/donald-trump-and-daca-a-confusing-history_us_58b9960be4b0fa-65b844b24a. Accessed 13 July 2017.

Kaplan, A. M., & Haenlen, M. (2010). Users of the world, unite! The challenges and opportunities of social media. *Business Horizons, 53*(1), 59–68.

Kernell, S. (2006). *Going public: New strategies of presidential leadership*. Washington D.C.: CQ Press.

Koc-Michalska, K., & Lilleker, D. (2016). Digital politics: Mobilization, engagement, and participation. *Political Communication, 34*(1), 1–5.

Kurtzleben, D. (2017). What we learned about the mood of Trump's tweets. http://www.npr.org/2017/04/30/526106612/what-we-learned-about-the-mood-of-trumps-tweets. Accessed 01 Aug 2017.

LaMarre, H. L., & Suzuki-Lambrecht, Y. (2013). Tweeting democracy? Examining Twitter as an online public relations strategy for congressional campaigns. *Public Relations Review, 39*(4), 360–368.

Lecheler, S., & Kruikemeier, S. (2015). Re-evaluating journalistic routines in a digital age: A review of research on the use of online sources. *New Media & Society, 18*(1), 156–171.

Lee, J. C., & Quealy, K. (2017). The 394 people, places and things Donald Trump has insulted on Twitter: A complete list. https://www.nytimes.com/interactive/2016/01/28/upshot/donald-trump-twitter-insults.html. Accessed 20 Dec 2017.

Levenshus, A. (2010). Online relationship management in a presidential campaign. *Journal of Public Relations Research, 22*(3), 313–335.

Macnamara, J., & Zerfass, A. (2012). Social media communication in organizations: The challenges of balancing openness, strategy, and management. *International Journal of Strategic Communication, 6*(4), 287–308.

Pew Research Center (2017). Social media fact sheet. http://www.pewinternet.org/factsheet/social-media/. Accessed 05 Aug 2017.

Picazo-Vela, S., Gutierrez-Martinez, I., & Luna-Reyes, L. F. (2012). Understanding risks, benefits, and strategic alternatives of social media applications in the public sector. *Government Information Quarterly, 29*(4), 504–544.

Rogin, A. (2017). Senate majority leader Mitch McConnell vents about Trump's 'excessive expectations'regardinglegislation.http://abcnews.go.com/Politics/senate-majority-leader-mitch-mcconnell-vents-trumps-excessive/story?id=49093130. Accessed 20 Dec 2017.

Saffer, A. J., Taylor, M., & Yang, A. (2013). Political public relations in advocacy: Building online influence and social capital. *Public Relations Journal, 7* (4).

Sinclair, H. (2017). Ann Coulter Slams president Trump over DACA and border wall. http://www.newsweek.com/ann-coulter-freaking-out-about-daca-not-same-reasons-everyone-else-659943. Accessed 13 July 2017.

Vogue, A. de. (2017). http://www.cnn.com/2017/02/15/politics/trump-Twitter-travel-ban/index.html. Accessed 2 July 2017.

News Management im digitalen Wandel

Juliana Raupp und Jan Niklas Kocks

Zusammenfassung

Die Beziehungen zwischen Regierungsakteuren und Medien verändern sich angesichts der Digitalisierung der politischen Kommunikation. Für das strategische News Management eröffnen sich neue Handlungsspielräume: Regierungsakteure können unter Umgehung der traditionellen Nachrichtenmedien selbst Informations- und Kommunikationsangebote im Internet und auf Social-Media-Plattformen bereitstellen und so eigenes Agenda Building betreiben und Zielgruppen direkt ansprechen. Gleichzeitig spielen die traditionellen Nachrichtenmedien weiterhin eine zentrale Rolle für die strategische Regierungskommunikation. Inwiefern sich die Beziehungen zwischen Regierung und Medien unter den Bedingungen digitaler Kommunikation verändern und welche Relevanz ,klassische' und ,neue' Kommunikationskanäle besitzen, soll in diesem Beitrag auf der Grundlage einer Akteursbefragung sowie einer Online-Inhaltsanalyse dargestellt werden. Im Ergebnis zeigt sich eine Komplementarität von neuen und alten Medienformen in der Informationsbereitstellung durch die Verantwortlichen der Regierungskommunikation. Der verfassungsrechtliche Informationsauftrag wird als zentrale Leitlinie der eigenen Arbeit beschrieben, wobei etablierte Medien noch immer eine zentrale Rolle spielen, wiewohl ihre zunehmend problematischen Strukturbedingungen

J. Raupp (✉) · J. N. Kocks
Freie Universität Berlin, Berlin, Deutschland
E-Mail: j.raupp@fu-berlin.de

J. N. Kocks
E-Mail: j.n.kocks@fu-berlin.de

© Springer Fachmedien Wiesbaden GmbH, ein Teil von Springer Nature 2018   115
M. Oswald und M. Johann (Hrsg.), *Strategische Politische Kommunikation im digitalen Wandel,* https://doi.org/10.1007/978-3-658-20860-8_6

betont werden. Die Digitalisierung wird als Chance begriffen, gerade im Hinblick auf die Beschleunigung von Politik und politischer Kommunikation aber
auch kritisch betrachtet.

Schlüsselwörter
News Management · Regierungskommunikation · Media Relations · Politische
Online-Kommunikation · Politik-Journalismus · Staatliche Öffentlichkeitsarbeit

1   Einleitung

15 Pressekonferenzen stehen laut der Website der Bundesregierung allein im
September 2017 auf der Agenda der Bundesregierung. Gleichzeitig finden sich
fast täglich Posts auf der *Facebook*-Seite der Bundesregierung und Regierungssprecher Steffen Seibert sendet mitunter mehrmals täglich Kurznachrichten
auf *Twitter.* Hinzu kommen Videos auf dem eigenen *YouTube*-Kanal der Bundesregierung und Podcasts der Kanzlerin. Kurz: Die Bundesregierung betreibt
intensives News Management über traditionelle Massenmedien ebenso wie auf
Social-Media-Plattformen.

Das Herzstück des News Managements von Regierungen stellen seit jeher die
Media Relations dar, also die Pflege und Ausgestaltung strategischer Beziehungen mit journalistischen Nachrichtenmedien. Angesichts der zentralen Bedeutung
der traditionellen Medien für das News Management von Regierungen hat sich
die Politische Kommunikationsforschung intensiv mit den Beziehungen zwischen
Regierung und Nachrichtenmedien befasst (Bennett 2004; Bennett und Manheim
2005; Lieber und Golan 2011; Pfetsch 1999; Sigal 1973). Die Frage danach, wer
diese Beziehung dominiert, ob Macht und Einfluss aufseiten der Regierung oder
aber der Medien zu verorten sind, steht dabei im Mittelpunkt zahlreicher empirischer Studien und theoretischer Entwürfe (u. a. Baerns 1991; Bennett 1990;
Davis 2002; Gandy 1982; Lewis et al. 2008; Manning 2001).

In den vergangenen Jahren scheint sich die Bedeutung der traditionellen Media
Relations zu ändern: Im digitalen Zeitalter eröffnen sich für das News Management neue Handlungsspielräume. Regierungsakteure[1] können unter Umgehung der

---

[1]In diesem Kapitel werden zur Personenbezeichnung vor allem generische Maskulina (z. B.
‚die Nutzer') verwendet. Im Sinne der Ambiguitätstoleranz sind selbstverständlich immer
beide Geschlechter gemeint.

traditionellen Nachrichtenmedien selbst Informations- und Kommunikationsangebote im Internet und auf sozialen Netzwerkplattformen bereitstellen und so eigenes
Agenda Building und direkte Zielgruppenansprache betreiben (Agerdal-Hjermind
und Valentini 2015; Borucki 2014a; Kavanaugh et al. 2012; Sievert und Lessmann
2016). Dementsprechend befasst sich die Politische Kommunikationsforschung
nun auch mit der Nutzung von Online-Medien durch politische Akteure, darunter
auch der Regierung. Untersucht wurde sowohl, wie Politiker sowie Kommunikationsverantwortliche Online-Medien wahrnehmen, als auch, wie sie online basierte
Kommunikationsangebote zur Kommunikation mit der Öffentlichkeit nutzen
(Graham und Avery 2013; Larsson und Kalsnes 2014; Mergel 2013).

Erkenntnisse aus der Forschung zum traditionellen News Management von
Regierungen auf der einen Seite und zur Online-Kommunikation von Regierungsakteuren auf der anderen Seite werden allerdings kaum aufeinander bezogen. So
bleibt die Frage offen, inwiefern sich die Beziehungen zwischen Regierung und
Medien unter den Bedingungen digitaler Kommunikation verändern und welche
Relevanz ,klassische' und ,neue' Kommunikationskanäle für Regierungsakteure
besitzen. Der vorliegende Beitrag exploriert diese Frage aus Sicht der relevanten
Akteure. Die Sicht der Akteure, in diesem Fall der Sprecher und der Kommunikationsverantwortlichen in Regierungsstellen, ist deshalb relevant, da sie es sind,
die strategische Entscheidungen darüber treffen, welche politische Informationen
an die traditionellen Massenmedien gegeben und welche über das Internet und
soziale Medien verbreitet werden. Damit beeinflussen Sprecher und Kommunikationsverantwortliche in Regierungsstellen maßgeblich die Möglichkeiten der politischen Meinungs- und Willensbildung der Bevölkerung.

Ziel dieses Beitrags ist es, auf der Grundlage einer Akteursbefragung sowie
ergänzend einer Online-Inhaltsanalyse herauszuarbeiten, wie sich das News
Management der deutschen Bundesregierung in Bezug auf traditionelle Medien
und Online-Kanäle darstellt. Wir stellen die Ergebnisse von insgesamt 23 teilstandardisierten Interviews dar, die wir mit Kommunikationsverantwortlichen von
Regierungsstellen auf Bundesebene in den Jahren 2013 und 2016 durchgeführt
haben. Die Ergebnisse sind Teilbefunde, die im Rahmen von zwei umfassenden,
konsekutiven Forschungsprojekten erarbeitet wurden: ,Media Relations Online'
und ,Networked Media Government Relations'. Die beiden Teilprojekte wurden
im Rahmen der DFG-Forschergruppe 1381 ,Politische Kommunikation in der
Online-Welt' von 2011 bis 2017 durchgeführt. Die hier vorgestellten Ergebnisse
beschreiben die komplementäre Nutzung verschiedener Formen des strategischen
News Managements von Regierungsakteuren. Das Konzept der Medialisierung
der politischen Kommunikation dient als theoretische Rahmung, um einen Einblick in sich verändernde Selbst- und Fremdwahrnehmungen von politischen
Kommunikationsverantwortlichen in Regierungsstellen zu geben.

2   News Management als Medialisierungseffekt

Medialisierung ist eines der zentralen theoretischen Konzepte in der Politischen Kommunikationsforschung. Mazzoleni und Schulz (1999) beschrieben mit dem Begriff der Medialisierung den Prozess der zunehmenden Anpassung politischer Akteure an die Logik der Massenmedien. Es war vor allem die Omnipräsenz des Fernsehens mit seinen *Sound-Bite-News,* welche die Forscher dazu veranlasste, von einer Anpassung der Politik an die Medienlogik zu sprechen. Zunächst wurde die Medialisierungsthese vor allem im Hinblick auf Wahlkampfkommunikation diskutiert. In jüngster Zeit wurde auch Regierungskommunikation unter dem Aspekt der Medialisierung betrachtet (Borucki 2014b, 2016; Vogel 2010) und konstatiert, dass auch die Kommunikation von Regierungsakteuren Medialisierungseinflüssen unterliegt.

Gleichzeitig wurde der Medialisierungsbegriff präzisiert und theoretisch weiter ausgearbeitet (Esser und Matthes 2013; Strömbäck 2011). Zumeist werden vier Dimensionen von Medialisierung unterschieden: die Bedeutung der Medien als politische Informationsquelle, die (Un-)Abhängigkeit der Medien von der Politik, die Frage nach dem Einfluss der Politik auf die Medienberichterstattung und schließlich die Wahrnehmungen und das Verhalten politischer Akteure im Hinblick auf die Medien (Strömbäck und Dimitrova 2011; Strömbäck und Esser 2014; Zeh und Hopmann 2013).

An diese letzte Dimension anknüpfend wird hier argumentiert, dass strategisches News Management und politische Public Relations Medialisierungseffekte sind (Laursen und Valentini 2015; Raupp 2009; Raupp und Kocks 2016). Diese Annahme ist theoretisch mit dem organisationalen Neo-Institutionalismus zu begründen. Aus dieser Perspektive sind Medien Institutionen, an deren Erwartungen sich Organisationen im Rahmen dynamischer System-Umwelt-Beziehungen anpassen (Donges 2008). Explizit für Regierungsakteure hat Vogel (2010) diese Lesart von Medialisierung übernommen, verbunden mit einer organisationstheoretischen Sicht auf Regierungsakteure. Als Vorteile einer organisationstheoretischen Sicht auf Regierung hebt Vogel (2016, S. 60 f.) hervor, dass sich damit Abgrenzungs- und Definitionsprobleme im Hinblick auf Exekutive vs. Verwaltung und Staat lösen lassen. Darüber hinaus lassen sich aus einer organisationstheoretischen Perspektive verschiedene Kommunikationsrepertoires individueller und korporativer Akteure im Hinblick auf verschiedene Medienlogiken unterscheiden: Diese reichen von öffentlichen Fernsehauftritten einzelner Politiker bis zur Aufbereitung digitaler Informations- und Partizipationsangebote durch spezialisierte Kommunikationsabteilungen (Raupp 2017).

Das News Management von Regierungsakteuren wird vor diesem Hintergrund wie folgt definiert: Strategisches News Management ist ein Effekt der Medialisierung von Politik, der auf zwei Ebenen, einer organisationalen und einer personalen, beobachtbar ist. Auf organisationaler Ebene erfolgt eine strukturelle Anpassung, auf der Ebene der personalen Akteure eine individuelle Orientierung von Kommunikationsverantwortlichen an den Erwartungen der Medien. Die Medien – sowohl die traditionellen Massenmedien als auch Online-Medienkanäle – sind institutionelle Umwelten der politischen Organisation. Wichtig zu betonen ist, dass das Konzept der Medialisierung eine dynamische Wechselwirkung, nicht aber ein deterministisches Wirkungsmodell beschreibt.

2.1 Das traditionelle News Management von Regierungen

Regierungen sind in besonderer Weise auf die Nachrichtenmedien angewiesen: Die Massenmedien erfüllen in demokratischen Gesellschaften eine Informations- und Kontrollfunktion gegenüber den Machthabenden, was gemeinhin mit ihrer Rolle als ‚Vierter Gewalt' umschrieben wird. Als intermediäre Organisationen stellen sie Öffentlichkeit her (Jarren 2008) und Regierungen sind auf Legitimation in der Öffentlichkeit angewiesen. Die Legitimierung politischen Handelns von Regierungen erfolgte vor diesem Hintergrund durch Öffentlichkeitsarbeit und Informationsvermittlung (Gebauer 2002). Die Massenmedien waren der zentrale Adressat der Regierungskommunikation, die sich im Lauf der Zeit ausdifferenzierte und professionalisierte. Pfetsch (1999, 2003) beschreibt den Wandel von der traditionellen Medienarbeit – dem Versand einfacher Pressemitteilungen – hin zu einem professionellen, strategischen News Management.

Aus normativer Sicht wurde die Professionalisierung des News Managements kritisch diskutiert: Bennett und Manheim (2005) sprechen vom ‚Big Spin' und thematisieren unter diesem Schlagwort den Einfluss der strategischen Kommunikation von Regierungen auf die Massenmedien. Auch für Deutschland wird das zunehmend strategisch ausgerichtete Kommunikationsmanagement der Regierung mit Skepsis betrachtet. Sarcinelli sieht die politische Öffentlichkeitsarbeit als „demokratietheoretisch in einer Grauzone befindlich" (Sarcinelli 2011, S. 100). Schulz (2011, S. 290 ff.) weist auf die Grauzone zwischen politischer Öffentlichkeitsarbeit bzw. Public Relations und Propaganda hin. Ursächlich für solche Bewertungen ist die zunehmende Verwischung von Information, Werbung und Persuasion in der Regierungskommunikation. Hatte das Bundesverfassungsgericht in einem Urteil von 1977 noch darauf hingewiesen, regierungsamtliche

Öffentlichkeitsarbeit sei notwendig, müsse sich aber an ihren Informationsauftrag halten, so wird heute de facto das gesamte ‚Arsenal' strategischer Kommunikationsinstrumente – das weit mehr als Information umfasst – in der Regierungskommunikation eingesetzt (Kocks und Raupp 2014).

So lässt sich zusammenfassend für die organisationale Ebene zeigen, dass sich mit der Einrichtung von spezialisierten Presseabteilungen, mit der Professionalisierung des Presse- und Informationsamts und der teils kampagnenförmigen Kommunikation von Ministerien vielfältige Formen des strategischen News Managements herausgebildet haben, die den Anforderungen der traditionellen Medien entgegenkommen. Auch auf der personalen Ebene ist diese Form der Medienorientierung zu beobachten. Zahlreiche Studien haben sich mit dem Verhältnis von Journalisten und Sprechern bzw. PR-Praktikern in Organisationen befasst und sind dabei übereinstimmend zu dem Ergebnis gekommen, zwischen den beiden Berufsgruppen bestehe ein zwar spannungsgeladenes, aber gleichzeitig symbiotisches Verhältnis, das oft als ‚Hassliebe' umschrieben wird (vgl. zusammenfassend: Macnamara 2014). Befragungen von Kommunikationsverantwortlichen von verschiedenen Organisationen zeigen zudem, dass Regierungsorganisationen einen Spitzenplatz einnehmen, wenn danach gefragt wird, wie wichtig die Zusammenarbeit mit den Massenmedien ist, um die breite Öffentlichkeit zu erreichen (Zerfaß et al. 2015). Für die Vertreter von öffentlichen Organisationen gilt, dass sie traditionell einseitige und asymmetrische Kommunikationsformen präferieren (Grunig und Hunt 1984). Das lässt sich u. a. dadurch erklären, dass öffentliche Organisationen im Vergleich zu privaten Organisationen unter größerer öffentlicher und medialer Beobachtung stehen (Wonneberger und Jacobs 2016).

2.2   Das digitale News Management von Regierungen

Gleichzeitig setzen – nach anfänglicher Zurückhaltung – immer mehr Regierungsorganisationen auf die Nutzung von Internet und Social Media, um sich direkt an die Öffentlichkeit zu wenden (Borucki 2014a; Graham und Avery 2013; Sievert und Nelke 2014). An die Online-Kommunikation von Regierungen wurden zunächst große Hoffnungen geknüpft: Vor allem interaktive und dialogische Kommunikation auf Websites und Social-Media-Plattformen könne die Transparenz von Regierungsorganisationen erhöhen (Bertot et al. 2010; Grimmelikhuijsen und Meijer 2014) und das Vertrauen der Bürger in die Regierung stärken (Hong 2013; Welch et al. 2005). Inhaltsanalysen von Social-Media-Auftritten zeigen jedoch, dass die

Kommunikation zwischen Online-Angeboten der Regierung und Bürgern selten interaktiv, sondern meist einseitig verläuft (Kocks et al. 2015).[2]

Aus Sicht der Medialisierungsforschung scheint dieser Befund gegen eine Medialisierung im Sinne einer Anpassung der Regierungsorganisationen an die Logik der Online-Medienwelt zu sprechen. Klinger und Svensson (2015) verglichen die ‚alte' und die ‚neue' Medienlogik miteinander und stellen Vernetzung und Produsage, d. h. die Verschmelzung aktiver und passiver Nutzung von Online-Medien, als Kennzeichen einer „network media logic" (Klinger und Svensson 2015, S. 1246) heraus. Auch van Dijck und Poell (2012) versuchten, eine spezifische Social-Media-Logik zu beschreiben. Diese zeichne sich durch Programmierbarkeit, neue Popularitätshinweise, Vernetzungsmöglichkeiten und Datengetriebenheit aus. Die Anforderungen der Online-Medienwelt an politische Organisationen sind allerdings, im Unterschied zu den Anforderungen der traditionellen Medien, weniger konkret. Es handelt sich eher um Möglichkeiten denn um Gebote der Interaktivität und Vernetzung; schließlich können Online-Kanäle auch einseitig und top-down bespielt werden, so wie es viele Regierungsorganisationen machen. Eine Anpassung an die neue Medienlogik in Form der Einrichtung von Social-Media-Teams für das Online-News-Management bedeutet noch nicht zwangsläufig, dass dieses Team auch alle interaktiven Möglichkeiten der sozialen Medien ausschöpft. Vielmehr zeigt sich, dass Medialisierung auf der organisationalen Ebene ein Prozess der allmählichen, und auch nicht zwingend kontinuierlichen Anpassung an institutionelle Umwelterwartungen ist.

Auf der personalen Ebene stellt sich die Frage, ob sich der Medienwandel auf das Verhältnis zwischen Journalisten und Kommunikationsverantwortlichen niederschlägt. Ausgehend von der Annahme, dass sich Veränderungen im Hinblick auf Berufsaussichten und Karriereoptionen in der wechselseitigen Wahrnehmung von Sprechern und Journalisten niederschlagen müssten, befragten Tkalac Verčič und Colić (2016) Journalisten und PR-Praktiker in Kroatien. Entgegen ihrer Erwartungen konnten sie keine Bestätigung für die vormals konstatierte Hassliebe mehr finden; die Angehörigen der beiden Berufsgruppen schienen sich vielmehr stark aneinander zu orientieren. Eine neuere Studie aus Finnland dagegen konnte keine Belege für eine Verbesserung der wahrgenommenen Beziehung zwischen PR-Praktikern und Journalisten finden. Dieser Studie zufolge zeigten sich, wie auch in früheren Untersuchungen, Diskrepanzen in der

---

[2]Diese Beobachtung trifft, wie vergleichbare Befunde zu NGOs (Zerfaß und Droller 2015), Unternehmen (Tonndorf und Wolf 2015) und Behörden (Johann und Oswald 2018) zeigen, nicht nur auf Regierungsorganisationen zu.

Selbst- und Fremdwahrnehmung sowie eine negative Wahrnehmung der PR vonseiten des Journalismus (Niskala und Hurme 2014). Die Frage, inwieweit sich
die wechselseitige Wahrnehmung von Journalisten und PR-Verantwortlichen in
der Online-Medienwelt verändert hat, konnte also bislang nicht eindeutig geklärt
werden.

Woran also orientieren sich Kommunikationsverantwortliche, wenn sie
Online-Medien nutzen? Weder die Social-Media-Logik scheint eine hinrei-
chende Erklärung zu bieten, noch die Wahrnehmung des Journalismus. Eine
alternative Erklärung wurde von Kelm, Dohle und Bernhard (2017) geprüft,
nämlich die These der angenommenen Medienwirkungen *(presumed media
influence)*. Die Autoren konnten allerdings keinen klaren Zusammenhang zwischen dem wahrgenommenen Einfluss von Social Media auf Politiker, Journalisten oder die Bevölkerung, und der Nutzung von Social Media durch die
Kommunikationsverantwortlichen finden. Stattdessen fanden die Autoren eine
andere Erklärung: Die Ergebnisse zeigen eine hohe In-Group-Orientierung der
Kommunikationsverantwortlichen, d. h., je mehr diese annahmen, dass *Facebook* und *Twitter* Einfluss auf ihre Kollegen haben, desto eher gaben sie an, auch
selbst diese Social-Media-Plattformen zu nutzen.

3   Forschungsfragen

Angesichts des vielfältigen, aber nicht eindeutigen Forschungsstands zum News
Management von Regierungsakteuren stehen drei Forschungsfragen im Mittelpunkt der folgenden, auf einer Befragung von Kommunikationsverantwortlichen
der Regierungskommunikation auf Bundesebene basierenden, Untersuchung:

FF1:   *Medialisierungseffekte auf organisationaler Ebene:* Inwiefern berichten
       Kommunikationsverantwortliche von organisationalen Veränderungen der
       Kommunikationsfunktionen?
FF2:   *Medialisierungseffekte auf personaler Ebene:* Wie nehmen Kommunikations-
       verantwortliche den Medienwandel und seine Konsequenzen für ihre eigene
       Arbeit wahr? Werden Rollenselbstbilder im Hinblick auf mögliche Neude-
       finitionen des strategischen News Managements verändert? Welche neuen
       Funktionszuschreibungen nehmen sie in Bezug auf den Journalismus vor?
FF3:   *Medialisierung der Politik:* Welche möglichen Auswirkungen des Medien-
       wandels auf die Politik sehen die Kommunikationsverantwortlichen?

Ergänzend dazu gleichen wir die zu diesen Forschungsfragen erhobenen Daten
zur Wahrnehmung der Kommunikationsverantwortlichen mit inhaltsanalytischen

Daten zum Online-Angebot der verschiedenen Regierungsstellen auf Bundesebene ab. Dieses wird hier vor allem daraufhin analysiert, inwieweit speziell an Journalisten gerichtete Angebote vorhanden sind und wie diese Angebote inhaltlich aufbereitet sind.

4 Methode

Zur Beantwortung der Forschungsfragen ziehen wir hier zunächst die Ergebnisse von insgesamt 23 teilstandardisierten Interviews mit den Kommunikationsverantwortlichen von Regierungsstellen auf Bundesebene heran. Diese wurden im Rahmen zweier aufeinander folgender Projektphasen (2011–2014 und 2014–2017) jeweils im Frühjahr 2013 ($n = 9$) und 2016 ($n = 14$), mithin also in zwei verschiedenen Legislaturperioden und unter zwei verschiedenen Regierungskoalitionen durchgeführt. Dabei wurden Sprecher und Leiter der Kommunikationsabteilungen in den Bundesministerien persönlich (2013) bzw. computerunterstützt telefonisch (2016) befragt.

In der ersten Projektphase konnten die Vertreter von neun Regierungsstellen befragt werden, auf organisationaler Ebene entspricht dies einer Ausschöpfungsquote von 60 %. In der zweiten Phase konnten 14 Interviews mit den Vertretern von elf Regierungsstellen realisiert werden,[3] auf organisationaler Ebene liegt die Ausschöpfungsquote hier bei 73 % (vgl. Tab. 1).

Die Befragten wurden zu ihren Wahrnehmungen des technologisch induzierten Medienwandels im Hinblick auf Veränderungen im politischen Journalismus, in der politischen Kommunikation und schließlich in der Politik selbst befragt. Dabei wurden (beobachtete) Veränderungen auf der Ebene persönlicher Interaktionen und jener der organisationalen Ressourcenallokation ebenso abgefragt wie die Wahrnehmungen des politischen und medialen Wandels. Ergänzt wurde dies um einen Fragenkomplex zur Interaktion und Vernetzung mit Akteuren aus dem Bereich der politischen Berichterstattung.

In einem zweiten Schritt glichen wir diese Daten mit inhaltsanalytischen Daten zum Online-Angebot der verschiedenen Regierungsstellen auf Bundesebene ab. Diese Daten liegen ebenfalls aus zwei aufeinander folgenden Projektphasen vor. Wir haben hier insgesamt zu drei Zeitpunkten (2011, 2013 und 2015)

---

[3]Aufgrund des unterschiedlichen Ressortzuschnitts und der zum Teil getrennten Verantwortlichkeiten waren hier Interviews mit mehreren Organisationsvertretern zugelassen, soweit dies für die spezifische Organisation sinnvoll erschien.

Tab. 1 Übersicht über die organisationale Zugehörigkeit der Befragten

Regierungsstellen	
Interviews 2013	Interviews 2016
Auswärtiges Amt (AA)	Auswärtiges Amt (AA)
BMin der Finanzen (BMF)	BMin für Bildung und Forschung (BMBF)
BMin für Familie, Senioren, Frauen und Jugend (BMFSFJ)	BMin der Finanzen* (BMF)
BMin für Gesundheit (BMG)	BMin für Familie, Senioren, Frauen und Jugend (BMFSFJ)
Bmin für Umwelt, Naturschutz und Reaktorsicherheit (BMU)**	BMin des Inneren (BMI)
BMin für Wirtschaft und Technologie (BMWi)**	BMin für Umwelt, Naturschutz, Bau und Reaktorsicherheit (BMUB)**
BMin für Wirtschaftliche Zusammenarbeit und Entwicklung (BMZ)	BMin für Verkehr und Infratruktur (BMVI)
Presse- und Informationsamt der Bundesregierung (BPA)	BMin der Verteidigung (BMVg)
	BMin für Wirtschaft und Energie (BMWi)**
	BMin für Wirtschaftliche Zusammenarbeit und Entwicklung (BMZ)
	Presse- und Informationsamt der Bundesregierung (BPA)*

*für das BMF und das BPA wurden 2016 jeweils mehrere Vertreterinnen und Vertreter der Kommunikationsabteilung bzw. Kommunikationsverantwortliche befragt.
**bei BMU/BMUB und BMWi fand zwischen den Legislaturperioden eine Änderung des Ressortzuschnitts und der Benennung des Ministeriums statt.

die Webseiten und Social-Media-Präsenzen (*Facebook, Twitter* und *YouTube* als die größten Angebote in diesem Bereich fokussierend) von Regierungsstellen auf Bundesebene hinsichtlich ihrer Inhalte (v. a. ihres Informationsangebotes), ihrer Adressatenkreise und ihrer Interaktivität und Aktualität analysiert,[4] wobei wir auf eine vornehmlich quantitative Inhaltsanalyse mit ausgewählten qualitativen Elementen zurückgegriffen haben. Ziel dieses Analyseschrittes ist die Evaluation der

---

[4]Die Inhaltsanalysen wurden in der ersten Welle durch drei, in der zweiten und dritten Welle durch zwei Codierer durchgeführt. Die Untergrenze für die Intercoderreliabilität wurde bei r(*Holsti*) > .80 angesetzt.

Adaption neuer Medienformen und Kommunikationskanäle durch die verschiedenen Akteure der Regierungskommunikation. Wir interessieren uns im Rahmen dieser Auswertung insbesondere für jene Angebote, die spezifisch Medienvertreter und politische Journalisten adressieren.

5 Befunde

Die Mehrheit der befragten Kommunikationsverantwortlichen besteht in beiden Phasen aus Männern (2013: sieben von neun Befragten, 2016: 12 von 14 Befragten), die zwischen 40 und 50 Jahre alt sind. Sie verfügen im Schnitt über 9.5 (2016) bzw. 8.9 (2013) Jahre Berufserfahrung im Bereich der politischen Kommunikation, wobei die Schwankungsbreite zwischen den Befragten recht groß ist ($SD_{2016} = 5.2$ und $SD_{2013} = 5.2$), und haben vorab studiert (100 % in beiden Phasen, wobei in einem Fall das Studium nicht abgeschlossen wurde). Hierbei sind vor allem Studiengänge im Bereich der Geistes- und Sozialwissenschaften von zentraler Bedeutung. Über vorherige Erfahrungen im Bereich des politischen Journalismus verfügen 2013 sechs von neun Befragten, 2016 sind es fünf von 14 Befragten. Ihre aktuelle berufliche Position haben die Befragten 2013 seit 2.8 Jahren inne ($SD_{2013} = 2.0$), 2016 sind sie im Schnitt seit drei Jahren in ihrer aktuellen Position ($SD_{2016} = 2.4$). Hier reflektiert sich wohl teilweise auch der periodische Wechsel der jeweiligen Hausleitung.

Fast alle Befragten stehen im täglichen Kontakt mit Vertretern der Medien und politischen Journalisten. Darüber hinaus ist aber auch die Online-Kommunikation für die meisten Befragten von zentraler Bedeutung für ihren beruflichen Alltag. Medialisierungseffekte werden sowohl auf organisationaler (FF1), wie auch auf personaler Ebene (FF2) berichtet:

Die befragten Kommunikationsverantwortlichen machen in beiden Interviewphasen deutlich, dass sie die Bereitstellung von Informationen als zentrale Aufgabe der Regierungskommunikation begreifen [u. a. Int. 2013-1, §8; Int. 2016-1, §5, Int. 2016-7, §16; Int. 2016-11, §6, Int. 2016-12, §13].[5] Die Regierung und ihre Organe sollen dem Bürger, in Übereinstimmung mit der Definition

---

[5]Die Referenz verweist auf das entsprechende Interviewtranskript, aus dem zitiert wird und das als Teil des Datenbestands der DFG-Forschergruppe 1381 archiviert ist. Eine anonymisierte Übersicht über die befragten Personen (vgl. Tab. 3) befindet sich am Ende des Beitrages; die Gewährleistung der Anonymität der Kommunikationsverantwortlichen in Publikationen war eine Bedingung für die Interviews, die dem Beitrag zugrunde liegen.

des Bundesverfassungsgerichts, auf die häufiger referenziert wird, „der Öffentlichkeit ihre Politik, ihre Maßnahmen und Vorhaben sowie die künftig zu
lösenden Fragen darlegen und erläutern" (BVerfGE 20, 56 [100], siehe auch:
BVerfGE 44, 125).

Die Befragten betonen die Komplementarität neuer und etablierter Kommunikationsmittel und -kanäle für ihre Arbeit [u. a. Int. 2013-1, §32; Int. 2013-8, §70;
Int. 2016-7, §16; Int. 2016-11, §6], wobei die wahrgenommene Bedeutung neuer
Medien im zweiten Befragungszeitraum (erwartbar) größer geworden ist [u. a.
Int. 2016-1, §5; Int. 2016-6, §3]. Online-Kommunikation wird als zentraler Kanal
sowohl zur Kommunikation mit den Medien als auch zur direkten Bevölkerungs-
ansprache beschrieben [u. a. Int. 2016-4, §7].

Übereinstimmend berichten die Befragten eine deutliche Beschleunigung ihrer
Arbeitsroutinen, insbesondere im Bereich der politischen Media Relations, die
der Digitalisierung geschuldet ist [u. a. Int. 2013-8, §§8,16; Int. 2016-3, §15 Int.
2016-4, §7]. Dies wird zugleich auch als größte Herausforderung für die eigene
Arbeit wahrgenommen [u. a. Int. 2016-1, §15; Int. 2016-5, §17]. Ein befragter
Kommunikationsverantwortlicher [Int. 2013-8, §90] führt dazu aus:

> Die Zeit, auch mal länger über ein bestimmtes Thema nachzudenken, die fehlt heute
> im Vergleich zu früher. Weil Sie gezwungen werden, bedingt durch die neuen For-
> men der Kommunikation, […], sehr schnell nachdem Dinge eingetreten sind, diese
> auch öffentlich zu bewerten. Ohne dass Ihnen die Zeit bleibt, in der Sie sagen kön-
> nen: ‚Das ist jetzt so komplex, das muss ich erstmal prüfen'.

Das Ausmaß der (wahrgenommenen) strategischen Reorganisationen unterscheidet sich teilweise in den verschiedenen Regierungsorganisationen, wobei vor
allem auf den Ausbau von Online-Abteilungen und das zunehmende Monitoring
neuer Medien abgehoben wird [u. a. Int. 2013-7, §14; 2013-8, §65]. Einzelne
Regierungsstellen berichten dessen ungeachtet aber auch eine – primär durch die
Hausleitung veranlasste – zurückhaltende Adaption neuer Kommunikationsmittel
und -Plattformen [Int. 2016-8, §§7,15].

Die Rolle der traditionellen Massenmedien wird über beide Phasen hinweg
als bedeutend eingeschätzt, gleichwohl ist zumindest Ambivalenz hinsichtlich
der potenziellen Erosion dieser Bedeutung durch die Digitalisierung politischer
Kommunikation festzustellen. Zentral ist hier die Frage, inwieweit traditionelle
Formen des (politischen) Journalismus durch den technologisch induzierten
Medienwandel an Bedeutung verlieren oder sogar obsolet werden können. Dem
Statement, „[d]ie Digitalisierung politischer Kommunikation führt zu einem
Bedeutungsverlust des klassischen politischen Journalismus", stimmen in der
zweiten Befragungsphase 2016 sechs der 14 Befragten ganz oder teilweise zu,

drei lehnen es demgegenüber überwiegend ab. Verstärkt hat sich bei den Befragten der Eindruck einer ökonomischen Krise der Medien unter den Bedingungen der Digitalisierung.

Der Abgleich mit netzwerkanalytischen Befunden zur Vernetzung zwischen den befragten Kommunikationsverantwortlichen und Akteuren aus dem Bereich der politischen Berichterstattung aus beiden Projektphasen macht jedoch zugleich auch deutlich, dass zum gegenwärtigen Zeitpunkt noch immer überwiegend Vertreter traditioneller Massenmedien adressiert werden (dazu ausführlicher: Kocks 2016; Kocks et al. 2016).

Hinsichtlich der politischen und gesellschaftlichen Folgen der Digitalisierung (FF3) ist in der zweiten Befragungsphase eine größere Skepsis zu konstatieren. Bereits in der ersten Phase waren sich die Befragten unsicher, welche Auswirkungen die Digitalisierung auf die Politik insgesamt haben könnte [u. a. Int. 2013-9, §67]. Ein Befragter führt in diesem Zusammenhang aus: „Politik wird schneller, getriebener, unreflektierter – vielleicht auch populistischer. Hoffentlich wird sie transparenter" [Int. 2013-3, §94].

Dennoch gehen 2013 noch viele Befragte davon aus, dass die Digitalisierung vor allem solchen Akteuren nützt, die bisher nur wenig Gehör in der Öffentlichkeit gefunden haben [u. a. Int. 2013-8, §§81–84; Int. 2013-4, §83; Int. 2013-7, §53]. In der Befragung 2016 sind die Befunde dazu ambivalenter: Dem Statement, „[d]ie Digitalisierung nützt vor allem solchen Akteuren, die bisher nur wenig Gehör in der Öffentlichkeit gefunden haben", stimmen fünf von 14 Befragten nicht oder überwiegend nicht zu, weitere sieben Befragte nehmen eine mittlere Position auf der fünfstufigen Zustimmungsskala ein; nur zwei Befragte stimmen überwiegend oder voll zu. Mehr als ein Drittel der Befragten hält zuvor marginale Akteure nicht für die Profiteure der Digitalisierung, gut die Hälfte der Befragten ist sich in dieser Frage unsicher. Dem technologisch induzierten Medienwandel werden zwar Potenziale zur Förderung politischer Partizipation zugeschrieben [u. a. Int. 2016-8, §17], eine grundlegende Erosion bzw. Öffnung politischer Kommunikationsstrukturen wird damit aber recht deutlich nicht verbunden.

Die potenziellen Konsequenzen der Beschleunigung politisch-medialer Interaktionen für demokratische Prozesse und die Politik werden aber auch in dieser Befragungsphase kritisch betrachtet. Ein Befragter merkt dazu an:

Politik funktioniert nicht so schnell, gerade in einer Demokratie. Da wird länger um den richtigen Weg gerungen. Das erfüllt aber nicht die Anforderungen von digitalen Journalismusformen, die alle drei Stunden etwas Neues brauchen. Es gibt aber nicht alle drei Stunden etwas Neues; das erschwert die Sache. Und es setzt die Politik unter Druck und zwar, wie ich finde, unter einen falschen Druck [Int. 2016-12, §15].

Wie aber reflektieren die Befunde der Befragungen auf inhaltsanalytischer Ebene? Welche Online-Aktivitäten unternehmen die Organisationen, für die die hier Befragten kommunizieren, und welche Rolle spielt dabei die Ansprache von Medienakteuren und Politik-Journalisten?

In den vergangenen Jahren haben soziale Medien weiter an Bedeutung gewonnen. Im Untersuchungszeitraum kommt es auch in der Regierungskommunikation zu einem Ausbau und einer Professionalisierung der kommunikativen Aktivität auf diesen Plattformen (vgl. Tab. 2).

Der Grad der Aktivität der einzelnen Regierungsstellen auf diesen Plattformen fällt sehr unterschiedlich aus, zum letzten Untersuchungszeitpunkt 2015 wurden innerhalb eines Zeitraums von zwei Wochen durchschnittlich 62.8 Beiträge auf *Twitter* und 18.3 Beiträge auf *Facebook* veröffentlicht, wobei die Varianz in beiden Fällen extrem hoch ausfällt ($SD_{Twitter} = 22.9$ und $SD_{Facebook} = 66.0$). Plattformen werden zwar nicht mehr nur ‚besetzt' (vgl. u. a. Jackson und Lilleker 2009), inwieweit sie aber tatsächlich umfassend zur Außenkommunikation eingesetzt werden, differiert stark zwischen den verschiedenen Regierungsstellen (vgl. auch: Murphy et al. 2016).

Demgegenüber zeigen sich in den Befunden zur Ansprache von Medienvertretern und politischen Journalisten innerhalb der Online-Angebote der untersuchten Regierungsstellen auf Bundesebene nur geringfügige Änderungen. Zu den drei Betrachtungszeitpunkten boten alle Regierungsstellen einen solchen Service, über den Untersuchungszeitraum wurden lediglich (v. a. technische) Veränderungen an diesen Bereichen vorgenommen. Innerhalb der sozialen Medien wird keine Unterscheidung der Adressatenkreise getroffen. Ein *Tweet* zum Beispiel wendet sich als direktes Kommunikat unterschiedslos an alle Rezipienten und kann so zeitgleich als direkte Bürgeransprache wie auch als Ausgangspunkt medialer Berichterstattung fungieren.

Tab. 2 Regierungsstellen in sozialen Netzwerken: Anzahl der verfügbaren Accounts

	2011	2013	2015
Twitter	5	9	13
Facebook	3	5	7
YouTube	10	10	12

Quelle: eigene Erhebung

6 Fazit

Insgesamt nehmen die befragten Kommunikationsverantwortlichen in beiden Phasen der Befragung deutliche Konsequenzen des technologisch induzierten Medienwandels wahr. Dies betrifft die eigene Arbeit, den politischen Journalismus und schließlich auch Politik und Gesellschaft insgesamt. Die wahrgenommenen Konsequenzen umfassen die Veränderung tradierter Berufsroutinen (v. a. in der Form einer starken Beschleunigung), den potenziellen Wandel der Bedeutung des klassischen Politikjournalismus und die veränderten Erwartungen des Publikums an die Regierungskommunikation, sowohl hinsichtlich ihrer Geschwindigkeit als auch im Hinblick auf die Responsivität. In Übereinstimmung mit der ‚Richtung' der wissenschaftlichen Debatte zu dieser Frage (u. a. Chadwick 2009; Kocks 2016) lässt sich in den Ergebnissen 2016 eine Abkehr von früheren cyber-optimistischen Positionen beobachten. Die Digitalisierung wird als Chance begriffen, gerade im Hinblick auf die Beschleunigung von Politik und politischer Kommunikation aber auch kritisch betrachtet.[6]

Dessen ungeachtet haben die Online-Aktivitäten der bundesdeutschen Regierungsstellen in den vergangenen Jahren einen umfassenden Ausbau erfahren, der insbesondere die Kommunikation direkt an den Bürger betrifft. Die Kommunikationsverantwortlichen der Regierungskommunikation wenden sich zunehmend direkt an den demokratischen Souverän, ohne dass die Medien dabei als zwischengeschaltete Instanz fungieren (vgl. auch: Neuberger 2009). Dies bedeutet jedoch nicht, dass traditionelle Massenmedien hier obsolet werden; sie fungieren weiterhin als direkte Ansprechpartner der Befragten und nehmen für deren beruflichen Alltag eine zentrale Stellung ein. Die Interaktion zwischen beiden Seiten erscheint deutlich beschleunigt, was als eine der zentralen Herausforderungen für die Regierungskommunikation des Online-Zeitalters erlebt wird.

Die hier auszugsweise zusammengefassten Ergebnisse lassen sich vor dem Hintergrund eines veränderten News Managements der Regierungsakteure interpretieren. Eine Neubewertung bestehender Arbeitsbeziehungen zwischen Kommunikationsverantwortlichen und Journalisten sowie veränderte Erwartungen an den politischen Journalismus führen dazu, dass vonseiten der Regierungskommunikation neue Strategien im Umgang mit den traditionellen Nachrichtenmedien sowie in Bezug auf die breite Öffentlichkeit entwickelt werden. Bestehende Theorien des News Managements müssen vor dem Hintergrund dieser Entwicklungen

---

[6]vgl. zu den Ambivalenzen der Digitalisierung politischer Kommunikation auch den Beitrag von Michael Oswald zum sogenannten *Astroturfing* in diesem Sammelband.

ergänzt und erweitert werden. In diesem Beitrag wird argumentiert, dass die Entwicklung neuer Strategien des News Managements als Institutionalisierung von Praktiken unter der Berücksichtigung spezifischer institutioneller *constraints* zu begreifen ist.

Die situative Nutzung alter und neuer Kommunikationswege und deren Zusammenspiel wird dabei immer mehr zur Routine werden: „There is a kind of ecology of tools and devices that interplay to meet various needs for multiple purposes and types of users" (Kavanaugh et al. 2012, S. 489). Es ist denkbar, dass sich durch den situativen Einsatz dieser Tools neue Handlungsmuster und -routinen herausbilden und verfestigen, die zur Institutionalisierung eines neuen, hybriden News Managements führen. Die Ergebnisse dieser Untersuchung legen nahe, dass sich Regierungsakteure dabei zunehmend an einer neuen, hybriden Medienlogik orientieren und diese auch prägen. Wie diese neue Medienlogik ausgestaltet ist, gilt es weiter zu erforschen und zu beschreiben.

Anhang: Liste der Befragten

Tab. 3 Befragung von Kommunikationsverantwortlichen: anonymisierte Übersicht

Abkürzung	Befragte/r*	Projektphase
Int. 2013-1	***	I – 2011–2014
Int. 2013-2	***	I – 2011–2014
Int. 2013-3	***	I – 2011–2014
Int. 2013-4	***	I – 2011–2014
Int. 2013-5	***	I – 2011–2014
Int. 2013-6	***	I – 2011–2014
Int. 2013-7	***	I – 2011–2014
Int. 2013-8	***	I – 2011–2014
Int. 2013-9	***	I – 2011–2014
Int. 2016-1	***	II – 2014–2017
Int. 2016-2	***	II – 2014–2017
Int. 2016-3	***	II – 2014–2017
Int. 2016-4	***	II – 2014–2017
Int. 2016-5	***	II – 2014–2017

(Fortsetzung)

Tab. 3 (Fortsetzung)

Abkürzung	Befragte/r*	Projektphase
Int. 2016-6	***	II – 2014–2017
Int. 2016-7	***	II – 2014–2017
Int. 2016-8	***	II – 2014–2017
Int. 2016-9	***	II – 2014–2017
Int. 2016-10	***	II – 2014–2017
Int. 2016-11	***	II – 2014–2017
Int. 2016-12	***	II – 2014–2017
Int. 2016-13	***	II – 2014–2017
Int. 2016-14	***	II – 2014–2017

*den Befragten wurde Anonymität in allen Veröffentlichungen der Forschungsprojekte zugesichert; diese war Bedingung für die Interviews.

Literatur- und Quellenverzeichnis

Agerdal-Hjermind, A., & Valentini, C. (2015). Blogging as a communication strategy for government agencies: A Danish case study. *International Journal of Strategic Communication, 9*(4), 293–315. https://doi.org/10.1080/1553118x.2015.1025406.

Baerns, B. (1991). *Öffentlichkeitsarbeit oder Journalismus? Zum Einfluss im Mediensystem.* Köln: Verlag Wissenschaft und Politik.

Bennett, L. W. (1990). Toward a theory of press-state relations in the United States. *Journal of Communication, 40*(2), 103–127. https://doi.org/10.1111/j.1460-2466.1990.tb02265.x.

Bennett, L. W. (2004). Gate-keeping and press-government relations: A multigated model of news construction. In L. L. Kaid (Hrsg.), *Handbook of political communication research* (S. 283–313). Mahwah: Lawrence Erlbaum Ass.

Bennett, L. W., & Manheim, J. B. (2005). The big spin: Strategic communication and the transformation of pluralist democracy. In L. W. Bennett & R. M. Entman (Hrsg.), *Mediated politics: Communication in the future of democracy* (S. 279–298). Cambridge: University Press.

Bertot, J. C., Jaeger, P. T., & Grimes, J. M. (2010). Using ICTs to create a culture of transparency: E-government and social media as openness and anti-corruption tools for societies. *Government Information Quarterly, 27*(3), 264–271. https://doi.org/10.1016/j.giq.2010.03.001.

Borucki, I. (2014a). Online-Regieren angesichts medialer Allgegenwart: Die Kanzlerin auf YouTube und ihr Twitternder Regierungssprecher. In H. Sievert & A. Nelke (Hrsg.), *Social Media-Kommunikation nationaler Regierungen in Europa* (S. 58–76). Wiesbaden: Springer VS.

Borucki, I. (2014b). *Regieren mit Medien: Auswirkungen der Medialisierung auf die Regierungskommunikation der Bundesregierung von 1982–2010*. Opladen: Budrich.

Borucki, I. (2016). Wie viel Partei steckt in Regierungskommunikation? Zur Ausgestaltung des Kommunikationsmanagements der Bundesregierung. In S. Bukow, U. Jun, & O. Niedermayer (Hrsg.), *Parteien in Staat und Gesellschaft: Zum Verhältnis von Parteienstaat und Parteiendemokratie* (S. 191–209). Wiesbaden: Springer VS.

Chadwick, A. (2009). Web 2.0: New challenges for the study of e-democracy in an era of informational exuberance. *I/S: A Journal of Law and Policy for the Information Society, 5*(1), 9–42.

Davis, A. (2002). *Public relations democracy: Politics, public relations and the mass media in Britain*. Manchester: University Press.

Dijck, J. van, & Poell, T. (2012). Understanding social media logic. *Media and Communication, 1*(1), 2–14. https://ssrn.com/abstract=2309065. Zugegriffen: 30.09.2017.

Donges, P. (2008). *Medialisierung politischer Organisationen: Parteien in der Mediengesellschaft*. Wiesbaden: Springer VS.

Esser, F., & Matthes, J. (2013). Mediatization effects on political news, political actors, political decisions, and political audiences. In H. Kriesi, S. Lavenex, F. Esser, J. Matthes, M. Bühlmann, & D. Bochsler (Hrsg.), *Democracy in the age of globalization and mediatization* (S. 177–201). Basingstoke: Palgrave Macmillan.

Gandy, O. H. (1982). *Beyond agenda setting: Information subsidies and public policy*. Norwood: Ablex Publishing Corp.

Gebauer, K.-E. (2002). Regierungskommunikation. In O. Jarren, U. Sarcinelli, & U. Saxer (Hrsg.), *Politische Kommunikation in der demokratischen Gesellschaft: Ein Handbuch mit Lexikonteil* (S. 464–472). Opladen: Westdeutscher Verlag.

Graham, M., & Avery, E. J. (2013). Government public relations and social media: An analysis of the perceptions and trends of social media use at the local government level. *Public Relations Journal, 7*(4), 1–21.

Grimmelikhuijsen, S. G., & Meijer, A. J. (2014). Effects of transparency on the perceived trustworthiness of a government organization: Evidence from an online experiment. *Journal of Public Administration Research and Theory, 24*(1), 137–157. https://doi.org/10.1093/jopart/mus048.

Grunig, J. E., & Hunt, T. (1984). *Managing public relations*. New York: Holt, Rinehart and Winston.

Hong, H. (2013). Government websites and social media's influence on government-public relationships. *Public Relations Review, 39*(4), 346–356. https://doi.org/10.1016/j.pubrev.2013.07.007.

Jackson, N. A., & Lilleker, D. G. (2009). Building an architecture of participation? Political parties and Web 2.0 in Britain. *Journal of Information Technology & Politics, 6*(3/4), 232–250. https://doi.org/10.1080/19331680903028438.

Jarren, O. (2008). Massenmedien als Intermediäre: Zur anhaltenden Relevanz der Massenmedien für die öffentliche Kommunikation. *Medien und Kommunikationswissenschaft, 56*(3–4), 329–346. https://doi.org/10.5771/1615-634x-2008-3-4-329.

Johann, M., & Oswald, M. (2018). Bürgerdialog 2.0 – Social Media als polizeiliches Kommunikationsmedium. In: T.-G. Rüdiger & S. Bayerl (Hrsg.), *Digitale Polizeiarbeit* (S. 19–38). Wiesbaden: Springer VS. https://doi.org/10.1007/978-3-658-19756-8_2.

Kavanaugh, A. L., Fox, E. A., Sheetz, S. D., Yang, S., Li, L. T., Shoemaker, D. J., et al. (2012). Social media use by government: From the routine to the critical. *Government Information Quarterly, 29*(4), 480–491. https://doi.org/10.1016/j.giq.2012.06.002.

Kelm, O., Dohle, M., & Bernhard, U. (2017). Social media activities of political communication practitioners: The impact of strategic orientation and in-group orientation. *International Journal of Strategic Communication, 11*(4), 1–18. https://doi.org/10.1080/1553118x.2017.1323756.

Klinger, U., & Svensson, J. (2015). The emergence of network media logic in political communication: A theoretical approach. *New Media & Society, 17*(8), 1241–1257. https://doi.org/10.1177/1461444814522952.

Kocks, J. N. (2016). *Political media relations online as an elite phenomenon.* Wiesbaden: Springer VS.

Kocks, J. N., & Raupp, J. J. C. (2014). Rechtlich-normative Rahmenbedingungen der Regierungskommunikation: Ein Thema für die Publizistik- und Kommunikationswissenschaft. *Publizistik, 59*(3), 269–284. https://doi.org/10.1007/s11616-014-0205-5.

Kocks, J. N., Raupp, J., & Murphy, K. (2016). *Egos, elites and social capital: Analyzing media-government relations from a network perspective.* Paper auf der ECPR 2016, Prag.

Kocks, J. N., Raupp, J., & Schink, C. (2015). Staatliche Öffentlichkeitsarbeit zwischen Distribution und Dialog: Interaktive Potentiale digitaler Medien und ihre Nutzung im Rahmen der Außenkommunikation politischer Institutionen. In R. Fröhlich & T. Koch (Hrsg.), *Politik – PR – Persuasion: Strukturen, Funktionen und Wirkungen politischer Öffentlichkeitsarbeit* (S. 71–87). Wiesbaden: Springer VS.

Larsson, A. O., & Kalsnes, B. (2014). 'Of course we are on Facebook': Use and non-use of social media among Swedish and Norwegian politicians. *European Journal of Communication, 29*(6), 653–667. https://doi.org/10.1177/0267323114531383.

Laursen, B., & Valentini, C. (2015). Mediatization and government communication: Press work in the European parliament. *International Journal of Press/Politics, 20*(1), 26–44.

Lewis, J., Williams, A., & Franklin, B. (2008). A compromised fourth estate? UK news journalism, public relations and news sources. *Journalism Studies, 9*(1), 1–20.

Lieber, P. S., & Golan, G. J. (2011). Political public relations, news management, and agenda indexing. In J. Strömbäck & S. Kiousis (Hrsg.), *Political public relations: Principles and applications* (S. 54–74). New York: Routledge.

Macnamara, J. (2014). Journalism-PR relations revisited: The good news, the bad news, and insights into tomorrow's news. *Public Relations Review, 40*(5), 739–750. https://doi.org/10.1016/j.pubrev.2014.07.002.

Manning, P. (2001). *News and news sources: A critical introduction.* London: Sage.

Mazzoleni, G., & Schulz, W. (1999). 'Mediatization' of politics: A challenge for democracy? *Political Communication, 16*(3), 247–261.

Mergel, I. (2013). Social media adoption and resulting tactics in the U.S. federal government. *Government Information Quarterly, 30*(2), 123–130. https://doi.org/10.1016/j.giq.2012.12.004.

Murphy, K., Kocks, J. N., & Raupp, J. (2016). *Different governments, different approaches: Political participation in the online sphere.* Paper auf der ECPR 2016, Prag.

Neuberger, C. (2009). Internet, Journalismus und Öffentlichkeit: Analyse des Medienumbruchs. In C. Neuberger, C. Nuernbergk, & M. Rischke (Hrsg.), *Journalismus im Internet: Profession – Partizipation – Technisierung* (S. 19–105). Wiesbaden: Springer VS.

Niskala, N., & Hurme, P. (2014). The other stance: Conflicting professional self-images and perceptions of the other profession among Finnish PR professionals and journalists. *Nordicom Review, 35*(2), 105–121.

Pfetsch, B. (1999). Government news management: Strategic communication in comparative perspective. WZB Discussion Paper, No. FS III 99–101. http://hdl.handle. net/10419/49821. Zugegriffen: 30. Sept. 2017.

Pfetsch, B. (2003). *Politische Kommunikationskultur: Politische Sprecher und Journalisten in der Bundesrepublik und den USA im Vergleich.* Wiesbaden: Westdeutscher Verlag.

Raupp, J. (2009). Medialisierung als Parameter einer PR-Theorie. In U. Röttger (Hrsg.), *Theorien der Public Relations: Grundlagen und Perspektiven der PR-Forschung* (S. 265–284). Wiesbaden: Springer VS.

Raupp, J. (2017). Regierungskommunikation und staatliche Öffentlichkeitsarbeit aus Sicht des akteurzentrierten Institutionalismus. In J. Raupp, J. N. Kocks, & K. Murphy (Hrsg.), *Regierungskommunikation und staatliche Öffentlichkeitsarbeit* (S. 147–168). Wiesbaden: Springer VS.

Raupp, J., & Kocks, J. N. (2016). Theoretical approaches to grasp the changing relations between media and political actors. In G. Vowe & P. Henn (Hrsg.), *Political communication in the online world: Theoretical approaches and research designs* (S. 133–147). New York: Routledge.

Sarcinelli, U. (2011). *Politische Kommunikation in Deutschland: Medien und Politikvermittlung im demokratischen System.* Wiesbaden: Springer VS.

Schulz, W. (2011). *Politische Kommunikation: Theoretische Ansätze und Ergebnisse empirischer Forschung.* Wiesbaden: Springer VS.

Sievert, H., & Lessmann, C. (2016). *Towards a societal discourse with the government? A comparative content analysis on the development of social media communication by the British, French and German national governments 2011–2015.* Paper auf der EURPRERA 2016, Groningen.

Sievert, H., & Nelke, A. (2014). Inhaltsanalyse der Social Media-Kommunikation europäischer Nationalregierungen. In H. Sievert & A. Nelke (Hrsg.), *Social-Media-Kommunikation nationaler Regierungen in Europa: Theoretische Grundlagen und vergleichende Länderanalysen* (S. 87–114). Wiesbaden: Springer VS.

Sigal, L. V. (1973). *Reporters and officials.* Lexington: D.C. Heath.

Strömbäck, J. (2011). Mediatization of politics: Toward a conceptual framework for comparative research. In E. P. Bucy & L. R. Holbert (Hrsg.), *The sourcebook for political communication research: Methods, measures, and analytical techniques* (S. 367–382). New York: Routledge.

Strömbäck, J., & Dimitrova, D. V. (2011). Mediatization and media interventionism: A comparative analysis of Sweden and the United States. *The International Journal of Press/Politics, 16*(1), 30–49. https://doi.org/10.1177/1940161210379504.

Strömbäck, J., & Esser, F. (2014). Mediatization of politics: Towards a theoretical framework. In F. Esser & J. Strömbäck (Hrsg.), *Mediatization of politics: Understanding the transformation of Western democracies* (S. 3–30). New York: Palgrave Macmillan.

Tkalac Verčič, A., & Colić, V. (2016). Journalists and public relations specialists: A coorientational analysis. *Public Relations Review, 42*(4), 522–529. https://doi.org/10.1016/j.pubrev.2016.03.007.

Tonndorf, K., & Wolf, C. (2015). Facebook als Instrument der Unternehmenskommunikation: Eine empirische Analyse der Relevanz und Realisation neuer Strategien. In O. Hoffjann & T. Pleil (Hrsg.), *Strategische Onlinekommunikation: Theoretische Konzepte und empirische Befunde* (S. 235–257). Wiesbaden: Springer VS.

Vogel, M. (2010). *Regierungskommunikation im 21. Jahrhundert: Ein Vergleich zwischen Großbritannien, Deutschland und der Schweiz.* Baden-Baden: Nomos.

Welch, E. W., Hinnant, C. C., & Moon, M. J. (2005). Linking citizen satisfaction with e-government and trust in government. *Journal of Public Administration Research and Theory, 15*(3), 371–391. https://doi.org/10.1093/jopart/mui021.

Wonneberger, A., & Jacobs, S. (2016). Mass media orientation and external communication strategies: Exploring organisational differences. *International Journal of Strategic Communication, 10*(5), 368–386. https://doi.org/10.1080/1553118x.2016.1204613.

Zeh, R., & Hopmann, D. N. (2013). Indicating mediatization? Two decades of election campaign television coverage. *European Journal of Communication, 28*(3), 225–240. https://doi.org/10.1177/0267323113475409.

Zerfaß, A., & Droller, M. (2015). Kein Dialog im Social Web? Eine vergleichende Untersuchung zur Dialogorientierung von deutschen und US-amerikanischen Nonprofit-Organisationen im partizipativen Internet. In O. Hoffjann & T. Pleil (Hrsg.), *Strategische Onlinekommunikation: Theoretische Konzepte und empirische Befunde* (S. 75–103). Wiesbaden: Springer VS.

Zerfaß, A., Verčič, D., Verhoeven, P., Moreno, A., & Tench, R. (2015). European communication monitor 2015: Creating communication value through listening, messaging and measurement: Results of a survey in 41 countries. http://www.zerfass.de/ECM-WEBSITE/media/ECM2015-Results-ChartVersion.pdf. Zugegriffen: 30. Sept. 2017.

Durchdachte Online-PR oder jugendlicher Aktionismus? Social-Media-Strategien politischer Jugendorganisationen in Deutschland

Michael Johann, Thomas Knieper und Moritz Hauck

Zusammenfassung

Bislang lässt die Forschung zum Einfluss des Medienwandels auf die politische Öffentlichkeitsarbeit politische Jugendorganisationen außer Acht. Ziel dieser Studie ist es daher, die Relevanz der sozialen Medien für die Öffentlichkeitsarbeit der Nachwuchsparteien in Deutschland zu explorieren sowie ein erstes Bild der strategischen Nutzungsweise zu gewinnen. In leitfadengestützten Experteninterviews mit den zuständigen Social-Media-Verantwortlichen werden die Einbindung, die Ziele, die Strategien sowie die Frage nach der Evaluation der Social-Media-Arbeit näher beleuchtet. Die Ergebnisse weisen darauf hin, dass die politischen Jugendorganisationen ihre Kommunikationsarbeit überwiegend an die Funktionsweisen und Kommunikationsregeln der sozialen Medien angepasst haben. Allerdings zeigen sich vor allem im Bereich der Evaluation nicht ausgeschöpfte Potenziale.

M. Johann (✉) · T. Knieper
Universität Passau, Passau, Deutschland
E-Mail: michael.johann@uni-passau.de

T. Knieper
E-Mail: thomas.knieper@uni-passau.de

M. Hauck
Mainz, Deutschland

© Springer Fachmedien Wiesbaden GmbH, ein Teil von Springer Nature 2018
M. Oswald und M. Johann (Hrsg.), *Strategische Politische Kommunikation im digitalen Wandel*, https://doi.org/10.1007/978-3-658-20860-8_7

Schlüsselwörter

Politische Jugendorganisationen · Parteikommunikation · Soziale Medien · Social Media · Strategien · Online-PR · Qualitative Befragung

1   Einleitung

„Das Internet ist für uns alle Neuland" – Dieses Statement der deutschen Bundeskanzlerin Angela Merkel sorgte im Sommer des Jahres 2013 für einige Aufregung (Kämper 2013). Allerdings vermochte der Satz nicht über die Tatsache hinwegzutäuschen, dass das Internet eine immer wichtiger werdende Rolle in der täglichen politischen Arbeit von Parteien und Politikern[1] spielt. Sie sind zusehends bemüht, die Wähler dort abzuholen, wo sie einen großen Teil ihres Lebens verbringen: im Internet. Gerade in sozialen Online-Netzwerken wie *Facebook, Twitter* oder *Instagram* bewegen sich zahllose junge, wahlberechtigte Bürger, die es anzusprechen und für Inhalte zu begeistern gilt. Der Nährboden für jungen, politikbezogenen *Content* im Internet scheint gegeben zu sein: Laut der Shell Jugendstudie aus dem Jahr 2015 zeigten 41 % der befragten Jugendlichen politisches Interesse – ein Anstieg um elf Prozent im Vergleich zum Jahr 2002. Gleichzeitig attestiert die Studie, dass die Politikverdrossenheit weiter hoch sei und die etablierten Parteien aktuell nicht vom gesteigerten politischen Interesse profitieren können (Albert et al. 2015). An diesem Punkt kommen die Jugendorganisationen ebenjener ‚etablierten Parteien' ins Spiel. Wie ihre Mutterparteien sind sie im Internet aktiv und teilen dort ihre eigenen, teils von der offiziellen Parteilinie abweichenden Ansichten und Themen (Denkler 2010; Krass 2014). Der vorliegende Beitrag beschäftigt sich daher mit der Frage, wie die Jugendorganisationen der großen deutschen Parteien in den sozialen Medien agieren und welche Strategien hinter ihren Kommunikationsaktivitäten stehen.

Für die Forschung stellt die Frage nach den Auswirkungen des Medienwandels auf die Strategien der politischen Kommunikation seit jeher ein zentrales Feld dar. Dementsprechend viel Aufmerksamkeit erfährt das Thema im wissenschaftlichen Diskurs. Bereits im Jahr 2001 gab die SPD-nahe *Friedrich-Ebert-Stiftung* eine Studie in Auftrag, die sich mit den Auswirkungen des Internets auf die

---

[1]In diesem Kapitel werden zur Personenbezeichnung vor allem generische Maskulina (z. B. ‚die Nutzer') verwendet. Im Sinne der Ambiguitätstoleranz sind selbstverständlich immer beide Geschlechter gemeint.

politische Arbeit, unter anderem in Bezug auf digitale Parteiarbeit, befasste (Bieber et al. 2001). Hanel und Marschall (2012) betrachteten die Nutzung kollaborativer Online-Plattformen durch Parteien, wohingegen Pannen (2010) das Augenmerk auf die veränderten Interaktionsbedingungen für Parteien im Web 2.0 richtete. Neben nur wenigen Studien zum politischen Tagesgeschäft beschäftigt sich die Forschung vor allem mit Wahlkämpfen und entsprechenden Online-Kampagnen. Unger (2012) gewann in ihrer Arbeit mittels qualitativer Interviews Erkenntnisse über die Social-Media-Aktivitäten deutscher Parteien und Politiker während des Bundestagswahlkampfes 2009. Elter (2013) veröffentlichte eine qualitative Inhaltsanalyse, die die Aktivitäten der deutschen Parteien auf *Twitter* und *Facebook* während der Landtagswahlkämpfe 2011 beleuchtete. Auch Thimm, Einspänner und Danh-Anh (2012) richteten ihren Fokus auf die Landtagswahlkämpfe 2011 und untersuchten das partizipatorische Potenzial der Kommunikation von Politikern auf *Twitter*. Ebenfalls war die Social-Media-Resonanz zur Bundestagswahl 2013 Gegenstand der Forschung (u. a. Neuberger et al. 2013). Jungherr (2013) verglich darüber hinaus den Stellenwert, den das Internet in den Vereinigten Staaten und in Deutschland für politische Parteien einnimmt.

Gemessen an der Fülle der Studien zur Kommunikation von politischen Parteien fristen Jugendorganisationen in der politik- und kommunikationswissenschaftlichen Forschung ein Mauerblümchendasein. Nur wenige Autoren widmeten sich bisher der Konstitution, den Funktionen und den Zielen politischer Jugendorganisationen (Bilstein et al. 1972; Gruber 2010; Herkenhoff 2016; Krabbe 2001, 2002). Folglich handelt es sich bei der Frage nach der strategischen Kommunikation von Jungparteien speziell in den sozialen Medien um wissenschaftliches Brachland. Der vorliegende Beitrag setzt an dieser Stelle an. Mittels qualitativer Leitfadeninterviews mit den Social-Media-Beauftragten ausgewählter Jugendorganisationen sollen die Ziele und Strategien der einzelnen Nachwuchsparteien für die Öffentlichkeitsarbeit in den sozialen Medien exploriert werden.

2   Theoretische Grundlagen

2.1   Politische Jugendinstitutionen in Deutschland

Die Gestaltung von Politik ist eine Aufgabe, die keineswegs lediglich älteren Generationen vorbehalten ist. Eine Möglichkeit, für junge Menschen den Politikbetrieb kennenzulernen und schrittweise Teil dessen zu werden, stellen politische Jugendorganisationen dar. Nach Kaack (1971) sollen derartige Verbände jüngeren Parteimitgliedern beziehungsweise deren Interessen innerhalb der Partei Gehör verschaffen. Weiterhin ist es ihre Aufgabe, junge Wähler für die Mutterpartei zu begeistern. Die Jugendorganisationen fungieren hauptsächlich jedoch als ‚Nachwuchsleistungszentren', in denen die zukünftigen Parteispitzen und Innovationsträger geformt werden (Kaack 1971, S. 544). Dieser Auslegung schließt sich Grasser (1973, S. 329) an, der die Jungparteien als „wichtiges Rekrutierungsinstrument für Parteimitglieder" bezeichnet. Schließlich ist die Gewinnung junger Politiker für jede Partei unerlässlich, will sie ihren Fortbestand längerfristig und nachhaltig sichern. Dabei bewegen sich Jugendorganisationen keineswegs selbstverständlich auf der durch die Mutterpartei vorgesehenen Linie. Oftmals stehen ihre mitunter radikalen Positionen in einem unübersehbaren Gegensatz zu den Beschlüssen der Parteispitze (Denkler 2010; Krass 2014), teilweise wird der Kurs der Referenzpartei sogar offen infrage gestellt (Roßmann 2016). Auf diese Weise verschaffen sich die Nachwuchsverbände nicht nur in ihrer Rolle als „innerparteiliche Opposition" (Bilstein et al. 1972, S. 12), sondern auch in der öffentlichen Wahrnehmung Gehör und schärfen ihr eigenes Profil als politische Instanz. Insgesamt sieht sich jede Parteijugend „als Gralshüter der reinen Lehre ihrer Referenzpartei und […] achtet darauf, daß [sic!] deren Verhalten dem selbstgesetzten programmatisch-ideologischen Profil entspricht. Als ‚Partei von morgen' glaubt sie, die Legitimation zu besitzen, das gegenwärtige Erscheinungsbild der Partei kritisch zu hinterfragen" (Krabbe 2002, S. 256).

Die Entstehung der Jugendorganisationen in Deutschland ist im Wesentlichen in der Zeit der Weimarer Republik zu verankern. Nach dem Ende des Ersten Weltkrieges stellte sich ein umfassender Demokratisierungsprozess in der deutschen Politik ein, der unter anderem eine Herabsetzung des Wahlalters von 25 auf 20 Jahre mit sich brachte. Gleichzeitig politisierte sich die junge Generation zunehmend. In diesem veränderten Klima entstanden die ersten politischen Nachwuchsverbände, beispielsweise die *Jungsozialisten,* die *Hindenburgjugend* oder die *Bismarckjugend.* Die Jugendorganisationen orientierten sich dabei zumeist an bestimmten Parteien des damaligen politischen Systems, wobei einige Verbände durch die Mutterparteien selbst ins Leben gerufen wurden, andere sich wiederum eigenständig konstituierten. Bereits damals folgten die Jugendorganisationen keineswegs kontinuierlich der offiziellen ‚Marschroute' ihrer Mutterparteien, sondern erregten mit eigenen, oft kontroversen Forderungen und Positionen Aufsehen im politischen Tagesgeschehen (Krabbe 2001, S. 281 ff.). Nach dem Zweiten Weltkrieg hatten sich das Parteiensystem in Deutschland und somit auch die verschiedenen Jugendorganisationen neu zu konsolidieren (Krabbe 2002, S. 11). Fortan existierte die *Junge Union* als gemeinsame Jugendorganisation der CDU und der CSU, während die *Jungsozialisten,* kurz *Jusos,* die Nachwuchsgruppierung der SPD bildeten. Hinzu kamen die der FDP nahestehenden *Deutschen*

Jungdemokraten. Diese Vereinigung wandte sich allerdings nach dem Regierungswechsel im Jahr 1982 von ihrer Mutterpartei ab, woraufhin die FDP die neu entstandenen *Jungen Liberalen (JuLis)* zu ihrer offiziellen Parteijugend erklärte. 1994 wurde die *Grüne Jugend* als Nachwuchsorganisation von Bündnis90/Die Grünen gegründet. 2007 erkannte der Gründungsparteitag der Partei Die Linke den Jugendverband *linksjugend ['solid]* als offizielle Jugendorganisation an (Gruber 2009, S. 131).

Angesichts der spürbaren Politikverdrossenheit der jungen Generation (Albert et al. 2015) und der zunehmenden Überalterung der etablierten Parteien (Deutscher Bundestag 2016) nehmen Jugendorganisationen eine wichtige Schnittstellenfunktion zwischen der Politik und den Jungwählern ein. Gerade mit Blick auf die politische Öffentlichkeitsarbeit in den sozialen Medien drängt sich also die Frage auf, wie politische Kommunikation für und mit einer eher jungen Zielgruppe betrieben wird.

2.2 Politische Öffentlichkeitsarbeit in den sozialen Medien

Öffentlichkeitsarbeit stellt nicht nur für Wirtschaftsunternehmen ein unverzichtbares Instrument zur Außendarstellung dar. Auch in der Politik spielt sie eine tragende Rolle. In diesem System wird sie von den „Akteuren und Institutionen [...] initiiert, aktiv gestaltet und führt, soweit sie medienbezogen ist, zu politischer Berichterstattung" (Bentele 1998, S. 133). Schließlich ist die Politik „in ausdifferenzierten Gesellschaften zunehmend auf die (medien-)öffentliche Darstellung ihrer Entscheidungsprozesse und Entscheidungen angewiesen" (Röttger 2015, S. 12). Anders als beispielsweise bei Unternehmen wird mit der Öffentlichkeitsarbeit politischer Institutionen allerdings nicht primär eine speziell definierte gesellschaftliche Gruppe adressiert. Stattdessen wendet sich politische Öffentlichkeitsarbeit „im Grundsatz an die gesamte Bürgerschaft, also zumindest an alle Wähler, gleichermaßen. Sie kann sich zwar an sozial oder räumlich definierte Zielgruppen richten. Sie verliert damit aber nicht ihre Gesamtzuständigkeit" (Jarren 1994, S. 655).

Dieser große Handlungsrahmen macht politische Public Relations nicht nur in der Praxis zu einer Herausforderung für die handelnden Akteure. Er sorgt auch dafür, dass theoretische Definitionsversuche des Begriffes durch eine starke Heterogenität gekennzeichnet sind. Im Kontext dieses Beitrages bietet sich daher eine Fokussierung auf Parteiorganisationen an. Wiesendahl (1998, S. 442) verwendet in diesem Zusammenhang den Begriff der *externen Parteienkommunikation.*

Der Ausdruck bezeichnet „jede Form von Öffentlichkeitsarbeit und Wähleransprache durch Parteien, wodurch zweckgerichteter Einfluss auf Wählerschaft und Öffentlichkeit ausgeübt werden soll". Das primäre Ziel von politischer Öffentlichkeitsarbeit ist es also, möglichst viele zusätzliche Wählerstimmen für sich zu gewinnen. Damit ist nicht gemeint, die Bevölkerung ausschließlich in der ‚heißen Phase' vor Wahlen anzusprechen, sondern die Wähler mittels kontinuierlicher und überlegter Öffentlichkeitsarbeit während der gesamten Legislaturperiode von den parteieigenen Positionen zu überzeugen. Gleichzeitig gilt es, den bereits vorhandenen Bestand an Gefolgsleuten anzusprechen: „Parteien [...] müssen mit der Basis kommunizieren, damit sich alle Mitglieder mit der Organisation identifizieren können" (Gerstenberg 2009, S. 2). Gerade mit Blick auf die rasante Entwicklung der Online-Kommunikation stellt sich die Frage, wie sich die externe Parteienkommunikation auf die sich stetig verändernden Kommunikationsbedingungen einstellt.

Die in den vergangenen Jahren stark gestiegene Popularität der sozialen Medien birgt für politische Akteure ein großes Potenzial zur Kommunikation mit der Bevölkerung und der politischen Basis. So gehören *WhatsApp, Facebook, Instagram* und *Snapchat* zu den am häufigsten und regelmäßigsten genutzten Diensten, besonders bei jüngeren Zielgruppen (Koch und Frees 2017, S. 444). Demzufolge sollten die Plattformen besonders für die Nachwuchsorganisationen von Parteien einen attraktiven Kanal zur Verbreitung von Inhalten und zur Interaktion mit den Nutzern darstellen. Vor allem *Facebook* spielt für die Public Relations im Web 2.0 aufgrund seiner hohen Nutzerzahl und der damit verbundenen potenziellen Reichweite gerade in der jüngeren Zielgruppe eine exponierte Rolle. Eine Untersuchung in Deutschland unterstreicht die generelle Relevanz der Plattform für die Öffentlichkeitsarbeit von Organisationen: 75 % der befragten Social-Media-Manager bezeichnen *Facebook* als bedeutendstes soziales Online-Netzwerk in der Unternehmenskommunikation (Lumma et al., S. 12). Lilleker et al. (2015) stellten in ihrer Studie sogar fest, dass das Netzwerk speziell in jungen Demokratien ohne ein voll funktionsfähiges demokratisches Mediensystem als Kommunikationsmedium einen hohen Stellenwert bei Parteistrategen besitzt. Auch europaweit (Zerfaß et al. 2017, S. 58) und in den USA (Wright und Hinson 2015, S. 6 ff.) gelten soziale Medien wie *Facebook* als das wichtigste Instrument zur strategischen Organisationskommunikation.

Zwar wird die herkömmliche Öffentlichkeitsarbeit der Parteien nicht automatisch durch die Erfolgsgeschichte der sozialen Medien obsolet. Instrumente wie Pressemitteilungen, Pressekonferenzen und die klassische Medienarbeit stellen weiterhin wirksame Mechanismen zur Verbreitung politischer Botschaften dar. Doch mit den sozialen Medien ist für die Politik ein neues Instrument der politischen Kommunikation entstanden, das aus der täglichen Öffentlichkeitsarbeit nicht mehr wegzudenken ist und diese nachhaltig verändert. Gerade im Zeitalter „sinkender Wahlbeteiligung, sinkender Mitgliederzahlen und einer zunehmenden Flexibilisierung des Wählerverhaltens" (Witte et al. 2013, S. 241) bringt dieser Wandel zahlreiche Chancen für die politischen Public Relations mit sich: Parteien eröffnen neue Plattformen zur Adressierung potenzieller Wähler. Mit einer eigenen *Facebook*-Seite, einem Account auf *Twitter* oder einem *Instagram*-Profil können Inhalte anschaulich vermittelt und bei den Nutzern ein Interesse für die dahinterstehenden Parteien geweckt werden. Häufig werden auch Blogs und Video-Podcasts verwendet, um eigene Thesen auszuspielen (Ebersbach et al. 2016, S. 239). Dabei ist Öffentlichkeitsarbeit jedoch „keine Einbahnstraße mehr zum Transport der eigenen Botschaften" (Steinke 2015, S. 11). Vielmehr haben die Nutzer im Web 2.0 die Möglichkeit, auf Inhalte von politischen Akteuren zu reagieren, ihre Meinung dazu zu äußern und mit anderen Nutzern darüber zu diskutieren. Soziale Medien erweitern die politische Öffentlichkeitsarbeit also nicht nur um zahlreiche neue Ausgestaltungsformen, sondern beschleunigen sie zusätzlich. In der Folge verlieren klassische Internetauftritte wie beispielsweise die Website einer Partei beim Austausch zwischen der Politik und den Bürgern zunehmend an Bedeutung (Bieber 2011, S. 56). Gleichzeitig stellt dies die politischen Akteure vor zahlreiche Herausforderungen. Mit der Etablierung der sozialen Medien in der politischen Kommunikation hat die Medialisierung des Politikbetriebs eine neue Dimension erreicht. Dies geht mit einer immer stärkeren Professionalisierung der strategischen Kommunikation einher und umfasst „die Externalisierung der Kommunikationstätigkeiten der Parteien, d. h. die professionelle Steuerung durch Spezialisten, de[m] Einsatz von professionalisierten Politikvermittlungsexperten sowie Ansätze des Politischen Marketings" (Unger 2012, S. 55).

Doch das öffentlichkeitswirksame Engagement von Parteien in den sozialen Medien wird oftmals durch die starren Strukturen der Politik limitiert: „Durch Social Media-Anwendungen im politischen Prozess treffen Dynamik, Vielfalt, Paradoxien und polyfone Kritik auf Fraktionszwang, Richtlinien, Verordnungen und interne Dienstwege. Eine sinnvolle Koordination stellt eine große Herausforderung dar" (Caesar 2012, S. 55). Hinzu kommt, dass es innerhalb einer Partei zumeist viele verschiedene Untergruppierungen und ideologische Strömungen gibt, die eine Zentralisierung und Professionalisierung der Kommunikationsstrukturen mitunter zu einer schwer lösbaren Aufgabe machen (Schmidt 2011, S. 158 f.). Auch die Etablierung eines professionellen Kommunikationsmanagements in den Parteizentralen bringt potenzielle Schwierigkeiten mit sich. Kalsnes (2016, S. 6) begründet diesen Umstand in ihrer Studie mit Personalmangel und begrenzten finanziellen Kapazitäten.

2.3 Ziele und Strategien politischer Öffentlichkeitsarbeit in den sozialen Medien

Wollen Organisation wie beispielsweise politische Parteien spezifische Ziele erreichen, bedarf es einer umfassenden strategischen Planung. Dies gilt für die Organisationen im Ganzen ebenso wie für ihre unterschiedlichen Teilbereiche, etwa die Kommunikationsabteilungen. Dabei umfasst die strategische Online-Kommunikation alle gesteuerten Kommunikationsaktivitäten im Internet und im Social Web, die der internen und externen Handlungskoordination mit relevanten Stakeholdern und der Interessenklärung dienen (Zerfaß 2014, S. 23). Damit leistet die strategische Online-Kommunikation einen inhärenten Beitrag zur Realisierung der zentralen Organisationsziele (Zerfaß und Pleil 2015, S. 47).

In Bezug auf die deutschen Parteien begründen Wahlkampfstrategen ihre Präsenz in den sozialen Medien mit dem Ziel, zusätzliche *Unterstützer* für die eigene Partei gewinnen zu wollen (Unger 2012, S. 154). Darüber hinaus stellen soziale Medien für politische und wirtschaftliche Akteure ein wichtiges Instrument zur *Stärkung der eigenen Reputation* dar. Diese wird im Internet unter anderem durch den Grad der Vernetzung und die Authentizität der Online-Kommunikation beeinflusst (Zerfaß und Pleil 2015, S. 50). Gerade die Funktionslogik der sozialen Medien ermöglicht eine direkte Kommunikation mit relevanten Zielgruppen. Beim Reputationsmanagement dominiert deshalb der sogenannte *Stakeholderansatz.* Sein Grundanliegen ist es, „alle Gruppen, die einen Anspruch an die Unternehmung haben, d. h. von ihren Entscheidungen und Handlungen in positiver oder negativer Form beeinflusst werden können, zu identifizieren und in der organisationalen Entscheidungsfindung zu berücksichtigen" (Röttger et al. 2011, S. 96). Daneben eignen sich soziale Medien auch als *Feedback-Kanal. Facebook* hat beispielsweise verschiedene Funktionen zur Rückmeldung (z. B. Likes, Shares, Kommentare, Direktnachrichten) fest in seine Architektur integriert (Sandhu 2015, S. 58). So ermittelte Unger (2012, S. 230), dass die Feedback-Funktion für die Parteien während des Bundestagswahlkampfes 2009 einen wichtigen Faktor bei der Auswahl der sozialen Medien darstellte. Jedoch wurden nach Ansicht von Experten Kritik und Impulse seitens der Nutzer nicht vollständig rückgekoppelt (Unger 2012, S. 165). Dass oftmals nicht alle Möglichkeiten der sozialen Medien ausgenutzt werden, wenn es um die Ziele der Öffentlichkeitsarbeit geht, zeigt die Forschung (u. a. Johann et al. 2017; Johann und Oswald 2018; McCorkindale 2010; Waters et al. 2009). Meist dienen die Auftritte in den sozialen Medien als zusätzliche Kanäle zur einseitigen Verbreitung von Informationen. Die Interaktion mit den Nutzern im Sinne eines *Feedback-Kanals* spielt eine nur untergeordnete Rolle (u. a. Macnamara 2010).

Die *Beziehungspflege* zwischen der Organisation und den relevanten Stakeholdern stellt ein elementares strategisches Ziel der Öffentlichkeitsarbeit dar. Durch die Möglichkeit zur Kommunikation in den sozialen Medien erhält dieser Aspekt eine neue Relevanz, denn dort „erodieren etablierte Machtstrukturen. Die Kommunikation und mit ihr die Beziehungen zwischen gesellschaftlichen Akteuren werden egalitärer; [...] Politiker [...] und Bürger begegnen sich auf Augenhöhe" (Boelter und Hütt 2015, S. 467). Gerade für politische Parteien ist ein gutes Verhältnis zu den Wählern die Grundvoraussetzung für erfolgreiches Handeln. Dabei setzt eine gezielte Beziehungsmanagement voraus, „dass dieses für beide Seiten Werte schafft beziehungsweise nutzbringend ist" (Pleil und Bastian 2015, S. 325). Zerfaß und Pleil (2015, S. 55 f.) sprechen in diesem Zusammenhang von *Cluetrain-PR*. Der Ansatz berücksichtigt die neuen Gegebenheiten des Web 2.0 unter besonderer Beachtung der veränderten Beziehung zwischen einer Organisation und ihren Stakeholdern.

Eine bedeutende Strategie, wenn nicht gar „der wichtigste Dreh- und Angelpunkt" der Aktivitäten in den sozialen Medien (Unger 2012, S. 31), ist die *Dialogorientierung*. So können Parteien beispielsweise mit den Nutzern in Kontakt treten und sich mit ihnen austauschen. Grundsätzlich schreiben die deutschen Parteien den sozialen Medien schon lange eine bedeutende Funktion für den Dialog mit interessierten Bürgern zu (Unger 2012, S. 146 f.). Aber auch hier zeigen Studien eine deutliche Diskrepanz zwischen den Potenzialen und der Realisierung der Dialogorientierung auf *Facebook* (Johann et al. 2017; Johann und Oswald 2018; Tonndorf und Wolf 2015), *YouTube* (Bachl 2011) und *Twitter* (Elter 2013).

Weiterhin wird *Transparenz* als wichtige Strategie betrachtet. In ihrer Studie zu Non-Profit-Organisationen nennen Waters et al. (2009) unter anderem die Kenntlichmachung des Seitenadministrators sowie einen Link zur Homepage als Indikatoren für einen offen gestalteten Social-Media-Auftritt. Die Forscher zeigten, dass den untersuchten Organisationen die Bedeutung eines transparent gestalteten Social-Media-Kanals durchaus bewusst war (Waters et al. 2009, S. 104). Auch Men und Tsai (2014) kennzeichnen in ihrer Studie die Transparenz als relevanten Bestandteil einer gelungenen Social-Media-Kommunikation. Sie sollte sich darüber hinaus im Dialog mit den Nutzern widerspiegeln (Pleil 2015, S. 32).

Ein *angepasster Sprachstil* ist ein zusätzliches strategisches Element für die Pflege der Beziehung zu den Nutzern in den sozialen Medien (Zerfaß 2010, S. 420). Den Duktus aus PR-Texten und Pressemitteilungen auf die Kommunikation in den sozialen Medien zu übertragen, bietet sich dabei weniger an, als knapp, personalisiert oder humorvoll mit den Nutzern zu interagieren (Kelleher 2009, S. 184; Linke 2015, S. 240).

Eine weitere strategische Möglichkeit zur Beziehungspflege mit den Usern ist die *Nutzerfreundlichkeit der Kanäle*. Dies umfasst übersichtlich gestaltete und gut strukturierte Online-Präsenzen, um die Nutzer möglicherweise auch zum erneuten Besuch der Social-Media-Auftritte zu motivieren (Kent und Taylor 1998, S. 329). Dies umfasst Verweise zur Website und zu anderen Auftritten in den sozialen Medien sowie das Einbinden von multimedialen Elementen. Auf diese Weise steigen die Chancen, „auf möglichst alle Kanäle und deren Inhalte gleichermaßen aufmerksam zu machen" (Unger 2012, S. 152).

Parteien und Jugendverbände können über ihre Social-Media-Kanäle ihre bereits registrierten Mitglieder und interessierte Außenstehende gleichermaßen dazu aufrufen, sich in der Partei zu engagieren. *Kollaboration* ist also ein weiterer strategischer Baustein für die politische Online-Kommunikation. Schon vor der Bundestagswahl 2009 wurde *Facebook* intensiv von den Parteien genutzt, um die Menschen zum Mitmachen zu bewegen (Unger 2012, S. 166). Dort lässt sich ein ‚Registrieren'-Button in den Auftritt integrieren, um Interessenten schnell und unbürokratisch zu akquirieren. Derartige Funktionen sowie die Partizipationskultur der sozialen Medien sind unter anderem der Grund dafür, dass der Medienwandel schnell mit neuen Impulsen für die Demokratie und die politische Partizipation der Bürger in Verbindung gebracht wird. Die Forschung zeichnet jedoch ein weniger optimistisches Bild. So gibt es kaum Befunde, „die einen eindeutig positiven Zusammenhang zwischen der Internetkommunikation und einem Zuwachs politischer Partizipation belegen" (Thimm et al. 2012, S. 296).

Die Ausarbeitung und Implementierung der eben genannten Strategien ist ein wesentlicher Faktor für die erfolgreiche Öffentlichkeitsarbeit von politischen Akteuren in den sozialen Medien. Genauso wichtig ist es allerdings, die Maßnahmen konsequent zu evaluieren, um sie auf ihre Wirksamkeit hin zu überprüfen. Erst eine *Evaluation* macht es möglich den PR-Prozess zu optimieren, zu steuern und zu kontrollieren (Besson 2008, S. 31). Die zahlreichen Kennwerte, die die sozialen Medien bereithalten, wie etwa die Anzahl der *Likes, Follower, Shares, Kommentare* oder die *Reichweite* bieten vielfältige Auswertungsmöglichkeiten und damit strategisch wichtige Informationen für die Kommunikatoren.[2] Doch Studien „in Europa, den USA und im deutschsprachigen Raum zeigen übereinstimmend, dass die Bedeutung der Erfolgskontrolle strategischer Online-Kommunikation durchweg erkannt, aber außer im Bereich von Website-Auswertungen in der Praxis bislang

---

[2]Eine ausführliche Übersicht über verschiedene PR-Evaluationsmodelle sowie über relevante Metriken für die Öffentlichkeitsarbeit in den sozialen Medien findet sich bei Macnamara (2018).

kaum umgesetzt wird" (Zerfaß und Pleil 2015, S. 72). Eine Befragung deutscher Unternehmen verdeutlicht, dass zwar 40 % der Unternehmen zum Zeitpunkt der Befragung evaluierten, dies allerdings nur vereinzelt und in unregelmäßigen Abständen taten. Lediglich ein Viertel der Unternehmen erhob einzelne spezifische Kennzahlen für die sozialen Medien und gerade einmal vier Prozent verfügten über ein umfassendes, auf die sozialen Medien ausgerichtetes Evaluationssystem (Zerfaß et al. 2012, S. 34). Vergleichbare Studien liegen für politische Parteien oder Jugendorganisationen noch nicht vor.

2.4 Forschungsfragen

Die wissenschaftliche Auseinandersetzung mit den Veränderungen und Herausforderungen, die der Medienwandel für die Öffentlichkeitsarbeit von politischen Organisationen mit sich bringt, ist vor allem wahl- und kampagnenzentriert. Das politische Alltagsgeschäft der Akteure findet weniger Beachtung (Emmer und Bräuer 2010, S. 320). Dies gilt in besonderer Weise für die Jugendorganisationen von politischen Parteien. Ein zentrales Anliegen der vorliegenden Studie ist es daher, die allgemeine Bedeutung der sozialen Medien für die Nachwuchsparteien in Deutschland zu explorieren sowie ein erstes Bild der strategischen Nutzungsweise zu gewinnen. Auf Basis der theoretischen Vorüberlegungen ergeben sich somit folgende Forschungsfragen:

FF1 Wie sind die sozialen Medien in die Öffentlichkeitsarbeit deutscher politischer Jugendorganisationen *eingebunden?*

FF2 Welche *Ziele* verfolgen die deutschen politischen Jugendorganisationen mit ihren Auftritten in den sozialen Medien?

FF3 Welche *Strategien* wenden die deutschen politischen Jugendorganisationen in den sozialen Medien an?

FF4 Wie *evaluieren* die deutschen politischen Jugendorganisationen ihre Aktivitäten in den sozialen Medien?

3   Methode

Wie gezeigt werden konnte, stellt die Frage nach dem strategischen Einsatz der sozialen Medien durch politische Jugendorganisationen ein Forschungsdesiderat dar. Die vorliegende Studie leistet also in gewisser Hinsicht Pionierarbeit. Dementsprechend galt es bei der Wahl der Analysemethode einen offenen und explorativen Zugang zu wählen, der der Komplexität des Untersuchungsthemas gerecht wird. Um erste Befunde zu den Forschungsfragen zu generieren, wurde schließlich die Methode des leitfadengestützten Experteninterviews mit den Social-Media-Verantwortlichen von ausgewählten politischen Jugendorganisationen gewählt. Dabei lag ein besonderes Augenmerk auf den Jugendorganisationen der größten deutschen Parteien.

3.1 Qualitative Befragung von Social-Media-Verantwortlichen

In der Auswahl der Befragten sollte sich bestenfalls die politische Bandbreite in Deutschland widerspiegeln. So wurden alle Jugendorganisationen der im 18. Deutschen Bundestag vertretenen Parteien (CDU/CSU, SPD, Die Linke, Bündnis 90/Die Grünen) kontaktiert. Zudem sollte auch die entsprechende Jugendorganisation der FDP miteinbezogen werden, die in dieser Legislaturperiode erstmals nicht im Deutschen Bundestag vertreten war.[3] Von diesen Organisationen stimmten erfreulicherweise alle einer Befragung zu ($n = 5$). Befragt wurden schließlich die jeweiligen Social-Media-Verantwortlichen. Damit ergibt sich für die Studie folgende Auswahl an politischen Jugendorganisationen[4]:

- *Junge Union Deutschlands (JU)*
- *Arbeitsgemeinschaft der Jungsozialistinnen und Jungsozialisten in der SPD (Jusos)*
- *Grüne Jugend (GJ)*
- *linksjugend ['solid] (['solid])*
- *Junge Liberale (JuLis)*

---

[3]Angesichts der sich zum Zeitpunkt der Erhebung (November und Dezember 2016) abzeichnenden wachsenden Bedeutung der AfD für die Bundespolitik war es auch ein zentrales Anliegen, den Nachwuchsverband *Junge Alternative für Deutschland (JA)*, in die Interviewreihe miteinzubeziehen. Jedoch zeigte sich auch auf mehrfache Nachfrage kein Vertreter der Organisation bereit, an der Erhebung teilzunehmen.

[4]In Klammern ist jeweils das Kürzel angegeben, das in der Auswertung verwendet wird.

Alle Interviews wurden leitfadengestützt geführt und dauerten zwischen 28:44 und 59:55 min ($M = 46:29$ min, $SD = 11:38$ min). Die Gespräche erfolgten telefonisch, auf Wunsch der Befragten wahlweise per Skype oder per Telefon. Die einzelnen Gespräche wurden nach Zustimmung durch die Befragten aufgezeichnet und im Anschluss transkribiert. Die Auswertung der Transkripte erfolgte schließlich auf Basis einer qualitativen Inhaltsanalyse (Mayring 2010), die mit *MAXQDA* umgesetzt wurde.

3.2 Operationalisierung des Interviewleitfadens

Der Interviewleitfaden wurde angesichts des komplexen Untersuchungsthemas teilstrukturiert. So war es unter anderem möglich, auf eine Richtungsänderung im Gesprächsverlauf adäquat zu reagieren. Es wurden verschiedene Themenblöcke entlang der Forschungsfragen festgelegt und entsprechende Initialfragen formuliert. Zusätzliche Ergänzungsfragen wurden nur dann gestellt, wenn der Sachverhalt mit der Antwort der Experten auf die Initialfrage noch nicht hinreichend beantwortet wurde.

Der Leitfaden wurde auf Grundlage der theoretischen Fundierung und des Forschungsstandes ausgearbeitet *(deduktive Kategorienbildung)*. Er wurde vor der Haupterhebung auf seine Umsetzbarkeit hin überprüft und entsprechend optimiert. Schließlich folgten auf einen kurzen Begrüßungsabschnitt fünf Themenblöcke, welche die insgesamt 20 Fragen und zahlreichen Nachfragethemen strukturierten. Der erste Frageblock beinhaltete allgemeine Fragen zum *Stellenwert* und den *Zielen* der Social-Media-Arbeit in der jeweiligen Jugendorganisation. Die zwei folgenden Abschnitte umfassten Fragen zu den *Strategien*. Der vierte Themenblock befasste sich mit der *Evaluation* der Maßnahmen in den sozialen Medien. Der Leitfaden schloss mit einem Block, der weitere Anmerkungen zu den vorherigen Themen ermöglichte. Tab. 1 zeigt eine Übersicht über das deduktiv entwickelte Kategoriensystem mit Beispielen einzelner Ausprägungen. Diese Ausprägungen entstanden als Ergebnisse der qualitativen Inhaltsanalyse *(induktive Kategorienbildung)*.

Tab. 1 Übersicht über das Kategoriensystem (Hauptkategorien)

Forschungsfrage	Hauptkategorien	Beispiel-Ausprägungen
FF1: Einbindung	Kanäle	Facebook, Instagram
	Zielgruppen	Mitglieder, Medien
	Relevanz	hoch, niedrig
	Organisation	Planung, Arbeitsabläufe
FF2: Ziele	Unterstützung	Sichtbarkeit, Botschaften
	Reputation	Authentizität, Qualität
	Feedback	Diskussion, Nachrichten
	Beziehungspflege	Austausch, Interaktion
FF3: Strategien	Dialogorientierung	Kommentare, Nachrichten
	Transparenz	Kennzeichnung, Kontakt
	Sprachstil	formell, informell
	Nutzerfreundlichkeit	Untertitel, mobile Endgeräte
	Kollaboration	Rekrutierung, call-to-action
FF4: Evaluation	Erfolgskontrolle	Reichweite, Likes, Shares

4   Ergebnisse

Im Folgenden werden die Ergebnisse der qualitativen Inhaltsanalyse präsentiert, die auf der deduktiv-induktiven Kategorienbildung basieren. Die Darstellung folgt den Forschungsfragen und basiert auf dem Stand der Datenerhebung im November und Dezember 2016. Zur besseren Veranschaulichung werden stellenweise die Aussagen der Befragten zitiert. Die Zitation folgt dabei dem folgenden Schema: Kürzel, Seite im jeweiligen Transkript, Absatz mit der entsprechenden Aussage.

4.1   Einbindung der sozialen Medien

Die Präsenz und Aktivität in den sozialen Medien ist für die befragten Jugendorganisationen ein integraler Bestandteil der Öffentlichkeitsarbeit. Alle Organisationen sind ausnahmslos auf *Facebook* und *Twitter* vertreten. Abgesehen von der *linksjugend ['solid]* unterhalten alle Bundesverbände Auftritte auf *Instagram* und *YouTube*, während die *Junge Union*, die *Grüne Jugend* sowie die *Jungen Liberalen* zusätzlich einen *Snapchat*-Account zur externen Kommunikation pflegen (JU, S. 1, Abs. 4; Jusos, S. 1, Abs. 4–6; GJ, S. 1, Abs. 4; JuLis, S. 1, Abs. 4, S. 3, Abs. 14; ['solid], S. 1, Abs. 4). Die Experten machen deutlich, dass es hinsichtlich der Social-Media-Auftritte der Nachwuchsparteien mehrere heterogene zu adressierende *Zielgruppen* gibt:

> Über Facebook wollen wir versuchen, möglichst viele Menschen – sowohl eigene Mitglieder als auch Interessierte – für unsere Ziele zu begeistern und unsere Botschaften zu platzieren, während Twitter eher für unsere politische Kommunikation innerhalb Berlins genutzt wird [...]. Instagram und Snapchat sprechen eher eine jüngere Generation an (JU, S. 1, Abs. 6).

Besonders in Bezug auf *Twitter* ist an dieser Stelle insofern ein Muster zu erkennen, dass der Kurznachrichtendienst für fast alle Jungparteien ein wichtiges Medium zur Kommunikation mit der Presse darstellt (Jusos, S. 1, Abs. 6; GJ, S. 3, Abs. 16; JuLis, S. 1, Abs. 6). Interessant erscheint zudem, dass die *Jungen Liberalen* bei der Definition ihrer Zielgruppen in den sozialen Medien die Sinus-Milieus berücksichtigen: „Kernzielgruppe ist das sogenannte expeditive Milieu, wo wir festgestellt haben, dass die relativ gut mit unseren grundlegenden Werten übereinstimmen" (JuLis, S. 1, Abs. 6). *Facebook* ist unumstritten die wichtigste Plattform für die Jugendorganisationen: „Weil wir dort ganz direkt unsere Mitglieder erreichen und die dort auch überwiegend aktiv sind" (Jusos, S. 1, Abs. 8).

Alle Jungparteien räumen den sozialen Medien eine große Bedeutung für ihre Organisation als Ganzes ein: „Ich würde fast sagen, dass die sozialen Netzwerke in ihrer Funktion das Wichtigste sind" (JU, S. 3, Abs. 12). Demzufolge sind die Kanäle auch ein wesentlicher Bestandteil der gesamten externen Kommunikation der Organisationen. Für die *linksjugend ['solid]* nehmen sie sogar einen höheren Stellenwert als die klassische Pressearbeit ein, „weil man da auch weniger Vorlauf braucht und schneller reagieren kann, als wenn wir erst eine Pressemitteilung zusammen schreiben, die wir dann auch nochmal aufwendiger abstimmen müssen" (['solid], S. 3, Abs. 20). Ähnlich verhält es sich bei den *Jusos,* sie stecken ebenfalls „mehr Arbeit in Social Media [...] als in Pressearbeit" (Jusos, S. 2, Abs. 14).

Hinsichtlich der Organisation der Social-Media-Arbeit fällt auf, dass bei allen Organisationen jeweils mindestens zwei Personen – mitunter ehrenamtlich – in die Kommunikation über die sozialen Medien eingebunden sind. Eine strategische Planung der Aktivitäten in den sozialen Medien ist vorhanden. Bei der *Grünen Jugend* ergeben sich die Zuständigkeiten zum Beispiel aus einem festgelegten

Redaktionsplan (GJ, S. 2, Abs. 14), wohingegen bei der *Jungen Union* jeden Tag eine Morgenrunde stattfindet (JU, S. 2, Abs. 10). Die *Jusos* setzen auf eine Planung der einzelnen Monate (Jusos, S. 2, Abs. 10). Regelmäßige Meetings werden als entscheidende Bedingung für eine gelungene Umsetzung der Social-Media-Maßnahmen genannt. So findet bei der *linksjugend ['solid]* alle vier Wochen eine Präsenzsitzung statt, in der die Auftritte in den sozialen Medien im Fokus stehen und wichtige Daten und Termine für die kommende Zeit thematisiert werden (['solid], S. 6, Abs. 30). Ähnlich verhält es sich bei der *Grünen Jugend* (GJ, S. 7, Abs. 30). Entscheidend bei der Planung sind darüber hinaus enge Abstimmungsschleifen, bei denen häufig Telefonkonferenzen oder Messenger-Dienste wie *WhatsApp* nützliche Hilfsmittel darstellen (['solid], S. 6, Abs. 30; JuLis, S. 4, Abs. 22; GJ, S. 8, Abs. 30). Die *Junge Union* stellt jedoch generell fest:

> Eine Planung ist in dem Business relativ schwierig. Was wir für uns festgestellt haben, dass wir […] ständig schauen, ob es was Neues oder einen neuen Trend gibt. […] Also das heißt, wir hinterfragen eigentlich ständig unsere Strategie (JU, S. 6, Abs. 26).

Die Äußerung impliziert, dass eine längerfristige Strategieplanung häufig mit Schwierigkeiten verbunden ist. Bei der *Jungen Union* geht es demzufolge auf lange Sicht lediglich darum, eine plattformübergreifende Community aufzubauen, eine umfassende Jahresplanung gibt es bei der Organisation bewusst nicht (JU, S. 7, Abs. 26). Demgegenüber verfügen die *Jusos* über ein auf die Bundestagswahl 2017 ausgerichtetes Kommunikationskonzept (Jusos, S. 3–4, Abs. 22) und die *Grüne Jugend* entwickelt zu Beginn jedes Jahres einen Social-Media-Aktionsplan (GJ, S. 7, Abs. 30). Die *linksjugend ['solid]* verfügt über eine Übersicht mit wichtigen Daten, die eine längerfristige Vorbereitung der entsprechenden Maßnahmen in den sozialen Medien erlauben (['solid], S. 6, Abs. 30). Bei den *Jungen Liberalen* gibt es weniger eine längerfristige Strategieplanung als vielmehr „grundsätzliche Leitlinien" (JuLis, S. 5, Abs. 24). Gilt es eine neue Strategie zu einzuführen, so greift vor allem bei der *Jungen Union* das ‚Trial-and-Error'-Prinzip: „Da heißt es einfach ‚fail harder', also wenn es nicht klappt, dann musst du dir halt was Neues ausdenken" (JU, S. 7, Abs. 28). Eine solche Herangehensweise verfolgen auch die *Jungen Liberalen* (JuLis, S. 5, Abs. 26). Die *Jusos* und die *Grüne Jugend* gehen hier etwas strukturierter vor. Sie setzen beim Implementierungsprozess wahlweise auf parteiinterne oder -externe Beratung (Jusos, S. 4, Abs. 24; GJ, S. 9, Abs. 32). Bei der *linksjugend ['solid]* werden strategische Änderungen im kleineren Rahmen auf den Präsenzsitzungen diskutiert (['solid], S. 6, Abs. 32).

4.2   Ziele und Strategien in den sozialen Medien

Für alle Befragten stellt die *Gewinnung von Unterstützern* für ihre Jugendorganisationen ein zentrales Ziel beim Bespielen sozialer Medien dar (JU, S. 5, Abs. 18; Jusos, S. 3, Abs. 16; GJ, S. 5–6, Abs. 20–22; JuLis, S. 3, Abs. 14; ['solid], S. 4, Abs. 24). Die Strategien für das Erreichen dieses Ziels sind jedoch durchaus heterogen. Die *Grüne Jugend* ist bemüht, „eine Sprache zu sprechen, die auch die Leute verstehen" (GJ, S. 5, Abs. 20). Für die *Junge Union* ist es entscheidend, sich auf die Nutzer in den sozialen Medien einzulassen und sich mit ihnen auszutauschen (JU, S. 5, Abs. 20). So stellen die *Jusos* fest: „In allererster Linie versuchen wir, Botschaften so abzustimmen, dass sie unsere Arbeit darstellen und ein möglichst realistisches Bild davon zeichnen, was wir so den ganzen Tag über machen. Oder an welchen Stellen wir auch politische Erfolge vorweisen können" (Jusos, S. 3, Abs. 16). Auch die *linksjugend ['solid]* versucht, über *Facebook* und *Twitter* „ein nützliches Außenbild zu erzeugen, das attraktiv für andere Leute ist" (['solid], S. 4, Abs. 24). Die *Jungen Liberalen* fokussieren sich zur Gewinnung von Unterstützern auf die gezielte Adressierung der *Facebook*-Fans und der Mitglieder (JuLis, S. 3, Abs. 14).

Ein wichtiges Anliegen ist es hier, die eigenen Botschaften und Standpunkte zu verbreiten und damit möglichst viele Menschen zu erreichen. Für die *Jungen Liberalen* ist es sogar das erklärte „Primärziel" (JuLis, S. 4, Abs. 20). Ähnlich sieht es die *Junge Union:* „[W]ir wollen natürlich auch eine Sichtbarkeit innerhalb des politischen Umfelds herstellen, also [...] auch von unseren Mitstreitern wahrgenommen werden" (JU, S. 6, Abs. 24). Allerdings geht es den Nachwuchsverbänden nicht nur um die Verbalisierung ihrer zahlreichen Eigeninteressen, sondern auch um eine grundsätzliche Politisierung der adressierten Nutzer: „[W]ir freuen uns auch, wenn wir es einfach schaffen, junge Menschen in den politischen Diskurs einzubinden; dass sie sich politisch eine Meinung bilden und lernen, wie der politische Diskurs funktioniert" (JU, S. 5, Abs. 20). Auch die *Grüne Jugend* (GJ, S. 7, Abs. 26) und die *linksjugend ['solid]* stimmen dieser Absicht zu, auch wenn darauf hingewiesen wird, dass das Ziel nicht immer erreicht werden kann (['solid], S. 4, Abs. 24).

Stellt man die Aussagen der Befragten zum *Reputationsmanagement* in den sozialen Medien gegenüber, wird deutlich, dass Authentizität organisationsübergreifend eine große Rolle spielt: „Wir verstellen uns nicht, sondern wir sind letztendlich so, wie wir sind, und die Social Media bieten die Möglichkeit, sich auszutauschen" (JU, S. 6, Abs. 22). Auch die *Jusos* sind bemüht, „möglichst authentisch zu wirken" (Jusos, S. 3, Abs. 18). Die *Jungen Liberalen* betonen indes, dass in Bezug auf die Reputation die Qualität der Beiträge und eine optimistische Grundhaltung entscheidend sind: „Wir posten lieber weniger, aber dafür gut, als viel und dafür schlecht. Wir versuchen insgesamt, eine positive Botschaft auszusenden" (JuLis, S. 3, Abs. 16).

Ein weiteres strategisches Ziel ist das Einholen von *Feedback* seitens der Nutzer. Dies ist besonders auf *Facebook* von hoher Relevanz: „Damit steht und fällt […] die Nutzung" (Jusos, S. 4, Abs. 26). Die *Junge Union* betont den Stellenwert von Echtzeit-Videos und eine parallel dazu verlaufende Diskussion mit den Nutzern (JU, S. 8, Abs. 30). Die *Grüne Jugend* (GJ, S. 12, Abs. 46) hält es wie die *linksjugend ['solid]* (S. 7, Abs. 36) für sehr wichtig, die Nachrichtenfunktion auf *Facebook* strategisch für das Generieren von Nutzerfeedback einzusetzen. Die *Jungen Liberalen* sehen die Plattform eher geeignet zum Ablesen genereller Tendenzen, weniger für das Einholen von konstruktivem Feedback: „[E]hrlicherweise würde ich sogar fast sagen, dass mehr substanzielle Sachen über das Kontaktformular unserer Website reinkommen als über *Facebook*" (JuLis, S. 6, Abs. 28).

Um die *Beziehung* zu den Nutzern zu pflegen, setzen alle Organisationen auf einen intensiven Austausch: „[W]ir haben uns als Maßstab gesetzt, dass wir gerade bei den persönlichen Nachrichten, also wenn uns jemand direkt anschreibt, so schnell wie möglich antworten. […] Das heißt, dass wir einen Echtzeitdialog schaffen" (JU, S. 9, Abs. 36). Auch für die *Jusos* ist es unerlässlich, „Leute einzubinden und ernst zu nehmen. Debatten zu moderieren und dort dafür zu sorgen, dass sich die Leute nicht gegenseitig zerfleischen oder anfallen" (Jusos, S. 5, Abs. 32). Auch die *Jungen Liberalen* sind bemüht, „auf alles zu reagieren, was über unsere Seite reinkommt" (JuLis, S. 7, Abs. 38). Für sie ist es in Bezug auf die *Beziehungspflege* außerdem von Belang, regelmäßig Beiträge zu produzieren (JuLis, S. 8, Abs. 40). Dieser Ansatz wird auch von der *Grünen Jugend* verfolgt (GJ, S. 11, Abs. 40). *Die linksjugend ['solid]* betont ebenfalls die Wichtigkeit des kontinuierlichen *Austauschs* mit den Nutzern. Sie räumt allerdings Verbesserungspotenzial ein: „[I]ch glaube, das kriegen wir auch nicht so gut hin" (['solid], S. 8, Abs. 42).

Um die Beziehung zu den Nutzern effektiv zu pflegen, ist die *Dialogorientierung* eine essenzielle Strategie für die Nachwuchsparteien: „Ich kann das Wort *Dialog* gar nicht oft genug sagen, das ist der Maßstab" (JU, S. 9, Abs. 36). Alle Verbände bieten ihren Nutzern die Möglichkeit, über eine Direktnachricht oder in der Kommentarspalte eines Beitrags mit ihnen in Dialog zu treten. Bei den *Jusos* gilt der Leitsatz: „In dem Moment, wo sie uns auf welche Art auch immer eine Nachricht zukommen lassen, bekommen sie eine Antwort" (Jusos, S. 6, Abs. 40). Die *Grüne Jugend* verweist hier ausdrücklich auf die bei *Facebook* implementierte

Funktion, die die Reaktionsfreudigkeit einer Seite anzeigt (S. 12, Abs. 46). Die *linksjugend ['solid]* weist darauf hin, dass es aus Ressourcengründen nicht immer möglich ist, auf alle Äußerungen der Nutzer einzugehen (['solid], S. 9, Abs. 46). Interessant erscheint auch die Bereitschaft der Verbände, sich in die Diskussionen zwischen den Nutzern einzuschalten und diese zu moderieren. Die *Jungen Liberalen* und die *linksjugend ['solid]* greifen vor allem dann ein, wenn die Debatte zu eskalieren droht (JuLis, S. 10, Abs. 54; ['solid], S. 10, Abs. 50).

Auch wenn alle Jugendorganisationen eine grundsätzliche Bereitschaft zum *Dialog* mit den Nutzern bestätigen, ziehen sie gleichzeitig eindeutige Grenzen. Die *Grüne Jugend* stellt klar: „Natürlich ist es so, dass wir Sachen, die […] beleidigend, verletzend, falsch oder sogar strafrechtlich relevant sind, löschen" (GJ, S. 13, Abs. 48). Die *Junge Union* verfügt über eine „klare Regelung" (JU, S. 10, Abs. 44), was rassistische, gewaltverherrlichende oder beleidigende Äußerungen der Nutzer betrifft. Dies gilt gleichermaßen für *die linksjugend ['solid]* (['solid], S. 10, Abs. 50). Die *Jungen Liberalen* schließen manche Nutzer nicht nur von ihrer Seite aus, sondern behalten sich darüber hinaus vor, die entsprechenden Beiträge zu archivieren (JuLis, S. 9, Abs. 50). Auch die *Jusos* verfügen über klare Richtlinien beim Umgang mit Drohungen und Beleidigungen, versuchen allerdings dennoch, den Dialog mit unzufriedenen Nutzern zu suchen, „um eben auch anderen zu zeigen, wie wir mit Kritik umgehen" (Jusos, S. 6, Abs. 42).

Die Befragten schätzen eine *transparente Darstellung* der eigenen Organisation in den sozialen Medien als unterschiedlich relevant ein. Für die *Junge Union* ist es wichtig, den Nutzern klarzumachen, „dass es nicht nur Institutionen und Organisationen sind, sondern […] Menschen […] wie jeder andere" (JU, S. 10, Abs. 40). Die *Jusos* verfolgen eine vergleichbare Strategie: „Wenn uns jemand eine Nachricht schreibt, versuchen wir immer deutlich zu machen, wer dort gerade antwortet und eben auch zu zeigen, dass Personen dahinterstehen" (Jusos, S. 6, Abs. 36). Auch bei den *Jungen Liberalen* kennzeichnet sich der Verfasser bei persönlichen Nachrichten, bei öffentlichen Nachrichten hingegen erfolgt die Kommunikation als Organisation (JuLis, S. 8, Abs. 44). Bei der *Grünen Jugend* wird die *Transparenz* hauptsächlich durch ein einheitliches Logo und ein spezielles Corporate Design gewährleistet (GJ, S. 14, Abs. 52). Bezogen auf einen transparenten Austausch mit den Nutzern sieht sie allerdings noch Nachholbedarf (GJ, S. 12, Abs. 44). Bei der *linksjugend ['solid]* erfolgt keine besondere Kennzeichnung der Beiträge (['solid], S. 9, Abs. 44).

Ein angemessener *Sprachstil* nimmt einen hohen Stellenwert für die Nachwuchsverbände in den sozialen Medien ein: „Was wir versuchen, ist, raus aus diesem Politsprech zu kommen. […] Das führt auch dazu, dass die Leute sehen: Da schreiben Menschen und nicht irgendwelche Organisationen, die das vorher durch sieben verschiedene Instanzen geprüft haben" (JU, S. 11, Abs. 46). Bei den anderen Jugendorganisationen gibt es wahlweise „kurze, knackige, polemisierende Aussagen" (['solid], S. 7, Abs. 36), „flapsige Antworten" (Jusos, S. 7, Abs. 44) oder einen ironischen Tonfall, „statt sehr akademisch oder mit Schachtelsätzen formuliert" (GJ, S. 14, Abs. 52). Die *Jungen Liberalen* achten bei der Veröffentlichung von Beiträgen und eigenen Kommentaren auf ihrer Seite streng darauf, Rechtschreibfehler zu vermeiden. Allerdings gibt es auch dort gelegentlich ein „bewusstes Abweichen von Sprachkonventionen" (JuLis, S. 10, Abs. 56), um näher am Konversationston der Nutzer zu sein. Es fällt zudem auf, dass die *Junge Union* gerade bei *Twitter* bemüht ist, „die Positionen gezielter in politischer Sprache zu vermitteln" (JU, S. 2, Abs. 6). Im Vergleich dazu darf es auf *Facebook, Instagram* und *Snapchat* „ruhig ein bisschen mehr ‚menscheln' und einfacher gehalten sein" (JU, S. 2, Abs. 6).

Die *nutzerfreundliche Gestaltung* der Social-Media-Kanäle stellt eine Strategie dar, die von den Befragten differenziert interpretiert wird. Die *Junge Union* achtet etwa bei *Facebook* darauf, ihre Inhalte auf die mobilen Endgeräte der Nutzer auszurichten (JU, S. 12, Abs. 48). Des Weiteren kommt es für die Jungparteien darauf an, Videos zu untertiteln, um deren Verständnis in jeder Alltagssituation sicherzustellen (JU, S. 12, Abs. 48; GJ, S. 14, Abs. 52). Bei den *Jusos* und bei der *linksjugend ['solid]* gelten die Sichtbarkeit und die Verknüpfung der verschiedenen Kanäle als integrale Bestandteile einer nutzerfreundlichen Anwendung (Jusos, S. 7, Abs. 48; ['solid], S. 11, Abs. 56). Dies ist auch bei den *Jungen Liberalen* der Fall, sie setzen jedoch wie die *Grüne Jugend* auf einheitliche Logos sowie eine Corporate Identity mit einem Wiedererkennungswert (JuLis, S. 10–11, Abs. 58; GJ, S. 14, Abs. 52).

Vor allem die *Junge Union* und die *Jungen Liberalen* nutzen die sozialen Medien – primär *Facebook* – zur *Kollaboration*. Sie rufen die Nutzer zum Mitmachen auf und versuchen, neue Mitglieder zu gewinnen. Einen entsprechenden Button haben die Jugendorganisationen auf ihren Seiten eingerichtet. Die *Junge Union* stellt weiter klar: „Wir versuchen eigentlich immer, jede Nachricht mit einem ‚Call-to-Action' zu versehen" (JU, S. 12, Abs. 52). Die *Jungen Liberalen* verwenden neben dem ‚Registrieren'-Button beispielsweise den Text neben einem geteilten Bild, um interessierte Nutzer für sich zu gewinnen (JuLis, S. 3, Abs. 14). Von dieser Option macht die *Grüne Jugend* ebenfalls Gebrauch, allerdings findet sich der ‚Mitmachen'-Button hier auf der Website (GJ, S. 14, Abs. 54). Auch bei den *Jusos* ist die Internetseite das primäre Instrument, um neue Mitglieder zu gewinnen (Jusos, S. 7–8, Abs. 50). Die *linksjugend ['solid]* verfügt zwar über einen ‚Aktiv werden'-Button auf *Facebook,* schränkt allerdings ein: „[W]ir machen meistens keine ‚Werde aktiv'-Posts, weil wir lieber versuchen wollen, Inhalte zu transportieren" (S. 11, Abs. 58).

4.3   Evaluation der Aktivitäten in den sozialen Medien

Für die *Junge Union* und die *Jungen Liberalen* stellt die Reichweite ihrer Aktivitäten in den sozialen Medien einen zentralen Indikator zur *Evaluation* der Öffentlichkeitsarbeit dar (JU, S. 13, Abs. 54; JuLis, S. 11, Abs. 62). Die *Junge Union* merkt jedoch an: „Reichweite ist also ein Faktor, aber nicht der wichtigste. Der Engagement-Faktor, also ob die Leute mitmachen oder nicht, ist für uns eigentlich das Entscheidende" (JU, S. 13, Abs. 54). Bei der *Grünen Jugend* erfolgt die Evaluation im Halbjahresrhythmus, wahlweise durch eine Zusammenschau der Statistiken der eigenen Auftritte in den sozialen Medien oder durch eine Resonanzanalyse der geposteten Beiträge und Themen (GJ, S. 14–15, Abs. 56). Letztere Maßnahme dient auch der *linksjugend ['solid]* als Anhaltspunkt (['solid], S. 11, Abs. 60), während die *Jusos* im Zuge der Erfolgsmessung eine Analyse ihrer über die sozialen Medien erreichten Zielgruppe vornehmen (Jusos, S. 8, Abs. 52). Die *Jusos* bestätigen jedoch, dass die Erfolgskontrolle der Social-Media-Maßnahmen „aus Zeitgründen" (Jusos, S. 8, Abs. 52) häufig vernachlässigt wird. Die *Grüne Jugend* evaluiert zwar regelmäßig, aber nicht institutionalisiert (GJ, S. 15, Abs. 56). Und auch bei der *linksjugend ['solid]* gibt es „keine geplante Erfolgskontrolle" (['solid], S. 11, Abs. 60).

5   Diskussion und Fazit

Die Jugendorganisationen der großen deutschen Parteien sind nahezu ausnahmslos in den populären sozialen Medien vertreten. Dies lässt darauf schließen, dass die eminent hohe Bedeutung der sozialen Medien für die externe Kommunikation mittlerweile fest im strategischen Denken des politischen Nachwuchses verankert ist. Dabei identifizieren die Jugendorganisationen vor allem *Facebook* als Dreh- und Angelpunkt für die eigene Öffentlichkeitsarbeit. Der Befund entspricht somit den Ergebnissen, die aus der Forschung zur Social-Media-Kommunikation von Wirtschaftsunternehmen bekannt sind (u. a. Lumma et al. 2015; Wright und Hinson 2015).

Die Ausführungen der Befragten zur Organisation der Social-Media-Arbeit lassen den Schluss zu, dass die Nachwuchsverbände bemüht sind, eine geordnete strategische Planung der Öffentlichkeitsarbeit über die sozialen Medien zu implementieren. Jedoch scheint die oft ehrenamtliche Personalstruktur in den Bundeszentralen ein stellenweise nur schwer zu überwindendes Hindernis darzustellen, wenn es um die Etablierung fester Prozesse geht. Dieser Befund korreliert mit den Erkenntnissen der Parteien-Studie von Kalsnes (2016). Dass sich die

Jugendorganisationen dabei die interaktive Funktionsweise der sozialen Medien zunutze machen, um vor allem Unterstützer zu gewinnen, erscheint nur wenig überraschend. Jugendorganisationen verfolgen schließlich als fester Bestandteil des politischen Systems wie ihre Mutterparteien das Ziel, Menschen und Mehrheiten für die eigenen Positionen zu gewinnen. Somit kann das Ergebnis der Studie von Unger (2012) auch für den politischen Nachwuchs Gültigkeit beanspruchen. Jedoch zeigt die Anwendung unterschiedlicher Strategien, dass sich noch keine einheitliche Herangehensweise etablieren konnte.

Neben der Überzeugungsarbeit steht vor allem die Beziehungspflege zu den Nutzern im Fokus der befragten Organisationen. Hier zeigt sich, dass die Kommunikatoren den zunehmend egalitären Kommunikationsprozessen auf den Plattformen aufgeschlossen gegenüberstehen. Sie begeben sich mit den Nutzern auf eine gemeinsame Ebene und sind bereit, mit ihnen in stetigen Kontakt zu treten. Es ist anzunehmen, dass diese Motivation mitunter politische Gründe hat, sich also aus dem Antrieb speist, offline wie online Nähe zu den Menschen zu demonstrieren und sich mit ihren persönlichen Anliegen zu befassen. So erscheint auch die organisationsübergreifende Bereitschaft, mit den Nutzern in den sozialen Medien in Dialog zu treten, nur logisch: Die umfangreiche Nutzung der Funktionen, die beispielsweise *Facebook* zum Dialog zur Verfügung stellt, ist ein weiteres Indiz dafür, dass die Jungparteien die interaktive Ausrichtung der sozialen Medien akzeptiert und ihre Strategien dementsprechend ausgerichtet haben. So wird es vermieden, die meist einseitige Kommunikationsrichtung der klassischen Öffentlichkeitsarbeit einfach nur auf die sozialen Medien zu übertragen; vielmehr passen sich die Organisationen der Logik der sozialen Medien an.

Dass die Interaktion mit den Nutzern bei den Jugendorganisationen strategisch ausgerichtet ist, zeigt sich auch anhand der Tatsache, dass fast alle Verbände Wert auf eine transparente Kennzeichnung der eigenen Kommentare oder Nachrichten legen (Unger 2012). Darüber hinaus lassen die Ausführungen der Befragten den Schluss zu, dass die von Waters et al. (2009) formulierten Kriterien für eine transparente Eigendarstellung in den sozialen Medien nicht nur bei Non-Profit-Organisationen, sondern auch beim politischen Nachwuchs berücksichtigt werden. Die zunehmende Personalisierung artikuliert sich zudem in dem von den Jungparteien gepflegten Sprachstil. Das Kollaborationspotenzial der sozialen Medien dagegen scheint nur die *Junge Union* vollständig auszuschöpfen. Ansonsten stellt die eigene Website bei den Nachwuchsverbänden nach wie vor ein zentrales Instrument dar, um die Menschen zum Mitmachen zu bewegen.

Die Ergebnisse zur Erfolgskontrolle sind mit den Erkenntnissen der Studie von Zerfaß et al. (2012) vergleichbar. Zwar evaluieren die Jugendorganisationen ihre Maßnahmen durchaus, der Arbeitsschritt scheint jedoch noch kein vollständig institutionalisiertes Element der Öffentlichkeitsarbeit in den sozialen Medien. Daraus lässt sich schlussfolgern, dass der Erfolgsmessung in den sozialen Medien weder in der Wirtschaft noch in der (Nachwuchs-)Politik genügend Aufmerksamkeit gewidmet wird.

Zusammenfassend ist festzuhalten, dass die im Rahmen dieser Studie befragten politischen Jugendorganisationen die Funktionsweisen und Kommunikationsregeln der sozialen Medien zweifellos erkannt und akzeptiert haben. Hierbei sticht die *Junge Union* in vielerlei Hinsicht positiv heraus. Der Jugendverband verfügt über die größten Ressourcen und hat deshalb die Möglichkeit, die sozialen Medien in ihrer vollen Bandbreite professionell und regelmäßig zu bespielen. Gleichzeitig bergen *Facebook, Twitter* und Co. sowohl für die *Junge Union* als auch für ihre Mitbewerber zahlreiche vielversprechende Potenziale (vor allem im Bereich der Evaluation), welche bislang noch nicht oder unzureichend ausgeschöpft werden. Insofern wird es spannend bleiben, zu beobachten, wie sich politische Jugendorganisationen und ihre Mutterparteien auf die dynamischen Veränderungen des Medienwandels in ihrer strategischen Kommunikationsarbeit einstellen.

Für das Forschungsanliegen der vorliegenden Studie erwiesen sich die leitfadengestützten qualitativen Experteninterviews als eine geeignete Erhebungsmethode. Die Gütekriterien der qualitativen Forschung wurden dabei weitgehend berücksichtigt (Mayring 2010, S. 118 ff.). Wenngleich die fünf untersuchten Jugendorganisationen eine gute Ausschöpfungsquote darstellen, erhebt die explorative Ausrichtung der Analyse keinen Anspruch auf Allgemeingültigkeit. Dennoch stellt die Studie eine erste Bestandsaufnahme zum strategischen Einsatz von sozialen Medien durch politische Jugendorganisationen in Deutschland dar. Sie bearbeitet damit eine Forschungslücke in der Politik- und Kommunikationswissenschaft, stellt aber nur einen ersten Aufschlag im Feld der strategischen Kommunikation von politischen Jugendorganisationen dar. Forschungsbedarf besteht weiterhin bei der spezifischen Nutzung der einzelnen Plattformen durch die Nachwuchsparteien. Vor allem die unterschiedlichen Implementierungen kommunikativer Strategien bieten hier zahlreiche Anknüpfungspunkte. So ließen sich beispielsweise durch quantitative Inhaltsanalysen die Befunde dieser Studie objektivieren und stärker zwischen den untersuchten Organisationen vergleichen. Zudem wäre auch bei den deutschen Jugendorganisationen eine Untersuchung der Kampagnen- und Wahlkampfstrategien ein vielversprechendes Forschungsthema. Schließlich sollte auch der Frage nach der Rezeption und Wirkung stärkere Aufmerksamkeit geschenkt werden. Hier ist vor allem die experimentelle Forschung gefordert, sich den Kausalzusammenhängen zu widmen und kommunikative Strategien auch aus der Forschung heraus zu evaluieren.

Literatur- und Quellenverzeichnis

Albert, M., Hurrelmann, Quenzel, G., & TNS Infratest Sozialforschung. (2015). *Jugend 2015. 17. Shell Jugendstudie.* Frankfurt a. M.: Fischer.

Bachl, M. (2011). Erfolgsfaktoren politischer YouTube-Videos. In E. J. Schweitzer & S. Albrecht (Hrsg.), *Das Internet im Wahlkampf. Analysen zur Bundestagswahl 2009* (S. 157–180). Wiesbaden: Springer VS. https://doi.org/10.1007/978-3-531-92853-1_6.

Bentele, G. (1998). Politische Öffentlichkeitsarbeit. In U. Sarcinelli (Hrsg.), *Politikvermittlung und Demokratie in der Mediengesellschaft. Beiträge zur politischen Kommunikationskultur* (S. 124–145). Opladen: Westdeutscher Verlag.

Besson, N. (2008). *Strategische PR-Evaluation. Erfassung, Bewertung und Kontrolle von Öffentlichkeitsarbeit.* Wiesbaden: Springer VS. https://doi.org/10.1007/978-3-531-91076-5.

Bieber, C. (2011). Aktuelle Formen der Politik(v)ermittlung im Internet. *Politische Bildung, 44*(2), 50–66.

Bieber, C., Harth, T., Hebecker, E., Marschall, S., Welzel, C., Westermayer, T., Wieboldt, S., & Zeisberger, O. (2001). *ParteiPolitik 2.0. Der Einfluss des Internets auf parteiinterne Kommunikations- und Organisationsprozesse. Studie für die Friedrich-Ebert-Stiftung.* Bonn: Friedrich-Ebert-Stiftung.

Bilstein, H., Hohlbein, H., & Klose, H.-U. (1972). *Jungsozialisten, Junge Union, Jungdemokraten. Die Nachwuchsorganisationen der Parteien in der Bundesrepublik.* Opladen: Leske.

Boelter, D., & Hütt, H. (2015). Dialogkommunikation und Partizipation: Wandel einer kommunikativen Praxis. In A. Zerfaß & T. Pleil (Hrsg.), *Handbuch Online-PR. Strategische Kommunikation in Internet und Social Web* (S. 467–479). Konstanz: UVK.

Caesar, I. (2012). *Social Web – politische und gesellschaftliche Partizipation im Netz. Beobachtungen und Prognosen.* Berlin: Simon.

Denkler, T. (2010). Jusos positionieren sich weit links von der SPD. http://www.sueddeutsche.de/politik/nachwuchsorganisation-jusos-positionieren-sich-weit-links-von-der-spd-1.182693. Zugegriffen: 26. Juni 2017.

Deutscher Bundestag. (2016). Durchschnittsalter. https://www.bundestag.de/blob/272474/4a216913aff5f5c25c41572257a57e4a/kapitel_03_02_durchschnittsalter-pdf-data.pdf. Zugegriffen: 14. Aug. 2017.

Ebersbach, A., Glaser, M., & Heigl, R. (2016). *Social web.* Konstanz: UVK.

Elter, A. (2013). Interaktion und Dialog? Eine quantitative Inhaltsanalyse der Aktivitäten deutscher Parteien bei Twitter und Facebook während der Landtagswahlkämpfe 2011. *Publizistik, 58*(2), 201–220. https://doi.org/10.1007/s11616-013-0173-1.

Emmer, M., & Bräuer, M. (2010). Online-Kommunikation politischer Akteure. In W. Schweiger & K. Beck (Hrsg.), *Handbuch Online-Kommunikation* (S. 311–337). Wiesbaden: Springer VS.

Gerstenberg, F. (2009). *Unternehmenskommunikation. Die Kunst der Meinungsbildung.* München: Hampp.

Grasser, U. (1973). Die CDU und die Junge Union. In J. Dittberner & R. Ebbighausen (Hrsg.), *Parteiensystem in der Legitimationskrise. Studien und Materialien zur Soziologie der Parteien in der Bundesrepublik Deutschland* (S. 327–348). Opladen: Westdeutscher Verlag.

Gruber, A. (2009). *Der Weg nach ganz oben. Karriereverläufe deutscher Spitzenpolitiker.* Wiesbaden: Springer VS. https://doi.org/10.1007/978-3-531-91802-0.

Gruber, A. (2010). Auf dem Weg zur politischen Führung: Die Junge Union als Kaderschmiede der CSU. In G. Hopp, M. Sebaldt, & B. Zeitler (Hrsg.), *Die CSU: Strukturwandel, Modernisierung und Herausforderungen einer Volkspartei* (S. 479–497). Wiesbaden: Springer VS.

Hanel, K., & Marschall, S. (2012). Die Nutzung kollaborativer Online-Plattformen durch Parteien: „Top down" oder „bottom up"? *Zeitschrift für Politikwissenschaft, 22*(1), 5–34. https://doi.org/10.5771/1430-6387-2012-1-5.

Herkenhoff, A.-L. (2016). Rechter Nachwuchs für die AfD – die Junge Alternative (JA). In A. Häusler (Hrsg.), *Die Alternative für Deutschland Programmatik, Entwicklung und politische Verortung* (S. 201–217). Wiesbaden: Springer VS.

Jarren, O. (1994). Kann man mit Öffentlichkeitsarbeit die Politik „retten"? Überlegungen zum Öffentlichkeits-, Medien- und Politikwandel in der modernen Gesellschaft. *Zeitschrift für Parlamentsfragen, 25*(4), 653–673.

Johann, M., & Oswald, M. (2018). Bürgerdialog 2.0 – Eine empirische Analyse zum Einsatz von Facebook als Kommunikationsmedium deutscher Polizeien. In T.-G. Rüdiger & S. Bayerl (Hrsg.), *Digitale Polizeiarbeit. Herausforderungen und Chancen* (S. 19–38). Wiesbaden: Springer VS. https://doi.org/10.1007/978-3-658-19756-8_2.

Johann, M., Wolf, C., & Tonndorf, K. (2017). *Relationship Building Strategies on Facebook: A Longitudinal Analysis of Leading Companies in Germany. Conference Paper* (S. 1–36). San Diego: International Communication Association.

Jungherr, A. (2013). Die Rolle des Internets in deutschen Wahlkämpfen. *Zeitschrift für Politikberatung, 6*(2), 91–95. https://doi.org/10.5771/1865-4789-2013-2-89.

Kaack, H. (1971). *Geschichte und Struktur des deutschen Parteiensystems.* Opladen: Westdeutscher Verlag.

Kalsnes, B. (2016). The social media paradox explained: Comparing political parties' facebook strategy versus practice. *Social Media + Society, 2*(2), 1–11. https://doi.org/10.1177/2056305116644616.

Kämper, V. (2013). Die Kanzlerin entdeckt #Neuland. http://www.spiegel.de/netzwelt/netzpolitik/kanzlerin-merkel-nennt-bei-obama-besuch-das-internet-neuland-a-906673.html. Zugegriffen: 24. Juni 2017.

Kelleher, T. (2009). Conversational voice, communicated commitment, and public relations outcomes in interactive online communication. *Journal of Communication, 59*(1), 172–188. https://doi.org/10.1111/j.1460-2466.2008.01410.x.

Kent, M. L., & Taylor, M. (1998). Building dialogic relationships through the world wide web. *Public Relations Review, 24*(3), 321–334. https://doi.org/10.1016/s0363-8111(99)80143-x.

Koch, W., & Frees, B. (2017). ARD/ZDF-Onlinestudie 2017: Neun von zehn Deutschen online. *Media Perspektiven, 9,*434–446.

Krabbe, W. (2001). „Rekrutendepot" oder politische Alternative? Funktion und Selbstverständnis der Partei-Jugendverbände. *Geschichte und Gesellschaft, 27*(2), 274–307.

Krabbe, W. (2002). *Parteijugend in Deutschland. Junge Union, Jungsozialisten und Jungdemokraten 1945–1980.* Wiesbaden: Westdeutscher Verlag.

Krass, S. (2014). Zu weit rechts. http://www.sueddeutsche.de/politik/wahlkampf-der-afd-jugend-zu-weit-rechts-1.1922788. Zugegriffen: 24. Juni 2017.

Lilleker, D., Tenscher, J., & Stetka, V. (2015). Towards hypermedia campaigning? Perceptions of new media's importance for campaigning by party strategists in comparative perspective. *Information Communication and Society, 18*(7), 747–765. https://doi.org/1 0.1080/1369118x.2014.993679.

Linke, A. (2015). *Management der Online-Kommunikation von Unternehmen. Steuerungsprozesse, Multi-Loop-Prozesse und Governance.* Wiesbaden: Springer VS. https://doi. org/10.1007/978-3-658-08110-2.

Lumma, N., Rippler, S., & Woischwill, B. (2015). *Berufsziel Social Media. Wie Karrieren im Web 2.0 funktionieren.* Wiesbaden: Springer Gabler. https://doi.org/10.1007/978-3-658-01246-5.

Macnamara, J. (2010). Public relations and the social: How practitioners are using, orabusing, social media. *Asia Pacific Public Relations Journal, 11*(1), 21–39.

Macnamara, J. (2018). *Evaluating public communication: Exploring new models, standards, and best practice.* London: Routledge.

Mayring, P. (2010). *Qualitative Inhaltsanalyse. Grundlagen und Techniken.* Weinheim: Beltz.

McCorkindale, T. (2010). Can you see the writing on my wall? A content analysis of the Fortune 50's Facebook social networking sites. *Public Relations Journal, 4*(3), 1–13. 10.1.1.470.6602.

Men, L. R., & Tsai, W.-H. S. (2014). Perceptual, attitudinal, and behavioral outcomes of organization-public engagement on corporate social networking sites. *Journal Of Public Relations Research, 26*(5), 417–435. 10.1080/1062726x.2014.951047.

Neuberger, C., Stieglitz, S., Wladarsch, J., Landwehr, M. & Brockmann, T. (2013). *Social Media im Bundestagswahlkampf 2013. Studie in Kooperation mit der Konrad-Adenauer-Stiftung und dem Vodafone Institut für Gesellschaft und Kommunikation.* München: Konrad-Adenauer-Stiftung.

Pannen, U. (2010). Social Media: Eine neue Architektur politischer Kommunikation. *Forschungsjournal NSB, 23*(3), 56–63. https://doi.org/10.1515/fjsb-2010-0308.

Pleil, T. (2015). Kommunikation in der digitalen Welt. In A. Zerfaß & T. Pleil (Hrsg.), *Handbuch Online-PR. Strategische Kommunikation in Internet und Social Web* (S. 17–38). Konstanz: UVK.

Pleil, T., & Bastian, M. (2015). Online-Communities im Kommunikationsmanagement. In A. Zerfaß & T. Pleil (Hrsg.), *Handbuch Online-PR. Strategische Kommunikation in Internet und Social Web* (S. 317–332). Konstanz: UVK.

Roßmann, R. (2016). Junge Union fordert „Kurswechsel" von Merkel. http://www. sueddeutsche.de/politik/unmut-ueber-regierung-junge-union-fordert-kurswechsel-1.2919059. Zugegriffen: 25. Juni 2016.

Röttger, U. (2015). Leistungsfähigkeit politischer PR. Eine mikropolitische Analyse der Machtquellen politischer PR auf Bundesebene. In R. Fröhlich & T. Koch (Hrsg.), *Politik – PR – Persuasion. Strukturen, Funktionen und Wirkungen politischer Öffentlichkeitsarbeit* (S. 11–32). Wiesbaden: Springer VS. https://doi.org/10.1007/978-3-658-01683-8_2.

Röttger, U., Preusse, J., & Schmitt, J. (2011). *Grundlagen der Public Relations. Eine kommunikationswissenschaftliche Einführung.* Wiesbaden: Springer VS. https://doi. org/10.1007/978-3-531-93237-8.

Sandhu, S. (2015). Dialog als Mythos: normative Konzeptionen der Online-PR im Spannungsfeld zwischen Technikdeterminismus und strategischem Handlungsfeld. In

O. Hoffjann & T. Pleil (Hrsg.), *Strategische Onlinekommunikation. Theoretische Konzepte und empirische Befunde* (S. 57–74). Wiesbaden: Springer VS. https://doi. org/10.1007/978-3-658-03396-5_4.

Schmidt, J. (2011). *Das neue Netz. Merkmale, Praktiken und Folgen des Web 2.0*. Konstanz: UVK. https://doi.org/10.17192/ep2010.2.400.

Steinke, L. (2015). Einführung. In L. Steinke (Hrsg.), *Die neue Öffentlichkeitsarbeit. Wie gute Kommunikation heute funktioniert: Strategien – Instrumente – Fallbeispiele* (S. 1–29). Wiesbaden: Springer VS. https://doi.org/10.1007/978-3-658-06423-5_1.

Thimm, C., Einspänner, J., & Danh-Anh, M. (2012). Twitter als Wahlkampfmedium. Modellierung und Analyse politischer Social-Media-Nutzung. *Publizistik, 57*(3), 293–313. https://doi.org/10.1007/s11616-012-0156-7.

Unger, S. (2012). *Parteien und Politiker in sozialen Netzwerken. Moderne Wahlkampfkommunikation bei der Bundestagswahl 2009.* Wiesbaden: Springer VS.

Waters, R. D., Burnett, E., Lamm, A., & Lucas, J. (2009). Engaging stakeholders through social networking: How nonprofit organizations are using facebook. *Public Relations Review, 35*(2), 102–106. https://doi.org/10.1016/j.pubrev.2009.01.006.

Wiesendahl, E. (1998). Parteienkommunikation. In O. Jarren, U. Sarcinelli, & U. Saxer (Hrsg.), *Politische Kommunikation in der demokratischen Gesellschaft. Ein Handbuch mit Lexikonteil* (S. 442–449). Opladen: Westdeutscher Verlag.

Witte, B., Rautenberg, K., & Auer, C. (2013). Marketing statt Mitmach-Netz? Web 2.0- Nutzung von Bremer Parteien und Medien. In M. Emmer, M. Seifert, & J. Wolling (Hrsg.), *Politik 2.0? Die Wirkung computervermittelter Kommunikation auf den politischen Prozess* (S. 241–260). Baden-Baden: Nomos. https://doi. org/10.5771/9783845223469-241.

Wright, D. K., & Hinson, M. D. (2015). Examining social and emerging media use in public relations practice: A ten-year longitudinal analysis. *Public Relations Journal, 9*(2), 1–26.

Zerfaß, A. (2010). Unternehmenskommunikation revisited. In A. Zerfaß (Hrsg.), *Unternehmensführung und Öffentlichkeitsarbeit. Grundlegung einer Theorie der Unternehmenskommunikation und Public Relations* (S. 389–425). Wiesbaden: Springer VS. https:// doi.org/10.1007/978-3-531-90046-9_9.

Zerfaß. A. (2014). Unternehmenskommunikation und Kommunikationsmanagement. Strategie, Management und Controlling. In A. Zerfaß & M. Piwinger (Hrsg.), *Handbuch Unternehmenskommunikation. Strategie – Management – Wertschöpfung* (S. 21–79). Wiesbaden: Springer Gabler. https://doi.org/10.1007/978-3-8349-4543-3_2.

Zerfaß, A., & Pleil, T. (2015). Strategische Kommunikation in Internet und Social Web. In A. Zerfaß & T. Pleil (Hrsg.), *Handbuch Online-PR. Strategische Kommunikation in Internet und Social Web.* (S. 39–83). Konstanz: UVK.

Zerfaß, A., Fink, S., & Linke, A. (2012). *Social Media Delphi 2012. Wissenschaftliche Studie zu Zukunftstrends der Social-Media-Kommunikation.* Leipzig: Universität Leipzig/ FFPR.

Zerfaß, A., Moreno, Á., Tench, R., Verčič, D., & Verhoeven, P. (2017). *European communication monitor 2017. How strategic communication deals with the challenges of visualisation, social bots and hypermodernity. Results of a survey in 50 Countries.* Brussels: EACD/EUPRERA & Quadriga Media Berlin.

Diskursstrategien in Online-Teilöffentlichkeiten am Beispiel der Jungen Alternative für Deutschland

Lea Raabe

Zusammenfassung

Am Beispiel der *Jungen Alternative für Deutschland (JA)* wird die strategische politische Kommunikation von Online-Teilöffentlichkeiten untersucht. Hierbei werden die offiziellen Online-Nachrichten der *JA* mithilfe der Diskursanalyse von Ernesto (Laclau und Chantal Mouffe, Hegemony and socialist strategy, Norfolk, Verso, 1985) untersucht. Ziel ist es, eine eventuelle diskursive Abschirmung von Online-Teilöffentlichkeiten zu dechiffrieren. Dabei soll überprüft werden, inwiefern die *JA* versucht, sich von einer durch sie suggerierten Meinungssteuerung des politischen *Mainstream* abzugrenzen. Diese These ergibt sich durch die politische Kommunikation – geprägt von Tabubrüchen und Entgleisungen – der Alternative für Deutschland und der *JA,* welche eine Analyse ihrer strategischen politischen Kommunikation relevant werden lässt. Gerade in Zeiten, in denen die Jugendorganisationen immer wichtiger für die Mutterparteien werden, steigt auch die Relevanz für entsprechende Analysen.

Schlüsselwörter

Die Junge Alternative für Deutschland · Teilöffentlichkeit · Diskursanalyse
Online-Kommunikation · Strategische Politische Kommunikation · Digitalisierung
Delegitimation

L. Raabe (✉)
Universität Passau, Passau, Deutschland
E-Mail: lea.raabe@uni-passau.de

© Springer Fachmedien Wiesbaden GmbH, ein Teil von Springer Nature 2018   165
M. Oswald und M. Johann (Hrsg.), *Strategische Politische Kommunikation im
digitalen Wandel,* https://doi.org/10.1007/978-3-658-20860-8_8

1 Einleitung

In den letzten Jahren häufen sich die Publikationen zur ‚Alternative für Deutschland' (AfD) und ihrem überraschenden Erfolg (siehe exemplarisch Bender 2017; Crome 2015; Friedrich 2015, 2017; Häusler 2016; Werner 2015). Dabei bleibt deren Nachwuchsorganisation – die *Junge Alternative für Deutschland (JA)* – in der Forschung weitestgehend unberührt.[1] Diese Vernachlässigung überrascht, da der *JA* mindestens ebenso häufig wie ihrer Mutterpartei eine Nähe zum rechten Rand unterstellt wird. So betitelt beispielsweise Felix Krebs die *JA* Hamburg als „rückwärtsgewandt und stramm rechts" (o.J., S. 18) oder Anna-Lena Herkenhoff (2016) die *JA* als „rechte[n] Nachwuchs für die AfD" (S. 201). Herkenhoff (2016) untermauert dies mit der Behauptung, dass „die Positionen der *JA* im Grunde denen des rechtskonservativen Flügels um Personalien wie Alexander Gauland, Frauke Petry und vor allem Björn Höcke" (S. 201) entsprächen.[2] Eine Vernachlässigung der *JA* in der Literatur überrascht weiterhin, da angenommen werden kann, dass Jugendorganisationen einen nicht unerheblichen Einfluss auf ihre Mutterparteien haben. Eine Untersuchung zu deutschen Spitzenpolitikerinnen und Spitzenpolitikern zeigt beispielsweise, dass 56.7 % der Politikerinnen und Politiker bereits Mitglied in der entsprechenden Jugendorganisation waren (Gruber 2009, S. 224) und Parteien gerade in Zeiten, in denen parteipolitische Partizipation immer seltener wird, stärker auf Jungendorganisationen als „Rekrutierungspool" (Grunden 2006, S. 139) zurückgreifen.

Mit dem Einzug der AfD in den Bundestag kommt erneut die Frage auf, wie mit dieser Partei, ihren Positionen und besonders ihrer politischen Kommunikation – geprägt von Tabubrüchen und Entgleisungen – umzugehen ist. Wenn Alexander Gauland die Bundeskanzlerin Angela Merkel „jagen"[3] möchte oder der Vorsitzende der *JA,* Markus Frohnmaier, in einer Rede in Erfurt von „linken Gesinnungsterroristen"[4] spricht, wird ein genauer Blick auf die strategische politische Kommunikation dieser Partei und ihrer Jugendorganisation relevant – schließlich wird schon an diesen Beispielen eine deutliche Abgrenzung gegenüber der konventionellen politischen Kommunikation offenkundig. Im vorliegenden

---

[1]Dies gilt für politische Jugendorganisationen im Generellen (vgl. dazu den Beitrag von Michael Johann, Thomas Knieper und Moritz Hauck in diesem Sammelband).

[2]Frauke Petry ist inzwischen aus der AfD ausgetreten.

[3]Dies sagte Alexander Gauland kurz nach der Bekanntgabe der ersten Prognosen zur Bundestagswahl 2017, die zeigten, dass die AfD voraussichtlich drittstärkste Kraft im Bundestag werden wird.

[4]Hier wird Markus Frohnmaier bei einer AfD-Kundgebung am 28.10.2015 in Erfurt zitiert.

Beitrag untersucht die Autorin die homepagebasierte Kommunikation der *JA* und stellt auf die folgende arbeitsleitende These ab: Die Diskurse der *JA* sind diskursiv abgeschirmt und versuchen sich von der durch sie suggerierten Meinungssteuerung des politischen *Mainstreams*[5] abzugrenzen. Das Erkenntnisinteresse ist entsprechend, am Beispiel der JA eine eventuelle diskursive Abschirmung von Online-Teilöffentlichkeiten zu dechiffrieren.

2   Die Rolle der Digitalisierung

Durch die Digitalisierung haben sich für politische Akteurinnen und Akteure viele neue Möglichkeiten ergeben, ihre Botschaften zu verbreiten. Davon profitieren besonders kleinere Parteien, Organisationen oder Protestbewegungen[6], welche im Internet eine Chance witterten, auf sich und ihre Themen aufmerksam zu machen. Nunmehr konnten sie ihre spezifische Klientel direkt erreichen, ohne allein von Gatekeepern wie Journalistinnen und Journalisten abhängig zu sein, die ihre Botschaften auswählen, aufbereiten und somit eventuell verändern könnten – dies gilt insbesondere für Parteien und das Verhältnis zu ihren Wählerinnen und Wählern (Schulz 2011, S. 228). Gerade für ressourcenarme Akteurinnen und Akteure bietet das Web günstige Möglichkeiten, am öffentlichen Diskurs teilzunehmen und diesen besonders durch Protestmobilisierung mitzubestimmen (Baringhorst und Kneip 2010, S. 242).

Die AfD nutzt diese Möglichkeiten der Digitalisierung extensiv. Und dies scheint Früchte getragen zu haben: Sie konnte bereits beträchtliche Wahlerfolge erzielen, dies zeigt sich insbesondere in den Ergebnissen der Bundestagswahl, bei der die AfD insgesamt 12.6 % der Wählerstimmen auf sich vereinen konnte. In Sachsen wurde die Partei mit 27 % sogar stärkste Kraft. Insgesamt erreichte sie in den neuen Bundesländern Wahlerfolge von 21.9 % (Der Bundeswahlleiter 2017, S. 9, 177, 326). Die Vermutung, dass dieser Erfolg zu einem Teil auf die geschickte Online-Kommunikation der Partei zurückzuführen ist, beruht auf der ARD/ZDF-Onlinestudie (2017), aus der hervorgeht, dass mittlerweile 90 % der deutschsprachigen Bevölkerung über 14 Jahre online sind, wobei eine drei viertel Stunde des Internetkonsums pro Tag für die Mediennutzung verwendet wird.

---

[5]Hier wird die Rhetorik der AfD und der *JA* aufgenommen, die vielfach vom politischen *Mainstream* spricht, der die Meinungsäußerung in Deutschland steuern würde.

[6]Da sich im vorliegenden Artikel auf die *JA* konzentriert werden soll, wird im Folgenden nur noch über Parteien gesprochen, auch wenn natürlich viele der Annahmen ebenfalls für andere Gruppierungen wie bspw. Protestbewegungen, Non-Profit-Organisationen etc. gelten.

In der Altersgruppe der 14- bis 29-Jährigen macht die Mediennutzung sogar den Hauptteil ihrer Internetnutzung aus (S. 2 f.). Wichtig wird eine strategische Online-Kommunikation für Parteien, wenn man die speziellen Funktionslogiken des Internets betrachtet. Durch die Masse an möglichen Informationsquellen im Internet müssen die einzelnen Nutzerinnen und Nutzer das Angebot selektieren. Dieser „erhöhte[n] Selektionsdruck" (Busch 2017, S. 55) führt dazu, dass insbesondere die Informationen Rezipientinnen und Rezipienten erreichen, die die größte Sensation versprechen, die meiste Aufmerksamkeit generieren (Busch 2017, S. 55). Zudem entscheiden die Nutzerinnen und Nutzer oft nicht mehr selbst, welches Medium sie zu einem bestimmten Thema lesen möchten, sondern bekommen durch auf ihr Suchverhalten perfekt abgestimmte Algorithmen Angebote vorgeschlagen, denen sie zugeneigt sind und die damit ihre bereits bestehende Weltsicht weiter verstärken. So gebe es inzwischen bereits mehrere Websites und Newsfeeds, die speziell zu bestimmten Themen aus einer bestimmten Perspektive Informationen bündeln und diese an ihre Leserinnen und Leser weitergeben (Busch 2017, S. 55). Für die politische Meinungsbildung bedeutet dies eine steigende Polarisierung. Yphtach Lelkes et al. (2017) schlussfolgern: „[...] this increase in exposure to partisan programming in particular, and public affairs programming more generally, explains the relationship between access to broadband Internet and affective polarization" (S. 16).

Zudem scheint auch das Umgehen der Gatekeeper für die AfD von besonderer Bedeutung, da rund 46.6 % der Politikjournalistinnen und Politikjournalisten eher dem linken Spektrum zugerechnet werden (Lünenborg und Berghofer 2010, S. 13).[7] Damit dürften die Funktionärinnen und Funktionäre der AfD eine eher kritische Berichterstattung erwarten.[8] Der Erfolg ihrer Online-Kommunikation

---

[7]In dieser Studie wurde die Parteineigung von Politikjournalistinnen und Politikjournalisten untersucht, welche sich wie folgt auf die im Jahr 2010 bestehenden Parteien aufteilte: 36.1 % keine Partei, 26.9 % Bündnis 90/Die Grünen, 15.5 % SPD, 9.0 % CDU/CSU, 7.4 % FDP, 4.2 % Die Linke, 0.9 % Sonstige (Lünenborg und Berghofer 2010, S. 13).

[8]Allerdings kann auch dies lohnenswert für die AfD sein. So schreibt sie in einem internen Strategiepapier (AfD 2016) selbst, dass sie „gut von ihrem Ruf als Tabubrecherin und Protestpartei" (S. 10) lebe. Dabei sollen besonders die Altparteien angegriffen werden, denn „je mehr sie versuchen, die AfD wegen provokanter Worte oder Aktionen zu stigmatisieren, desto positiver ist das für das Profil der AfD" (S. 11). Hinzu kommt, dass die AfD durch ihre Tabubrüche auch in den Medien stets Aufmerksamkeit gewinnt und über sie berichtet wird. So habe die AfD „umfangreiche Möglichkeiten zur personellen Selbstdarstellung und inhaltlichen Werbung" (S. 9 f.), bemerkt Samuel Salzborn (2017), der insbesondere die häufigen Auftritte der AfD-Mitglieder in Talkshows kritisiert und behauptet, dass sie nur durch ihre ständige Präsenz so gute Ergebnisse bei den einzelnen Wahlen erzielen konnten.

zeigt sich unter anderem in ihren Likes auf *Facebook*. So kann die AfD insgesamt 383.066 Likes und 392.935 Abonnenten auf ihrer *Facebook*-Seite verbuchen. Im Vergleich dazu liegen die beiden großen Parteien SPD (182.915 Likes und 195.472 Abonnenten) und CDU (171.642 Likes und 195.725 Abonnenten) weit zurück. Auch die *JA* hat bereits 19.831 Likes[9] auf *Facebook,* sodass ein genauerer Blick auf die strategische politische Online-Kommunikation dieser Jugendorganisation lohnenswert scheint.

3 Methodik

Um der These nachzugehen, sollen Aspekte der strategischen Online-Kommunikation der *JA* in methodischer Orientierung an Ernesto Laclau und Chantal Mouffe (1985) diskursanalytisch untersucht werden. Zudem wird ein Theorie-Ansatz von George Lakoff und Elisabeth Wehling (2009) genutzt, um die Wirkmacht politischen Sprachgebrauchs mit einbeziehen zu können.

Das Untersuchungsmaterial zur Überprüfung der hier aufgestellten These speist sich aus Beiträgen, die unter der Rubrik Nachrichten[10] auf der Homepage der *JA* veröffentlicht wurden.[11] Pressemitteilungen sind Teil der strategischen Kommunikation einer Organisation und sollen der breiten Öffentlichkeit gezielt Informationen zukommen lassen und ein bestimmtes Bild der Organisation vermitteln (Bischl 2015, S. 3). Insofern eignen sich die Mitteilungen der *JA*, um einen Einblick in ihre strategische Kommunikation zu erhalten. Das Datenmaterial wurde auf die Mitteilungen begrenzt, die die *JA* seit der offiziellen Anerkennung durch die AfD als Jugendorganisation auf ihrer Internetseite veröffentlichte.[12] Insgesamt wurden so 30 Mitteilungen in der Analyse berücksichtigt.

---

[9]Diese Zahlen spiegeln den Stand der *Facebook*-Likes vom 16. November 2017 wider.

[10]So benennt die *JA* die Rubrik auf ihrer Homepage, unter der sie Pressemitteilungen, Stellungnahmen etc. veröffentlicht.

[11]In die Untersuchung werden alle veröffentlichten Nachrichten bis einschließlich 30. September 2017 mit einbezogen. Insgesamt hat die *JA* bis zu diesem Datum 30 Mitteilungen veröffentlicht. Etwaige redaktionelle Änderungen an den Mitteilungen, die nach diesem Datum vorgenommen wurden, werden nicht berücksichtigt.

[12]Die AfD erkennt die *JA* erstmals bundesweit auf ihrem Bundesparteitag am 28. November 2015 an. Zuvor war die *JA* allerdings schon in den meisten Landesverbänden anerkannt.

4   Theoretische Grundlagen

Die Hegemonie- und Diskurstheorie nach Lauclau und Mouffe (1985) gibt ein Analysewerkzeug an die Hand, durch dessen Anwendung das konstitutiv-produktive Moment eines Diskurses sowie seine innere Logik fassbar werden.[13] Einen Diskurs definieren Laclau und Mouffe (1985) als „structured totality resulting from the articulatory practice" (S. 105) und „as attempt to [...] arrest the flow of differences" (S. 112). Die Konstitution von Gesellschaften funktioniere durch diese Diskurse und ihre Wahrnehmung als „quasi-natürliche soziale Wirklichkeit" (Glasze und Mattissek 2009, S. 157). Gesellschaft sei also als Ergebnis sozialer Praktiken in Form von diskursiven Fixierungen zu betrachten (Laclau und Mouffe 1985, S. 113; Demirovic 2007, S. 63). Die konstruierten Wirklichkeitskategorien seien damit nicht als gegeben anzusehen, sondern vielmehr als sedimentierte Diskurse, die temporär fixiert würden, jedoch immer auch neuen Konfrontationen ausgesetzt seien (Glasze und Mattissek 2009, S. 157 f.). Dieser stete Wandel partieller und temporärer Fixierungen führe zu Auseinandersetzungen innerhalb einer Gesellschaft und zur These, diese sei deshalb nicht auf eine fixe Basis zu reduzieren (Glasze und Mattissek 2009, S. 157 f.). Diesbezüglich bestehe eine Überdeterminierung durch einen breiten Pool diskursiver Elemente (Glasze und Mattissek 2009, S. 157 f.; Laclau und Mouffe 1985, S. 111). Ein Diskurs werde hegemonial, sobald er zeitweise „zu einem dominanten Horizont sozialer Orientierung" (Glasze und Mattissek 2009, S. 160) expandiere und soziale Realitäten materialisiere. Die dauerhafte Konservierung einer diskursiv konstituierten Wirklichkeitskategorie scheint jedoch theoretisch unmöglich (Laclau und Mouffe 1985, S. 112).

Nach Laclau und Mouffe biete ein bestehender Diskurs seinen Mitgliedern nur ein begrenztes Repertoire an Möglichkeiten, Ereignisse zu verarbeiten. Ein Einfluss oder Impuls jenseits dieser Verarbeitungsmöglichkeiten führe zu Erschütterungen des bestehenden Diskurses und folglich zu Neuaushandlungen (Glasze und Mattissek 2009, S. 161). Eine solche Erschütterung werde als Dislokation betitelt. In der Konfrontation mit einem dislokativen Ereignis seien Verfügbarkeit und Glaubwürdigkeit *(Availability, Credibility)* des betroffenen

---

[13]Der Beitrag orientiert sich an der Interpretation und Anwendung der Theorie nach Laclau und Mouffe (1985), die 2009 von Glasze und Mattissek vorgenommen wurde. Vor allem die deutsche Übersetzung der diskurstheoretischen Termini ist an Glasze und Mattissek (2009) angelehnt. Einzelne operative Begriffe, wie z. B. sedimentierter Diskurs oder Dislokation werden nicht nochmals speziell als Wortzitate angeführt.

Diskurses und seiner Handlungsoptionen entscheidend für sein Fortbestehen (Glasze und Mattissek 2009, S. 161). Mögliche Folgen einer solchen Dislokation sind konkurrierende Interpretationen einer sozialen Wirklichkeit (Glasze und Mattissek 2009, S. 161), wobei der Fokus auf der Frage liegt, welche konkreten Konflikte tatsächliche Antagonismen zur Folge haben. Ähnliche Funktionalitäten und diskursive Wirkungszusammenhänge können auch im Bereich Politischer Kommunikationsdiskurse beobachtet werden. So kann auch die Berichterstattung und diskursive Verknüpfung der *JA* innerhalb des entsprechenden politischen Spektrums Weltanschauung sedimentieren und fixieren.

Als Knotenpunkte einer bestimmten Weltanschauung fungieren privilegierte Signifikanten, welche Äquivalenzketten bilden, mithilfe derer subjektive Positionen temporär fixiert werden können (Glasze und Mattissek 2009, S. 163). So kann beispielsweise dem Knotenpunkt Politikerinnen und Politiker die Äquivalenzkette *Interessen – Entscheidungsträgerinnen und Entscheidungsträger – Macht* zugeordnet werden. Gemeinsame subjektive Positionierungen entlang konstruierter Äquivalenzketten fungieren immer auch als distinktive Grenzziehung nach außen. Dieses Phänomen wird als die Konstruktion eines *Constitutive Outside* betitelt, über welches gleichzeitig eine Selbstinszenierung stattfindet (Glasze und Mattissek 2009, S. 164).

Darüber hinaus arbeiten Lakoff und Wehling (2009) heraus, dass die ständige Wiederholung einer Metapher[14] im menschlichen Gehirn zu einer Veränderung führt: „Und je häufiger man eine Metapher in der Sprache wiederholt, desto stärker werden die entsprechenden Synapsen im Gehirn der Zuhörer" (S. 30). Diese Veränderung hat schließlich zur Folge, dass die jeweilige Metapher bei der Rezipientin und dem Rezipient zum „Common Sense, also zum allgemeinen Verständnis der Situation" (S. 31) wird. Lakoff und Wehling (2009) gehen so weit zu behaupten, dass die in der politischen Kommunikation häufig benutzten Metaphern bestimmen, was wir denken: „Metaphern schaffen politische Realitäten in den Köpfen der Hörer" (S. 31).

Fragen, die im Verlauf des Artikels geprüft werden sollen, sind demnach: Welche sind die hegemonialen Diskurse der *JA* und wie sind diese ausgestaltet? Inwiefern werden die Diskurse der *JA* durch Konfrontation mit Gegenpositionen erschüttert und wie wird in den Diskursen damit umgegangen? Werden in den Diskursen der *JA* trotz Antagonismen *Availability* und *Credibility* aufrechterhalten? Kommt es in der Folge zu neuen hegemonialen Diskursen oder entziehen sich die Diskurse dieser Logik? Sind die Diskurse der *JA* diskursiv abgeschirmt

---

[14]Vgl. hierzu den Metapherbegriff von Lakoff (2000).

und nehmen somit keine äußeren Einflüsse mehr auf, wodurch sie dauerhaft sedimentiert wären, sich somit aber der diskursiven Logik Laclaus und Mouffes entziehen würden?

5   Die hegemonialen Diskurse der JA

Die AfD fällt in den Medien immer wieder durch ihre Anti-Establishment-Haltung sowie ihre Meinung zu Migration und nationaler Identität auf. Die Anti-Establishment-Haltung zeige sich bereits im Namen „Alternative" (S. 1), so Frank Decker (2015). Obwohl die AfD auch andere Themen in ihrem Programm hat, erscheinen diese Punkte in ihrer Kommunikation geradezu ubiquitär, sodass bei der Analyse der strategischen Kommunikation der *JA* ein Fokus auf diese beiden Themenkomplexe sinnvoll scheint. Entsprechend ließen sich auch bei der Datenerhebung insgesamt 24[15] von den 30 veröffentlichten Mitteilungen im untersuchten Zeitraum entsprechend klassifizieren; damit liegt ein eindeutiger inhaltlicher Fokus seitens der Kommunikatorinnen und Kommunikatoren vor. Für die Analyse werden die Signifikanten *Flüchtling, Asylbewerber, Migrant, Muslim* zum Themenkomplex *Migration* zusammengefasst.[16] Die Signifikanten *Establishment,* die einzelnen Parteinamen oder auch die Namen einzelner Politikerinnen und Politiker und Ausdrücke wie „Brüsseler Eurokraten" (Nachricht 22.03.2016) werden zum Themenkomplex *Etablierte Parteien* zusammengefasst. Der Diskurs über den Themenkomplex *Etablierte Parteien* findet sich in 21 und der Diskurs über den Themenkomplex *Migration* in zehn der veröffentlichten Mitteilungen. Eine Dopplung ergibt sich hier, da in einigen Mitteilungen beide Themenkomplexe angesprochen werden. Die beiden Themenkomplexe *Migration* und *Etablierte Parteien* sollen nun zunächst in den Ordnungsprinzipien des Diskurses nach Laclau und Mouffe (1985) verortet werden. Die Quantität der Verwendung dieser

---

[15]Die nicht mit in die Untersuchung einbezogenen Mitteilungen handeln von einem Ausschlussverfahren gegen eines der eigenen Mitglieder (01.06.2017), Treffen und Kooperationen mit Jugendorganisationen anderer Länder (25.10.2016, 18.02.2016), einem Auftrittsverbot der Metal-Band Narrator (11.10.2016), dem Club of Rome (14.09.2016) und einer Einladung zu einem Friedensgipfel veranstaltet von der *JA* für die Mutterpartei (20.06.2016).

[16]Die Autorin ist sich der Unterschiede dieser Begriffe durchaus bewusst. Eine Zusammenfassung dieser Begriffe unter einen Themenkomplex ist bei der Analyse aber möglich, denn eine diskursive Gleichsetzung im Diskurs der *JA* scheint gegeben, da zu diesen Begriffen jeweils die gleiche Äquivalenzkette konstruiert wird.

Begriffe lässt bereits vor der Analyse vermuten, dass es sich hierbei um privilegierte Signifikanten innerhalb der Diskurse der *JA* handelt. Inwiefern dies ausgestaltet ist, wird im Folgenden untersucht.

5.1   Äquivalenzkette im Themenkomplex Migration

Im Diskurs um den Themenkomplex *Migration* fordert die *JA*[17] eine „Ausgangssperre für gefährliche Flüchtlingsgruppen" (Nachricht 02.01.2017), da es durch sie in der Silvesternacht in Köln zu „massiven, sexuellen Übergriffen" gekommen sei (Nachricht 02.01.2017). Asylrecht heiße nicht „Recht auf Domplattegrabschen und Silvester" (Nachricht 02.01.2017). Die Täter an Silvester in Köln seien „frisch eingereiste Asylbewerber [gewesen], die unsere Frauen und Mädchen massenhaft misshandelt haben, und eben nicht nur ‚Arschlöcher'" (Nachricht 07.01.2016). Diese exemplarischen[18] Zitate stehen paradigmatisch für die semantischen Verbindungen, die die AfD zwischen dem Themenkomplex *Migration* und dem Äquivalent *Sicherheitsrisiko* knüpft. Es wird somit in diesem Themenkomplex ein Bedrohungsszenario konstruiert.

Eine weitere Gefahr, die die *JA* durch ihre semantischen Verknüpfungen um den Themenkomplex *Migration* zeichnet, ist die des *Terrorismus*. Um aufzuzeigen, wie dieser Themenkomplex mit dem *Terrorismus* gleichgesetzt wird, folgen wieder exemplarische Beispiele: Die deutsche Bevölkerung sei das „Freiwild islamistisch motivierter Flüchtlinge und Migranten" (Nachricht 25.07.2016) und die Bewohner Deutschlands durch die Asylpolitik „einem Sicherheitsrisiko ausgesetzt" (Nachricht 25.07.2016). Um dieses zu mindern und die Ausbreitung terroristischer Strukturen in Europa zu verhindern, fordert die *JA* „ein Verbot islamischer Migration nach Europa" (Nachricht 22.03.2016). „Nach Europa

---

[17]Bei den offiziellen Mitteilungen auf der Homepage der *JA* werden teilweise allgemeine Statements und teilweise individuelle Zitate einzelner Mitglieder der *JA* aufgenommen und zu einer Mitteilung verarbeitet. Da die individuellen Zitate aber auch in den offiziellen Mitteilungen erscheinen und die Autorin davon ausgeht, dass die Individuen mit ihren Aussagen für die gesamte Jugendorganisation sprechen, werden diese im folgenden Artikel nicht besonders gekennzeichnet, sondern es wird immer zusammenfassend von den Diskursen der *JA* die Rede sein.

[18]Auf eine Aufzählung aller Zitate zu den beiden Themenkomplexen wird aus Gründen der besseren Lesbarkeit verzichtet. Stattdessen werden nur exemplarisch einige Zitate aufgeführt, die die Konstruktion der einzelnen Signifikanten in den Äquivalenzketten darstellen.

kommende Muslime", seien „spätestens jetzt ein potentielles Sicherheitsrisiko", es dürfe „deshalb keinen einzigen ausländischen Muslim geben, der nach Europa kommt" (Nachricht 22.03.2016). Dass die *JA* eine enge Verbindung zwischen Islam und *Terrorismus* zieht, zeigt sich, wenn sie verlangt: „Die zunehmende Islamisierung und Terrorisierung des Abendlandes muss beendet werden" (Nachricht 22.03.2016) oder hervorhebt, „[d]er Islam ist die Wurzel des Terrorismus in Europa" (Nachricht 22.03.2016).

Eine andere Verknüpfung, welche die *JA* mit dem Themenkomplex *Migration* vollzieht, ist jene der *hohen Kosten*. Die *JA* wünscht sich einen „Ausschluss von Asylbewerbern aus der Gesetzlichen Krankenkasse" (Nachricht 17.08.2016), denn diese würden bereits nach 15 Monaten den gleichen Schutz wie andere gesetzlich Versicherte erhalten, „ohne auch nur einen Cent Beitrag bezahlt zu haben" (Nachricht 17.08.2016). Es könne nicht sein, „dass man nach ein paar Monaten Aufenthalt in Deutschland das volle Rundumpaket der gesetzlichen Krankenversicherungen genießt, während die Beitragszahler immer mehr belastet werden und immer schlechtere Leistungen beziehen" (Nachricht 17.08.2016). Bis dato würden die Beitragszahler dem Asylbewerber „Zahnkronen und Massagen" (Nachricht 17.08.2016) bezahlen. Über diese Begriffe wird die Äquivalenzkette im Themenkomplex *Migration – Sicherheitsrisiko – Kosten* gebildet. Über die Signifikanten „Zahnkronen und Massagen" setzt die *JA* bewusst plakative Beispiele ein, um den Themenkomplex *Migration* mit einem vermeintlich *hohen Kostenfaktor* zu verbinden. Zudem suggeriert sie eine Bevorteilung der Flüchtlinge, denn „Zahnkronen und Massagen" sind keine Standardleistungen vieler Krankenkassen – Beitragszahler müssen besonders um diese Leistungen kämpfen. Durch solche Aussagen wird das Äquivalent *Kosten* semantisch mit dem Themenkomplex *Migration* in Verbindung gebracht. Anhand der Auswertung der semantischen Verknüpfungen zum Themenkomplex *Migration* (und damit dem entsprechenden Knotenpunkt) lässt sich demnach folgende dominante Äquivalenzkette bilden: *Sicherheitsrisiko – Terrorismus – Kosten*.

Die stetige Wiederholung der hier aufgeführten Äquivalente zum Themenkomplex *Migration* in den Mitteilungen der *JA* erhält zudem noch auf einer individuellen Ebene Bedeutung, welche die Leserinnen und Leser direkt betrifft. Bezieht man die theoretischen Überlegungen von Lakoff und Wehling (2009) mit ein, zeigt sich die geschickte strategische politische Kommunikation der *JA*. Durch die stetige Wiederholung der jeweiligen Äquivalente setzen sich diese in Verbindung mit dem jeweiligen Themenkomplex in den Köpfen der Rezipientinnen und Rezipienten fest und bestimmen fortan ihren Deutungsrahmen.

5.2 Der hegemoniale Diskurs im Themenkomplex Migration

Über die zuvor hergeleitete Äquivalenzkette kreiert die *JA* ihren hegemonialen Diskurs zum Themenkomplex *Migration*. Flüchtlinge seien gefährlich und sorgen in der deutschen Gesellschaft für Unsicherheit, sodass man ihnen den Ausgang verweigern müsse, um die deutsche Bevölkerung zu schützen. Gleichzeitig wirft die *JA* Flüchtlingen aus dem Nahen Osten vor, dass sie in Deutschland Asyl suchen. Es wäre ihren Heimatländern mehr geholfen, wenn sie nicht fliehen würden: „Das Krebsgeschwür IS wird nicht besiegt, wenn die wehrfähigen Syrer und Iraker in deutschen Turnhallen übernachten. Es wird nur besiegt werden, wenn sie zuhause eine Waffe in die Hand nehmen und für Freiheit und Heimat kämpfen!" (Nachricht 14.01.2016). Hier wird im Themenkomplex *Migration* der Vorwurf der Konfliktvermeidung erhoben und durch polemische Signifikanten verstärkt. Zugespitzt konstruiert die *JA* hier einen Diskurs um den Themenkomplex *Migration,* in dem von bevorteilten, teuren und zudem noch gefährlichen Gruppen für die deutsche Bevölkerung die Rede ist. Gefahr bestehe für die deutsche Gesellschaft nicht nur auf finanzieller Ebene, sondern, wie bereits angesprochen, auch durch „unzählige sexuelle Übergriffe und Raubdelikte" (Nachricht 25.07.2016).

Der Diskurs um den Themenkomplex *Migration* erreicht im durch Online-Nachrichten strategisch induzierten Wirklichkeitsszenario der *JA* eine hegemoniale Ordnung. Das diskursiv konstruierte Bild im Themenkomplex *Migration* zeigt sich zudem als *Constitutive Outside* – ein Phänomen, das nach der Logik von Laclau und Mouffe (1985) als etwas gilt, dass „die eigene Identität gefährdet und folglich aus ihr ausgeschlossen werden muss" (Glasze und Mattissek 2009, S. 164).

Die *JA* betont in ihrer Nachricht aber auch: „Nicht jeder Muslim ist ein Terrorist, und jeder gut assimilierte, säkulare Muslim hat auch weiterhin einen gleichberechtigten Platz in unserem Land" (Nachricht 22.03.2016). Die Differenzierung, dass nicht jeder Muslim ein Terrorist sei, bleibt jedoch sehr oberflächlich und wird gleich durch Begriffe wie Säkularisierung und Assimilierung eingeschränkt. Zudem scheint die Verknüpfung des Adjektivs säkular mit *Muslim* in einem Land mit grundgesetzlich geschützter Religionsfreiheit widersprüchlich. Gleichzeitig stellt sich die *JA* jedoch in ihrer Argumentation immer wieder als Verteidigerin des Grundgesetzes und der bürgerlichen Freiheiten dar (Nachrichten 28.06.2017, 30.03.2017, 18.04.2016). Diese, im quantitativen Vergleich untergehende, Differenzierung ändert nichts an der im Zusammenhang mit dem Themenkomplex *Migration* gebildeten Äquivalenzkette *Sicherheitsrisiko – Terrorismus – Kosten.* Der hegemoniale Diskurs, der hier um den Themenkomplex *Migration* erweitert wird, ist demnach eindeutig negativ konnotiert und dient zur Abgrenzung.

5.3   Äquivalenzkette im Themenkomplex Etablierte Parteien

Die Abgrenzung, die die *JA* zur Politik der bis zur Bundestagswahlen 2017 im Parlament vertretenen Parteien vornehmen möchte, wird besonders im Diskurs um den Themenkomplex *Etablierte Parteien* deutlich. Die „Altparteien" seien durch ihre „gescheiterte Asylpolitik" ein „Sicherheitsrisiko für das deutsche Volk" (Nachricht 25.07.2016). Zudem wird den etablierten Parteien, hier speziell den Grünen, vorgeworfen, dass es ihre Schuld sei, dass sich Silvester in Köln[19] jetzt anfühle wie „Alltag in Nordkorea" (Nachricht 02.01.2017a). Die Mitglieder der Partei Bündnis90/Die Grünen seien „Grenzöffner und Vergewaltigungsermöglicher" (Nachricht 02.01.2017a). Die etablierten Parteien hätten „unser Land auf diesen verheerenden Pfad geführt" (Nachricht 02.01.2017b). Jener ‚verheerende Pfad' bezieht sich augenscheinlich auf den Anschlag am Berliner Weihnachtsmarkt[20] und die Übergriffe in Köln. Die *JA* betont unter anderem: „Mit ihrer gescheiterten Asylpolitik haben die Altparteien die Bürger unseres Landes einem Sicherheitsrisiko ausgesetzt, das überhaupt nicht mehr kalkulierbar ist" (Nachricht 25.07.2017). Deutlich wird die *JA* auch, wenn sie in einer ihrer Mitteilungen veröffentlicht, dass „die sexuellen Massenübergriffe in Köln, Hamburg und Stuttgart […] die Folge einer katastrophalen und unverantwortlichen Asyl-, Flüchtlings- und Integrationspolitik [sind], die die Bundesregierung zu verschulden hat" (Nachricht 08.01.2016). An diesen paradigmatisch ausgewählten Beispielen zeigt sich, wie im Themenkomplex *Etablierte Parteien* das Äquivalent *Sicherheitsrisiko* geschaffen wird und einen Teil der Äquivalenzkette zu diesem bildet.

Ferner wird in den Nachrichten der *JA* zum Themenkomplex *Etablierte Parteien* die semantische Verknüpfung zum Äquivalent *Lügen* geschaffen. In den Nachrichten ist beispielsweise die Rede von einem „Lügengebäude der Obrigkeit" (Nachricht 07.01.2016), den „Lebenslügen der Brüsseler Eliten" (Nachricht 31.01.2016) oder von den „hemmungslosen Lügen der etablierten Politik" (Nachricht 07.01.2016). Die deutsche Bevölkerung würde von „unsere[n] Politiker[n] und ihre[n] Behördenchefs […] im Dienste einer verabscheungswürdigen [sic!]

---

[19]In der Silvesternacht 2015/2016 wurden am Kölner Hauptbahnhof mehrere hundert Frauen ausgeraubt und sexuell belästigt. Die Täter waren dabei überwiegend Migranten, die aus nordafrikanischen Staaten stammen (Michel et al. 2016).

[20]Am 19. Dezember 2016 fuhr ein LKW in den Berliner Weihnachtsmarkt auf dem Breitscheidplatz und tötete dabei mehrere Menschen. Es bekannte sich der Islamische Staat zu diesem Anschlag (Mascolo 2017).

Multikulti-Ideologie" (Nachricht 07.01.2016) belogen. Über diese Zitate wird der zweite Signifikant – *Lügen* – in der Äquivalenzkette zum Themenkomplex *Etablierte Parteien* konstruiert.

Zudem lässt sich eine Gleichsetzung dieses Themenkomplexes mit dem Begriff *antidemokratisch* anhand verschiedener Auszüge exemplarisch darlegen. In Deutschland komme es zu einem „zunehmenden Rückbau der Meinungs- und Medienfreiheit aus Angst davor, dass jemand etwas ‚Falsches' denkt oder sagt" (Nachricht 30.03.2017). „Ähnlich restriktive Schritte" seien bereits „bei der Zensierung von Meinungsäußerung in sozialen Netzwerken" (Nachricht 30.03.2017) von der Bundesregierung angestrebt worden. „In der ehemaligen Hauptstadt der DDR" hätte sich die „untote SED mit den alten Blockparteien CDU und FDP" zusammengeschlossen, „um lästige Konkurrenz [die AfD. Anm. der Verfasserin] fernzuhalten" (Nachricht 02.07.2016). In einer Nachricht an die Briten bezüglich des Brexit heißt es:

> We are well aware of the all the [sic!] threats and all the bullying that you are subjected to by the Brussels elites [...]. In the history of mankind freedom has always beaten slavery [...].You have saved our continent from Napoleon and Hitler. We are sure you will be able to deal with Schulz, Juncker and Merkel (Nachricht 23.06.2016).

Durch die Gleichsetzung von Martin Schulz, Jean-Claude Juncker und Angela Merkel mit Napoleon und Hitler wird der Vorwurf *antidemokratisch* zu sein verstärkt. Auch durch die Anspielung, dass eine Mitgliedschaft in der Europäischen Union Sklaverei ähneln würde, wird der Begriff *antidemokratisch* zu einem weiteren Signifikant in der Äquivalenzkette. Nach der Auswertung dieser semantischen Verknüpfungen lässt sich demnach folgende dominante Äquivalenzkette zum Themenkomplex *Etablierte Parteien* bilden: Themenkomplex *Etablierte Parteien – Sicherheitsrisiko – Lügen – antidemokratisch.*

Auch hier zeigt sich wieder eine stetige Wiederholung der gleichen Äquivalente zum Themenkomplex *Etablierte Parteien,* die auch bei diesem Thema, folgt man der Theorie nach Lakoff und Wehling (2009), fortan den Deutungsrahmen der regelmäßigen Leserinnen und Leser der *JA*-Mitteilungen bestimmen dürften.

5.4 Der hegemoniale Diskurs im Themenkomplex Etablierte Parteien

Der bislang aufgeführte Auszug an Zitaten zeigt, dass es sich bei dem Themenkomplex *Etablierte Parteien* um einen sedimentierten und hegemonialen Diskurs bei der *JA* handelt. Es wird deutlich, dass dieser kontrastiv zu der AfD und der *JA* zu fassen ist. Sie stellen sich klar gegensätzlich zu den Einstellungen der etablierten Parteien. So heißt es in den Nachrichten der *JA:* „Niemand außer der AfD hat offenbar noch Respekt und Hochachtung vor den gewachsenen Traditionen unserer christlich-abendländischen Kultur" (Nachricht 28.06.2017). Hier ist der hegemoniale und distinktiv geprägte Diskurs zum Themenkomplex *Etablierte Parteien* deutlich erkennbar. Ein Sicherheitsrisiko seien die etablierten Parteien zudem, weil sie die Meinungsfreiheit einschränken wollen. In einer Nachricht zur Lizenzpflicht von Livestreams problematisiert die *JA:* „Wir erleben einen zunehmenden Rückbau der Meinungs- und Medienfreiheit" (Nachricht 30.03.2017).

Die *JA* stellt ihrer geforderten Politik die aktuelle Politik der Bundesregierung gegenüber. Sie behauptet die einzige Organisation zu sein, die konkrete Fakten präsentiere und die Wahrheit ausspreche. Dies wird an mehreren Stellen deutlich, so schreibt die *JA* beispielsweise: „Der Islam ist die Wurzel des Terrorismus in Europa. Es können noch so viele Linke, Gutmenschen und vor allem die Brüsseler Eurokraten diese Tatsache leugnen, aber die überwältigende Mehrheit der Terroristen [...] sind Muslime gewesen [...]" (Nachricht 22.03.2016). In den Nachrichten der *JA* ist, wie bereits aufgeführt, die Rede von einem „Lügengebäude der Obrigkeit" (Nachricht 07.01.2016 a) oder von den „hemmungslosen Lügen der etablierten Politik" (Nachricht 07.01.2016 b). Dies soll den Eindruck erwecken, dass die etablierten Parteien versuchten, die deutsche Bevölkerung zu täuschen.

Die hegemonialen Diskurse um die Themenkomplexe *Migration* und *Etablierte Parteien* scheinen zudem eng verwoben. So wird den etablierten Parteien, hier speziell der Partei Bündnis90/Die Grünen, vorgeworfen, dass es ihre Schuld sei, dass Feste – wie Silvester in Köln – jetzt nicht mehr sorglos gefeiert werden könnten, sondern ein hohes Polizeiaufkommen das Gefühl vermittle, in einem unsicheren Staat zu leben (Nachricht 02.01.2017). Die *JA* macht durch ihren Diskurs deutlich, dass sie der Meinung ist, dass die Migrationspolitik der etablierten Parteien zu dieser Situation geführt habe (Nachricht 02.01.2017). Die Vorfälle in Berlin und Köln wurden in der Diskurslogik der *JA* durch die Flüchtlingspolitik der Bundesregierung ermöglicht. Deutlich wird die *JA* auch, wenn sie in einer ihrer Nachrichten veröffentlicht, dass „die sexuellen Massenübergriffe in Köln, Hamburg und Stuttgart [...] die Folge einer katastrophalen und unverantwortlichen Asyl-, Flüchtlings- und Integrationspolitik [sind], die die Bundesregierung zu verschulden hat" (Nachricht 08.01.2016). In der Äquivalenzkette zum Themenkomplex *Etablierte Parteien* zeigt sich, dass, ebenso wie in der Äquivalenzkette zum Themenkomplex *Migration,* der Signifikant *Sicherheitsrisiko* eine besondere Bedeutung erhält. In den hegemonialen Diskursen der *JA* um die Themenkomplexe *Migration* und *Etablierte Parteien* wird demnach der Eindruck vermittelt, Deutschland sei ein unsicheres Land geworden:

> Unsere Kanzlerin hat in der Welt nicht nur den Eindruck erweckt, wir seien so eine Art Sozialisation für jeden, der zuhause unzufrieden ist. Offenbar hat sie auch noch den Eindruck erweckt, unser Land sei [sic!] großes Freiluftbordell, für jeden, der sich zuhause nicht austoben darf [...]. Wir lassen unsere Frauen nicht zu Freiwild machen (Nachricht 14.01.2016).

Es zeigt sich in diesen Aussagen zudem ein rhetorisches Mittel, dessen Nutzung auch der *Neuen Rechten* zugeschrieben wird: die Delegitimation. Hierunter zählen Bruns et al. (2015) „das gezielte Lächerlichmachen von Gegner_innen" (S. 77). Die *Neue Rechte* versuche so Aussagen ihrer politischen Gegnerinnen und Gegner herabzuwürdigen oder als Tabubruch darzustellen. Es würden beispielsweise die sogenannten ‚Gutmenschen' abgewertet, politische Korrektheit als Meinungsdiktat bewertet oder gegen den Multikulturalismus gewettert (S. 77). Im vorangegangenen Zitat wird Angela Merkel, die stellvertretend für die Bundesregierung steht, delegitimiert und beschuldigt, verantwortlich zu sein für ein vermeintlich unsicheres Deutschland. Sie habe in Köln sogar „mitvergewaltigt" (Nachricht 07.01.2016). Dem stellt sich die *JA* gegenüber, die sich um die von ihr diskursiv suggerierten Sicherheitsprobleme kümmern würde und die Bevölkerung, insbesondere Frauen, sich in einem von der AfD regierten Deutschland wieder sicher fühlen könnten.

Ferner nutzt die *JA* Rückbezüge in die deutsche Geschichte, um die etablierten Parteien zu diffamieren. So ist einerseits die Rede von „DDR-Methoden" (Nachricht 02.07.2016) bei der Bürgerschaftswahl in Berlin. Es sei die „Nationale Front wiederauferstanden" und es hätte „bloß noch die Einheitsliste" (Nachricht 02.07.2016) gefehlt. Den Leserinnen und Lesern der Nachricht wird über diese Vergleiche vermittelt, dass sie, wie in der DDR, keine Wahl zwischen unterschiedlichen Parteien hätten. Der Vergleich wird auch bemüht, um zu bekräftigen, dass die etablierten Parteien die deutsche Bevölkerung belügen würden:

> Seit heute wissen wir, dass unsere Politiker und ihre Behördenchefs die eigene Bevölkerung im Dienste einer verabscheungswürdigen [sic!] Multikulti-Ideologie belügen. Besser hätte es das ZK der SED nicht machen können (Nachricht 07.01.2016).

Die politischen Praktiken in der heutigen Bundesrepublik werden hier mit den diktatorischen Praktiken des SED-Regimes gleichgesetzt. Andererseits werden aber auch Rückbezüge zur NS-Zeit gezogen, um Mitglieder der etablierten Parteien zu diskreditieren. Nach einer Attacke auf einen Plakatierer, der unter anderem AfD-Wahlplakate aufhing, schreibt die *JA:*

Ralf Stegner, Wolfgang Schäuble und viele andere, die uns ständig diffamieren
[…] sind die wahren Hintermänner des Mordschützen. Sie haben in Karlsruhe mit-
geschossen. Die braune Uniform hätte zu diesen Schreibtischtätern vor 80 Jahren
genauso gut gepasst, [sic!] wie heute Schlips und Fliege (Nachricht 24.01.2016).

Der hegemoniale Diskurs zum Themenkomplex *Etablierte Parteien* fungiert somit
letztlich auch als negativ konnotierter *Constitutive Outside*. Die *JA* arbeitet sich vor
allem an der konkreten Migrationspolitik der etablierten Parteien ab und verknüpft
so die beiden dominanten Themenkomplexe in ihrer Kommunikationsstrategie.

6   Diskursive Abschirmung als strategische Kommunikation

Nachdem aufgezeigt werden konnte, welche privilegierten Signifikanten und
hegemonialen Diskurse in den Nachrichten der *JA* vorherrschen und welche
Äquivalenzketten hierzu konstruiert werden, soll nun überprüft werden, ob es
auch zu Erschütterungen dieser Diskurse (Antagonismen) kommt und wenn ja, ob
dies zu Neuaushandlungen der bestehenden hegemonialen Diskurse führt.

Beispielhaft für einen Antagonismus kann hier die Nachricht vom 18.04.2016
untersucht werden, in der die *JA* eine „Verbotsprüfung für Zentralrat der Muslime" fordert, als Reaktion auf eine Aussage des Vorsitzenden des Zentralrates,
dass die AfD nicht grundgesetzkonform sei. Mit diesem konkreten verbalen
Angriff auf die hegemonialen Diskurse der *JA* kommt es, der Rhetorik nach
Laclau und Mouffe (1985) folgend, zu einem Antagonismus. Der Zentralrat der
Muslime zweifelt die Glaubwürdigkeit der fixierten Argumentationslinien der *JA*
an. Diese reagiert darauf, indem sie behauptet, „die AfD in die Nähe der NSDAP
zu rücken, ist komplett unhistorisch. Die AfD argumentiert in ihrer Islamkritik
gerade auf Grundlage unserer freiheitlichen Werte und des Grundgesetzes, nicht
gegen sie" (Nachricht 18.04.2016). Zudem versucht die *JA Availability* und *Credibility* ihrer Diskurse aufrechtzuerhalten, indem sie den Zentralrat der Muslime
diskreditieren und ihm somit seine Glaubwürdigkeit absprechen möchte:

[…] im Zentralrat sind Mitglieder der so genannten Islamischen Gemeinschaft in
Deutschland (IGD), die nachweislich Verbindungen zur extremistischen Muslimbru-
derschaft pflegt. Herr Mazyek arbeitet tagein, tagaus mit diesen Feinden der Demokratie zusammen, ohne dass ein erkennbares Unbehagen darüber festzustellen wäre.
Im Sinne der freiheitlich-demokratischen Grundordnung ist es deshalb geboten,
den islamistisch unterwanderten Zentralrat der Muslime vom Verfassungsschutz zu
beobachten und gegebenenfalls zu verbieten, anstatt eine demokratische Partei wie
die AfD zu diskreditieren (Nachricht 18.04.2016).

An diesen beiden Beispielen zeigt sich, wie die *JA* politisch strategisch mit Antagonismen umgeht. Es findet eine Art *Legitimation-Delegitimations-Strategie* statt. Sie legitimiert ihren eigenen hegemonialen Diskurs, indem sie verdeutlicht, dass die AfD sich in ihrer Islamkritik auf das Grundgesetz und die freiheitlichen Werte Deutschlands stütze. Gleichzeitig delegitimiert sie ihren ‚Diskursgegner', indem sie feststellt, dass seine Behauptungen „komplett unhistorisch" (Nachricht 18.04.2016) seien. Zudem bringt die *JA* ihm Vorwürfe entgegen, die ihn diskreditieren und ihm seine Glaubwürdigkeit absprechen. Eine Abschottung gegenüber Diskursen, die sich konfrontativ zum hegemonialen Diskurs der *JA* darstellen, ist hier also feststellbar. Diskursive Abschirmung kann somit als rhetorisches Mittel innerhalb der *Legitimation-Delegitimations-Strategie* bezeichnet werden.

Ein Beispiel für eine Dislokation findet sich in einer Nachricht, in der die *JA* die Einführung der gleichgeschlechtlichen Ehe kritisiert und diese als „linke Bilderstürmerei par excellence" (Nachricht 28.06.2017) bezeichnet. Die Einführung der gleichgeschlechtlichen Ehe kann hier als Dislokation, also als ein Ereignis gewertet werden, welches die „jeweils bestehenden Symbolisierungen und Verknüpfungen" (Glasze und Mattissek 2009, S. 161) ins Wanken bringt. Hier wird versucht, *Availabilty* und *Credibility* des eigenen hegemonialen Diskurses aufrecht zu erhalten, indem die etablierten Parteien abgewertet werden. Dies unterstützt die am Anfang aufgestellte These, dass die Diskurse diskursiv abgeschirmt sind. In den Aussagen zu den etablierten Parteien wird eine vermeintliche Resistenz gegen zentrale Meinungssteuerung durch den politischen *Mainstream* behauptet. Die Diskurse der *JA* täuschen die Notwendigkeit einer diskursiven Abschirmung gegen manipulative Einflüsse (z. B. Lügenpressenrhetorik, linker *Mainstream*) vor, indem sie sich diskursiv vom *Mainstream* als *Constitutive Outside* abgrenzen.

Außerordentlich ist in diesem Zusammenhang auch eine Nachricht, die die *JA* am 10.06.2016 veröffentlichte. Hier verballhornt die *JA* in einer sehr ironischen Nachricht den antagonistischen, bestehenden Diskurs um die AfD und die *JA,* dass diese Parteien homophob und rassefeindlich seien. So bekennt sich Frohnmaier, der *JA*-Bundesvorsitzende, für ‚schuldig', dass er einen rumänischen Migrationshintergrund habe und schreibt:

Ich schäme mich, die ungeschriebenen Rassegesetze der Bundesrepublik mit meinem Parteieintritt verletzt zu haben. Ich kann nur Besserung geloben und erwäge jetzt einen Übertritt zu den Grünen. In Deutschland dürfen Menschen mit der falschen Rasse schließlich nur in linken Parteien mitmachen (Nachricht 28.06.2017).

Hier zeigt sich wieder, wie die *JA* Kritik an ihren Diskursen aufnimmt und versucht *Availability* und *Credibility* ihrer hegemonialen Diskurse aufrecht zu erhalten, indem Diskursgegner, wie hier die Partei Bündnis90/Die Grünen, delegitimiert werden.

Besonders instruktiv ist diese Untersuchung bezüglich der aufgestellten These, dass die Diskurse der *JA* diskursiv abgeschirmt seien. Eine diskursive Abschirmung scheint auf den ersten Blick nicht gegeben. Die Diskurse der *JA* sind offen für andere Diskurse und verarbeiten sie in ihren Nachrichten – Gegenargumente und Kritik werden aufgenommen. Dann jedoch findet keine argumentative Auseinandersetzung mit diesen Diskursen statt. Vielmehr arbeitet die *JA* mit der bereits angesprochenen *Legitimation-Delegitimations-Strategie,* indem sie ihren eigenen Diskurs legitimiert und den der Diskursgegnerinnen und Diskursgegner delegitimiert. Der Diskurs der *JA* ändert sich nicht, sondern die hegemonialen Diskurse der *JA* bleiben bestehen. Nach der Auseinandersetzung mit den unterschiedlichen Diskursen ergibt sich auch keine Synthese eines neuen hegemonialen Diskurses, sondern eine Konfrontation und daraus folgend ein unverändertes Fortbestehen der bisherigen Diskurse. Die Diskurse der *JA* sind demnach inhaltlich und rhetorisch-strategisch abgeschirmt. Durch Impulse von außen verändern sie sich nicht.

7   Fazit

Um die eingangs aufgeführte These überprüfen zu können, wurden in diesem Artikel die Diskurse der *JA,* konkret die auf ihrer Homepage veröffentlichten Mitteilungen, mithilfe der Diskursanalyse von Laclau und Mouffe untersucht. Ziel war es, die hegemonialen Diskurse der *JA* zu dechiffrieren und zu überprüfen, ob die *JA* Einflüsse von außen aufnimmt und wenn ja, wie sie mit diesen Einflüssen umgeht. So sollte eine eventuelle diskursive Abschirmung von Teilöffentlichkeiten im digitalen Zeitalter aufgedeckt und ein Teil zum Forschungsfeld der strategischen Politischen Kommunikation im digitalen Wandel beigetragen werden. Die These, dass die digitalen Diskurse der *JA* diskursiv abgeschirmt sind, kann an dieser Stelle nur mit Einschränkung bestätigt werden. Die *JA* nimmt in ihren Diskursen Eindrücke ‚von außen‘ auf und verarbeitet sie darin. Diese sind demnach zumindest auf struktureller Ebene nicht diskursiv abgeschirmt. Es kann jedoch eine inhaltliche Abschirmung festgestellt werden. Die *JA* begegnet in ihren Diskursen Einflüssen von außen nicht argumentativ, um sie so zu entkräften, sondern versucht diese Einflüsse durch Delegitimation zu entkräften. So versucht sie sich über diffamierende Rhetorik dem antagonistischen Diskurs zu entziehen. Es kann demnach eine rhetorisch-diskursive Abschirmung festgestellt werden. Die *JA* verändert ihre hegemonialen Diskurse durch Gegenargumente oder Kritik an ihren Diskursen nicht. Um *Availability* und *Credibility* ihrer Diskurse aufrecht zu erhalten, bedient sich die *JA* der Deligitimation – einem rhetorischen Mittel, dessen Verwendung auch der *Neuen Rechten* nachgesagt wird. Über die Delegitimation kann die *JA* Gegenpositionen ab- und ihre eigenen Positionen aufwerten, ohne dabei an eigener Glaubwürdigkeit einzubüßen.

Die Positionen, die in den sich so oft wiederholenden Äquivalenten deutlich werden, haben nach Lakoff und Wehling (2009) eine deutliche Wirkkraft in der politischen Kommunikation. Dies wird besonders brisant, zieht man die speziellen Funktionslogiken des Internets mit ein. Durch ‚fremdbestimmende' Algorithmen werden die Nutzerinnen und Nutzer stets mit auf sie perfekt abgestimmte Nachrichten gefüttert. Das Zusammenspiel aus den sich stetig wiederholenden Äquivalenten in den Nachrichten der *JA* und den Algorithmen, die die Leserinnen und Leser stets wieder auf diese und thematisch sowie perspektivisch ähnliche Websites führen, birgt die Gefahr einer immer stärkeren Polarisierung. Dies wird dann zum Problem, wenn unsere Gesellschaft durch die Funktionslogiken des Internets und die strategische politische Kommunikation einzelner Parteien und Nachrichtendienste in abgeschirmte Teilöffentlichkeiten zersplittert, welche dann untereinander nicht mehr für Diskussionen und Gegenargumente empfänglich sind.

Um eine solche eventuelle Tendenz unserer ‚digitalisierten' Gesellschaft überprüfbar feststellen zu können, wäre weiterführend eine Untersuchung der strategischen politischen Online-Kommunikation weiterer Parteien aufschlussreich, um so einen Vergleich zwischen den Parteien anstellen zu können. Nutzen auch andere Parteien ähnliche Diskursstrategien oder ist dies ein Phänomen, was nur bei der *JA* zu beobachten ist? Ebenfalls wäre ein Vergleich mit den Diskursstrategien der Jugendorganisationen anderer Länder aufschlussreich, um Aussagen treffen zu können, ob die hier analysierte diskursive Abschirmung ein Einzelphänomen ist oder länderübergreifend genutzt wird.

Literatur- und Quellenverzeichnis

AfD. (2016). AfD – Manifest 2017. Die Strategie der AfD für das Wahljahr 2017. http://www.talk-republik.de/Rechtspopulismus/docs/03/AfD-Strategie-2017.pdf. Zugegriffen: 16. Nov. 2017.

Baringhorst, S., & Kneip, V. (2010). Konsumentenbürger im Netz – Politische Partizipation zwischen Privatheit und Öffentlichkeit. In S. Seubert & P. Niesen (Hrsg.), *Die Grenzen des Privaten* (S. 235–249). Baden Baden: Nomos.

Bender, J. (2017). *Was will die AfD? Eine Partei verändert Deutschland.* München: Pantheon.

Bischl, K. (2015). *Die professionelle Pressemitteilung: Ein Leitfaden für Unternehmen, Institutionen, Verbände und Vereine.* Wiesbaden: Springer VS.

Bruns, J., Glösel, K., & Strobl, N. (2015). *Rechte Kulturrevolution: Wer und was ist die Neue Rechte von heute?* Hamburg: VSA.

Busch, A. (2017). Informationsinflation: Herausforderungen an die politische Willensbildung in der digitalen Gesellschaft. In: H. Gapski, M. Oberle, & W. Staufer (Hrsg.), *Medienkompetenz. Herausforderung für Politik, politische Bildung und Medienbildung* (S. 53–62). Bonn: Bundeszentrale für politische Bildung.

Crome, E. (2015). *AfD: eine Alternative?* Berlin: Spotless.

Decker, F. (2015). AfD, Pegida und die Verschiebung der parteipolitischen Mitte. Aus Politik und Zeitgeschichte http://www.bpb.de/apuz/212360/afd-pegida-und-die-verschiebung-der-parteipolitischen-mitte. Zugegriffen: 07. Okt. 2017.

Demirovic, A. (2007). Hegemonie und die diskursive Konstruktion der Gesellschaft. In M. Nonhoff (Hrsg.), *Diskurs. Radikale Demokratie. Hegemonie. Zum politischen Denken von Ernesto Laclau und Chantal Mouffe* (S. 55–85). Bielefeld: Transcript.

Der Bundeswahlleiter. (2017). Wahl zum 19. Deutschen Bundestag am 24. September 2017. https://www.bundeswahlleiter.de/dam/jcr/3f3d42ab-faef-4553-bdf8-ac089b7de86a/btw17_heft3.pdf. Zugegriffen: 19. Nov. 2017.

Friedrich, S. (2015). *Der Aufstieg der AfD. Neokonservative Mobilmachung in Deutschland.* Berlin: Bertz + Fischer.

Friedrich, S. (2017). *Die AfD. Analysen – Hintergründe – Kontroversen.* Berlin: Bertz + Fischer.

Glasze, G., & Mattissek, A. (2009). Die Hegemonie- und Diskurstheorie von Laclau und Mouffe. In G. Glasze (Hrsg.), *Handbuch Diskurs und Raum. Theorien und Methoden für die Humangeographie sowie die sozial- und kulturwissenschaftliche Raumforschung* (S. 153–180). Bielefeld: Transcript.

Gruber, A. K. (2009). *Der Weg nach ganz oben: Karriereverläufe deutscher Spitzenpolitiker.* Wiesbaden: Springer VS.

Grunden, T. (2006). Einflusspotentiale der parteipolitischen Jugendorganisationen. Jungsozialisten und Junge Union im Vergleich. In U. v. Alemann, M. Morlok, & T. Godewerth (Hrsg.), *Jugend und Politik. Möglichkeiten und Grenzen politischer Beteiligung der Jugend* (S. 125–139). Baden-Baden: Nomos.

Häusler A. (2016). *Die Alternative für Deutschland. Programmatik, Entwicklung und politische Verortung.* Wiesbaden: Springer VS.

Herkenhoff, A.-L. (2016). Rechter Nachwuchs für die AfD – die Junge Alternative (JA). In A. Häusler (Hrsg.), *Die Alternative für Deutschland. Programmatik, Entwicklung und politische Verortung* (S. 201–217). Wiesbaden: Springer VS.

Krebs, F. (o. J.). *Rückwärtsgewand und stramm rechts: Die Junge Alternative Hamburg.* Broschüre zur Kritik der „Alternative für Deutschland".

Laclau, E., & Mouffe, C. (1985). *Hegemony and socialist strategy.* Norfolk: Verso.

Lakoff, G. (2000). *Leben in Metaphern. Konstruktionen und Gebrauch von Sprachbildern.* Heidelberg: Carl-Auer-Systeme.

Lakoff, G., & Wehling, E. (2009). *Auf leisen Sohlen ins Gehirn. Politische Sprache und ihre heimliche Macht.* Heidelberg: Carl-Auer-Systeme.

Lelkes, Y., Sood, G., & Iyengar, S. (2017). The hostile audience. The effect of access to broadband internet on partisan affect. *American Journal of Political Science, 61*(1), 5–20. https://doi.org/10.1111/ajps.12237.

Lünenborg, M., & Berghofer, S. (2010). Politikjournalistinnen- und journalisten: Aktuelle Befunde zu Merkmalen und Einstellungen vor dem Hintergrunf ökonomischer und technologischer Wandlungsprozesse im deutschen Journalismus. https://www.dfjv.de/documents/10180/178294/DFJV_Studie_Politikjournalistinnen_und_Journalisten.pdf. Zugegriffen: 08. Okt. 2017.

Mascolo, G. (2017). Anschlag in Berlin. IS drängte Amri zu Anschlag auf Berliner Weihnachtsmarkt. http://www.sueddeutsche.de/politik/anschlag-in-berlin-is-draengte-amri-zu-anschlag-auf-berliner-weihnachtsmarkt-1.3530086. Zugegriffen: 19. Nov. 2017.

Michel, A. M., Schönian, V., Thurm, F., & Steffen, T. (2016). Übergriffe an Silvester. Was geschah in Köln? http://www.zeit.de/gesellschaft/zeitgeschehen/2016-01/koeln-silvester-sexuelle-uebergriffe-raub-faq. Zugegriffen: 19. Nov. 2017.

Projektgruppe ARD/ZDF-Multimedia. (2017). ARD-ZDF-Onlinestudie 2017. http://www.ard-zdf-onlinestudie.de/files/2017/Artikel/Kern-Ergebnisse_ARDZDF-Onlinestudie_2017.pdf. Zugegriffen: 16. Nov. 2017.

Salzborn, S. (2017). *Angriff der Antidemokraten. Die völkische Rebellion der Neuen Rechten.* Weinheim, Basel: Beltz Juventa.

Schulz, W. (2011). *Politische Kommunikation: Theoretische Ansätze und Ergebnisse empirischer Forschung.* Wiesbaden: Springer VS.

Werner, A. (2015). *Was ist, was will, wie wirkt die AfD?* Köln: Neuer ISP-Verlag.

Von Occupy Wall Street zu den ‚nasty women' – Digitale Kommunikation als Partizipationsmöglichkeit neuer Protestströmungen

Natalie Rauscher

Zusammenfassung

Die USA waren in den letzten Jahren von einer sozialen Bewegung nach der anderen geprägt. Beispiele sind die die *Tea Party, Occupy Wall Street, Black Lives Matter* oder nun potenziell neue Strömungen wie der *Women's March.* Alle haben schon jetzt einen bleibenden Eindruck in der politischen Landschaft der USA hinterlassen. Diese Strömungen eint die Nutzung digitaler Kommunikation. Kommerzielle Plattformen wie *Twitter* oder *Facebook* sind heutzutage entscheidend, um erfolgreich politischen Protest zu kommunizieren. Die *Digital Natives,* junge Menschen der Internet-Generation tragen viele der neuen Proteste. Dabei ist digitaler Aktivismus eine Ergänzung des traditionellen Aktivismus, kein Ersatz dafür. Soziale Bewegungen können durch die Kombination von digitaler Kommunikation sowie traditionellen Protestformen ihre Themen auf die politische Agenda bringen und den Diskurs beeinflussen. Dieses Kapitel zeigt am Beispiel von *Occupy Wall Street* und dem *Women's March* wie Hashtags und Memes für digitale politische Kommunikation und für politischen Protest genutzt werden können.

Schlüsselwörter

Digitale Kommunikation · Politische Kommunikation · Social Media · Hashtags Memes · Occupy Wall Street · Women's March

N. Rauscher (✉)
Heidelberg Center for American Studies, Heidelberg, Deutschland

© Springer Fachmedien Wiesbaden GmbH, ein Teil von Springer Nature 2018   187
M. Oswald und M. Johann (Hrsg.), *Strategische Politische Kommunikation im digitalen Wandel,* https://doi.org/10.1007/978-3-658-20860-8_9

1   Einleitung

> Cellphone-wielding activists used to inspire a lot of hope. It seems like only yester-
> day that people believed that an aspiring insurgent with some basic consumer-grade
> electronics and a decent data plan could bring any urban center to a standstill, or
> toss out even the most recalcitrant dictator. Yet these days people are more skeptical.
> Mobile phones, drones, hacktivists and cyber-attacks seem to have just added to the
> chaos (Edwards et al. 2013, S. 5).

Dieses Zitat zeigt, wie zwiespältig der Gebrauch digitaler Kommunikation bei
politischen Protesten bewertet werden kann. Die einen sehen in ihr einen Hoff-
nungsträger für mehr Einfluss der Bürgerinnen und Bürger bei politischen Auseinandersetzungen, die anderen sehen digitale Kommunikation als Werkzeug, das
die Mächtigen für die Manipulation der Massen einsetzen können. Die Wahrheit
liegt wahrscheinlich irgendwo dazwischen. Doch eines ist sicher: Digitale Kommunikation ist nicht mehr aus unserem Leben wegzudenken. Zunehmend wird
nicht nur unser privates, sondern auch unser politisches Leben von digitaler Kommunikation beeinflusst. Alleine in den USA geben 66 % der Nutzerinnen und
Nutzer von sozialen Medien an, diese auch für ihr ziviles Engagement einzusetzen (Rainie et al. 2012).

   Seit Donald Trump im Januar 2017 ins Weiße Haus eingezogen ist, scheint
sich diese Entwicklung noch verstärkt zu haben, vielleicht auch wegen der Social-
Media-Aktivitäten des Präsidenten selbst. Außerdem ist seither eine noch stärkere Verhärtung der politischen Fronten in den USA zu spüren. Schon in den
Jahren vor Trumps Weg in die Politik waren die Vereinigten Staaten ein Land
voller Widersprüche und sozialer Unbeständigkeit. Sozialer Protest wurde vor
allem nach der globalen Wirtschafts- und Finanzkrise von 2008 zunehmend auf
die Straße getragen. Dies zog sich bis heute fort: Schon am Tag nach Präsident
Trumps Amtseinführung marschierten Millionen von Demonstrantinnen durch
Washington D.C. im sogenannten *Women's March*. Seitdem gab es weitere große
Proteste in Washington D.C. wie etwa den *March of Science* oder das *People's
Climate Movement*. In der Zeitschrift *The Atlantic* betonte Conor Friedersdorf,
dass Trump wohl der erste Präsident gewesen sei, der bereits am ersten Tag sei-
ner Amtszeit mit so vielen Protesten zu kämpfen hatte (Friedersdorf 2017). Doch
nicht nur auf der progressiven Seite gehen immer mehr Menschen auf die Straße.
Spätestens seit den Protesten gegen die Entfernung einer Statue in Charlottesville
im August 2017 ist klar, dass auch die sogenannte *Alt-Right*-Bewegung auf der
Straße präsent ist.

Ein entscheidender Erfolgsfaktor beim Aufstieg von Donald Trump war seine effektive Nutzung digitaler Kommunikation. Durch *Twitter* hat sich Trump einen direkten Zugang zu seinen Anhängerinnen und Anhängern verschafft. Doch Trump ist nicht der Einzige, der digitale Kommunikation effektiv zu nutzen versteht. Digitale Kommunikationsformen sind mittlerweile integraler Bestandteil politischen Protests geworden. Ob es die *Tea Party, Occupy Wall Street, Black Lives Matter*[1], der *Women's March* oder *Alt-Right* ist, alle zivilgesellschaftlichen Proteste nutzen die Macht des Internets und der digitalen Kommunikation erfolgreich für ihre Zwecke (UN Department of Economic and Social Affairs 2016; Milkman 2017; Oswald 2018). Die Mobilisierung von Anhängerinnen und Anhängern, die Koordinierung von Protesten sowie die Verbreitung der Botschaften wird durch die digitalen Möglichkeiten um ein Vielfaches vergrößert. Außerdem können nun die Unterstützerinnen und Unterstützer der Proteste online live dabei sein und alles teilen.

Trotzdem schaffen es diese neuen Strömungen immer noch Menschen auf die Straße zu bringen.[2] Es sind also keine reinen ‚*Twitter*-Revolten', sondern tatsächlicher politischer Protest mit Substanz. Schon 2012 schrieb DeLuca:

> The discussion of social media is too often simplified into a debate between techno-utopians and techno-cynics about how activists use the media. While some proclaim a brave new world of *Twitter* revolutions, others nostalgically defend the sanctity of embodied protests (DeLuca 2012, S. 485).

Die digitale Kommunikation durch soziale Medien wird traditionelle Protestformen weder ersetzen können, noch will sie das. Die digitale Kommunikation ist ein Mittel, das eine Bewegung voranbringen kann. Die sozialen Medien, scheinen also das ‚neue Nadelöhr' zu sein, in das ‚Themen und Botschaften einzufädeln sind', um politisch erfolgreich zu sein (Dohle et al. 2014, S. 421). Allerdings gehören *Twitter, Facebook, Google* etc. zu globalen Unternehmen

---

[1]*Black Lives Matter (BLM)* ist die Bewegung, die wohl in der letzten Zeit am meisten Schlagzeilen gemacht hat. BLM entwickelte sich aus Protesten gegen Polizeigewalt gegen Schwarze und nach mehreren Gerichtsverfahren, in denen Polizistinnen und Polizisten freigesprochen wurden, die unbewaffnete Schwarze erschossen hatten. Beispiele sind der Fall Trayvon Martin (2012) oder Michael Brown in Ferguson (2014). Die Proteste werden vor allem von *Millennials* getragen, die sich als soziale Outsider sehen: Schwarze, ethnische Minderheiten, Frauen, sexuelle Minderheiten. Die Ursprünge liegen im *Civil Rights Movements* aber auch bei *OWS* (mehr dazu bei Milkman 2017, S. 22 ff.).

[2]Vgl. hierzu auch den Beitrag von Michael Oswald in diesem Sammelband.

und deren wirtschaftliche Interessen sind immer vorrangig. Deshalb fragen sich Dustin Kidd und Keith McIntosh vielleicht zu Recht: „Can the products of such capitalist enterprise produce the seeds of change?" (Kidd und McIntosh 2016, S. 792).

In diesem Kapitel soll die Nutzung digitaler Kommunikation durch bürgerlichen politischen Protest beleuchtet werden. Dabei werden *Occupy Wall Street (OWS)* und der *Women's March* exemplarisch betrachtet. Der Erfolg dieser Proteste war zum großen Teil auch dem Erfolg digitaler Kommunikation zu verdanken, die diese neuen Aktivistinnen und Aktivisten erfolgreich nutzen, um ihre Ziele zu verfolgen und eine erhöhte Aufmerksamkeit zu generieren. Die Ergebnisse der sozialen Bewegungen der letzten Jahre sind häufig schwer zu messen oder ihnen wird gar jeder Erfolg abgesprochen. Doch konnten sie häufig ihre Themen im öffentlichen Diskurs platzieren, vor allem auch durch die intensive Nutzung digitaler Medien, die einen erleichterten Zugang zu Unterstützerinnen und Unterstützern schafft. Soziale Protestströmungen nutzten etwa Hashtags und Memes, die hier als Beispiele digitaler Kommunikation angeführt werden, um ihre Forderungen zu formulieren, Aufmerksamkeit zu generieren und ihre Anliegen online zu verbreiten. Diese Mittel sind längst mehr als reine Symbolik, sondern gehören mittlerweile zum Repertoire digitalen Protests. Vor allem visuelle Mittel werden immer häufiger eingesetzt, um ein Gefühl der direkten Verbundenheit und Partizipation zu vermitteln. Doch auch traditionelle Protestformen werden weiterhin genutzt. Digitaler und ‚analoger' Protest müssen somit nicht mehr unterschieden werden, sondern finden kombiniert statt. Die Themen der Protestströmungen werden dann häufig in Mainstream Medien aufgegriffen und beeinflussen schließlich auch den politischen Diskurs.

2   Digitale Kommunikation als Partizipationsmöglichkeit neuer Protestströmungen

2.1   Wer sind die neuen Aktivistinnen und Aktivisten und woher kommen sie?

Die amerikanische Öffentlichkeit ist seit der Amtseinführung Trumps in stetiger Unruhe. Doch wer sind die liberalen Aktivistinnen und Aktivisten, die überall in den USA auf die Straße gehen und woher kommen sie? In einem Artikel vom Februar 2017 spricht *New Republic* Autor Jedediah Purdy schon von „America's New Opposition" (Purdy 2017) und meint damit eine neue Generation von

Aktivistinnen und Aktivisten, die sich seit den *OWS*-Protesten gebildet hat und die vor allem eine neue linke Ausrichtung aufweist: „Indeed, the irruption of radicalism at Occupy turned out to be prophetic. For the first time in decades, the left regained its focus and put down new roots" (Purdy 2017, S. 26). Purdy ist der Meinung, dass sich diese neue Linke in verschiedenen Entwicklungen äußert. Zum Beispiel gewann der *Fight for 15* für einen höheren Mindestlohn an Fahrt, *Black Lives Matter* erstarkte und Millionen von Menschen unterstützen Bernie Sanders, einen selbst erklärten demokratischen Sozialisten, im Präsidentschaftswahlkampf. Für Purdy deutet all dies auf ein Erstarken linker Ideen unter jungen Menschen hin, die sich nicht mehr von der Demokratischen Partei vertreten sehen. Da die Demokraten bisher keine Lehren aus dem verlorenen Wahlkampf zu ziehen scheinen, verlagert sich der Protest zunehmend auf die Straße (Purdy 2017, S. 28). Auch Ruth Milkman hebt die Bedeutung der neuen Proteste hervor. Für sie ist vor allem die Generation der *Millennials,* also Menschen, die nach 1980 geboren wurden, von entscheidender Wichtigkeit (Milkman 2017, S. 2).

Wo sich viele der *Baby-Boomer*-Generation eher der *Tea-Party*-Bewegung oder nun Präsident Trump angeschlossen zu haben scheinen, wenden sich die *Millennials* mehrheitlich nach links und unterstützen vielfältige liberale (liberal im amerikanischen Sinn) Projekte oder Bewegungen[3] (Milkman 2017, S. 5). Die *Millennials* wuchsen in einer Zeit auf, die von prekären Arbeitsverhältnissen geprägt war, besonders nach der Wirtschaftskrise des Jahres 2008. Diese Generation ist die gebildetste in der amerikanischen Geschichte. Trotzdem tun sich Teile dieser Generation schwer, Jobs zu finden, die abgesicherte Verhältnisse und ein gutes Auskommen garantieren. Außerdem zeigt sich diese durch ethnische Vielfalt gekennzeichnete Generation dadurch frustriert, dass das Versprechen einer „post-racial society" (Milkman 2017, S. 2), einer Gesellschaft ohne Diskriminierung Schwarzer, Frauen und sexueller Minderheiten, nicht der Realität entspricht. Hinzu kommt die immer größer werdende soziale Ungleichheit zwischen den Schichten der amerikanischen Gesellschaft, die zunehmend in den Fokus des politischen Diskurses gerückt ist. Die Generation, die den Protest anführt, sind die *Digital Natives,* also aufgewachsen in der Internet-Ära und vertraut mit der digitalen Kommunikation im täglichen Leben (Milkman 2017, S. 2).

Milkman (2017) beschreibt vor allem vier verschiedene ‚Millennial Movements' der letzten Jahre, die neben den genannten Faktoren auch durch

---

[3]Milkman (2017) äußert sich nicht zu den Bewegungen wie *Alt-Right*. Außerdem ist unklar, wie viele Befürworterinnen und Befürworter diese Bewegung tatsächlich hat und welcher Generation sie angehören.

ihre „intersectionality" (Milkman 2017, S. 2), also die Verzweigung verschiedener Interessen und Probleme dieser Generation gekennzeichnet sind: Die *Dreamers*[4], *Occupy Wall Street (OWS)*, *Black Lives Matter (BLM)* und Proteste gegen sexuelle Übergriffe an Universitäten[5]. Viele dieser Proteste sind vielfältig miteinander verknüpft. Alle diese Bewegungen haben ihre Ursprünge in anderen sozialen Bewegungen. Trotzdem werden die ‚Neuauflagen' dieser Themen vor allem von der jüngeren Generation in bewusster oder unbewusster Abgrenzung zu früheren Protesten getragen (Milkman 2017, S. 10).

2.1.1 Occupy Wall Street

In den *Occupy* Protestcamps, die 2011 überall in den USA auftauchten, und die an der New Yorker *Wall Street* ihren Anfang nahmen, versuchten meist junge Protestlerinnen und Protestler ihre Vorstellungen von einer gerechteren Welt in Form von direkt-demokratischen, konsensbasierten Alternativ-Welten zu schaffen. Wie Daniel Kress und Zeynep Tufekci es formulierten: „Occupy is the change that its members seek" (Kress und Tufekci 2013, S. 163). Die Protestlerinnen und Protestler, die auf die Straße gingen und überall im Land Zeltstädte errichteten, waren von der Wirtschaftskrise 2008 besonders hart betroffen, konnten keine gute Arbeit finden und hatten oft enorme Studienschulden abzubezahlen. Gleichzeitig stieg die soziale Ungleichheit in den USA rasant an, viele Familien verloren ihre Jobs und ihre Häuser. Rufe wie *We are the 99 %* wurden laut, in Anspielung an den extremen Reichtum, den die kleine Anzahl an Menschen an der Spitze der Gesellschaft (1 %) angehäuft hatte.

---

[4]Die *Dreamers* sind eine Bewegung von nicht-registrierten Einwandererkindern, die ihre Hoffnung auf den *DREAM Act* von 2001 setzten, der nach dem 11. September 2001 aber nicht vorankam. Dieser *DREAM Act* hätte einen legalen Weg zur US-Staatsbürgerschaft ermöglicht. Die Ursprünge liegen bereits in den 1990ern und die *Dreamers* nutzten vor allem „storytelling", aber auch Märsche für ihre Proteste (mehr dazu bei Milkman 2017, S. 12ff.).

[5]Diese Bewegung wurde um 2014 vor allem von jungen Studentinnen angestoßen, die nicht länger über die sexuellen Übergriffe auf sie schweigen wollten. Beispiele sind etwa Emma Sulkowicz, die so lange ihre Matratze auf dem Campus herumtrug, bis die Universitätsverwaltung und die Polizei gegen den Mann vorgingen, den sie der Vergewaltigung bezichtigte. Oder Sofie Karasek, die in Berkeley gegen sexuelle Übergriffe kämpfte. Diese Aktivitäten machten so große Schlagzeilen, dass das Weiße Haus eine Task Force und schließlich die Kampagne *It's On Us* gründete, die Aufklärung an Schulen, Colleges und Gemeinden unterstützt und so sexuelle Übergriffe in Zukunft bekämpfen will. Auch frühere feministische Bewegungen beschäftigten sich bereits mit dem Thema sexuelle Übergriffe. (mehr dazu bei Milkman 2017, S. 19 ff.; itsonus.org).

Dabei wurde *OWS* vor allem von den *Digital Natives* getragen, die Social-Media-Kanäle nutzten um die Proteste zu organisieren und zu koordinieren. Ursprünglich war die Bewegung auch als *#Occupy* bekannt. Die gesamte Bewegung war außerdem horizontal organisiert, hatte keine speziellen Anführer, sondern basierte vor allem auf den Camps, die sich in verschiedenen Städten weltweit bildeten. Die Camps, vor allem jenes an der *Wall Street,* avancierten schnell zu Symbolen der sogenannten *99 %* (OWS 2017). Viele Prominente und Politikerinnen und Politiker tauchten bei den Camps auf, um diese zu unterstützen. Die Bewegung war Ausdruck der Stimmungslage einer Generation, die die ungleichen Verhältnisse nicht länger hinnehmen wollte. Daher ist es auch schwierig den Erfolg dieser Bewegung zu messen. Als die Camps aufgelöst wurden, war das auch das Ende der sichtbaren Bewegung. Vielen Aktivistinnen und Aktivisten war der individuelle Protest an sich wichtiger, als politische Reformen zu erreichen: „Activism and political activity itself is increasingly also a way to construct a desirable self rather than achieve an external goal" (Kress und Tufekci 2013, S. 164). Dies liegt ohnehin oft außerhalb des Möglichen für soziale Bewegungen. Stattdessen stoßen soziale Bewegungen oft Diskussionen an und rücken bestimmte Themen in den Fokus, bis auch die etablierte Politik reagieren muss (Amenta et al. 2010). Auch *OWS* veränderte den politischen Diskurs, indem es Themen wie soziale Ungleichheit betonte. Schon 2012 schrieb Jeffrey Juris: „the impact of the #Occupy movements can already be gleaned from subtle shifts in public discourse, including that of the U.S. politicians, who are increasingly talking about unemployment, poverty, and inequality" (Juris 2012, S. 273). Bis heute scheint der Einfluss von *OWS* zu reichen, denn der Erfolg von liberalen Politikerinnen und Politikern wie Elizabeth Warren oder Bernie Sanders wäre ohne *OWS* schwer vorstellbar (Rauscher 2017).

2.1.2 Women's March

Im Gegensatz zu *OWS* bleibt abzuwarten, ob sich der *Women's March* zu einer größeren sozialen Bewegung entwickelt. Fakt ist, dass sich laut dem Telegraph vom 21. Januar 2017 weltweit bei 673 verschiedenen Events fast 500.000 Menschen versammelten, um am *Women's March* teilzunehmen (Krol 2017). Alleine in den USA waren wahrscheinlich über 3 Mio. Menschen auf der Straße, womit der *Women's March* einer der größten Protestmärsche der US-Geschichte ist (Waddel 2017). Abb. 1 macht die Ausmaße des Marsches deutlich, auf dem eine große Menge an Protestplakaten zu sehen ist. Expertinnen und Experten schätzen das Potenzial des *Women's March* als hoch ein:

Women's March ✿
@womensmarch

(Folgen)   ∨

Beautiful end to the #WomensMarch. This is just the beginning. #WMWArt

✿ Original (Englisch) übersetzen

23:16 - 21. Jan. 2017

7.313 Retweets **16.747** „Gefällt mir"-Angaben

🟤 🟢 🟢 🟤 💠 🟣 🟢 💠 🟤

♡ 180   ⇄ 7,3 Tsd.   ♡ 17 Tsd.   ✉

Abb. 1 Bild des Women's March. (Quelle: https://twitter.com/womensmarch/status/ 822930954071273474)

The Women's March has some of the hallmarks of the beginning of a successful movement […]. The ability to mobilize large numbers of people is often associated with the creation of an effective campaign. The fact that the march was inclusive and broad rather than tied to a specific policy goal helped draw big numbers […] and the explicitly non-violent nature of the protests helped attract even more.

The level of organization on display at events large to small bodes well for the social movement, as does the proportion of march participants who aren't usually politically engaged (Waddel 2017).

Zum Anlass für den Protestmarsch nahmen viele Präsident Trumps Sieg im November und seinen unverhohlenen Sexismus gegen Frauen, der mehr als einmal im Wahlkampf deutlich wurde. Viele der Demonstrantinnen bezeichneten sich auf dem *Women's March* dann auch als *Nasty Women*, in Anlehnung an die Betitelung Hillary Clintons durch Donald Trump im Wahlkampf 2016.

Auf allen Social-Media-Kanälen sowie auf ihrer eigenen Website sind der *Women's March* und seine Organisatoren sehr aktiv. Dort ist auch das Positionspapier *Guiding Vision and Definiton of Principles* zu finden, in dem die Organisatorinnen klarstellen, um was es ihnen bei ihrem Protest geht. Beispielsweise schreiben sie zu Anfang:

The Women's March on Washington is a women-led movement bringing together people of all genders, ages, races, cultures, political affiliations, disabilities and backgrounds in our nation's capital on January 21, 2017, to affirm our shared humanity and pronounce our bold message of resistance and self-determination (Women's March 2017, S. 1).

Außerdem stellen sie die Verbindung zu anderen sozialen Bewegungen der Vergangenheit her, wie zum Beispiel den *Suffragetten*, dem *Civil Rights Movement*, aber auch *OWS* oder *BLM* (Women's March 2017, S. 1). Obwohl am Ende dieses Statements das Hashtag *#WHYWEMARCH* von den Organisatorinnen direkt ‚unterschrieben' ist, sie also explizit erwähnt werden, betonen sie hier, dass sie sich an den neueren Bewegungen orientieren, die durch eine „leaderful structure" (Milkman 2017, S. 3) gekennzeichnet waren. Auf der *Women's March* Website oder in Sarah Sophie Flickers Artikel im *W Magazine* kann man aber einen genaueren Blick auf die Aktivistinnen und Aktivisten werfen (Flicker 2017).

Die Forderungen, die der *Women's March* formuliert, sind vielfältig. Manche betreffen speziell Frauenrechte, Themen wie Gewalt gegen Frauen und das Recht auf körperliche Selbstbestimmung. Die Aktivistinnen stellen heraus: „Human Rights are Women's Rights" (Women's March 2017, S. 2), was für alle Frauen gilt, egal welcher Herkunft oder sexueller Orientierung sie sind. Es wird festgestellt: „We believe Gender Justice is Racial Justice is Economic Justice" (Women's March 2017, S. 2). Hier wird erneut deutlich, was als „intersectionality" (Milkman 2017, S. 2) bezeichnet werden kann. Nämlich, dass die neueren sozialen Strömungen nicht nur ein Ziel haben, sondern sich bewusst sind, dass viele Themen ihrer Generation wie Ungleichheit, Rassismus und Sexismus, miteinander verknüpft sind.

Sechs Monate nach dem Marsch auf Washington äußerst sich eine Frau aus der Führungsriege des *Women's March* dazu, was seither passiert ist. In einem Artikel im *W Magazine* beschreibt Sarah Sophie Flicker, dass die Arbeit des *Women's March* weitergeht. Natürlich sind nicht alle der 3 Mio. Demonstranten vom Januar immer noch aktiv, doch wie bei anderen Bewegungen vor ihnen ist das eine normale Entwicklung:

> [W]hile the popular impression of the civil rights movement is that millions and millions of people showed up to every rally and every march, the truth is about 10 percent of African-Americans were engaged with the civil rights movement on a daily basis. [...] Engagement has evolved since the Women's March: I see people weaving even one small act of resistance into their daily lives, whether it's making a call or showing up at a rally (Flicker 2017).

Flicker bedauert, dass sich die *Progressives* untereinander nicht einig sind, und dass sie ihre Reihen nicht schließen können. Allerdings betont sie die Zusammenarbeit mit einigen weiblichen Kongressabgeordneten der Demokraten, die ihre Forderungen ernst nehmen und mit dem *Women's March* zusammenarbeiten (z. B. Maxine Waters, Ted Lieu, Kamala Harris, Kirsten Gillibrand, Chris Murphy). Außerdem wirft sie der Trump Regierung vor zivilen Diskurs auszublenden (Flicker 2017).

Es bleibt also in den nächsten Jahren viel zu tun für die Aktivistinnen des *Women's March,* wenn sie weiterhin gegen die Trump-Regierung ankämpfen wollen. Wie auch schon bei *OWS,* spielt Symbolik dabei eine große Rolle. *OWS* hatte ihre Camps und die *99 %, der Women's March* hat die *Nasty Women* oder die pinke Farbe, die überall auf dem Marsch zu sehen war:

> Symbolism is incredibly important to social movements,' said Jackson, who studies activism around race and gender. 'For many people, and especially for many women who prior to this election weren't necessarily engaged in activism, this is playing a really important role in promulgating these ideas and empowering people to make a change (Frazee 2016).

Symbolträchtig war auch die Riege an Hollywood-Stars und anderer Prominenz, die auf dem *Women's March* zu sehen war, worüber in allen Medien berichtet wurde. So titelte beispielsweise die *InStyle UK* „Katy Perry, Scarlett Johansson, Zendaya and Amy Schumer To Protest Against Trump" ein paar Tage vor dem Event im Januar (MacDonnell 2017). In Washington D.C. waren z. B. Madonna, America Ferrara, Alicia Keys, Emma Watson (vgl. Abb. 2) oder Lena Dunham bei dem *Women's March* unterwegs und posteten das Event auf

Abb. 2 Emma Watson auf dem Women's March. (Quelle: https://twitter.com/emmawatson/status/823219782057074689)

ihren Social-Media-Kanälen, was vielfach von den Massenmedien aufgegriffen wurde. Liberale ‚Veteranen' wie Michael Moore waren bei den Protesten anwesend (Zeit 2017), genauso wie berühmte Frauen- und Bürgerrechtlerinnen wie Angela Davis oder Gloria Steinem (Schmidt 2017).

Trotzdem muss abgewartet werden, wie stark sich dieser Protest weiter organisieren wird, und ob er, anders als *OWS,* den Weg in die etablierte Politik suchen wird. Die Forderungen der *Guiding Vision and Definition of Principles* scheinen dies nahezulegen. Anders als *OWS* scheint der *Women's March* bisher die Kooperation mit politischen Akteuren nicht abzulehnen.

Wie angedeutet, haben die Proteste der letzten Jahre etwas gemeinsam: Den intensiven Einsatz digitaler Kommunikation. Alle Proteste waren auf den Smartphone-Bildschirmen rund um die Welt zu empfangen, über *Facebook, YouTube, Twitter, Instagram* oder *Snapchat.* Schon im Zusammenhang mit *OWS* schrieb Jeffrey Juris, dass der Einsatz von *Twitter* und *Facebook* bei Protesten ein Gefühl der „connectedness and copresence" (Juris 2012, S. 267) hervorrufen kann, was Solidarität mit Menschen weltweit bewirkt, die für die gleiche Sache auf die Straße gehen. Dabei geht es nicht mehr um die Unterscheidung zwischen medialem und ,analogem' Protest: „there is no possible demarcation between the mediated and the real. Mediated worlds are real and reality is always mediated [...]" (DeLuca 2012, S. 485). Heute finden also Proteste nicht auf der Straße *oder* online statt, sondern die beiden Welten werden miteinander verbunden. So können Themen ein weltweites Publikum finden und Proteste über Grenzen hinweg unterstützt werden. Die Aktivistinnen und Aktivisten können die digitalen Kanäle ständig mit neuen (visuellen) Informationen füttern, Unterstützerinnen und Unterstützer hinter dem Bildschirm diese bearbeiten und teilen. Durch die visuelle Ansprache der Unterstützerinnen und Unterstützer wird eine direkte und authentisch wirkende Verbindung geschaffen. Plattformen wie *Snapchat* tragen dazu bei eine bild-basierte Kommunikation weiter zu etablieren[6] (Grieve 2017). So entsteht eine Symbiose zwischen den Protesten auf der Straße und den digitalen Protesten. Vielfach werden dann virale Beiträge auch von den Mainstream-Medien aufgegriffen und weiterverbreitet, was zu mehr Öffentlichkeit der Protestströmungen führt. Erfolgreiche Strömungen können so ihre Themen im politischen Diskurs platzieren.

2.2   Wie nutzen die neuen Bewegungen digitale Kommunikation? Das Potenzial des Internets für ziviles Engagement

Bereits Manuel Castells beschäftigte sich in seinem Standardwerk *The Rise of the Network Society* mit dem Phänomen des digitalen Protests:

> Castells's theory of the network society from The Information Age not only predates the advent of social media but also predicts it. In a society based on information and networking, social media is the logical form of communication. [...] Castells

---

[6]Auch *Instagram* und *Facebook* haben wie *Snapchat* jetzt die sehr beliebten *Story*-Funktionen, die Videos aufzeichnen und den Inhalt nach 24 h löschen.

is an optimist about the transformational power that social movements have when cyber activism leads to and complements street activism (Kidd und McIntosh 2016, S. 786).

Auch das *World Economic Forum* beschäftigt sich seit längerem mit dem Einfluss des Digitalen auf unser Leben. Das Internet, vor allem das mobile, hat es erleichtert, sich in sozialen Netzwerken zu bewegen: „From 2015, social networks have become ubiquitous, global in nature and a thriving business for individuals, industry and the platforms themselves" (Global Agenda Council on Social Media 2016, S. 5). Die Schätzungen des *Global Economic Forums* gehen dahin, dass 2016 etwa 2.1 Mrd. Menschen weltweit *Social Media* nutzten. *Facebook* ist mit immer noch über 1.5 Mrd. Usern Spitzenreiter, gefolgt von *WhatsApp* mit ca. 1 Mrd. Usern, *WeChat* aus China mit 650 Mio. Usern, *Instagram* mit 400 Mio. Usern, *Twitter* mit 300 Mio. Usern und *Snapchat* mit 200 Mio. Usern. Viele der Dienste sind mittlerweile für die mobile Nutzung optimiert worden und können oft integriert genutzt werden, etwa durch gleichzeitiges Teilen von Beiträgen auf *Instagram* und *Facebook*. Dabei ist es erstaunlich, dass vor nicht einmal zehn Jahren keiner dieser Dienste überhaupt existierte (Global Agenda Council on Social Media 2016, S. 6).

Social-Media-Dienste sind mittlerweile ein integraler Bestandteil politischen Protests geworden. Für junge Menschen lässt sich der Einsatz von *Social Media* in allen Lebensbereichen nicht mehr wegdenken: „Especially for younger participants, accustomed to relying on social networking sites and smartphones in everyday life, it would require a conscious choice to organize in ways that were *not* in part reliant on these tools" (Nielsen 2013, S. 175). So wird jede Aktivistin und jeder Aktivist mit einem Smartphone selbst zum „panmedia outlet" (DeLuca 2012, S. 487), das Videos, Fotos oder andere Dokumente schnell verbreiten kann.

Ulrich Dolata und Jan-Felix Schrape betonen, dass die Infrastruktur der Plattformen die digitale Kommunikation entscheidend beeinflussen, denn sie strukturieren wie, wo und was wir online kommunizieren können (Dolata und Schrape 2014, S. 10ff.):

Facebook-Nutzer beispielsweise haben sich, wenn sie dort aktiv werden wollen, sowohl auf die technischen Vorgaben als auch auf die dort geltenden sozialen Gepflogenheiten einzulassen, die sie in Gestalt der technischen Rahmensetzungen der Plattform und der Geschäftsbedingungen des Unternehmens zu akzeptieren haben – und sie tun dies oft sehr bereitwillig. Hier entfaltet sich vor allem anderen die verhaltensprägende und regelsetzende Kraft des Internets und seiner Nutzungsmöglichkeiten: Es [...] prägt die individuellen Handlungsorientierungen zugleich wie ein neues institutionelles Setting, das den regulativen Rahmen vorgibt, unter dem gehandelt werden kann und soll (Dolata und Schrape 2014, S. 10).

Die Plattformen, die am häufigsten für politischen Protest genutzt werden, *Facebook, Twitter* und *YouTube* (Edwards et al. 2013, S. 12), sind kommerzielle Unternehmen, meist die Marktführer in ihrem Gebiet. Sie setzen Geschäftsbedingungen voraus, um sich auf der Plattform zu bewegen. Viele Nutzerinnen und Nutzer akzeptieren diese Nutzungsbedingungen meist, ohne sie richtig zu lesen. Auch Anne Kaun betont, dass auf diesen Plattformen vor allem die Logik des „capitalism in the US American context" (Kaun 2017, S. 483) reflektiert wird. Diese Gegebenheiten determinieren nicht unsere Handlungen, aber sie definieren durchaus die Möglichkeiten, wie wir digitale Kommunikation nutzen können, indem sie bestimmte Handlungen unterstützen (Dahlberg-Grundberg 2016, S. 526). Außerdem ist es teilweise fragwürdig, ob die Plattformen immer Neutralität garantieren können, wenn es um die Nutzerinnen und Nutzer geht. In Diskussionen über die Entfernung von Inhalten oder das Sperren von Nutzerinnen und Nutzern wird klar, dass die Nutzung von *Facebook* oder *Twitter* keineswegs uneingeschränkt ist. Nach der *Unite the Right*-Demonstration in Charlottesville, zum Beispiel, entfernte die Kommunikationsplattform *Discord* viele *Alt-Right* Aktivistinnen und Aktivisten und nahm ihnen so eine ihrer Kommunikationswerkzeuge (Roose 2017b).

Andere Plattformen wie *Facebook, Google, GoDaddy* oder *Airbnb* nahmen ebenfalls Sperrungen vor. Auch Crowdfunding Seiten und sogar *PayPal* sperrten User, die mit der Alt-Right Bewegung in Verbindung stehen, da sie nicht mit deren Aktivitäten assoziiert werden wollen (Roose 2017c). Um ihren Ruf nicht zu riskieren, haben viele der Plattformen reklamiert, eine moralische Verantwortung zu haben, den Hass im Netz zu bekämpfen. Inwieweit dies aber die Polarisierung der amerikanischen Bevölkerung weiter vorantreibt, bleibt abzuwarten (Roose 2017c).

Auch die Praxis des *Doxxing* verbreitet sich immer mehr. *Doxxing* stammt aus der Hackerkultur und beschreibt die Offenlegung privater Informationen (politischer) Gegnerinnen und Gegner online. Auch nach dem Protest in Charlottesville wurden viele der beteiligten Neonazis öffentlich gemacht, etwa auf *Facebook*. Oft geraten aber auch Unschuldige ins Visier, wenn sich die Öffentlichkeit als Rächer versucht. Klar ist jedenfalls, dass das Recht auf freie Rede nicht unbedingt von kommerziellen Unternehmen garantiert wird und dass ihre Nutzung keineswegs unproblematisch ist (Bowles 2017).

Aus einer Studie aus dem Jahr 2013 geht hervor, dass *Digital Activism* durch die genannten kommerziellen Anbieter ein vitales Mittel des Protests der letzten 20 Jahre geworden ist (Edwards et al. 2013, S. 12). Die Erkenntnisse der Studie zeigen, dass *Facebook* und *Twitter* als Plattformen für Protest weltweit dominant sind. Von den untersuchten Kampagnen, die soziale Medien nutzten, waren 99 % auf *Facebook* vertreten (Edwards et al. 2013, S. 12). In der Kategorie

Video dominiert *YouTube* (78 %) (Edwards et al. 2013, S. 13). Allerdings sehen die Autoren keinen Anlass eine untersuchte Kampagne als „Twitter or Facebook revolution" (Edwards et al. 2013, S. 14) zu bezeichnen. Denn der meiste digitale Aktivismus ist immer noch darauf bedacht, reale Demonstrationen auf die Beine zu stellen. Am erfolgreichsten sind die Kampagnen, die die Regierung zur Zielscheibe haben und die verschiedene digitale Instrumente benutzen. Der Erfolg der Kampagnen hängt aber immer vom regionalen Kontext und Regime ab (Edwards et al. 2013, S. 14 f.).

Weltweit sind vor allem junge Menschen stark engagiert. Im *Youth Civic Engagement Report* von 2016 stellt die *UNO* fest, dass viele junge Menschen bei Protesten aktiv sind und sich vor allem online organisieren. Anstatt sich der organisierten Politik anzuschließen, bewegen sich viele junge Leute lieber interessengeleitet in sozialen Netzwerken, die viel loser organisiert sind (UN Department of Economic and Social Affairs 2016, S. 95). Dabei muss man zur Unterstützung nicht unbedingt auf die Straße gehen, sondern man kann dies online zeigen:

> Participating in these uprisings online was as easy as retweeting new information shared via Twitter or changing or modifying a profile image in a way that displayed one's support. Individually, these might appear to be very personal and ineffective forms of participation, but in aggregate they represent a formidable display of solidarity [...] (UN Department of Economic and Social Affairs 2016, S. 97).

Für viele mag es komisch klingen, dass man durch das Verändern seines Profilbildes auf *Facebook*, etwas bewegen könne. Diese Aktionen gehören aber heute genauso zum Repertoire von Aktivistinnen und Aktivisten wie Märsche oder Protestcamps. Ursprünglich wurde diese Art von *Digital Activism* oft als *Slacktivism* oder *Clicktivism* abgetan. Doch diese Sichtweise ist irreführend, denn vor allem junge Leute sind stärker ehrenamtlich engagiert denn je und gehen, wenn nötig, auch auf die Straße, um ihre Ziele zu verfolgen (UN Department of Economic and Social Affairs 2016, S. 102). Dass die digitale Kommunikation immer personalisierter und visueller wird, durch Bilder, Videos oder Stories, hilft, eine echte Verbindung zu den Protesten oder Aktivitäten zu schaffen und Menschen auf die Straße zu bringen. Dabei ist digitaler Aktivismus eine Unterstützung des ‚analogen' Aktivismus, kein Ersatz dafür. In vielen Ländern ist außerdem jedwede Art von (digitalem) Protest potenziell gefährlich.[7]

---

[7]Als Beispiel dient hier der saudische Blogger Raif Badawi, der nur wegen seines Blogs zu einer drakonischen Strafe verurteilt wurde.

Doch wie genau können die neuen sozialen Proteste digitale Kommunikation nutzen? Die Kommunikation auf Social-Media-Kanälen ist zunehmend visuell geprägt. Bilder, Videos oder ‚Stories' werden auf allen Plattformen immer beliebter. *Instagram,* als eine visuell geprägte Plattform, hat ‚text-basierte' Plattformen wie *Twitter* in ihrer Popularität und Verweildauer der User abgehängt (Rußmann und Svensson 2016, S. 1). Auch der Erfolg von *Snapchat* deutet auf die zunehmende Visualisierung unserer Kommunikation hin (Grieve 2017, S. 131). Doch auch auf *Twitter* und *Facebook* werden Bilder und Videos immer wichtiger (Rußmann und Svensson 2016, S. 1). Die zunehmende Visualisierung vermittelt den Usern eine noch stärkere „connectedness" (Juris 2012, S. 267) mit anderen Usern und ihren Anliegen. Sie haben teils gar das Gefühl einer Kommunikation von Angesicht zu Angesicht (Grieve 2017, S. 131). Memes sind dabei nur eines von vielen visuell-basierten Mitteln der Kommunikation. Memes spielen oft im politischen Wahlkampf und bei politischem Protest eine Rolle. Hashtags (#), die neben Memes hier beispielhaft beleuchtet werden sollen, sind außerdem ein Mittel die digitale Kommunikation online zu vernetzen und virale Effekte zu erzeugen.

2.2.1 Hashtags

Hashtags dienen vor allem dazu, ein Thema zu vernetzen und es zu verbreiten, indem jede Nutzerin und jeder Nutzer seine Posts mit dem gleichen Schlagwort versieht und die Posts somit auffindbar machen. Der Hashtag *#Occupy* zeigt z. B. alle Bilder oder andere Posts zum Thema auf der jeweiligen Plattform. Somit kann auch in kurzer Zeit ein aktuelles Thema zum *Trending*[8] gebracht werden (etwa auf *Twitter*), weil sehr viele Nutzerinnen und Nutzer etwas zum gleichen Thema veröffentlichen. Problematisch ist aber, dass es keine Kontrolle darüber gibt, wer welche Inhalte publiziert. In einer Bewegung, die sich als *leaderful* bezeichnet, fehlt häufig die direkte Ansprechperson für inhaltliche Probleme. Dazu kommt, dass immer häufiger Programme eingesetzt werden (z. B. *Twitter-Bots*), die mit vielen Posts zu einem Thema ein *Trending* verursachen, aber echten Diskurs verfälschen können (UN Department of Economic and Social Affairs 2016, S. 105).

---

[8]*Trending* meint ein Verfahren, das Algorithmen nutzt um beliebte Themen zu ermitteln und den Nutzerinnen und Nutzern anzubieten. *Twitter* selbst schreibt zum Trending: „Trends werden durch einen Algorithmus ermittelt und auf dich persönlich zugeschnitten – anhand deiner Interessen, der Nutzer, denen du folgst, und deines Standorts. Mit diesem Algorithmus werden vor allem aktuell beliebte Themen gefunden, und weniger solche, die schon seit längerem im Trend sind oder tagtäglich beliebt sind" (https://support.twitter.com/articles/317695).

OWS war von Anfang an eng mit dem Hashtag verbunden. Dabei wurde schnell deutlich, wie stark sich die Proteste um *OWS* auf digitale Kommunikation stützten: „the very fact that some refer to the Occupy movement as ‚#Occupy' […] illustrates how closely the movement is identified with some of the digital and networked technologies some activists have relied upon" (Nielsen 2013, S. 173). Wie schon angedeutet, konnten alle Aktivistinnen und Aktivisten mit einem Smartphone oder Internet-Anschluss Teil der Bewegung werden und sich mittels Hashtags leicht mit ihr vernetzen. So konnten Geschichten und Schicksale geteilt werden, Eindrücke aus den Camps oder auch Verhaftungen oder Räumungen durch die Polizei sofort online gehen. Durch die vielen Online-Veröffentlichungen wurden nach und nach auch die Mainstream-Medien auf die Bewegung aufmerksam, die sie vorher lange abgetan hatten. Dies zeigt, wie sich gegenseitig verstärkende *Feedback Loops* (Juris 2012, S. 273) entstehen können, was auch als Spillover-Effekt bezeichnet wird. Trotzdem war *OWS* mehr als ein Hashtag. Wie Rasmus Kleis Nielsen anmerkt, kann man bei *OWS* und anderen ähnlichen Bewegungen von „internet-assisted" (Nielsen 2013, S. 174) Bewegungen sprechen, da diese erfolgreich Menschen auf die Straße brachten, nicht nur vor den Computerbildschirm.

Auch beim *Women's March* 2017 kamen Hashtags zum Einsatz. Die Organisatorinnen selbst setzten ein Hashtag ein, um sich und ihre Motivation mit *#WHYWEMARCH* zu erklären. Mit diesem Hashtag konnten individuelle Geschichten, Motivationen, Fotos oder Videos der Marschteilnehmer vernetzt werden. Dieses Hashtag ist auch auf dem offiziellen Dokument *Guiding Vision and Definition of Principles* zu sehen. Er wurde zusammen mit weiteren Hashtags wie *#womensmarch, #womensmarch2017* beim Marsch selbst verwendet. Vor dem *Women's March* hatte sich der Hashtag *#ImANastyWoman* viral im Internet verbreitet, nachdem Donald Trump Hillary Clinton bei einem TV-Duell so bezeichnet hatte: „The hashtag #ImANastyWoman spread like feminist wildfire, launching a conversation about the way successful women are often treated differently than their male counterparts" (Plank 2016). Zusätzlich empfanden viele Frauen den Ausdruck Trumps als so abgedroschen und altmodisch, dass sie die Bezeichnung als Auszeichnung aufnahmen (Plank 2016). Auch wurde *Nasty Woman* danach für Internet-Memes benutzt (Miller 2016):

The reaction on social media was near instantaneous. #NastyWoman began trending on Twitter. Within minutes, nastywomengetshitdone.com[9] redirected to Hillary Clinton's official website. Within an hour, *Nasty-Woman*-T-shirts —— with proceeds benefitting Planned Parenthood —— were available for purchase (Gray 2016).

---

[9]Diese URL ist jetzt mit der *Planned Parenthood* Webseite verlinkt.

Hillary Clintons Kampagne und andere Unterstützerorganisationen nutzten den
Slogan *Nasty Woman*, um sie zu unterstützen. Zwar reichte es nicht, um Hillary
Clinton in das Weiße Haus zu bringen, aber die Hoffnung war bis zuletzt groß.

2.2.2 Memes

Wer jemals das Internet oder soziale Netzwerke nutzte, kennt sie wahrscheinlich: die Memes. Im Internet ist der Begriff Meme zum Sammelbegriff für verschiedene Phänomene auf den Social-Media-Plattformen geworden. Beim Meme
wird auf die Idee der genetischen Evolution zurückgegriffen, da sie „kulturelle
Evolutionsprozesse" (Johann und Bülow 2017, S. 3) darstellen. Memes sind eine
Schnittstelle zwischen Sprache, Gesellschaft, Populärkultur und digitalen Medien
(Ross und Rivers 2017, S. 1). Memes sind Witze, Gerüchte oder auch häufig mar-
kante Bilder oder Videos, die zum Beispiel mit humorvollen Schriftzügen versehen werden und so oder in weiterentwickelter Form von Internet Usern geteilt
werden (Shifman 2013, S. 362). Als Memes können mittlerweile aber auch fast
alle Beiträge bezeichnet werden, die sich durch Replikation und Imitation im
Internet verbreiten (Johann und Bülow 2017, S. 3 f.). Memes sind ein unverkenn-
barer Teil des anarchischen Internet-Humors und haben in den letzten Jahren
Eingang in den Wahlkampf und den politischen Aktivismus gefunden. Sie sind
außerdem ein partizipatorisches Mittel, das von jedem nach seinen persönlichen
Maßstäben verändert werden kann. Dabei sind Memes auch für viele Menschen,
die nicht politische organisiert sind, eine einfache Möglichkeit geworden, online
ihre politische Meinung zu verbreiten und sich so am politischen Geschehen zu
beteiligen (Ross und Rivers 2017, S. 11).

Im *Youth Civic Engagement Report* der UNO werden Memes ebenfalls
als Mittel des politischen Aktivismus genannt, vor allem weil sie auf humor-
volle Weise eine Botschaft verbreiten: „A mainstay of the activist repertoire
and participatory culture is humour. For digital activists ranging from the Harry
Potter Alliance and the Human Rights Campaign to the Occupy movement, political memes are one of the core tools" (UN Department of Economic and Social
Affairs 2016, S. 99). Schon bei *OWS* war das Internet-Meme ein weitverbreitetes
Mittel der Protestlerinnen und Protestler:

> In the case of OWS, diverse artifacts were produced, shared, and reappropriated
> during mediated conversations on the movement. Common phrases were employed
> (such as 'We are the 99%' and 'This is what democracy looks like'); videos were
> edited, annotated, remixed [...]; 'on-the-ground' media artifacts where captured and
> uploaded [...]. However, image memes – small still-picture and animated GIF files –
> were especially prolific in the public discussion of OWS on sites like reddit, Tumblr,
> and 4chan (4chan.org) (Milner 2013, S. 2359).

Die Art und Weise, wie Memes funktionieren und entstehen, passte perfekt zu *OWS*. Memes sind partizipatorische Gebilde, jeder kann sie verwenden oder ändern. Außerdem sind sie meist humorvoll gestaltet, was den Blick auf die Bewegung formte (Milner 2013, S. 2387).

Auch während des amerikanischen Präsidentschaftswahlkampfes 2016 waren Memes im Internet verbreitet. Unter anderem *Pepe the Frog* und *Nasty Woman* lösten virale Effekte in den sozialen Netzwerken aus. Außerdem wurde Themen wie die Mauer zu Mexiko oder Hillary Clintons E-Mail Skandal häufig in Memes verarbeitet (Ross und Rivers 2017, S. 2). In einem Interview in der *New York Times* kommentiert Brad Kim, Herausgeber der *Know Your Meme* Website, den Einfluss von Memes im amerikanischen Wahlkampf (Williams 2016). Er misst den Memes im letzten Wahlkampf einen großen Einfluss bei: „From what we've observed so far, memes are no longer treated as nuisances, although they still can be. We've seen memes play a vital role in crafting a powerful cult of personalities for Bernie Sanders and Donald J. Trump" (Williams 2016). Auch die *Nasty Woman* Bezeichnung war wie gemacht für Memes und Hillary Clinton tauchte im Internet als *nasty woman* Meme auf. Viele dieser Anspielungen im Internet waren später auch auf Protestplakaten des *Women's March* zu sehen.

Laut Kim werden Memes heutzutage nicht länger nur von politisch Linksgerichteten verwendet, sondern verstärkt von Anhängern Donald Trumps:

> This year, meme culture has outgrown its longstanding, left-leaning edge. Reddit, for example, has a sub-Reddit page called The_Donald, which is one of the fastest growing pro-Trump communities. There is also 4chan's /pol/-Politically Incorrect page. Donald Trump himself has been a major factor. No other candidate in modern U.S. election history has had such an openly antagonistic relationship with the news media and a high level of disregard for Beltway conventions. Memes have been his way to take his message straight to the people (Kim In Williams 2016).

Dabei spielte *Pepe the Frog* eine große Rolle. Eigentlich oft in anderen Zusammenhängen verwendet, nahm das Donald-Pepe-Meme schnell an Fahrt auf: „Pepe didn't become political until Donald Trump endorsed it by retweeting a Trump version of the character, which led to a mass influx of pro-Trump Pepes" (Williams 2016). Donald Trump teilte sein *Pepe* Ebenbild (vgl. Abb. 3) selbst auf seinem *Twitter*-Account. Danach reagierte sogar Hillary Clinton auf das Frosch-Meme, indem sie ihn offiziell ablehnte und somit einen „milestone in meme history" (Williams 2016) produzierte. Nie zuvor hatte sich eine Politikerin oder ein Politiker öffentlich zu einem Meme geäußert.

"@codyave: @drudgereport @BreitbartNews @Writeintrump "You Can't Stump the Trump" youtube.com/watch?v=MKH6PA... "

01:53 - 13. Okt. 2015

8.631 Retweets 11.973 „Gefällt mir"-Angaben

♡ 635   ⬚ 8,6 Tsd.   ♡ 12 Tsd.

Abb. 3 Donald Trump als Pepe the Frog. (Quelle: https://twitter.com/realdonaldtrump/status/653856168402681856)

Ein weiterer Artikel der *New York Times* aus dem Jahr 2017 lenkt den Blick ebenfalls auf das Potenzial der Memes als Mittel der politischen Einflussnahme. Nun scheinen auch immer mehr Investorinnen und Investoren den Wert von Internet-Viralität als Investment in ihre politische Agenda zu verstehen. Im letzten Wahlkampf konnten vor allem die Konservativen davon profitieren. Trumps Anhängerinnen und Anhänger taten sich besonders viral im Internet hervor, wie etwa das Start-up *Milo Inc.* von *Alt-Right* Aktivist Milo Yiannopoulos, der Millionen von Followern hat. So konnten in den letzten zwei Monaten des Wahlkampfes vor allem Anti-Hillary und Pro-Trump Posts in den sozialen Medien punkten. Die Demokraten und ihre Unterstützerinnen und Unterstützer sind hier im Rückstand. Auf den Social-Media-Kanälen wurden daher z. B. Netzwerke wie *Shareblue* gegründet, das von David Brock finanziert wird und *Breitbart* Konkurrenz machen soll. Doch auch schon vorher gab es beliebte Seiten wie *Occupy Democrats, The Other 98 %,* oder *Stand Up America,* die eine progressive Agenda verfolgen. Ein großer Teil dieser Seiten enthalten teilbare Memes, aber auch kurze Videos oder Artikel. *Stand Up America* wurde von Sean Eldridge[10] gegründet und zeigt eindrücklich die engen Verbindungen von politischen Großspendern und den Verantwortlichen hinter den Kulissen der sozialen Netzwerke (Roose 2017a).

3   Fazit

Die sozialen ProteststrÖmungen der letzten Jahre wie die *Dreamers,* die *Tea Party, OWS, BLM* oder nun potenziell neue Strömungen wie der *Women's March,* alle haben schon jetzt einen bleibenden Eindruck in der politischen Landschaft der USA hinterlassen. Auch die *Alt-Right* Strömung wird seit Donald Trumps Wahlsieg immer sichtbarer. Diese Strömungen haben verschiedene Ziele, doch eint sie die Nutzung digitaler Kommunikation. Mobiles Internet, Smartphones und Social-Media-Plattformen sind aus unserem täglichen Leben nicht mehr wegzudenken. Dies äußert sich auch im politischen Aktivismus. Denn noch nie war es so einfach politisch zu partizipieren: Mit einem Like, mit Teilen eines Hashtags, Memes oder mit einer ‚Story' von einem Protestmarsch kann man heute politisch teilhaben und Proteste mitformen. In diesem Kapitel wurden mit Hashtags und Memes lediglich zwei Mittel beschrieben, die die digitale Kommunikation

---

[10]Ehemann von *Facebook*-Mitbegründer Chris Hughes.

so beliebt machen. Besonders die visuell geprägte Kommunikation wird immer wichtiger und ist besonders gut geeignet, eine authentisch-wirkende, direkte Verbindung zwischen Aktivisten und Unterstützern aufzubauen. Auch sind Kommunikationsmittel wie Hashtags und Memes geeignet, Partizipation der Unterstützerinnen und Unterstützer zu gewährleisten. Dies konnte man bei beiden angesprochenen Strömungen *OWS* und dem *Women's March* beobachten. Doch die großen Proteste der letzten Jahre finden eben nicht nur digital statt. Sie sind eine Verknüpfung von analogen und digitalen Mitteln. Nur weil manche Unterstützerinnen und Unterstützer nicht zum harten Kern der Demonstrantinnen und Demonstranten auf der Straße gehören oder im Park campieren wollen, heißt das nicht, dass sie die Bewegung nicht trotzdem unterstützen können: „Superficial engagement need not reflect false consciousness" (Nielsen 2013, S. 175). *OWS* oder der *Women's March* waren sehr präsent auf den Bildschirmen rund um die Welt. Dennoch kamen auch Millionen von ‚realen' Unterstützerinnen und Unterstützern auf die Straßen. Die Aufmerksamkeit und Reichweite der Proteste wurde durch die intensive Nutzung der digitalen Kommunikationskanäle noch verstärkt und intensiviert. Vielfach konnten Themen auf die politische Agenda gebracht werden.

OWS ist als sichtbare Bewegung verschwunden. Dennoch regte die Bewegung den Diskurs zum Thema Ungleichheit enorm an. Die Arbeit des *Women's March* geht weiter und es bleibt abzuwarten, ob politische Erfolge erreicht werden können. Doch schon jetzt ist klar, dass es einer der größten Proteste in der US-Geschichte war. Auf der anderen Seite erstarken aber neben progressiven Strömungen auch extrem konservative Kräfte, wie die jüngsten gewalttätigen Proteste in Charlottesville zeigen. In Trumps Amerika erstarken Strömungen wie die *Alt-Right,* die möglicherweise den politischen Diskurs prägen könnten. Die viralen Effekte, die diese Strömungen z. B. mit *Pepe the Frog* Memes oder ähnlichen Beiträgen erreichen können, zeigen eindrücklich die Reichweite solcher digitaler Kommunikation. Doch auch progressive Strömungen sind immer stärker auf den sozialen Netzwerken aktiv und nutzen oft visuelle Mittel wie Memes, um ihre Anliegen zu verbreiten. Deswegen sind die sozialen Netzwerke mittlerweile die entscheidenden „Nadelöhre" (Dohle et al. 2014, S. 421) geworden, in die Botschaften eingefädelt werden müssen, um politischen Einfluss zu gewinnen.

In vielen Ländern der Erde ist das Engagement online keineswegs *Slacktivism,* sondern potenziell hochgefährliche politische Arbeit. Auch der Umstand, dass die meisten Social-Media-Plattformen in den Händen privater Unternehmen sind, kann in Zukunft problematisch werden, wenn politische Arbeit von diesen Plattformen abhängig wird (UN Department of Economic and Social Affairs 2016, S. 103). Auch haben Nutzerinnen und Nutzer kein Anrecht auf freie Rede auf den Social-Media-Plattformen und können von deren Administration jederzeit entfernt werden. Daher gibt es mittlerweile Versuche alternative Plattformen aufzubauen, die sich nicht an extrem kontroversen politischen Ansichten stören.[11] Auch die Diskussion über die Netz-Neutralität, die weltweit geführt wird, könnte eine Bedrohung der politischen Rede im Internet darstellen. Außerdem sind *Doxxing, Shaming* und *Shitstorms* gegen Minderheiten sowie das Problem von *(Twitter-)*Bots, die ‚echten' Diskurs ausblenden, weiterhin ein Problem im Netz (Global Agenda Council on Social Media 2016, S. 9, 16; UN Department of Economic and Social Affairs 2016, S. 105).

Die Effekte des digitalen Aktivismus sind weiterhin schwer zu messen. Dohle, Jandura und Vowe argumentieren, durch digitale Angebote sei es möglich, alles zu messen und ähnliche Messlatten an unsere Umgebung anzulegen (Dohle et al. 2014, S. 430). Doch mit sozialen Bewegungen wie *OWS,* die sich bewusst dem System und etablierter Politik verweigern, oder Strömungen wie der *Women's March,* die sich als *leaderful* bezeichnen, ist es weniger einfach, messbare Erfolge aufzulisten. Daher scheint es doch wahrscheinlicher, dass solche Strömungen eher subtilere Effekte erzielen, wie eine Veränderung des Diskurses. Die starke Repräsentanz auf allen medialen Kanälen, vor allem aber auch den digitalen, hilft die angesprochenen Themen wie Ungleichheit oder Diskriminierung stärker in den Fokus zu rücken. Es bleibt abzuwarten, ob im Zuge dessen die *Progressives* den Moment nutzen können, ein „spectre of a new wave of left-wing protest" (Milkman 2017, S. 26) zu nutzen, um eine echte Opposition zu Trumps USA aufzubauen (Purdy 2017, S. 28 f.).

Literatur- und Quellenverzeichnis

Amenta, E., Caren, N., Chiarello, E., & Su, Y. (2010). The political consequences of social movements. *Annual Review of Sociology, 36,* 287–307.
Bowles, N. (2017). How 'Doxxing' became a mainstream tool in the culture wars. https://www.nytimes.com/2017/08/30/technology/doxxing-protests.html. Zugegriffen: 20. Sept. 2017.
Dahlberg-Grundberg, M. (2016). Technology as movement: On hybrid organizational types and the mutual constitution of movement identity and technological infrastructure in digital activism. *The International Journal of Research into New Media Technologies, 22*(5), 524–542.

[11]Roose nennt Beispiele für extrem rechte Plattformen, die gegründet wurden, nachdem einige *Alt-Right* Aktivisten von etablierten Anbietern entfernt wurden. Beispiele sind *Gab,* das *Twitter* ersetzen soll, *Hatreon,* eine crowdfunding Alternative zu *Patreon* und *Root-Bocks,* eine Alternative zu *Kickstarter* (Roose 2017c).

DeLuca, K. M. (2012). Occupy wall street on the public screens of social media – the many framings of the birth of a protest movement. *Communication, Culture & Critique, 5,* 483–509.

Dohle, M., Jandura, O., & Vowe, G. (2014). Politische Kommunikation in der Online-Welt. Dimensionen des strukturellen Wandels politischer Kommunikation. *Zeitschrift für Politik, 4*(61), 414–436.

Dolata, U., & Schrape, J.-F. (2014). Kollektives Handeln im Internet. Eine akteurtheoretische Fundierung. *Berliner Journal für Soziologie, 24,* 5–30.

Edwards, F., Howard, P. N., & Joyce, M. (2013). Digital activism & non-violent conflict. digital-activism.org.

Flicker, S. S. (2017). The women's march has come a long way in six months, but we have much further to go. https://www.wmagazine.com/story/womens-march-six-months-progress-report-opinion. Zugegriffen: 20. Sept. 2017.

Frazee, G. (2016). What the women's march wants. http://www.pbs.org/newshour/updates/womens-march-wants/. Zugegriffen: 20. Sept. 2017.

Friedersdorf, C. (2017). The significance of millions in the street. https://www.theatlantic.com/politics/archive/2017/01/the-significance-of-millions-in-the-streets/514091/. Zugegriffen: 20. Sept. 2017.

Global Agenda Council on Social Media. (2016). *The impact of digital content: Opportunities and risks of creating and sharing information Online.* Genf: World Economic Forum.

Gray, E. (2016). How 'Nasty Woman' became a viral call for solidarity. http://www.huffingtonpost.com/entry/nasty-woman-became-a-call-of-solidarity-for-women-voters_us_5808f6a8e4b02444efa20c92. Zugegriffen: 20. Sept. 2017.

Grieve, R. (2017). Unpacking the characteristics of snapchat users: A preliminary investigation and an agenda for future research. *Computers in Human Behavior, 74,* 130–138.

Johann, M., & Bülow, L. (2017). Die Verbreitung von Internet-Memes. Empirische Befunde zur Diffusion von Bild-Sprache-Texten in den sozialen Medien. *kommunikation@gesellschaft, 19,* 1–25.

Juris, J. (2012). Reflections on #occupy everywhere: Social media, public spaces, and emerging logics of aggregation. *American Ethnologist, 39*(2), 259–279.

Kaun, A. (2017). 'Our time to act has come': Desynchronization, social media time and protest movements. *Media, Culture & Society, 39*(4), 469–486.

Kidd, D., & McIntosh, K. (2016). Social media and social movements. *Sociology Compass, 10*(9), 785–794.

Kress, D., & Tufekci, Z. (2013). Occupying the political – OWS, collective action, and the rediscovery of pragmatic politics. *Cultural Studies, Critical Methodologies, 13,* 163–167.

Krol, C. (2017). Women's March: The numbers behind the global rallies. http://www.telegraph.co.uk/news/2017/01/23/womens-march-numbers-behind-global-rallies/. Zugegriffen: 20. Sept. 2017.

MacDonnell, C. (2017). Katy Perry, Scarlett Johansson, Zendaya and Amy Schumer to protest against trump. http://www.instyle.co.uk/celebrity/news/celebrities-against-trump#-Vess27JixBiogdTj.99. Zugegriffen: 20. Sept. 2017.

Milkman, R. (2017). A new political generation: Millenials and post-2008 wave of protest. *American Sociological Review, 82*(1), 1–31.

Miller, C. C. (2016). 'Nasty Woman': Why men insult powerful women. https://www. nytimes.com/2016/10/21/upshot/history-of-insults-nasty-words-about-women-serve-a-purpose-for-men.html. Zugegriffen: 20. Sept. 2017.

Milner, R. (2013). Pop polyvocality: Internet memes, public participation, and the occupy wall street movement. *International Journal of Communication, 7,* 2357–2390.

Nielsen, R. K. (2013). Mundane internet tools, the risk of exclusion, and reflexive movements-occupy wall street and political uses of digital networked technologies. *The Sociological Quarterly, 54,* 173–177.

Oswald, M. (2018). *Die Tea Party als Obamas Widersacher und Trumps Wegbereiter. Strategischer Wandel im Amerikanischen Konservatismus.* Wiesbaden: Springer VS.

OWS. (2017). Statement of autonomy, principles of solidarity. http://occupywallstreet.net/about-streetnet. Zugegriffen: 20. Sept. 2017.

Plank, L. (2016). "Nasty woman" becomes the feminist rallying cry Hillary Clinton was waiting for. https://www.vox.com/policy-and-politics/2016/10/20/13341416/nasty-woman-feminist-rallying-cry-hillary-clinton. Zugegriffen: 19. Sept. 2017.

Purdy, J. (2017). America's new opposition. *New Republic, 248(3),* S. 26–31.

Rainie, L., Smith, A., Lehman Schlozman, K., Brady, H., & Verba, S. (2012). *Social media and political engagement.* Washington: Pew Research Center.

Rauscher, N. (2017). Occupy wall street: The United States' First Post-Modern Movement. https://bretterblog.wordpress.com/2016/10/12/occupy-wall-street-the-united-states-first-post-modern-movement/. Zugegriffen: 20. Sept. 2017.

Roose, K. (2017a). Political donors put their money where the memes are. https://www. nytimes.com/2017/08/06/business/media/political-donors-put-their-money-where-the-memes-are.html. Zugegriffen: 20. Sept. 2017.

Roose, K. (2017b). This was the alt-right's favorite chat app. Then came Charlottesville. https://www.nytimes.com/2017/08/15/technology/discord-chat-app-alt-right.html. Zugegriffen: 20. Sept. 2017.

Roose, K. (2017c). The alt-right finds a new enemy in silicon valley. https://www.nytimes. com/2017/08/09/business/alt-right-silicon-valley-google-memo.html. Zugegriffen: 5. Okt. 2017.

Ross, A., & Rivers, D. (2017). Digital cultures of political participation: Internet memes and the discursive delegitimization of the 2016 U.S Presidential candidates. *Discourse, Context and Media, 16,* 1–11.

Rußmann, U., & Svensson, J. (2016). Studying organizations on instagram. *Information, 58(7),* 1–12.

Schmidt, D.-C. (2017). Der Widerstand formiert sich. http://www.zeit.de/gesellschaft/zeitgeschehen/2017-01/womens-march-on-washington-buergerrechtsbewegung/komplettansicht. Zugegriffen: 20. Sept. 2017.

Shifman, L. (2013). Memes in a digital world: Reconciling with a conceptual troublemaker. *Journal of Computer-Mediated Communication, 18,* 362–377.

UN Department of Economic and Social Affairs. (2016). *Youth civic engagement report.* New York: United Nations.

Waddel, K. (2017). The exhausting work of tallying America's largest protest. https://www. theatlantic.com/technology/archive/2017/01/womens-march-protest-count/514166/. Zugegriffen: 20. Sept. 2017.

Williams, A. (2016). How pepe the frog and nasty woman are shaping the election. https://www.nytimes.com/2016/10/30/style/know-your-meme-pepe-the-frog-nasty-woman-presidential-election.html. Zugegriffen: 20. Sept. 2017.

Women's March (2017). Guiding vision and definition of principles. https://www.womens-march.com/mission. Zugegriffen: 20. Sept. 2017.

Zeit, D. (2017). Pinke Farbenlehre. http://www.zeit.de/gesellschaft/zeitgeschehen/2017-01/washington-womens-march-donald-trump-frauen-protest. Zugegriffen: 20. Sept. 2017.

Schweizer Interessenverbände auf Facebook am Beispiel der Volksabstimmung zur ‚Grünen Wirtschaft'

Sandra Eichenberger

Zusammenfassung

Im vorliegenden Beitrag untersucht die Autorin anhand einer Inhaltsanalyse, wie politisch aktive Interessenverbände sowie Komitees bei der Abstimmung zur ‚Grünen Wirtschaft' vom 25. September 2016 die Social-Media-Plattform *Facebook* einsetzen und welche kommunikativen Absichten sie generell und speziell in der Abstimmungskommunikation verfolgen. Die untersuchten Interessenverbände präsentieren sich dabei auf *Facebook* sehr unterschiedlich; von professionellen, gepflegten Auftritten bis hin zu bloßen Präsenzen. Die Untersuchung zeigt jedoch, dass sich eine konzeptuelle Herangehensweise an einen *Facebook*-Auftritt unter Berücksichtigung gewisser Erfolgsfaktoren positiv auf die Resonanz (Anzahl Reaktionen auf einen Beitrag) auswirkt. Ein solcher Erfolgsfaktor ist die Dialogbereitschaft, worin die Interessenverbände aktuell sehr zurückhaltend sind. Ebenfalls positiv auf die Resonanz wirkt sich eine ausgeglichene Kommunikation mit gleichen Anteilen an Information, Community-Pflege und Mobilisierung aus. Dennoch zeigt sich, dass Information – mit mehr als der Hälfte aller Beiträge – die Basis der *Facebook*-Kommunikation darstellt. Die Kampagnenseiten hingegen setzen in der Mehrheit ihrer Beiträge auf Mobilisierung, weisen eine hohe Aktualisierungsrate auf und erhalten dafür eine hohe Resonanz und Diskussionen in jedem zweiten Beitrag.

S. Eichenberger (✉)
Basel, Schweiz

© Springer Fachmedien Wiesbaden GmbH, ein Teil von Springer Nature 2018
M. Oswald und M. Johann (Hrsg.), *Strategische Politische Kommunikation im digitalen Wandel*, https://doi.org/10.1007/978-3-658-20860-8_10

Interessenverbände · Kampagnen · Facebook · Abstimmungskommunikation
Grüne Wirtschaft · Resonanz · Dialogbereitschaft · Information · Mobilisierung
Community-Pflege

1 Einleitung

Schweizer Interessenverbände sind traditionelle Interessensvermittler zwischen
Teilöffentlichkeiten und politischen Entscheidungsträgern. Allerdings verlieren sie
durch die Mediatisierung und Polarisierung der Themen zunehmend an Einfluss
(Sciarini et al. 2015, S. 250). Neben der ständigen Begleitung und Beeinflussung
der politischen Prozesse im Auftrag ihrer Mitglieder gewinnt daher die Kampagnen-
fähigkeit immer mehr an Bedeutung. *Facebook* ist heute ‚State of the Art' in der
politischen Kommunikation (Zerfaß und Pleil 2015, S. 223). Die Plattform kann
dabei als weiteres Kommunikationsinstrument dienen, gerade auch im Hinblick auf
die Mobilisierung von Bürgerinnen und Bürgern[1] vor Volksabstimmungen. Interessenverbände erhalten durch *Facebook* die Möglichkeit, direkt mit ihren internen und
externen Zielgruppen in Kontakt zu treten, sie mit Informationen zu beliefern und
zu mobilisieren, um dadurch politische Prozesse in ihrem Interesse zu beeinflussen.

Im vorliegenden Beitrag gibt die Autorin einen Einblick in die bis anhin kaum
wissenschaftlich untersuchte *Facebook*-Kommunikation von Schweizer Interessenverbänden am Beispiel einer Volksabstimmung: Am 25. September 2016
wurde in der Schweiz über die Volksinitiative vom 6. September 2012 ‚Für eine
nachhaltige und ressourcen-effiziente Wirtschaft (Grüne Wirtschaft)' abgestimmt.
Facebook war für die in den Pro- und Kontrakomitees involvierten Interessenverbände ein Instrument zur Mobilisierung in der Abstimmungskampagne. Neben
dem Fokus auf den Einsatz von *Facebook* steht in diesem Beitrag die Frage im
Zentrum, welche kommunikativen Absichten die Interessenverbände und die
Abstimmungskomitees auf dieser Plattform verfolgen.[2]

---

[1]In diesem Kapitel werden zur Personenbezeichnung vor allem generische Maskulina
(z. B. ‚die Nutzer'), Splitting-Syntagmen (z. B. ‚Nutzerinnen und Nutzer') und nominalisierte Partizipien (z. B. ‚die Nutzenden') verwendet. Im Sinne der Ambiguitätstoleranz sind
selbstverständlich immer beide Geschlechter gemeint.

[2]Der Beitrag ist eine Verdichtung einer Masterarbeit, welche im Rahmen des Studiengangs
Master of Advanced Studies in Communication Management and Leadership am Institut
für Angewandte Medienwissenschaft der *Zürcher Hochschule für Angewandte Wissenschaften (ZHAW)* verfasst und im Februar 2017 angenommen wurde (Eichenberger 2017). Diese
enthält auch das detaillierte Codebuch.

2   Interessensverbände auf Facebook und ihre Rolle in der Schweiz

Im ersten Teil dieses Abschnitts werden zwei theoretische Ansätze über Anwendungsmöglichkeiten von Social Media in der Unternehmenskommunikation vorgestellt. Anschließend wird die Bedeutung der Interessenverbände für die Schweiz sowie ihre kommunikativen Herausforderungen und die Rolle von Social Media in ihrer Kommunikation beschrieben.

2.1   Facebook als Kommunikationsinstrument

Schmidt (2011) unterscheidet drei Handlungskomponenten der Social-Web-Nutzung: Das *Identitätsmanagement* ist die Art und Weise, wie sich Personen mit Informationen auf Social Media präsentieren. Interessant sind jene Hinweise auf einer *Facebook*-Seite, welche „den Kommunikationspartnern Rückschlüsse auf die kommunikativen Absichten einer Person, aber auch ihre Interessen, Vorlieben, Meinungen oder Eigenschaften erlauben" (Schmidt 2011, S. 78). Die Pflege und der Aufbau des Netzwerkes auf Social Media beschreibt das *Beziehungsmanagement* und zeigt sich in der Popularität eines Profils und in der Kontakt- und Dialogbereitschaft. Das *Informationsmanagement* bezieht sich auf die Verbreitung von Informationen, wie Informationen bereitgestellt, mit anderen geteilt, bearbeitet und weiterverbreitet werden (Schmidt 2011, S. 73).

Die Differenzierung nach Schmidt (2011) beschreibt die Handlungsfunktionen von Social Media für Personen. Für die Untersuchung von Organisationen ist die Kategorisierung hilfreich, um grundsätzliche Fragen über den Einsatz von *Facebook* zu beantworten. Allerdings ist die Differenzierung unzureichend, wenn es um die Verwendung von Social Media in Organisationen als Teil der Unternehmenskommunikation geht. Die kommunikativen Absichten von einzelnen Beiträgen können rein informativ sein, aber auch der Beziehungspflege mit den Nutzern oder deren Mobilisierung für Aktionen dienen.

Eine Differenzierung der kommunikativen Absichten von Organisationen bieten daher die Kommunikationsfunktionen von Social-Media-Beiträgen für Organisationen nach Lovejoy und Saxton (2012). Sie unterscheiden drei Hauptabsichten: Beiträge, welche Informationen über die Organisation, ihre Aktivitäten oder über etwas von Interesse für die Nutzer beinhalten, werden unter der Kategorie *Information* zusammengefasst. Sie dienen dazu, Follower mit attraktiven Inhalten anzuziehen. Informationsbeiträge entsprechen der klassischen Einwegkommunikation, das heißt vom Publikum wird keine weitere Aktion erwartet.

Beiträge in der Kategorie *Community-Pflege* haben zum Ziel, mit den Stakeholdern zu interagieren, die Beziehung zu ihnen zu stärken und einen Dialog zu starten. In dieser Zweiwegkommunikation wird das Publikum zum Gesprächspartner oder Teil eines Netzwerkes. Mit *Mobilisierung*sbeiträgen versucht eine Organisation, ihre Stakeholder dazu zu bringen, etwas für die Organisation zu tun. Mögliche beabsichtigte Aktionen sind Spenden, Kauf von Produkten, Teilnahme an einen Event oder an einer Protestaktion – sie alle dienen der Erfüllung der Ziele der Organisation. Durch diese Einweg-Mobilisierungskommunikation wird das Publikum zum ,Täter', eine Aktionshandlung soll folgen (Lovejoy und Saxton 2012, S. 341 ff.).

2.2   Die Rolle der Interessenverbände in der Schweizer Demokratie

Ein politischer Interessenverband wird im vorliegenden Beitrag definiert als ein Zusammenschluss von Individuen und/oder juristischen Personen zu einer Organisation auf freiwilliger, individueller Mitgliedschaftsbasis. Politische Interessenverbände möchten politische Prozesse entsprechend den Interessen ihrer Mitglieder, einer allgemeinen politischen Idee oder eines größeren Ziels beeinflussen (Vatter 2016, S. 169, in Anlehnung an Alemann 1989). Neben den permanent politisch aktiven Interessenverbänden zählen hier ausdrücklich auch Nichtregierungsorganisationen (NRO, engl. NGO) zu den politischen Interessengruppen, die nur sporadisch versuchen, politischen Einfluss zu nehmen, nämlich dann, wenn ihre Interessen auf dem Spiel stehen (Frantz 2007, S. 184).

Im Gegensatz zu Parteien nehmen organisierte Interessenverbände nicht an Wahlen teil. Vielmehr verfolgen sie ihre Ziele über informelle und formelle Aktivitäten, also über direktes und indirektes Lobbying.[3] In der vorparlamentarischen Phase nehmen sie an Expertenkommissionen und Vernehmlassungsverfahren teil, in der parlamentarischen Phase lobbyieren sie bei Parlamentariern. Bei einem Referendum oder einer Initiative schließlich sammeln sie aktiv Unterschriften und führen Abstimmungskampagnen durch (Vatter 2016, S. 189). Interessenverbände

---

[3]Direktes Lobbying wird über direkte interessensgesteuerte Kommunikation mit Entscheidungsträgerinnen und Entscheidungsträgern geführt (z. B. über das direkte Gespräch). Das indirekte Lobbying sucht Mittel und Wege, um indirekt die Interessen zur Entscheidungsträgerin und zum Entscheidungsträger zu kanalisieren (z. B. über Meinungsführerinnen und -führer aus den Medien oder der Wissenschaft) (Köppl 2003, S. 107).

können außerdem öffentliche Aufgaben als Vollzugshilfen und Anbieter von halböffentlichen Dienstleistungen übernehmen (Vatter 2016, S. 195 f.).

In einer direkten Demokratie, wie in der Schweiz, müssen Interessenverbände ihre Positionen nicht nur Mitgliedern sowie politischen Akteurinnen und Akteuren, sondern auch einem breiten Publikum plausibel und glaubwürdig vermitteln können. Mittels politischer Abstimmungskampagnen können Gegner oder bevorstehende Entscheide vorbereitet, angegriffen oder beeinflusst werden. Sie dienen aber auch der Mobilisierung und Aktivierung der eigenen Mitgliedschaft sowie der Rekrutierung neuer Mitglieder und Sympathisanten. Um Aufmerksamkeit zu erzeugen, werden über einen begrenzten Zeitraum zu einem Thema verschiedene kommunikative Instrumente und Techniken dramaturgisch eingesetzt (Jarren und Donges 2011, S. 217 ff.). Dabei ist es abhängig von ihren Ressourcen und dem vorhandenen Know-how, inwieweit sie in ihren politischen Kampagnen auf direkte, nicht öffentliche Kommunikationsformen setzen, und/oder den öffentlichen und massenmedialen Weg nutzen (Jarren und Donges 2011, S. 134).

2.2.1 Kommunikative Herausforderungen der Schweizer Interessenverbände

Während Interessenverbände im 20. Jahrhundert noch eine Schlüsselrolle in den politischen Entscheidungsprozessen einnahmen, haben sie seit Anfang des 21. Jahrhunderts je nach Politikfeld wenig bis stark an Einfluss verloren. Einerseits liegt die Ursache in den politischen Kernthemen, welche sich von den traditionellen wirtschaftlichen und sozialen Politikfeldern hin zu europäischen und internationalen Geschäften bewegt haben, auf welche lokal agierende Interessenverbände wenig Einfluss nehmen können. Andererseits verlor die vorparlamentarische gegenüber der parlamentarischen Phase in der Entscheidungsfindung an Bedeutung, wodurch die Bundesratsparteien gestärkt wurden (Sciarini et al. 2015, S. 239 ff.). Die Interessenverbände selbst kämpfen mit einer zunehmenden Heterogenität der Interessen innerhalb der Verbände und sinkenden Mitgliederzahlen (Sciarini et al. 2015, S. 73).

Außerdem sind politische Akteurinnen und Akteure durch die Mediatisierung zunehmend auf die Vermittlungsleistung der Massenmedien angewiesen (Jarren und Donges 2011, S. 126). Die Bedeutungszunahme der Medien ist Segen und Fluch zugleich: Während die Möglichkeiten zu vertraulichen Verhandlungen und Kompromissbereitschaft reduziert wurden, haben Organisationen mit beschränktem Zugang zu den etablierten Entscheidungsprozessen die Chance, über mediale Aufmerksamkeit ihre Anliegen vorzubringen (Sciarini et al. 2015, S. 250).

Einige Interessenverbände setzen aufgrund der Herausforderungen auf externe Kommunikation (Sciarni et al. 2015, S. 175). Ein Fünftel der Schweizer Interessenverbände nutzen Social Media als Instrument der externen Kommunikation, womit sie große Erwartungen an die Interaktion mit Zielgruppen und deren Mobilisierung knüpfen (Brändli 2015, S. 164). Inhalte der Social-Media-Auftritte von Interessenverbänden gehören zu ihrer digitalen Visitenkarte, mit welcher sie ihre Interessen und Standpunkte unabhängig von den klassischen Massenmedien transparent aufzeigen können. Gleichzeitig unterstützen Social Media Interessenverbände bei der Beeinflussung des politischen Klimas zu ihren Gunsten, indem das Beziehungsgeflecht um eine Kommunikationsplattform zur Politik erweitert wird. Gerade in politischen (Abstimmungs-)Kampagnen kann es als zusätzliches Instrument eingesetzt werden, um die öffentliche Meinung dahingehend zu beeinflussen, dass entweder in Sinne der Interessenverbände abgestimmt wird oder politische Entscheidungsträger die öffentliche Meinung nicht mehr ignorieren können (Hoffjann 2014, S. 11).

2.2.2 Informationsverbreitung statt Interaktion?

Studienresultate aus Deutschland und den USA zu den kommunikativen Absichten von Interessenverbänden zeigen: Nur eine Minderheit der Beiträge von Organisationen sind Dialogaufforderungen oder Aufrufe zu Aktionen. Stattdessen dominiert trotz der hohen Erwartungen an den Dialog die Verbreitung von Informationen (vgl. Hoffjann und Gusko (2013) für deutsche Verbände und Lovejoy und Saxton (2012) für Nonprofit-Organisationen in den USA). Obwohl sich diese Befunde aufgrund der Unterschiede im politischen System und in den Möglichkeiten der politischen Teilnahme nicht direkt auf die Schweiz übertragen lassen, können daraus folgende Thesen für Schweizer Interessenverbände abgeleitet werden:

1. Die rasante Entwicklung von Social Media lässt erahnen, dass sich der Einsatz von *Facebook* aktuell sehr heterogen präsentiert, gewisse Faktoren jedoch die Resonanz positiv beeinflussen.
2. Es ist zu erwarten, dass der direkte Austausch und die Mobilisierung auf *Facebook* sehr zurückhaltend genutzt werden, obwohl Community-Pflege und Mobilisierung zu mehr Resonanz führt. Stattdessen steht die Information im Vordergrund.
3. *Facebook* kann vor Volksabstimmungen als Instrument eingesetzt werden, um zusätzlich für das Anliegen zu mobilisieren. Dementsprechend steht speziell in der Abstimmungskommunikation die Mobilisierung im Vordergrund.

3   Zielsetzung, Forschungsfragen und Methode

Im Mittelpunkt der Untersuchung steht die Handhabung von *Facebook* als Kommunikationsinstrument der Schweizer Interessenverbände, welche Teil von Komitees zur Abstimmung über die ‚Grüne Wirtschaft' waren. Ziel ist es, empirisch zu erforschen, wie die involvierten Interessensverbände *Facebook* in der externen Kommunikation und in der Abstimmungskampagne einsetzen und welche kommunikativen Absichten sie dabei verfolgen. Daraus ergeben sich zwei forschungsleitende Fragen:

F1   Handlungsweisen (Schmidt 2011): Wie gestaltet sich der Einsatz von Facebook der bei der Abstimmung zur ‚Grünen Wirtschaft' politisch aktiven Interessenverbände?

F2   Kommunikative Absichten (Lovejoy und Saxton 2012): Mit welchen kommunikativen Absichten setzen die involvierten Interessenverbände Facebook ein?

Die *Facebook*-Auftritte der Schweizer Interessenverbände sowie die Kampagnenauftritte der Abstimmungskomitees als Auswahleinheit werden anhand einer angebotsorientierten Inhaltsanalyse untersucht, die sich in der Vorgehensweise an Rössler (2010) orientiert und zudem spezifische Eigenschaften von Online-Medien berücksichtigt (Herbers und Friedmann 2010, S. 245 ff.). Die Analyseeinheiten sind die veröffentlichten Informationen auf den *Facebook*-Seiten der involvierten Interessenverbände (IV, $n = 39$) und der Kampagnenseiten (K, $n = 2$) zur ‚Grünen Wirtschaft' sowie die einzelnen Beiträge dieser *Facebook*-Seiten ($n_{IV} = 764$, $n_K = 196$). Der Untersuchungszeitraum beschränkt sich auf die ‚heisse Phase' des Abstimmungskampfes, also zwischen dem Versand der offiziellen Abstimmungsunterlagen (28. August 2016) und dem Abstimmungstermin (25. September 2016, 28 Tage). Das Kategoriensystem wurde deduktiv und induktiv entwickelt, um reliable als auch valide Messungen zu ermöglichen: Für einen ersten theoriebezogenen Entwurf wurde die Fachliteratur herbeigezogen. Nach Sichtung des Materials und einer ersten Testcodierung wurden die Kategorien überarbeitet und angepasst. Neben allgemeinen Angaben ergeben sich daraus für die erste Forschungsfrage nach den Handlungsweisungen nach Schmidt (2011, S. 73) folgende Kategorien:

- *Identitätsmanagement:* Neben der Selbstdarstellung in der Rubrik Info auf der *Facebook*-Seite geben die Aktualisierungshäufigkeit, der Zeitpunkt der Veröffentlichung sowie die Art der Beiträge Aufschluss darüber, wie sich Interessenverbände auf *Facebook* darstellen möchten.
- *Beziehungsmanagement:* Die Anzahl ‚Gefällt mir' Angaben auf einer *Facebook*-Seite sind ein Ausdruck von Interesse und Popularität eines Profils auf

dieser Plattform (Schmidt 2011, S. 90). Die Kontaktmöglichkeiten und die
Art und Weise, wie mit den Dialogen umgegangen wird, geben Hinweise, wie
dialogorientiert ein Interessenverband kommuniziert. Die Zielseiten von Ver-
linkungen geben außerdem einen Hinweis, wie aktiv eine Organisation Informationen aus verschiedenen Quellen verbreitet.

- *Informationsmanagement:* Der Fokus in dieser Arbeit liegt beim Informationsmanagement darauf, wie sich die Informationen der Organisation selbst verbreiten. Als Indikatoren können hierzu die Anzahl ‚Gefällt mir‘, Kommentare
  und Teilungen eines Beitrags beigezogen werden. Diese Aktivitäten werden im
  Netzwerk des jeweiligen Urhebers der Aktivität sichtbar, sie erscheinen also in
  der Timeline ihrer ‚Freunde‘.

Die zweite Forschungsfrage nach Lovejoy und Saxton (2012, S. 342) wird auf
der Ebene der Beiträge, der Interessenverbände und schließlich auf der Ebene der
Abstimmungskommunikation untersucht. Dazu werden alle Beiträge einer der
folgenden Kategorien zugeteilt:

- *Information* (keine weiteren Aspekte)
- *Community-Pflege:* Anerkennung und Dank, Hinweise auf externe Veranstaltungen und Aktionen, Dialogermunterung
- *Mobilisierung:* Hinweise auf eigene Veranstaltungen, Spendenaufrufe, Pro-
  dukteverkauf sowie Hinweis auf die eigenen Dienstleistungen, Aufruf zum
  Liken oder Voten auf einer anderen Seite, Hinweise zu Unterstützungsmög-
  lichkeiten der eigenen Organisation und Anliegen, Anwerbungen für Praktika
  und offene Stellen, Aufruf zu Lobbying und Meinungsäußerungen.

Um Aussagen über die *Resonanz* der untersuchten Beiträge und Auftritte vor-
nehmen zu können, wird jeweils die durchschnittliche Anzahl der Reaktionen
(‚Gefällt mir‘[4], Teilungen und Kommentare) pro Beitrag hinzugezogen. Die
Anzahl Reaktionen sind für *Facebook* neben weiteren ein Einflussfaktor[5] in
der Gewichtung der Beiträge, welche entscheidet, ob und an welcher Stelle die
Beiträge in der Timeline der Nutzenden angezeigt werden (Pein 2015, S. 337).

---

[4]‚Gefällt mir‘ fasst die möglichen Interaktionsformen ‚Like‘, ‚Love‘, ‚Haha‘, ‚Wow‘, ‚Sad‘
und ‚Angry‘ zusammen.

[5]Die Sichtbarkeit der Beiträge wird durch drei Faktoren bestimmt: die Affinität (Beziehung
zwischen der Nutzerin, dem Nutzer und der Seite, gemessen in vergangenen Reaktionen),
Gewichtung der Reaktionen (Kommentare sind wertvoller als ‚Gefällt mir‘) und die Aktualität der Beiträge.

Zur Vereinfachung werden aufgrund der Häufigkeitsverteilung[6] vier Gruppen gebildet: Beiträge mit keiner (0), mit wenig (1–20), mittel (21–40) und viel durchschnittlicher Resonanz (41+ Reaktionen). Für die Resonanz der Interessenverbände werden die durchschnittlichen Resonanzen ihrer Beiträge betrachtet. Der Einfluss der Bewerbung von Beiträgen auf die Resonanz kann in dieser Untersuchung nicht beurteilt werden. Ergänzend zur Inhaltsanalyse wurden Besonderheiten der einzelnen *Facebook*-Präsenzen bei der Datenerhebung für die Inhaltsanalyse qualitativ aufgenommen.

Die *Facebook*-Auftritte und die Beiträge wurden tabellarisch erfasst sowie archiviert und anschließend aufgrund des Kategoriensystems in SPSS klassifiziert sowie bereinigt. Nachdem alle Beiträge gemäß Codebuch codiert waren, wurde ein ‚Intracoder-Reliablitätstest' durchgeführt, um die Stabilität der Messergebnisse zu gewährleisten. Die Codier-Übereinstimmung nach Holsti ergibt ein Koeffizient zwischen 0 und 1, wobei Werte ab 0.8 für inhaltliche Kategorien und Werte nahe 1 für formale Kategorien als reliabel gelten (Rössler 2010, S. 204). Die Kategorisierung der inhaltlichen Kategorien wurde nach einer Woche für alle Beiträge wiederholt und weisen mit Holsti-Koeffizienten zwischen 0.91 und 0.94 auf eine zuverlässige Messung hin. Für die formalen Kategorien wurden zwei Monate nach der Erfassung 10 % der Beiträge überprüft, der Holsti-Koeffizient lag durchgehend bei 1. Wegen Ungleichverteilungen innerhalb der Kategorien sind die Kreuztabellen in den meisten Fällen nicht signifikant, lassen jedoch Interpretationen zu.

4 Einsatz und kommunikative Absichten von Interessenverbänden und Kampagnenkomitees auf Facebook

Insgesamt waren auf den Komitee-Webseiten 47 Interessenverbände gemäß vorangehender Definition aufgeführt. Von diesen waren im Untersuchungszeitraum 39 auf *Facebook* präsent, 34 veröffentlichten mindestens einen Beitrag und bilden mit ihren insgesamt 764 Beiträgen die Datengrundlage der Untersuchung, zusammen mit den 196 Beiträgen der beiden Kampagnenseiten. 82 % aller untersuchten Beiträge erreichten 1–20 Reaktionen und 9 % mehr als 40.

---

[6]Aufgrund einer starken Ungleichverteilung wurden unterschiedliche Grenzwerte getestet. Am aussagekräftigsten erwies sich diese Einteilung.

Gemessen an der Anzahl Verbände für (21) und gegen (18) die Abstimmungsvorlage, als auch an der Anzahl Beiträge zur Abstimmungsvorlage ‚Grüne Wirtschaft' (Pro: 124, Kontra: 22) hätten die Befürworterinnen und Befürworter die
Abstimmung zur ‚Grünen Wirtschaft' gewonnen.

4.1 Der Einsatz von Facebook

Der erste Teil der Ergebnisse beschreibt die *Facebook*-Auftritte der Interessenverbände und der Kampagnenseiten nach den Handlungsweisen nach Schmidt
(2011). Dabei steht die Frage im Zentrum, wie *Facebook* eingesetzt wird.

4.1.1 Selbstdarstellung auf Facebook

Mit einer Ausnahme nutzen alle untersuchten Interessenverbände die Möglichkeit, sich auf der Informationsseite selbst zu beschreiben, einige äußerst wortkarg,
andere mit zusätzlicher Netiquette. Die untersuchten Interessenverbände nutzen
somit *Facebook* als weiteren Kommunikationskanal, auf dem sie sich selbst und
ihren Zweck darstellen können.

Facebook-Seiten leben von Aktivitäten auf der Seite und der Anzahl der Nutzenden (Gysel et al. 2012, S. 261). Nur über eine kontinuierliche Kommunikation erreicht die Selbstdarstellung auch die Community. Mit einem Beitrag pro
Tag erreichen die untersuchten Interessenverbände am meisten Resonanz (vgl.
Tab. 1). Allerdings weichen viele von diesem Ideal ab, was nicht zwingend eine
Einbuße in der Resonanz bedeuten muss. Eine höhere Varianz sowohl in der Uhr-
zeit als auch über die Wochentage könnte dennoch zu mehr Resonanz führen als

Tab. 1 Beitragsresonanz nach Aktualisierungshäufigkeit

Anzahl Beiträge Interessenverbände	Ø Resonanz der Beiträge
41+/28d, mehrmals am Tag	11
1–40/28d, max. 1.4 pro Tag	12,8
21–30/28d, max. 1 pro Tag	18,0
11–20/28d, max. 5 pro Woche	6,5
1–10/28d, max. 2.5 pro Woche	3,9
Anzahl Beiträge Kampagnenseiten	**Ø Resonanz der Beiträge**
95 & 101	26,0

Quelle: eigene Erhebung

die aktuelle Handhabe, bei welcher vorwiegend innerhalb der Arbeitszeiten veröffentlicht wird – 41 % der Beiträge erscheinen zwischen 9–13 Uhr, 19 % zwischen 18–9 Uhr und 88 % zwischen Montag und Freitag.

Während die Interessenverbände vorwiegend mit Links (42,7 % ihrer Beiträge) und einem formellen Sprachstil[7] (54 %) arbeiten, setzen die Kampagnenseiten auf Videos (41,3 % ihrer Beiträge) und informelle Ansprachen (64 %), wobei formelle Beiträge weniger Resonanz erzielen (75 % der Beiträge mit keiner und 51,7 % mit wenig Resonanz) als informelle (62,3 % der Beiträge mit mittel und 60,3 % der Beiträge mit viel Resonanz). Während die visuelle Aufbereitung mit Bild (32,5 %) und Video (37,3 %) den größten Anteil der Beiträge mit viel Resonanz ausmachen, dominieren bei den Beiträgen ohne Resonanz die Links, insbesondere das bloße Teilen von Inhalten mit knappem Text und teilweise fehlendem Bildmaterial. Die Qualität der Inhalte ist demnach ausschlaggebend für die Resonanz der Beiträge.

Die Kampagnenseiten weisen bei sehr hoher Aktualisierungshäufigkeit – 95, respektive 101 Beiträge in 28 Tagen – vergleichsweise viel Resonanz auf. Die Aktualität des Themas und die Professionalität in der Pflege der *Facebook*-Seiten, sowohl bei der Selbstdarstellung auf der Informationsseite als auch bezüglich Zeitpunkt und Wochentag der Veröffentlichung (33 % der Beiträge erscheinen zwischen 9–13 Uhr, 31 % zwischen 18–9 Uhr sowie regelmäßig über alle Wochentage) beeinflussen die Resonanz positiv. Es kann jedoch davon ausgegangen werden, dass Kampagnenseiten die Möglichkeiten der *Facebook*-Werbung einsetzen, um ihre Zielgruppen anzusprechen. Dies verhindert, dass einzelne Nutzende durch zu viele Informationen abgeschreckt werden.

4.1.2 Dialogbereitschaft der Interessenverbände

Die Popularität der Seiten gemessen an der Anzahl Seiten-‚Gefällt mir‘ variiert zwischen einem Minimum von sechs und einem Maximum von 42.592 für die Interessenverbände, wobei kein direkter Zusammenhang zwischen der Popularität und möglichst vielen Seitenbeiträgen besteht. *Greenpeace, WWF* und *TCS Schweiz* mit je über 38.000 Seiten-‚Gefällt mir‘ veröffentlichten zwischen 25 und 37 Beiträge im Untersuchungszeitraum, während *Swisscleantech* (1037 ‚Gefällt mir‘), die *Stiftung für Konsumentenschutz* (4051) und *Syndicom* (2426) mit im Vergleich wenigen Seiten-‚Gefällt mir‘ je über 50 Beiträge veröffentlichten. Auch sagt die Zahl von Seiten-‚Gefällt mir‘ nichts über die Dialogverhalten der Interessenverbände aus.

---

[7]Einen formellen Sprachstil weisen Beiträge im Nachrichtenstil oder mit förmlicher Ansprache auf. Duzen, Verwendung sprachlicher Abkürzungen, Interjektionen, betonende Interpunktion und Emoticons weisen auf einen informellen Sprachstil.

Kommentare haben durch ihre stärkere Gewichtung als ein ‚Gefällt mir' im
Algorithmus einen positiven Einfluss auf die Sichtbarkeit der Beiträge, sind
jedoch über alle Interessenverbände hinweg nur gerade bei 29,4 % aller Beiträge
(Kampagnenseiten: 55 %) vorzufinden. Bei 28 % dieser Dialoge schalten sich die
Interessenverbände in die Diskussionen ein, was einen positiven Einfluss auf die
Art und Weise hat, wie sie geführt werden. So setzt sich zum Beispiel der Inte-
ressenverband *Public Eye* (Teilnahme an Diskussionen (TaD): 56 %, Resonanz
(Res): 28 Reaktionen/Beitrag) aktiv mit den Kommentaren auseinander, nimmt
mehrmals in einem Dialog Stellung und fügt weitere Informationen hinzu, die
Dialoge werden mehrheitlich moderat geführt. Die Diskussionen ohne Moderation des *Schweizerischen Gewerbeverband* (TaD: 0,0 %, Res: 35) werden hingegen über lange Strecken polemisch geführt.

Bei den Dialogen handelt es sich hauptsächlich um die Aktivierung von Nutzenden mit der gleichen Position. Während Kampagnenseiten kaum (14 %) neutrale Diskussionen[8] führen, dafür gerne kontrovers (38 %), liegen diese Anteile bei
den Interessenverbänden bei 35 % für neutrale und 20 % für kontroverse.

Trotz der Zurückhaltung bei der Moderation der Dialoge zeigen sich alle Interessenverbände außer einem kontaktfreudig und ermöglichen die direkte Kontaktaufnahme via *Facebook*-Messenger. Beim Teilen von Inhalten von anderen Seiten
als Hinweis der Netzwerkpflege sind Interessenverbände zögerlich (22 %), gerade
auch was das Teilen von den Kampagnenseiten (12 %) anbelangt. Eine hohe
Resonanz erhalten geteilte Beiträge der Organisation selbst (39 %) sowie Links
zu Zeitungsartikeln (27 %), die somit auch auf *Facebook* eine wichtige Rolle in
der Informationsvermittlung einnehmen. Bei den Kampagnenseiten verweist nur
gerade ein Prozent aller Links auf die eigene Homepage, dafür 59 % auf externe
Seiten, meist von Mitgliedern der Komitees.

4.1.3 Verbreitung der Informationen

Wird auf der Webseite eines Interessenverbands der *Facebook*-Auftritt angezeigt
und verlinkt, so wird letzterer in den meisten Fällen regelmäßig gepflegt. Bei
81 % der Interessenverbände und Kampagnenseiten kann daher davon ausgegangen werden, dass eine Online-Strategie besteht, die über das Pflegen der Webseite
hinausgeht.

---

[8]Um den Stil der Kommentare zu bewerten, wird jeweils die gesamte Diskussion eines Beitrags betrachtet. Werden verschiedene Meinungen ins Feld geführt, ist die Diskussion kontrovers, werden die Position des Beitrags durchgehend bestätigt, ist sie unterstützend. Ist
keine Tendenz zu erkennen, ist sie neutral.

Ob ‚Gefällt mir', Kommentare oder Teilungen, bei einer überwiegenden Zahl der Beiträge erreichen diese nicht mehr als 20 Reaktionen. Die meisten Beiträge erhalten ‚Gefällt mir' (0 ‚Gefällt mir': 4,7 % der Interessenverbände und kein Beitrag ohne ‚Gefällt mir' bei den Kampagnenseiten). Die aktiveren Formen von Reaktionen, das Teilen (0 Shares: 58,2 % Interessenverbände und 28,6 % Beiträge Kampagnenseiten) und Kommentieren (0 Kommentare: 70,2 % Interessenverbände und 43,9 % Beiträge Kampagnenseiten) sind seltener vorzufinden. Umso wichtiger ist es, sich an ‚Best Practices' zu orientieren. Die qualitative Analyse der erfolgreichsten Beiträge zeigt, dass diese von Aktualität zeugen und Handlungsaufforderungen enthalten, positive Themen zu Aktivitäten der Organisation beschreiben und Unterstützung bieten. Besonders beliebt sind Tiere und pointierte Darstellungen, wie sie auf Kampagnenseiten vorzufinden sind. Beiträge, die ihre Botschaft nicht vermitteln, ob durch Formfehler oder fehlende Textelemente, erhalten hingegen keine Reaktionen.

4.2 Kommunikative Absichten der Interessenverbände auf Facebook

Im zweiten Teil der Ergebnisse werden die *Facebook*-Auftritte der Interessenverbände und der Kampagnenseiten nach den kommunikativen Absichten *Information, Community-Pflege* und *Mobilisierung* nach Lovejoy und Saxton (2012) untersucht.

4.2.1 Die Absichten hinter den Facebook-Beiträgen

Beiträge mit der Absicht *Information* sollen das Publikum mit attraktiven Inhalten anziehen, es wird jedoch keine weitere Reaktion oder Aktion von diesem erwartet. Interessenverbände nutzen mehr als die Hälfte ihrer Beiträge dazu, Informationen über die Organisation, ihre Aktivitäten oder über etwas von Interesse für die Anhänger zu veröffentlichen (Informationsverbreitung: 52,8 % aller Beiträge).

Obwohl in der Literatur die Einweg-Kommunikation via Social Media meist negativ bewertet wird (Zerfaß und Pleil 2015, S. 55), können solche Beiträge eine wichtige Funktion erfüllen: Durch die reine Information kann sich die Organisation selbst darstellen sowie aktuelle (politische) Anliegen und Aktivitäten an eine breite Öffentlichkeit kommunizieren – unabhängig von der Berichterstattung in den Medien (Zerfaß und Pleil 2015, S. 213). Sie sind die Basis für weiterführenden Dialog und Mobilisierung (Lovejoy und Saxton 2012, S. 343).

Beiträge der *Community-Pflege* haben zum Ziel, mit den Stakeholdern zu interagieren, die Beziehung zu ihnen zu stärken und einen Dialog zu ermöglichen. Das

Publikum wird zum Gesprächspartner. Von der reinen Informationsverbreitung zur erfolgreichen Community-Pflege ist es für Organisationen jedoch ein großer Schritt (Zerfaß und Pleil 2015, S. 59): Der Anteil der Beiträge in der Kategorie *Community-Pflege* ist in dieser Untersuchung mit 15,3 % aller Beiträge am niedrigsten.

Die Kategorie *Community-Pflege* teilt sich in zwei Aspekte. Der erste Aspekt ist der *Community-Aufbau*, wozu Anerkennungen und Danksagungen an die Adresse von freiwilligen Helfern und *Facebook*-Followern für Aktionen (5,3 % aller Beiträge) sowie Verweise auf Veranstaltungen wie Sportevents, regionale Veranstaltungen oder den Nationalfeiertag (3,5 %) zählen. Der zweite Aspekt ist die *Dialogbereitschaft*. Diesem Aspekt zugeordnet werden Beiträge, welche explizit zum Dialog auffordern (6,5 %). Der niedrige Anteil von *Dialogaufforderungen* und die zurückhaltende *Community-Pflege* ist mit ein Grund für die wenig stattfindenden Dialoge (vgl. Abschn. 4.1.2 Dialogbereitschaft). Eine aktive Aufforderung zum Dialog und die aktive Teilnahme an den Dialogen würde den Nutzenden Dialogbereitschaft signalisieren und einen wichtigen Beitrag zur Community-Pflege leisten – entsprechend würden die Dialoge zunehmen.

Schließlich dienen 31,9 % aller Beiträge der *Mobilisierung,* welche beabsichtigt, die Ressourcen des Online-Netzwerkes für die eigenen Zwecke zu aktivieren. Mit 18,5 % über alle Beiträge hinweg und mit fast 60 % innerhalb der Kategorie *Mobilisierung* ist der Aufruf zu Lobbying und Meinungsäußerungen am häufigsten vorzufinden. Zu diesem Aspekt werden Protestaktionen, Unterschriftensammlungen und Aufforderungen zu politischen Offline- oder Online-Meinungsäußerungen gezählt. Die hohe Anzahl an Beiträgen mit Aufrufen zu Lobbying und Meinungsäußerungen lässt sich durch die bevorstehende Abstimmung sowie den Aufruf zur Großdemonstration durch die Gewerkschaften zur Abstimmungsvorlage ‚AHVplus' begründen. Damit wird deutlich, dass Interessenverbände in der Schweiz politische Kampagnen über *Facebook* betreiben, sei es für Abstimmungen oder politische Anliegen der Organisation.

Facebook bietet zur *Mobilisierung* außerdem eine komfortable Möglichkeit, anstehende eigene Veranstaltungen zu veröffentlichen. Nutzende können auf ‚Teilnehmen' klicken, wodurch der Anlass im persönlichen Netzwerk der Nutzenden verbreitet wird. Obwohl Veranstaltungen mit 7,8 % aller Beiträge die drittstärkste Kategorie bilden, sind sie aufgrund ihrer geringen Anzahl eine relativ unbedeutende Absicht der *Facebook*-Kommunikation der Interessenverbände.

Die restlichen Aspekte in der Kategorie *Mobilisierung* sind noch unbedeutender: Der Verkauf von Produkten und Hinweise auf *Dienstleistungen* sind selten vorzufinden (2,3 % aller Beiträge), Spendenaufrufe gibt es keine. In 1,4 % aller Beiträge suchen Interessenverbände nach freiwilligen Helferinnen und Helfern und neuen Mitarbeitenden. Ebenfalls in 1,4 % aller Beiträge fordern sie ihre Follower dazu auf, andere *Facebook*-Seiten mit ‚Gefällt mir' zu markieren oder auf einer anderen Seite für die Organisation zu stimmen.

Zusammenfassend kann festgehalten werden, dass der Anteil der Beiträge zu Informationszwecken mit 52,8 % am größten ist, gefolgt von Beiträgen zur Mobilisierung (31,9 %) und zur Community-Pflege (15,3 %). Damit weichen die Resultate der Untersuchung von Lovejoy und Saxton (2012) ab: Auch die größten Non-Profit Organisationen der USA veröffentlichen überwiegend Informationsbeiträge (59 %), allerdings ist die Community-Pflege mit 26 % deutlich stärker (Mobilisierung 15,6 %). Der hohe Anteil der Mobilisierung bei den Schweizer Interessenverbänden steht im Zusammenhang mit der Abstimmungskommunikation, welche die Hälfte der Beiträge in der Kategorie Mobilisierung ausmachen (41 % zu Tätigkeiten der Organisation).

Die Resonanz der Beiträge bezüglich der kommunikativen Absichten (vgl. Abb. 1) zeigt, dass Hinweise auf eigene Veranstaltungen sowie Produkt- und Dienstleistungsangebote häufig zu keinen Reaktionen führen, hingegen Dialogsaufforderungen und die Mobilisierung (Lobbying/Meinungsbekundung) eine mittlere oder hohe Resonanz erreichen. Werden die Hauptkategorien der kommunikativen

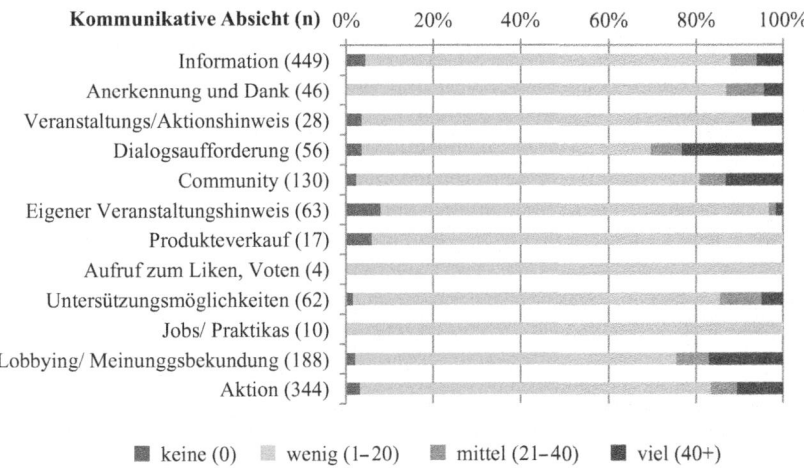

Abb. 1 Resonanz der kommunikativen Absichten der Interessenverbände. (Quelle: eigene Darstellung)

Absichten einander gegenübergestellt, ergibt sich folgende Reihenfolge: Beiträge
zur Community-Pflege erreichen mehr mittlere und hohe Resonanzen (19,3 % mit
mehr als 21 Reaktionen) als Beiträge zur Mobilisierung (16,6 %), die Informationsbeiträge sind weniger resonanzstark (12 %). Nutzende müssen entsprechend
gepflegt und mobilisiert werden.

4.2.2 Kommunikative Absichten der Interessenverbände

Im vorherigen Abschnitt wurde die Gesamtheit der Beiträge der Interessenverbände im Untersuchungszeitraum analysiert. Im Folgenden liegt der Fokus auf
den einzelnen Interessenverbänden. Ziel ist, Generalisierungen über das Verhalten der Interessenverbände anhand der kommunikativen Absichten vorzunehmen.
Jene neun Organisationen mit weniger als drei Beiträgen pro Woche (oder mindestens zwölf im Untersuchungszeitraum) werden nicht diskutiert. Bei der geringen Anzahl Beiträge ist eine Schlussfolgerung nicht aussagekräftig (Lovejoy und
Saxton 2012, S. 347).

Die unterschiedliche Gewichtung der Kommunikationsabsichten auf *Facebook*
kann mithilfe eines Dreieckdiagramms visualisiert werden (vgl. Abb. 2). Die Achsen bilden die drei Kommunikationsabsichten *Information, Community* und *Mobilisierung*. Jede Organisation erhält darin gemäß den relativen Anteilen an den drei
Kommunikationsabsichten eine Position. Je näher sich die Position bei einem der
drei Winkel befindet, umso höher ist der Anteil der Beiträge in der entsprechenden
Kommunikationsabsicht. Die Hilfslinien bei 50 % teilen das Dreieck in drei Berei-
che, in welchem eine Kommunikationsabsicht überwiegt. So lassen sich Organisationen in *Informierende, Community-Pflegende* und *Mobilisierende* einteilen.

Das Dreiecksdiagramm zeigt, dass nur eine Organisation *(Zero Waste Switzerland)* als Community-Pfleger agiert und vier *(Greenpeace, Verkehrsclub Schweiz
VCS, BioSuisse und Public Eye)* eindeutig die Mobilisierung in den Vordergrund
stellen. Die meisten Interessenverbände ($n = 18$) nutzen *Facebook*, um Informationen bereitzustellen. Spitzenreiter unter den Informierenden sind *Schweizerische Arbeitsgemeinschaft für die Berggebiete, Schweizer Bauernverband und
Schweizerische Gewerkschaftsbund*. Letzterer gehört zu den drei Interessenverbänden, welche keine Community-Pflege betreiben *(SGB, Ärzte für Umweltschutz
[AEFU], Schweizerischer Bäckereiverband [SBC] liegen auf der Achse Aktion)*.
Auf den anderen Achsen finden sich keine Interessenverbände.

Ersichtlich wird außerdem, dass die Interessenverbände neben ihrer Informati-
onstätigkeit stärker zur Mobilisierung ($n = 18$ Verbände in der linken Hälfte) als zur
Community-Pflege ($n = 5$ Verbände in der rechten Hälfte) tendieren. *Public Eye*
und *BioSuisse* zeichnen sich dadurch aus, dass sie in allen Bereichen fast gleichviele
Beiträge veröffentlichen. *TCS Schweiz* und *economisuisse* veröffentlichen (fast) so

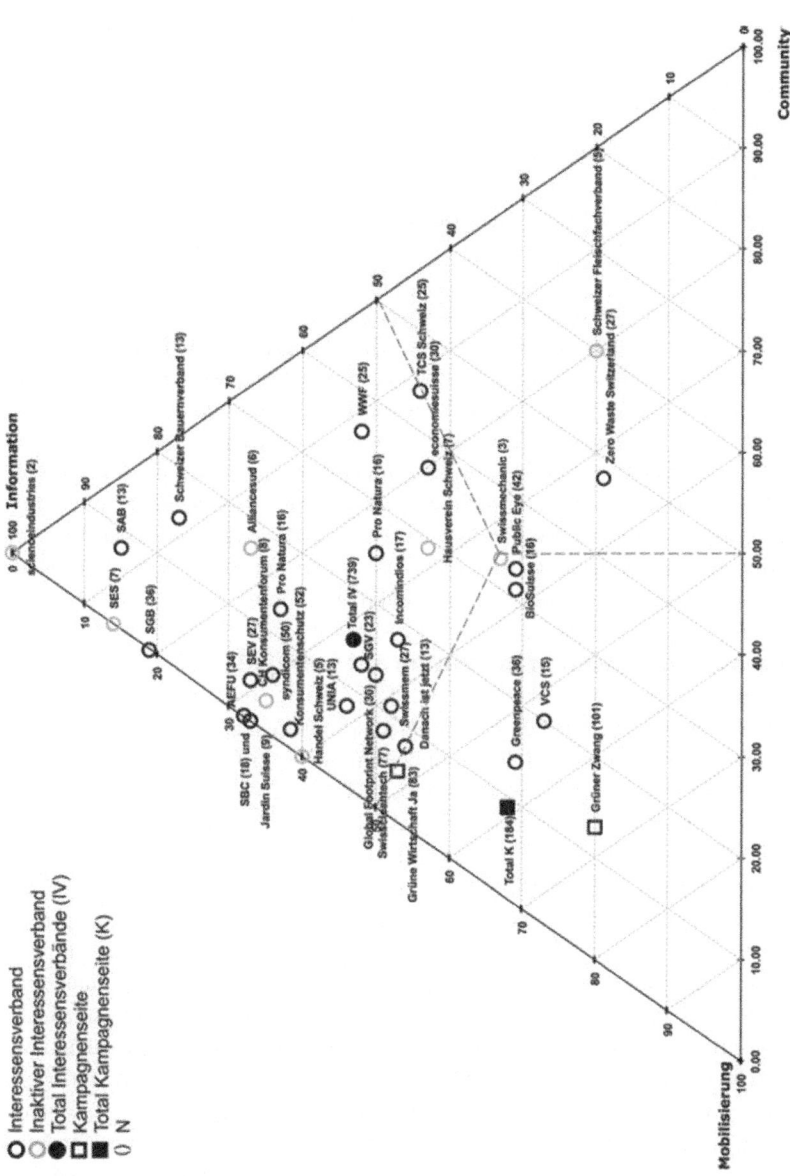

Abb. 2 Anteile der drei Kommunikationsabsichten pro Interessenverband. (Quelle: eigene Darstellung)

viele Informationen wie Beiträge zur Community-Pflege, *Danach ist jetzt, Global Footprint* und *Swissmem* (fast) so viele Informationen wie Beiträge zur Mobilisierung.

Das primäre Ziel der Nutzenden, die einer *Facebook*-Seite eines Interessenverbands folgen, ist nach Schulze und Preusse (2014, S. 330) die Informationsbeschaffung. Selbstdarstellung, Austausch und Unterhaltung spielen eine vergleichsweise geringe Rolle. In diesem Sinne erscheint eine kontinuierliche und differenzierte Bereitstellung von Informationen, wie es die untersuchten Interessenverbände tun, erfolgsversprechend für eine langfristige Pflege der Community.

Nach Lovejoy und Saxton (2012, S. 348) sollen auch Community-Pfleger und Mobilisierende nicht besser bewertet werden, laufen sie doch der Gefahr, die Bedeutung der Informationen als Basis der Beziehungspflege und Mobilisierung zu vernachlässigen. Die Interessenverbände mit den höchsten Resonanzen in dieser Untersuchung waren *WWF* (Ø Anzahl Reaktionen auf einen Beitrag: 70.3), *Greenpeace* (40.4), *Schweizerischer Gewerbeverband* (SGV, 35.2) und *Public Eye* (27.6). *Public* Eye befindet sich praktisch im Zentrum des Dreiecks. Der *WWF* hat kaum Mobilisierungsbeiträge, der *SGV* und *Greenpeace* wenige Beiträge zur Community-Pflege. Jedoch fällt auf, dass die Resonanzstarken keine Absicht in den Vordergrund stellen, sich also in keiner Spitze des Dreiecks befinden, sondern zu gleichen Anteilen informieren, Community pflegen und mobilisieren.

4.2.3 Abstimmungskommunikation auf Social Media

Vorhergehende Ergebnisse haben gezeigt, dass in der Kommunikation der politisch aktiven Interessenverbände *Facebook*-Abstimmungskampagnen ihren festen Platz haben. Werden nur die Beiträge im Zusammenhang mit der Abstimmungskommunikation der Interessenverbände betrachtet, zeigt sich folgendes Bild: Auch hier nehmen die Informationsbeiträge die Hälfte der Beiträge zur ‚Grünen Wirtschaft' ein. Mit 42 % der Beiträge rückt jedoch die Mobilisierungsabsicht stärker ins Zentrum. Dasselbe Bild zeigt sich bei den Beiträgen zu bevorstehenden Abstimmungen und Unterschriftensammlungen. Bei den Beiträgen zu den übrigen Abstimmungsvorlagen vom 25. September 2016 ist das Ziel der Mobilisierung sogar stärker als die Informationsabsichten. Sie wird besonders dann eingesetzt, wenn damit eine Offline-Aktivität wie eine Demonstration verbunden ist. So veranstalteten die Gewerkschaften zur Vorlage ‚AHVplus' eine Großdemonstration und nutzten *Facebook* zur Mobilisierung. Obwohl wegen der geringen Anzahl der Beiträge in der Community-Pflege Folgerungen über die Resonanz wenig aussagekräftig sind, lässt sich festhalten, dass die Mobilisierung tendenziell häufiger hohe Resonanz hervorruft (10 von 117 Beiträgen mit 40+ Reaktionen) als die Information (5 von 132, Community: 0 von 19).

Im Gegensatz zu den Interessenverbänden steht die Informationsverbreitung auf den Kampagnenseiten (32 %) nicht an erster Stelle, sie versuchen vielmehr zu mobilisieren (59 %), wenn auch in unterschiedlichem Maße: Während die Pro-Kampagne sowohl informiert als auch mobilisiert, setzen die Gegner eindeutig auf Mobilisierung. Die Community-Pflege ist bei beiden unbedeutend.

Abstimmungskampagnen sind zeitlich begrenzt, entsprechend sind auch die *Facebook*-Seiten im Einsatz: Sie werden einige Monate vor dem Abstimmungstermin erstellt und werden nach dem Abstimmungstermin kaum noch aktiv bewirtschaftet. So datieren die ersten Profilfotos auf den 16. Februar (Ja), respektive den 22. März 2016 (Nein). Beide Seiten veröffentlichten ihren letzten Beitrag am Abstimmungssonntag, dem 25. September 2016. Ziel einer Kampagnenseite ist daher kaum, nachhaltig eine Community aufzubauen, sondern möglichst viele Personen zu erreichen. Dazu nutzen sie das Netzwerk des Komitees aus Politikerinnen und Politikern, Unternehmen und Interessenverbänden. Die Beiträge dienen neben der Ansprache der Zielgruppen somit den Verbündeten als Material zur Weiterverbreitung. Allerdings wurden im Untersuchungszeitraum nur 31 Inhalte von den Kampagnenseiten durch die Interessenverbände geteilt.

Eine weitere Verbreitung der Inhalte können sie durch die Interaktionen der Nutzenden erreichen, worin sie mit einer durchschnittlichen Resonanz von 26 Reaktionen pro Beitrag erfolgreich sind und dabei nur von vier Verbänden übertroffen werden *(WWF, Greenpeace, Public Eye, Schweizerischer Gewerbeverband)*. Die rege Nutzung ist auch deshalb wichtig, da nach Schulze und Preusse (2014, S. 331) sich gerade die Vielnutzenden einer Seite zu Aktionen mobilisieren lassen, während die Anzahl der Nutzenden weniger entscheidend ist.

Im Gegensatz zu den Interessenverbänden erreichen Kampagnenseiten mit Informationsbeiträgen leicht häufiger mittel oder viele Reaktionen als Mobilisierungsbeiträge. Entsprechend ist die Informationsaufgabe der Kampagnenseiten ebenso von Bedeutung wie die Mobilisierung. Die Community-Beiträge können wegen der geringen Anzahl nicht interpretiert werden. Es kann auch davon ausgegangen werden, dass Kampagnenseiten die Bewerbung von Beiträgen gezielt nutzen, um ihre Zielgruppen zu erreichen. So können trotz kleiner Community viele Nutzende erreicht werden.

5   Diskussion und Handlungsempfehlungen

Am Beispiel der *Facebook*-Auftritte und -Beiträge vor der Abstimmung zur ‚Grünen Wirtschaft' wurde vorangehend die Kommunikation der Interessenverbände und Kampagnenseiten untersucht. Abschließend werden aus den Ergebnissen Schlüsse gezogen und zentrale Handlungsempfehlungen abgeleitet.

5.1   Einsatz von Facebook

Die Interessenverbände setzen ihre *Facebook*-Seiten wie erwartet sehr heterogen ein. Einige Grundvoraussetzungen werden fast durchgehend von allen Interessenverbänden genutzt, zum Beispiel die Selbstdarstellung auf der Informationsseite, die Kontaktmöglichkeiten via *Facebook*-Messenger oder der Verweis von der Website auf den *Facebook*-Auftritt. Damit ist die *Sichtbarkeit* der virtuellen Präsenz gewährleistet. Die Popularität der Seiten *(potenzielle Reichweite)* als auch die Aktualisierungshäufigkeit und die Resonanz *(Sichtbarkeit der Beiträge)* variieren stark.

Schon alleine die Präsenz der Interessenverbände auf *Facebook* kann als Bereitschaft zur aktiven Auseinandersetzung mit den Nutzenden gedeutet werden. Allerdings zeigt die Untersuchung, dass eine bloße Präsenz nicht ausreicht. Dies zeigen jene Erfolgsfaktoren, welche die Resonanz positiv beeinflussen. *Formale Faktoren* sind eine regelmäßige Aktualisierung von mindestens einem Beitrag pro Tag, terminierte Veröffentlichungen, wenn die Nutzenden online sind und visuelle Botschaften. Zu den *inhaltlichen Faktoren* zählen die Aktualität der (positiven) Themen, ein informeller Sprachstil, Handlungsaufforderungen und pointierte Aussagen sowie Beiträge, die sich selbst erklären. Bloßes Teilen von Links sowie unsorgfältige Beiträge erhalten keine Resonanz. Somit erfordert *Facebook* Knowhow, eine strategische Herangehensweise und den permanenten Einsatz von genügend personellen und finanziellen Ressourcen.

Die häufigste Reaktion ist ,Gefällt mir'. Die aktiveren Formen, das Teilen und Kommentieren, sind weitaus seltener, obwohl damit große Erwartungen verknüpft werden. Sowohl in der *Netzwerkpflege* als auch in der Moderation der wenigen Dialoge üben sich die Interessenverbände in Zurückhaltung. Der hohe Anteil an Zustimmungen in den Dialogen weist darauf hin, dass Mitglieder und Unterstützende die *primären Nutzenden* sind. Sie reagieren besonders häufig auf Informationen zur Organisation und auf Links zu Medienseiten, womit letztere auf *Facebook* eine gewisse Bedeutung in der *Informationsvermittlung* einnehmen. *These 1*, welche besagt, dass sich der Einsatz von *Facebook* sehr heterogen präsentiert, wird daher, mit Ausnahme der Sichtbarkeit der Auftritte, weitgehend bestätigt. Faktoren mit positivem Einfluss für die Kommunikation konnten identifiziert werden.

5.2   Kommunikative Absichten auf Facebook

Mit Social Media als Kommunikationsinstrument wird die Erwartung verbunden, dass sich die einseitige Kommunikation, also die Informationsverbreitung, hin zu einer dialogischen und interaktiven verändert. Gerade für Interessenverbände enthält diese *‚Bottom-up-Funktion'* von Social Media durch den direkten Austausch mit den Nutzenden demokratisches Potenzial. Die Untersuchung zeigt, dass die Mehrheit der Beiträge der Information dient. Jedoch betreibt der Durchschnitt der Interessenverbände mehr als nur ‚digitalisierte PR', indem sie Möglichkeiten bieten, sie zu kontaktieren und ihre Beiträge zu kommentieren. Die Nutzenden bleiben jedoch durch den hohen Informationsanteil und die zurückhaltende Dialogbereitschaft der Interessenverbände weitgehend in der Rolle von Rezipientinnen und Rezipienten. Anstatt die Nutzenden als Kommunikationspartnerinnen und -partner und als Teil ihres Netzwerkes wahrzunehmen (‚Cluetrain-PR'), verbleiben die Interessensverbände damit weitgehend in der *‚Internet-PR'* (Zerfaß 2015, S. 54) verhaftet.

Im Prozess der *Mediatisierung* nimmt die Bedeutung der Medien als Vermittler zwischen Organisation und Öffentlichkeit zu. Die direkte, ungefilterte Information der Mitglieder sowie Unterstützerinnen und Unterstützer kann eine Möglichkeit darstellen, unabhängig von den Medien Verständnis für die eigenen Positionen und Anliegen zu schaffen. *Facebook,* als beliebte und häufig konsultierte Plattform, ist dazu ein geeignetes Medium. Aus dieser Perspektive heraus dient die *Information als Basis* der *Facebook*-Kommunikation der Befähigung zu politischen Entscheidungen aufgrund von Wissen. Information schafft zudem Transparenz über die Tätigkeiten einer Organisation und lässt sie attraktiv erscheinen. Darauf aufbauen kann die *Community-Pflege* als auch die *Mobilisierung.*

Auch wenn die einseitige Information im Vordergrund steht, so nutzen die Interessenverbände *Facebook* in unterschiedlichem Maße auch gezielt zur *Mobilisierung,* gerade im Zusammenhang mit Online-Abstimmungskampagnen. Mit der Aufforderung zur Stimmabgabe an der Urne, zur Unterschrift von Unterschriftenbögen oder der Aufruf zu Demonstrationen soll eine (Offline-)Handlung im Sinne der Organisation folgen. Finanzielle Aufforderungen sind hingegen unbedeutend. Die *Community* wird, wie es die Dialogbereitschaft erahnen lässt, kaum gepflegt, obwohl gerade Dialogaufforderungen, aber auch die Aufforderung zu (politischen) Meinungsäußerungen zu hohen Resonanzen führen. Am meisten Reaktionen und somit mehr Sichtbarkeit erhalten jedoch jene Interessenverbände, welche *zu gleichen Teilen* informieren, die Community pflegen als auch für Aktionen mobilisieren. Die Dominanz einer kommunikativen Absicht ist hingegen weniger erfolgversprechend. Eine erfolgreiche *Facebook*-Kommunikation fokussiert demnach nicht nur auf Dialog, sondern stellt als Basis Informationen bereit, signalisiert Dialogbereitschaft und mobilisiert das eigene Netzwerk. Damit bestätigen sich die Ergebnisse von Lovejoy und Saxton (2012, S. 349).

These 2, welche besagt, dass die informative Absicht im Vordergrund der Kommunikation auf *Facebook* der Interessenverbände steht, obwohl die Community-Pflege als auch die Mobilisierung zu mehr Resonanz führt, kann daher bestätigt werden. Trotzdem soll dies nicht negativ gedeutet werden, da neue Informationskanäle in der Mediatisierung der Politik an Bedeutung gewinnen.

5.3   Abstimmungskommunikation auf Facebook

Schweizer Interessenverbände setzen *Facebook* für die politische Mobilisierung ein. Dabei sind die Befürworterinnen und Befürworter der ‚Grünen Wirtschaft' präsenter und aktiver, auch wenn sie an der Urne letztendlich scheiterten. Mittels Abstimmungskampagnen sollen die eigenen Mitglieder sowie Unterstützende mobilisiert und aktiviert werden sowie neue Mitglieder und Sympathisierende angesprochen werden. Die Informationsabsicht der Beiträge auf *Facebook* steht auch bei der Abstimmungskommunikation im Vordergrund. Allerdings wird die Mobilisierung stärker eingesetzt als in der restlichen *Facebook*-Kommunikation. Die Mobilisierung ist meist mit einer *Offline-Handlung* verbunden, wie der Abstimmung selbst, einer Unterschriftensammlung oder einer Aktion, zum Beispiel eine Demonstration. Dies führt in der Tendenz zu mehr Resonanz.

Die *Kampagnenseiten* weisen eine hohe Aktualisierungshäufigkeit auf und erreichen dafür vergleichsweise eine hohe Resonanz, vermögen ihre Nutzenden also zu aktivieren. Die Aktualität des Themas als auch die Professionalität in der Pflege ist dabei hilfreich; zudem setzen sie bewusst Zuspitzungen ein. Dialoge entstehen auf den Kampagnenseiten bei jedem zweiten Beitrag, die Diskussionen sind sowohl zustimmend als auch kontrovers geführt. Wie erwartet, setzen die Kampagnenseiten in der Mehrheit der Beiträge auf Mobilisierung. Allerdings zeigen sie eine leicht geringere Resonanz bei der Mobilisierung als bei der Information, womit ihre Rolle als Informationsquelle deutlich wird.

These 3, welche besagt, dass die Mobilisierung bei der Abstimmungskommunikation im Vordergrund steht, kann entsprechend teilweise bestätigt werden.

6   Handlungsempfehlungen

Abschließend sollen aus den vorangehenden Schlussfolgerungen Empfehlungen im Sinne eines Best-Practice-Ansatzes für Interessenverbände abgeleitet werden:

- Eine integrierte Kommunikation mit *Facebook* als ein weiteres Instrument braucht eine *konzeptuelle Herangehensweise,* in der Botschaften, Strategie und Ressourcen definiert sind. Beiträge müssen in Sprache und Darstellung der Plattform entsprechend erstellt werden, ansonsten erhalten sie keine Reaktionen. Einfach nur präsent sein, reicht nicht aus.
- Ein bedeutender Faktor eines erfolgreichen *Facebook*-Auftritts ist die *Ausgewogenheit der kommunikativen Absichten* mit Beiträgen, welche zu Informationszwecken veröffentlicht werden, welche die Beziehungen zu den Nutzenden sowie das Netzwerk pflegen und welche die Nutzenden zu einer Aktion bewegen sollen.
- *Online-Abstimmungskampagnen* leben von der Mobilisierung. Inhaltliche und visuelle Zuspitzungen, Aktualität und eindeutige Aufforderungen bilden die Basis.
- Für eine dialog- und netzwerkorientierte Kommunikation müssen Organisationen die *Dialogbereitschaft* stärken. Eine aktive Aufforderung zum Dialog in Beiträgen und die Teilnahme, beziehungsweise die Moderation der Diskussionen durch die Organisation selbst, sind dabei wichtige Voraussetzung, ebenso der Aufbau und der Einsatz des digitalen Netzwerkes.
- Positiv auf die Resonanz wirkt sich ein *variables Zeitmanagement* aus, bei dem Beiträge auch außerhalb der üblichen Bürozeiten veröffentlicht werden. Gerade der frühe Abend als auch Wochenenden sind dazu prädestiniert, da dann viele Nutzende online sind.

Abschließend soll nochmals festgehalten werden, dass die Interessenverbände sich sehr unterschiedlich auf *Facebook* präsentieren – von professionellen, gepflegten Auftritten bis zu bloßen Präsenzen war in der Untersuchung alles vorzufinden. Die Diskussion als auch die Handlungsanweisungen wurden aufgrund der Beiträge aller Interessenverbände entwickelt. Daher können sie für einige Interessenverbände obsolet sein.

Literatur- und Quellenverzeichnis

Brändli, M. (2015). *Die Online-Kommunikation von politischen Interessengruppen in der Schweiz.* Köln: Halem.
Eichenberger, S. (2017). *Einsatz und kommunikative Absichten von Schweizer Interessensverbänden auf Facebook vor der Abstimmung zur "Grünen Wirtschaft" vom 25. September 2017.* Unveröffentlichte Masterarbeit, Institut für Angewandte Medienwissenschaft der Zürcher Hochschule für Angewandte Wissenschaften (ZHAW).

Frantz, C. (2007). NGOs als transnationale Interessensvertreter und Agenda Setter. In O. Jarren, D. Lachenmeier, & A. Steiner (Hrsg.), *Entgrenzte Demokratie? Herausforderungen für die politische Interessensvermittlung* (S. 181–195). Baden-Baden: Nomos.

Gysel, S., Michelis, D., & Schildhauer, T. (2012). Die sozialen Medien im Web 2.0: Strategische und operative Erfolgsfaktoren am Beispiel der Facebook-Kampagne des WWF. In D. Michelis & T. Schildhauer (Hrsg.), *Social Media Handbuch. Theorien, Methoden, Modell und Praxis* (S. 259–274). Baden-Baden: Nomos.

Herbers, M. R., & Friedemann, A. (2010). Spezielle Fragen der Reliabilität und Validität bei Online-Inhaltsanalysen. In M. Welker & C. Wünsch (Hrsg.), *Die Online-Inhaltsanalyse. Forschungsprojekt Internet* (S. 240–266). Köln: Halem.

Hoffjann, O. (2014). *Verbandskommunikation und Kommunikationsmanagement. Eine systemtheoretische Perspektive.* Wiesbaden: Springer VS.

Hoffjann, O., & Gusko, J. (2013). *Der Partizipationsmythos: Wie Verbände Facebook, Twitter & Co. Nutzen.* Frankfurt a. M.: Otto Brenner-Stiftung.

Jarren, O., & Donges, P. (2011). *Politische Kommunikation in der Mediengesellschaft. Eine Einführung.* Wiesbaden: Springer VS.

Köppl, P. (2003). *Power Lobbying. Das Praxishandbuch der Public Affairs. Wie professionelles Lobbying die Unternehmenserfolge absichert und steigert.* Wien: Linde international.

Lovejoy, K., & Saxton, G. D. (2012). Information, community, and action: How nonprofit organizations use social media. *Journal of Computer-Mediated Communication, 17,* 337–353.

Pein, V. (2015). *Der Social Media Manager. Handbuch für Ausbildung und Beruf.* Bonn: Rheinwerk Computing.

Rössler, P. (2010). *Inhaltsanalyse.* Konstanz: UTB.

Schmidt, J.-H. (2011). *Das neue Netz. Merkmale, Praktiken und Folgen des Web 2.0.* Konstanz: UVK Verlagsgesellschaft.

Schulze, A., & Preusse, J. (2014). Erwartungen und Ansprüche von Nutzern an den Auftritt intermediärer Organisationen in sozialen Onlinenetzwerken. Eine Studie am Beispiel der Facebook-Seiten von NGOs. In F. Oehmer (Hrsg.), *Politische Interessenvermittlung und Medien. Funktionen, Formen und Folgen medialer Kommunikation von Parteien, Verbänden und sozialen Bewegungen. Reihe Politische Kommunikation und demokratische Öffentlichkeit* (Bd. 8, S. 314–334). Baden-Baden: Nomos.

Sciarini, P., Fischer, M., & Traber, D. (2015). *Political decision-making in Switzerland. The consensus model under pressure. Challenges to democracy in the 21st century.* Hampshire: Palgrave Macmillan.

Vatter, A. (2016). *Das politische System der Schweiz.* Baden-Baden: UTB.

Zerfaß, A., & Pfeil, T. (Hrsg.). (2015). *Handbuch Online-PR. Strategische Kommunikation in Internet und Social Web.* Konstanz: UVK.

Die Selfie-Seite der Macht: Instagram in der politischen Kommunikation in Deutschland

Thomas Eckerl und Oliver Hahn

Zusammenfassung

Diese Pilot-Studie untersucht im Wahlkampf zur Bundestagswahl 2017 mit Hilfe von acht qualitativ inhaltsanalysierten, halb standardisierten Leitfaden-Interviews mit deutschen Parlamentariern auf Landes- und Bundesebene und parteipolitischen Social-Media-Managern, inwieweit die App *Instagram* als Instrument in der politischen Kommunikation geeignet ist. Die Befunde dieser Studie zeigen, dass nur ein Bruchteil der Befragten mit dem kostenlosen Dienst zum Teilen von Fotos und Videos eine konkrete Strategie verfolgt. Der jungen Zielgruppe, insbesondere potenziellen Erstwählern, wird oftmals nur sehr wenig Beachtung geschenkt. Die der App eigenen Potenziale werden dahingehend auch äußerst unterschiedlich ausgeschöpft bzw. zum Teil gar nicht in Anspruch genommen, wie beispielsweise die adäquate Verschlagwortung mittels Hashtags. Allerdings will niemand auf *Instagram* innerhalb des Social-Media-Instrumentariums ganz verzichten: Viele politische Kommunikatoren schätzen die App offenbar wegen der dort überwiegend positiven Tonalität in der Debattenkultur.

T. Eckerl · O. Hahn (✉)
Universität Passau, Passau, Deutschland

O. Hahn
E-Mail: oliver.hahn@uni-passau.de

© Springer Fachmedien Wiesbaden GmbH, ein Teil von Springer Nature 2018
M. Oswald und M. Johann (Hrsg.), *Strategische Politische Kommunikation im digitalen Wandel,* https://doi.org/10.1007/978-3-658-20860-8_11

Schlüsselwörter
Instagram · Politische Kommunikation · Visuelle Kommunikation
Bundestagswahlkampf · Kampagnenkommunikation · Social Media

1   Einleitung

Soziale Medien haben spätestens seit dem Wahlkampf zur Bundestagswahl 2013 auch in deutschen Parlamenten Einzug gehalten. Dass auch die politische Kommunikation von dem Medienwandel und der Digitalisierung zunehmend geprägt ist, hat insbesondere der Bundestagswahlkampf 2017 gezeigt, der auch online stattfand. Immer mehr Politiker[1] setzen nicht nur ‚klassische‘ soziale Medien wie *Facebook* und *Twitter* ein. Auch Dienste, die mehr Hintergrundwissen in der Bedienung und Steuerung verlangen, werden von Politikern und deren PR-Strategen bespielt. In der politischen Kommunikation sollen damit insbesondere jüngere Zielgruppen wie Erst- und Jungwähler erreicht werden. Ferner bieten verhältnismäßig junge digitale Dienste der ubiquitären Mobilkommunikation – wie die App *Instagram* – Politikern vielfältige Möglichkeiten zur Vermarktung der eigenen Person.

Dieses Kapitel liefert Antworten auf die Forschungsfragen, auf welchem Professionalisierungsgrad die politische Kommunikation mit dem Nutzer innerhalb des Bilderdienstes stattfindet und welche Strategien – sofern überhaupt vorhanden – angewendet werden. Ferner werden in diesem Kapitel die spezifischen Vorteile analysiert, die die App bietet, und wie die politischen Kommunikationsstrategien mit einfließen und ausgeschöpft werden. Neben den Inhalten und Strategien, die der politischen Kommunikationsarbeit auf *Instagram* zugrunde liegen, untersucht dieses Kapitel auch die anvisierten Zielgruppen und die Eignung *Instagrams* zur Politikvermittlung.

Zunächst werden theoretische Grundlagen zur politischen Kommunikation im Medienwandel, zur Partizipation und Politikvermittlung, zur politischen Kommunikation im Zeitalter von Social Media und zum Bilderdienst *Instagram* gelegt. Dann werden das empirische Forschungsdesign der qualitativen Befragung, die methodische Vorgehensweise sowie das Sample erläutert. Anschließend werden die Befunde dieser Studie interpretiert. Im Fazit werden auch Perspektiven für mögliche Anschlussforschung eröffnet.

---

[1]In diesem Kapitel werden zur Personenbezeichnung vor allem generische Maskulina (z. B. ‚die Nutzer‘) verwendet. Im Sinne der Ambiguitätstoleranz sind selbstverständlich immer beide Geschlechter gemeint.

2 Theoretische Grundlagen

2.1 Politische Kommunikation im Medienwandel

Die Web-2.0-Revolution hat zu einer gewissen Euphorisierung unter politischen Akteuren geführt. Gemeint sind damit die naheliegende Vermutung, durch die Kommentarfunktionen und Sharing-Möglichkeiten innerhalb der sozialen Medien die Rezipienten zu einer verstärkten politischen Diskussion bzw. Partizipation zu bewegen, sowie die Möglichkeit, so einer aufkeimenden Politikverdrossenheit entgegenzuwirken. Novy und Schwickert (2009, S. 38) attestieren digitalen Angeboten sogar, dass sie „grundsätzlich zur Vitalisierung der Demokratie beitragen [und] sie potenziell sowohl die Input- als auch Output-Legitimation […] steigern […]". Die Medialisierung der Gesellschaft beschreibt die immer größere Ausbreitung publizistischer Medien inklusive einer ständigen Änderung der Angebots- und Medienformen. Damit gehen eine signifikante Erhöhung der Übertragungsgeschwindigkeiten und eine immer stärkere Durchdringung aller Lebensbereiche einher (Jarren und Donges 2006, S. 28). Diese Strukturveränderung findet freilich auch in der Politik statt. Sarcinelli (1998, S. 678 f.) beschreibt drei Punkte der Mediatisierung auf politischer Ebene: „(1) die wachsende Verschmelzung von Medienwirklichkeit und politischer wie sozialer Wirklichkeit, (2) die zunehmende Wahrnehmung von Politik im Wege medienvermittelter Erfahrung sowie (3) die Ausrichtung politischen Handelns und Verhaltens an den Gesetzmäßigkeiten des Mediensystems". Schulz (2011, S. 19) beschreibt diese Entwicklung als die „Entgrenzung der Politik durch die Medienexpansion".

Ein Beispiel dafür ist die Ausweitung der politischen Kommunikationsbemühungen auf Kanäle der sozialen Medien wie z. B. *Facebook* oder *Twitter.* Denn kaum ein Parlamentarier, der sich im Wahlkampf befindet, kommt inzwischen ohne *Facebook*-Fanseite aus. Schließlich bedeutet jedes sich neu angeeignete mediale Instrument eine Extension der bereits vorhandenen Kommunikationsmöglichkeiten (Schulz 2011, S. 33). Zusätzlich konstatiert Pontzen (2013, S. 147) aufseiten der politischen Akteure einen Zugewinn in der kommunikativen Souveränität und gleichzeitig die Möglichkeit, sich ungefiltert an Rezipienten zu richten, und dabei die Option zu besitzen, eigene Themenschwerpunkte zu setzen. Schulz (2011, S. 33 f.) fügt dem hinzu, dass „die gesamte Medienentwicklung […] sich […] als kontinuierliches Bemühen [begreifen lässt], die Übertragungsreichweite, die Speicherungsmöglichkeiten, die Mitteilungscodierung […] zu steigern sowie die Technik und Ökonomie ihrer Herstellung zu verbessern".

2.2   Partizipation und Politikvermittlung

Im Laufe der Zeit hat sich auch die Teilhabe im Netz an politischen Inhalten deutlich gewandelt. Der Begriff ‚E-Partizipation' macht deutlich, wie sich politische
Teilhabe in das *World Wide Web* hinein verlagert und so ein jüngeres Publikum
erreicht, als es ursprünglich innerhalb analoger Partizipationsformen der Fall war.
Schröder (2014, S. 26) definiert die E-Partizipation folgendermaßen: Sie umfasst
alle internetgestützten Verfahren, die eine Beteiligung von Bürgern am politischen Entscheidungsprozess ermöglichen. Als Weiterentwicklung der analogen
Bürgerbeteiligung eröffnet ihr E-Partizipation die Möglichkeit, dass sehr viele
Teilnehmer unabhängig voneinander an getrennten Orten Ergebnisse erarbeiten
können. Im Zentrum von E-Partizipation stehen die Kommunikation zwischen
Politik und Wahlvolk sowie die Kommunikation der Bürger untereinander. Das
Internet mit den Tools des Social Web erleichtert dabei wesentlich die Kommunikation mit Rückkanal. Diese Entwicklung wurde erst durch einen grundlegenden
Strukturwandel innerhalb der Medien möglich. Vowe (2012, S. 49 f.) charakterisiert den daraus resultierenden Strukturwandel innerhalb der Politischen Kommunikation mit drei Merkmalen: Volatilität, Viralität und Pluralität. Volatilität meint
demnach, dass die Frequenz der Kommunikation zunimmt und damit eine allgemeine Beschleunigung des gesamten Kommunikationsprozesses einhergeht. Dies
führt dazu, dass sich auch politische Kommunikation schneller ‚verflüchtigt'.
Viralität meint, dass sich politische Themen in der digitalen Welt nur durchsetzen,
wenn sie das Potenzial besitzen, viral gehen zu können, also ihre Inhalte zum Teil
an die Netz-Trends bzw. Netz-Logik angepasst haben. Mit Pluralität ist demnach
die soziale Komponente des Wandels gemeint: Interessensgruppen lassen sich
über Ländergrenzen hinweg leichter und schneller organisieren und koordinieren
als früher. Die Akteure politischer Kommunikation interagieren nun auf dem-
selben Level. Dies führt zwangsläufig zu einer geringeren Hemmschwelle, eine
Kommunikation vonseiten der Bürger zu beginnen.

Die Ausweitung politischer Kommunikationsprozesse auf digitale Ebenen hat
auch Folgen für die Politikvermittlung und damit einhergehend für die demokratische Willensbildung. Schon längst nicht mehr wird politisches Hintergrundwissen lediglich aus den klassischen Massenmedien, wie z. B. Radio und Fernsehen,
bezogen. Je nach Interessenslage erfüllen *Social Network Sites* (SNS), wie z. B.
Facebook, die Aufgabe einer Aggregation von für den User relevanten Inhalten.
Ob Politikvermittlung innerhalb des Bilderdienstes *Instagram* trotz oder gerade
wegen seiner stark visuellen Ausrichtung überhaupt möglich ist, versucht diese
Untersuchung zu klären. Interessanterweise hielt Sarcinelli (1987, S. 23) bereits
lange vor der Web-2.0-Revolution folgende Bedingungen für Politikvermittlung

fest: „Schließlich darf Politikvermittlung, will sie demokratischen Ansprüchen gerecht werden, keine einseitig gerichtete Elite-Bürger-Beziehung sein. Sie muss auch offen sein für Informationsaustausch und Interessensvermittlung vom Bürger zur politischen Führung (kommunikative Basisrückkopplung)." Gleichwohl unterscheidet Sarcinelli (1987, S. 26) vier Motive der Politikvermittlung und unterteilt sie in Information, Appellation, Partizipation und Politische Bildung. Argumente liegen auf der Hand, dass spätestens seit der Erschließung des digitalen Feldes für die Politische Kommunikation, die Top-Down-Mentalität politischer Kommunikationsprozesse aufgebrochen wurde und sich nun gleichermaßen Bottom-Up-Kommunikation dank des Web 2.0 in die Systeme politischer Kommunikation einspeisen (Dowe 2009, S. 80). Die „Elite-Bürger-Beziehung" (sensu Sarcinelli 1987, S. 23) wird dadurch aufgeweicht und verliert ihr hierarchisches Gefälle. Gerade medienpädagogische Ansätze sehen hierin die Chance, Jugendliche dank sozialer Medien zu neuen Teilhabeprozessen zu motivieren und so einer möglichen Politikverdrossenheit entgegenzuwirken. Trotzdem sehen Kritiker die neue Technik und die sozialen Medien weniger euphorisch: „[N]eue Medien führen nicht automatisch zu mehr Engagement. Es käme einer Illusion gleich zu glauben, der Schritt zur interaktiven Beteiligungsdemokratie sei bereits vollzogen, nur weil die Technik das Potenzial dazu bereitstellt" (Novy und Schwickert 2009, S. 38).

Mit ähnlichem Tenor ist die Debatte um den sogenannten *Digital Divide* geführt worden, der beschreibt, dass lediglich einer höher gebildeten und wirtschaftlich besser situierten Schicht der Zugang zu solchen Angeboten gelingt. Der Begriff umfasst auch den technischen Aspekt, der notwendig ist, um digitale Angebote wahrzunehmen (Norris 2001, S. 4). Wiederum andere Kritiker sozialer Medien vertreten die Auffassung, dass sich durch Social Media keine wirklichen Partizipationsformen ergeben und führen innerhalb dieser Diskussion den Begriff des ‚Slacktivism' an, der umschreiben will, dass ein politisches Engagement allenfalls vom heimischen Sofa aus stattfinde (Brückner 2012). In der Politikvermittlung innerhalb sozialer Medien will Saxer (2007, S. 51 ff.) eine „Entertainisierung" in der Entwicklung der Politischen Kommunikation erkennen, die er „Politainment" nennt.

2.3 Politische Kommunikation im Zeitalter von Social Media

Die grundlegende Modernisierung in der Politischen Kommunikation umreißt Unger (2011, S. 49 ff.) mit drei Begriffen: Professionalisierung, Personalisierung und Medialisierung. Unter Professionalisierung ist demnach zu verstehen, dass politische Kommunikation immer mehr von Parteien heraus in professionelle Organisationen (z. B. Agenturen) ausgelagert wird (Unger 2011, S. 50). Personalisierung meint in diesem Zusammenhang, dass der eigentliche Kandidat (z. B. im Wahlkampf) losgelöst von der Partei über ihr steht, und die politischen Botschaften nicht mehr zwangsläufig mit der Partei verknüpft sein müssen (Unger 2011, S. 52). Infolge der Medialisierung „haben sich Reichweite, räumliche Unabhängigkeit, Geschwindigkeit und Professionalität in der massenmedialen Politischen Kommunikation erhöht" (Unger 2011, S. 54). Eine Verlagerung bzw. Ausweitung hin zu sozialen Medien war folglich auch für politische Akteure unumgänglich.

Der Trend, Online-Medien und soziale Netzwerke verstärkt im Wahlkampf einzusetzen, wurde vielerorts offenbar infolge des US-Präsidentschaftswahlkampfes 2008 von Barack Obama ausgelöst. Das US-Vorbild, den Straßen- und Plakat-Wahlkampf auch online weiterzuführen und so weitere Wähler zu mobilisieren, machte soziale Medien auch für deutsche Akteure politischer Kommunikation populär (Burgard 2012). Die Möglichkeit, auch über soziale Medien direkten Kontakt zur Basis zu haben, hat offenbar aufseiten politischer Akteure weitere Kommunikationsoptionen aufkeimen lassen. Ein besonderer Reiz ist hierbei sicherlich die Mobilisierung von Erst- bzw. Jungwählern, die digitale Kanäle besonders stark nutzen. Der Eindruck von Nutzern, einen direkten digitalen Einfluss auf die Demokratie üben zu können, spielt dabei eine genauso wichtige Rolle, wie der Eindruck von Nutzern von politischen Akteuren z. B. dank Interaktionen wie Kommentare und Likes wahrgenommen und gehört zu werden (Feldmann 2016).

2.4   Der Bilderdienst Instagram

Instagram ist ein mobiler, als Smartphone-App verfügbarer Bilderdienst, der seinen Nutzern ermöglicht, Fotos oder Videos nutzerdefiniert mit Filtern und Effekten zu versehen und in einem eigenen Foto-Feed privat oder öffentlich zur Verfügung zu stellen (Facebook 2015, S. 5). Der Dienst wurde am 6. Oktober 2010 von seinen Gründern, Kevin Systrom und Mike Krieger, als Smartphone-Anwendung (vorerst nur für Apple iPhones) veröffentlicht und bereits im Jahr 2012 von *Facebook* für eine Milliarde US-Dollar akquiriert (Kobilke 2016, S. 15 ff.). Die Nutzung von *Instagram* ist einfach: Nach der Registrierung ermöglicht die App, vorhandenes Bildmaterial zu verwenden oder aus der Anwendung heraus Fotos zu schießen und diese mittels einer Reihe von Filtern zu ‚verschönern' (Kobilke 2016, S. 14). Den Nutzern steht es frei, einen Text zu dem visuellen Inhalt hinzuzufügen, welcher später als Bildunterzeile angezeigt wird. Der Einsatz von sogenannten Hashtags (#) im Text hat sich weitestgehend etabliert, jene stellen eine Art semantischen Filter dar. Den Nutzern ist es somit möglich, eine Verschlagwortung für die erzeugten Inhalte zu generieren (Pein 2015, S. 362, 395). Mithilfe dieser Schlagworte lässt sich der geteilte Inhalt von anderen Nutzern leicht auf der Plattform finden.

Der Erfolg des Bilderdienstes *Instagram* beruht auf seinem starken Wachstum, insbesondere auf den rasanten Wachstumsraten bei den Nutzerzahlen: Während *Instagram* im Februar 2013 100 Mio. monatlich aktive Nutzer (MAU) zählte, hat sich nach mehr als vier Jahren die Zahl der MAU auf 700 Mio. Nutzer im April 2017 versiebenfacht (o. A. 2017b). Zum Vergleich: *Facebook* verzeichnete im ersten Quartal 2017 durchschnittlich 1,94 Mrd. MAU (o. A. 2017a). Dabei nutzten im Jahr 2016 den Bilderdienst täglich 23 % seiner weltweit aktiven Nutzer, und 30,5 % nutzten *Instagram* sogar öfter als einmal pro Tag (o. A. 2017c). Besonders bei Jugendlichen erfreut sich der Bilderdienst großer Beliebtheit: Mehr als die Hälfte der 10- bis 19-Jährigen in Deutschland (52 %) nutzen *Instagram* als Social-Media-App; den Nachrichtendienst *WhatsApp* aus dieser Befragung ausgeklammert, wird *Instagram* bei den Befragten in puncto Beliebtheit nur von der Video-Plattform *YouTube* mit 56 % übertroffen (o. A. 2017d).

3   Empirisches Forschungsdesign

Angesichts des noch eher lückenhaften Forschungsstands zu *Instagram* als Werkzeug der politischen Kommunikation rechtfertigt die explorative Natur dieser Pilot-Studie ihre qualitative Anlage. Um einen Einblick in die Nutzungsmotive und -formen sowie in die Professionalität im Umgang mit dem Bilderdienst *Instagram* zu bekommen, wurden acht qualitative halb standardisierte Tiefeninterviews geführt. Die Leitfadenkonstruktion ergab vier übergeordnete Fragekomplexe: Nutzungsmotive, kommunikative Strategie(n), Zielgruppe(n) sowie Politikerrepräsentation und Politikvermittlung.

Die Operationalisierung der aus den Forschungsfragen abgeleiteten Analyseeinheiten erfolgt nach dem Modell von Kaiser (2014). Er definiert diesen Vorgang, ausgehend von den forschungsleitenden Fragestellungen bis hin zu den fertigen Interviewfragen, als einen vierstufigen Prozess: Dieser Prozess erstreckt sich ausgehend von den 1) Forschungsfragen, über 2) die Bildung von Analyseeinheiten, welche zu großen Teilen aus den theoretischen Hintergründen oder der Sekundärliteratur stammen, dem 3) Entwickeln von Fragekomplexen, hin zu der 4) Formulierung konkreter Interviewfragen für den Leitfaden (Kaiser 2014, S. 56 f.). Tab. 1 verdeutlicht das Vorgehen der Operationalisierung dieser Studie:

Tab. 1 Operationalisierung der forschungsleitenden Fragestellungen

Forschungsfragen	Analyseeinheit	Fragekomplex (Ausprägung)
FF1: Welche Gründe machen Instagram für den Einsatz als politisches Kommunikationsinstrument attraktiv?	Nutzungsmotive	Chancen
		Authentizität/Transparenz
		Prognose
		Risiken
FF2: Welche kommunikative(n) Strategie(n) weisen die größten Erfolge bzw. die größte Resonanz auf?	Kommunikative Strategie(n)	Erfolgreiche Inhalte
		Content-Strategien
		Partei-Strategien
		Nutzer-Interaktion
		Häufigkeiten
		Abbau von Distanz
FF3: Welche relevante(n) Zielgruppe(n) lässt/lassen sich mit Instagram erreichen?	Zielgruppe(n)	Adressaten
		Bestimmte Wählergruppen
		U18-Nutzer
		Evaluation
		Liken bestimmter Inhalte
FF4: Trägt der Bilderdienst Instagram zur Politikerrepräsentation und Politikvermittlung bei?	Politikerrepräsentation und Politikvermittlung	Markenaufbau
		Abbildung/Legitimation politischer Arbeit
		Wahlkampfinstrument
		Vermittlung politischer Inhalte

Die daraus resultierende Konstruktion des Interviewleitfadens orientiert sich an der von Helfferich (2011, S. 182 ff.) entwickelten „SPSS-Methode": „SPSS" steht für Sammeln, Prüfen, Sortieren und Subsumieren. Hierbei gilt es zu beachten, dass es sich bei der „SPSS-Methode" um ein dynamisches Verfahren handelt, und die einzelnen Prozesse auch nebeneinander und in unterschiedlicher Bandbreite ablaufen können (Kruse 2014, S. 231): Wichtig ist, dass zu Beginn dieser Methode immer ein umfangreiches Brainstorming steht, welches das (vorerst) unreflektierte Sammeln von Stimuli und Fragen beinhaltet. Liegt ein umfangreicher Fragenkatalog vor, muss mit der Überprüfung dieser Fragen begonnen werden. Diese Überprüfung und Reflexion dient der Sicherstellung, ob die konstruierten Fragestellungen für das Forschungsinteresse geeignet sind. Im nächsten

Schritt erfolgt die Sortierung der übrig gebliebenen Fragestellungen hinsichtlich möglicher Kategorien. Diese Kategorien können sowohl inhaltlicher Natur,
als auch systematischer Natur sein (z. B. Nachfragen). Als Abschluss erfolgt die
Einordnung – Subsumierung – der übrig gebliebenen Fragen in den Leitfaden.
Abseits dieser grundlegenden Struktur liefert die „SPSS-Methode" eine über-
sichtliche Möglichkeit, die die notwendige Balance zwischen Strukturierung
und Offenheit des zu produzierenden Leitfadens gewährleistet (Helfferich 2011,
S. 182).

Alle Interviewpartner sind aktive Politiker (auf Landes- und Bundesebene),
unter ihnen ein Bundestagskandidat, oder politische PR-Akteure mit entsprechenden, zu betreuenden Kanälen auf *Instagram*. Die Befragung deckte folgendes Parteienspektrum ab: CDU/CSU, SPD, Bündnis 90/Die Grünen, FDP und
Die Linke. Unter den acht anonymisierten Interviewpartnern waren fünf aktive
Politiker sowie drei politische PR-Akteure. In der Ergebnisdarstellung werden
die Aussagen der Politiker jeweils mit P1 bis P5 gekennzeichnet und die der
Account-Manager mit A1 bis A3.

Wegen des Termindrucks im Wahlkampf wurden alle Interviews telefonisch
geführt. Nach der Transkription der Interviews wurden die vorliegenden Textein-
heiten einer qualitativen Inhaltanalyse nach Mayring (2015) unterzogen; Grund-
gerüst dafür war die zusammenfassende Analyse (Mayring 2015, S. 67 f.). Sein
Verfahren zeichnet sich dadurch aus, dass aus dem erhobenen Textmaterial relevante Rohdaten extrahiert, diese entsprechend aufbereitet und im Anschluss ausgewertet werden (Gläser und Laudel 2010, S. 199).

4   Befunde

4.1   Nutzungsmotive

Bei der Auswertung der Nutzungsmotive lassen sich mehrere Schwerpunkte feststellen. Vier der acht Interviewpartner geben an, dass sie *Instagram* aus Eigenmo-
tivation und Spaß an der App betreiben. „Ich benutze *Instagram,* weil ich gerne
auf Social Media unterwegs bin. Das war ich schon bevor ich in den Landtag
gekommen bin. Ich hatte schon immer *Twitter,* schon immer *Facebook,* [...]. Und
für mich ist es einfach irgendwie normal, Social Media zu benutzen, dadurch über
meinen Alltag zu berichten" (P4, 12.04.2017).

Neben dem Spaß am Umgang mit der App steht die Kanalerweiterung des Einzelnen – und somit einen Bürger-Dialog zu starten – genauso im Vordergrund, wie

das Motiv gezielt jüngere Nutzer ansprechen zu wollen. Für einen Interviewpartner sind diese beiden Motive eng miteinander verwoben. „Weil […] man damit
eher eine jüngere Zielgruppe erreicht, die vor allen Dingen visuell orientiert ist,
und das eine Gelegenheit ist, mit Menschen in den politischen Dialog zu treten"
(A3, 19.04.2017). Auch für einen weiteren Politiker scheint der Bürger-Dialog der
Hauptgrund zu sein: „Also mir persönlich geht's darum, einfach mit dem Bürger
ein zusätzliches Medium zu haben, um in Kontakt zu treten" (P2, 28.03.2017).

Ein schwächer ausgeprägtes, aber dafür starkes Motiv ist die positive Tonalität der *Instagram*-Community. Ein *Trolling* oder feindselige Kommentare wie
in so mancher politischen Debatte auf *Facebook* scheinen auf *Instagram* nicht zu
existieren. „Momentan ist das Schöne an *Instagram,* dass es so eine freundliche
Community ist. [D]as macht mir […] als Politiker Spaß, das zu benutzen […]"
(P1, 27.03.2017). Der Vorteil einer solchen Debattenkultur führt langfristig dazu,
dass kommunikative Fehltritte schneller verziehen werden oder gar nicht erst zu
einem Reputationsverlust führen. „Du kriegst nicht so Hate bei *Instagram*" (P4,
12.04.2017).

Neben den zentralen Motiven spielt auch der Faktor Authentizität beim Bilderdienst innerhalb der politischen Kommunikation eine zentrale Rolle. Auf
die Frage hin, welche Rolle der Authentizität bei der Nutzung von *Instagram*
zukommt, herrscht unter den befragten Personen Einigkeit. Diese Überzeugung
bleibt insofern bestehen, solange das *Instagram*-Profil persönlich betrieben
und mit eigenen Inhalten bespielt wird. „[D]a spielt die Authentizität doch eine
wesentlich höhere Rolle, wenn ich dann irgendwie Fotos sehe, die auch ruhig
verwackelt sein dürfen […], dafür erkenne ich, dass die Person, die hier sozusagen sendet, auch wirklich dieses Bild gemacht hat" (A1, 27.03.2017). Grundlage dieser Aussage ist die Vorstellung, dass z. B. *Facebook*-Accounts wegen des
Zeitaufwands in den wenigsten Fällen persönlich betreut werden. „[…] *Instagram*
funktioniert dann gut, wenn die Menschen das Gefühl haben, sie bekommen
auch etwas gezeigt, einen besonderen Einblick ins politische Geschehen" (A3,
19.04.2017).

Auch in den Meinungen zum zukünftigen Stellenwert *Instagrams* in der politischen Kommunikation tendieren die meisten Befragten in eine Richtung. Sie
sehen in dem Bilderdienst durchaus Potenzial für die politische Kommunikation.
„Also, ich glaube, dass es eine größere Rolle […] spielen wird. Einfach aufgrund
der […] Zuwachsraten. Auch weil *Instagram* die Funktionen immer weiter aus-
baut. Am Anfang waren es nur Fotos, jetzt sind es schon die *Instagram*-Storys.
Auch da gibt es neue Funktionen" (P2, 28.03.2017). Die neuen Funktionen erhöhen maßgeblich die Interaktionsraten zwischen den Nutzern und ermöglichen es,
neue Nutzer – auch außerhalb der eigenen Parteiensphären – hinzuzugewinnen.

Diese Möglichkeiten setzen allerdings voraus, sich vor der Anwendung intensiv mit den Funktionen auseinanderzusetzen. Große Einigkeit unter den Befragten gibt es auch beim Thema Risiken in der politischen *Instagram*-Nutzung. Ein Großteil sieht ein überschaubares Risiko in der Nutzung des Bilderdienstes für die politische Kommunikation. In Rückbezug auf die positive Tonalität innerhalb der Nutzerschaft erscheint dies logisch. Risiken werden v. a. dahin gehend wahrgenommen, dass das Teilen von entsprechenden Inhalten schnell in einen zu privaten Bereich hin abdriften könnte und eventuell der Reputation schaden könnte. „[G]erade bei *Instagram,* wo man viel mit Fotos arbeitet, kann es natürlich sein, dass man dann vielleicht schon mal schnell etwas zeigt, was eigentlich zu privat und zu intim ist und da nicht hingehört" (A2, 31.03.2017). Weiter besteht die Möglichkeit, politisch kontroverse Inhalte auf der Plattform zu teilen. „[D]er Rest ist wie bei jeder politischen Kommunikation, dass ich mich in meiner Botschaft irgendwie ein bisschen vertun [...] oder da auch mal danebenliegen kann. Das ist glaube ich das einzige. Wir haben lange nicht die Reichweite, deswegen halte ich das Risiko für relativ überschaubar" (A1, 27.03.2017).

Zusammenfassend ist festzustellen, dass die Gründe für den Einsatz von *Instagram* mannigfaltig sind. Besonders für den Einsatz in der politischen Kommunikation ist die positive Tonalität der Community hervorzuheben. Dies ist zwar keine neue Erkenntnis (Kobilke 2016), aber diese Eigenschaft bestätigen die Interviewpartner mehrfach. Eine Nutzergemeinschaft, in der ein wohlwollendes Klima herrscht, eröffnet für politische Akteure einen großen Handlungsspielraum. Die Risiken ausufernder Debatten sind im Vergleich zu *Facebook* und *Twitter* gering. Der Einsatz von Filtern und Bearbeitungsmöglichkeiten lässt ein unspektakuläres Foto glamourös wirken. Dieses Vorgehen führt aufseiten politischer Kommunikatoren zwangsläufig zu einer Ästhetisierung in der eigenen Darstellung. Dies hat den Vorteil, dass eine PR-freundliche Darstellung des jeweiligen Akteurs umso leichter ermöglicht wird. Die Ästhetisierung innerhalb der *Instagram*-Community hat aber auch zur Folge, dass überwiegend hochwertigem Bildmaterial besondere Beachtung auf der Plattform geschenkt wird. Ein *Instagram*-Profil kann dazu genutzt werden, den Usern persönliche und nahe Eindrücke zu vermitteln. Ein Selfie zeigt Nutzern an, dass ein politischer Akteur das Foto selbst gemacht hat und seinen Kanal selbst bespielt. Dies führt zum Eindruck größerer Authentizität des entsprechenden Kommunikators und trägt möglicherweise zum Abbau von Unnahbarkeit bei. Gerade in Wahlkampfzeiten ist dies sicherlich ein interessanter Aspekt, um einen Bürger-Dialog anzustreben oder zu optimieren. Ein weiterer Grund für die steigende Attraktivität *Instagrams* sind vornehmlich jüngere Zielgruppen, die über den Bilderdienst angesprochen werden können. Die Befragung zeigt, dass jüngere Zielgruppen zwar ein zentrales Motiv für die Nutzung des Bilderdienstes darstellen, diese aber nur in den wenigsten Fällen bewusst angesteuert werden. Gerade in Anbetracht der Gruppe der Erstwähler bleibt offenbar (noch) viel Potenzial ungenutzt.

4.2 Kommunikative Strategie(n)

Schwerpunkte beim Thema kommunikative Strategie(n) bilden Inhalte mit hohen Resonanzen, übergeordnete strategische Konzepte und das konkrete Eingehen von Kommunikatoren auf Nutzer-Interaktionen.

Oftmals rufen motivästhetische Inhalte hohe User-Resonanz hervor: „Tatsächlich ist uns aufgefallen, dass zumindest bislang das größte Pfund [ist], mit dem wir wuchern können: […] die Umgebung Berliner Reichstag, Reichstagsgebäude, […] wo man ein tolles Foto […] machen kann, und wir versuchen dann zeitgleich, […] noch irgendwie […] auf […] Aktuelles hinzuweisen […] oder eben Fotos von etwas anzubieten, was man […] nicht alle Tage zu Gesicht bekommt" (A1, 27.03.2017). Inhalte mit hoher User-Resonanz basieren überwiegend auf hochwertigen Bilder und ‚Behind-the-scenes'-Motiven. Dass Nutzer von *Instagram* einen großen Wert auf Ästhetik legen, wird von den Befragten berücksichtigt: „[Solche] Videos und Stories werden […] hoch gewichtet […]. Aber ich glaube, dass es tatsächlich stark mit der Ästhetik zusammenhängt, damit man eine hohe Interaktion hat" (P1, 27.03.2017). Um Nutzer längerfristig an sich zu binden, ist es auch auf *Instagram* dienlich, exklusive Inhalte für seine Followerschaft anzubieten. „[W]ir stellen eigentlich immer wieder fest, dass alles am besten funktioniert, was irgendwie einen Blick hinter die Kulissen wirft, also […] was man sonst nicht in der Tageszeitung […] sieht, […] wo der Nutzer sozusagen einen Mehrwert hat, dadurch dass er einem folgt, weil er eben etwas Exklusives sieht" (A2, 31.03.2017).

Überraschenderweise gibt die Mehrheit der Befragten an, keine kommunikative Strategie(n) auf dem Bilderdienst zu verfolgen. Lediglich eine Person will eine konkrete Strategie auch mit dem *Instagram*-Kanal verfolgen. Diese Strategie knüpft an den Anspruch an, den Nutzern exklusiven Content zu liefern. „Es gibt sozusagen eine Social-Media-Strategie für die Person […], und dabei geht es natürlich […][darum,] was wollen wir zeigen und was nicht? Was sind Dinge, die wir mit ihm verknüpft wissen wollen? Also zum Beispiel […]: Er liebt Oldtimer und schnelle Rennwagen […]. Und das ist zum Beispiel etwas, das haben wir sozusagen einmal so erzählt, und das weiß auch jeder. Und das kann man dann natürlich durch Fotos auf *Instagram* auch anfüttern, das ist halt glaubwürdiger" (A2, 31.03.2017). Alle anderen Befragten gaben an, keine kommunikative(n) Strategie(n) zu verfolgen, oder zumindest den Anspruch zu haben, hochwertiges Bildmaterial für die generierten Inhalte zu verwenden. Die Angabe, keine konkrete(n) kommunikative(n) Strategien zu verfolgen, bedeutet jedoch nicht, dass sich der jeweilige Kommunikator keine Gedanken über Inhalte macht. Viel mehr verfolgt er eine intuitive Strategie und adaptiert die *Instagram*-Logik anhand der rezipierten Beispiele anderer Nutzer. „[I]ch [...] bin nicht so ‚durchstrategifiziert' [sic!], sondern im Prinzip benutze ich halt die App und versuche es so ähnlich zu benutzen, wie [...] Bürger das auch benutzen würden" (P1, 27.03.2017). Auch übergeordnete Partei-Strategien spielen im Einsatz des Bilderdienstes offenbar keine entscheidende Rolle.

Was die User-Interaktion angeht, gibt ein Befragter an, nur wenig auf diese einzugehen. Alle anderen Befragten wollen konkret auf Anfragen oder Kommentare reagieren. „[W]ir haben einen sehr dialogorientierten Ansatz, das heißt, wir versuchen mit den [...] Nutzern zu diskutieren. [Das bedeute, auf] ihre Fragen und Hinweise zu antworten, auch mal Beiträge von Usern [...], die mit uns in Verbindung sind, [...] zu liken" (A3, 19.04.2017). Möglicherweise ist die vergleichsweise (noch) geringere Reichweite *Instagrams* dafür verantwortlich, dass Kommentare noch nicht so ausufernd sind, dass sie professionell abgearbeitet werden müssen. Auch deshalb scheint es möglich, dass die Beantwortung von Fragen nicht als Zeitverlust wahrgenommen wird. „Ich versuche schon zu antworten, wobei das angenehme an *Instagram* ist [...],[...] dass [...] bei *Instagram*-Posts meistens nicht diese politischen Grundsatzdebatten entstehen" (P3, 11.04.2017). Dies schafft im Umkehrschluss mehr Nähe zu den Nutzern und eine erhöhte Bindung des Einzelnen an den entsprechenden Kanal. Mit Blick auf die Post-Häufigkeit von Inhalten sind sich die Befragten einig, regelmäßig, aber nicht zu häufig zu posten.

Im Social-Media-Marketing gibt es zahlreiche Content-Strategien, die sich auch für einen *Instagram*-Account eignen. Im Großen und Ganzen lassen sich folgende Rückschlüsse zum Thema kommunikativen Strategie(n) ziehen: Besonders häufig wird der sogenannte Blick hinter die Kulissen betont, um Resonanz bei Nutzern hervorzurufen. Die Logik *Instagrams,* den Fokus auf ein Bildmotiv zu setzen, macht deutlich, dass die Nutzer offenbar einen Mehrwert einfordern, um sich längerfristig an ein Profil binden zu lassen. Dieses Ziel erreichen Kommunikatoren nicht, indem sie auf *Instagram* lediglich dieselben Inhalte aus anderen sozialen Medien zweitverwerten. Die Nutzer von *Instagram* erwarten offenbar exklusiven Content. Diese Befragung zeigt ferner, dass eine kommunikationsstrategische Vorgehensweise im Einsatz des Bilderdienstes für die politische Kommunikation nur in den wenigsten Fällen eine Rolle spielt.

Die meisten Interviewpartner orientieren sich beim Posten von Inhalten an der *Instagram*-Gemeinschaft selbst. Sie verfolgen eher eine intuitive Strategie beim Erstellen und Verbreiten von Inhalten. Dies mag in einer vornehmlich ‚kritikarmen' Community gut funktionieren, lässt aber erhebliches Potenzial beim Einsatz des Bilderdienstes ungenutzt.

4.3   Zielgruppe(n)

Die Ergebnisse zum Thema Zielgruppe(n) spiegeln eine eher diffuse Vorstellung der Befragten von ihren Adressaten, die sie über *Instagram* erreichen wollen. Die Mehrheit der Befragten spricht keine definierte(n) Zielgruppe(n) konkret an. „[T]atsächlich […] kennen wir weder unsere Zielgruppe, noch haben wir eine" (A1, 27.03.2017). Dennoch sind sich viele Befragte bewusst, eher jüngere Nutzer über den Bilderdienst mit den eigenen Inhalten erreichen zu können. „[W]ir wissen natürlich, dass wir […] dort ein eher jüngeres Publikum erreichen. Und so versuchen wir, da auch die Themen zu spielen und zu setzen" (A3, 19.04.2017). Lediglich eine Person will eine definierte Zielgruppe besitzen, auf welche die produzierten Inhalte zugeschnitten sind. „Also wir versuchen natürlich, sozusagen außerhalb der [Partei-]Blase Leute zu erreichen. [E]s geht natürlich eher darum, an Wähler ranzukommen […], die uns vielleicht bisher noch nicht unterstützen oder die gar nicht wissen, dass ihr eigener Lebensstil und ihre eigene Lebensweise eigentlich [unserer Partei] irgendwie [nahestehen]" (A2, 31.03.2017).

Im Fokus steht oftmals der sogenannte Wähler von morgen, also Nutzer, die aufgrund ihres Alters noch nicht wählen bzw. sich das erste Mal an einer Wahl beteiligen dürfen. Aus den Antworten der Interviewpartner wird ersichtlich, dass nur eine Kombination aus Online- und Offline-Arbeit letztlich den Erfolg bzw. die Resonanz in der entsprechenden Nutzergruppe hervorrufen kann. Einer der Befragten will in *Instagram* keine Möglichkeit sehen, Nutzer in ihrer Wahlentscheidung zu beeinflussen: „[I]ch glaube auch nicht, dass man mit Fotos Leute davon überzeugt bekommt, jetzt eine politische Partei zu wählen" (P5, 20.04.2017). Im Umkehrschluss lässt diese Antwort aber die Option zu, dass das Potenzial von *Instagram* im Kommunikationsmix durchaus die Chance hat, Erfolge bei jungen Nutzern zu erzielen.

Einige Befragten evaluieren die Nutzer-Resonanz ihres jeweiligen *Instagram*-Accounts. Darunter ist zu verstehen, ob oder inwieweit Like-Zahlen und die Nutzer-Resonanz von geposteten Inhalten kontinuierlich beobachtet und hinterfragt sowie entsprechende Statistiken erstellt und ausgewertet werden. „Ich mache einmal pro Woche so einen Monitor, wo ich aufliste: Wie sind unsere aktuellen Follower- und Reichweitenzahlen, und was war mit Rückblick auf die letzte Woche jeweils der beste und der schlechteste Post. Und was können wir daraus lernen?" (A2, 31.03.2017). Eine andere Person versucht, die Themensetzung auf *Instagram* nach einer Evaluation der Inhalte besser zuzuschneiden: „Zumindest insoweit, als dass wir uns natürlich Reichweiten angucken und schauen, was funktioniert, und insofern spielt es natürlich eine Rolle, auch darüber ein Gefühl zu bekommen, welche Themen ankommen, also was die Community interessiert, und mit welchen Themen wir punkten können" (A3, 19.04.2017). Wiederum andere Befragte evaluieren ihre Arbeit auf *Instagram* nicht. Weitere Potenziale, den eigenen Account erfolgreicher zu machen, bleiben in diesen Fällen ungenutzt.

Insgesamt zeigt Befragung deutlich, dass sich vor allem die befragten Berufspolitiker und weniger die auf Öffentlichkeitsarbeit spezialisierten Account-Manager unter den Interviewpartnern kaum über ihre Zielgruppe(n) im Klaren sind bzw. ihre Ansprache nicht konkret auf bestimmte Nutzergruppen zuschneiden.

4.4   Politikerrepräsentation und Politikvermittlung

Weitere zentrale Befunde können zur Politikvermittlung und Politikerrepräsentation über *Instagram* diagnostiziert werden. Alle Befragten sehen in *Instagram* Potenzial, Politiker-Images nachhaltig aufzubauen. „[E]ine Marke setzt sich ja aus vielen Facetten zusammen, und gerade die Platzierung eines Bildes über sich selbst ist durch *Instagram* durchaus ganz gut möglich" (P3, 11.04.2017). Weiter wird angemerkt, dass *Instagram* nicht den Charakter eines reinen Markenbildungsinstrumentes in sich trägt. Dennoch wird auch darauf hingewiesen, dass der Aufbau einer politischen Persönlichkeit in Abhängigkeit der vorhandenen Ressourcen zu betrachten ist, und der Aufbau eines zu vermittelnden Politikerbildes zu einem Risiko werden kann, sofern die Authentizität darunter leidet.

Konsens herrscht unter den Befragten darüber, dass sich politische Arbeit über den Bilderdienst abbilden lässt. Nur über die Ausprägung dieser Eigenschaft gehen die Meinungen auseinander. Besonders *Instagram*-Profile wie das der Bundeskanzlerin (@bundeskanzlerin) oder der Account des Auswärtigen Amtes (@auswaertigesamt) versuchen den Nutzern, einen breiten Einblick in den politischen Alltag in Deutschland und der Welt zu vermitteln. Gerade politischen Profilen mit hohen Reichweiten kommt deshalb eine besondere Bedeutung innerhalb des Bilderdienstes zu. Dank der verhältnismäßig hohen Follower-Zahlen ist für diese Profile von zentraler Bedeutung, politische Arbeit realitätsnah abzubilden und sie zu legitimieren. Einigkeit unter den Befragten herrscht auch bei dem Thema adäquate Abbildung politischer Arbeit auf *Instagram*. Alle Interviewpartner sehen in dem Bilderdienst eine Möglichkeit, politische Informationen zu vermitteln und politische Arbeit abzubilden, knüpfen dies aber z. T. an unterschiedliche Bedingungen. Ein Interviewpartner knüpft die Qualität der Informationsvermittlung an die Authentizität des Profils: „[B]ei dem Account von Frau Merkel ist das Problem […], dass […] ein professioneller Fotograf [ihre Bilder] macht […]. Wenn sie es selber machen würde, so wie wir das versuchen, dann […] ist es schon ein Weg, Inhalte und Programme zu vermitteln" (A2, 31.03.2017). Eine weitere Bedingung, die gestellt wird, ist die Kombination mit anderen Kommunikationskanälen, um politische Arbeit in *Instagram* langfristig abbilden zu können. „[P]olitische Arbeit ist urkomplex, und vermutlich kann man es am besten abbilden durch Bundestagsdrucksachen […]. Aber, aber ich glaube, dass es halt wichtig ist, dass es eine Vielfalt von Kanälen gibt, und da ist halt Instagram einer davon. Als einziger würde es nicht funktionieren, aber als einer von verschiedenen, in einem Kommunikationsmix ist das gut geeignet" (P1, 27.03.2017).

Ein Befragter hält es für notwendig, den Bürgern über soziale Medien die eigene Arbeit zu präsentieren, und sieht politische Akteure in der Pflicht, soziale Medien zu nutzen. „Ich glaube einfach, dass man in der heutigen Zeit sich dem nicht verschließen kann […], so verstehe ich meine Arbeit […], wir sind gewählt auf Zeit […], und da ist es natürlich wichtig, dass die […] Bürger auch zurückgespiegelt bekommen, was machen denn unsere Volksvertreter buchstäblich den lieben langen Tag" (P4, 12.04.2017). Einer der Befragten sieht im Bilderdienst den großen Vorteil der Möglichkeit einer PR-freundlichen Darstellung und hält deshalb *Instagram* für ein geeignetes Werkzeug der Öffentlichkeitsarbeit: „[S]elbstverständlich kann damit, kann dort über politische Arbeit berichtet oder kommentiert [werden]. Natürlich ist es PR, die da stattfindet, […] darüber muss man sich bewusst sein. Es soll natürlich die Arbeit der jeweiligen Amtsperson und der Ministerien und der Minister und der Bundeskanzlerin entsprechend im guten Licht dargestellt werden" (A3, 19.04.2017).

Gerade der Bundestagswahlkampf lässt auch die Frage zu, ob *Instagram* ein geeignetes Mittel darstellt, um Wahlkampfkommunikation darüber zu streuen. Gerade die schnelle und mobile Handhabung machen es möglich, Offline-Kampagnen online zu verknüpfen und Followern einen exklusiven Einblick hinter die Kulissen zu ermöglichen. Somit erscheint es sinnvoll, *Instagram* flächendeckend im Wahlkampf einzusetzen, gerade auch dazu, um einen weiteren Kanal des Bürger-Dialogs zu pflegen. Zwei der Befragten geben an, dass der Einsatz *Instagrams* als Wahlkampfinstrument nur im Kommunikationsmix zusammen mit anderen Medien funktionieren kann. Ein Interviewpartner sieht in *Instagram* viel mehr als nur ein Social-Media-Instrument, mit dem auch Wahlkampfinhalte transportiert werden können: Der Bilderdienst stelle vielmehr ein Instrument dar, um Community-Management zu betreiben (A3, 19.04.2017). Gerade in Wahlkampfzeiten stellt *Instagram* einen zusätzlichen Kanal dar, um in die eigenen Follower-Stimmen ‚hineinzuhorchen‘ und das Nutzer-Feedback in die politische Programmatik mit aufzunehmen. Diese Eigenschaft ist vielen Social-Media-Kanälen gemein.

Ferner sprechen sich drei Befragte dafür aus, dass Politikvermittlung erst möglich ist, wenn die verbreiteten Inhalte entsprechend für das Medium aufbereitet werden. Die aus der *Instagram*-Logik resultierende Schwierigkeit ist dabei, das Bild in den Fokus zu rücken. Die Bildunterschrift spielt eine untergeordnete Rolle. Soll also Politikvermittlung stattfinden, ist eine Anpassung komplexer Inhalte unumgänglich. Dies setzt als logischen Schluss mehr Ressourcen voraus, als eine reine Berichterstattung über vergangene politische Ereignisse erfordert. „[D]ie wichtigste Herausforderung für [...] Politik heutzutage ist, Inhalte so zu fassen, [...] dass die für den Bürger [...] verständlich sind [...]. Und das heißt, dass man sie aufbereitet in Geschichten, in Bildern, ja dafür eignet sich nicht alles [...]“ (P1, 27.03.2017).

Zwei Befragte halten es nur für bedingt möglich, dass *Instagram* und die darauf geschalteten politischen Profile zur Politikvermittlung beitragen. Ein möglicher Grund dafür kann fehlende Medienkompetenz sein, komplexe Inhalte für den Bilderdienst adäquat aufzubereiten. Dies führt zwangsläufig zu einer erhöhten Hemmschwelle beim Teilen von komplexeren politischen Inhalten. Komplexe Themen scheinen ein generelles Hemmnis darzustellen. Diese Auffassung wird allerdings nicht von den befragten politischen PR-Akteuren vertreten. Skepsis, über *Instagram* Politikvermittlung betreiben zu können, findet sich eher in den Aussagen von Berufspolitikern. Ein Befragter geht davon aus, dass sich *Instagram* nur eignet, um Interesse am politischen Geschehen zu wecken; eine Politikvermittlung wird ausgeschlossen (P3, 11.04.2017). Unter den befragten Politikern scheint nicht die Meinung vorzuherrschen, dass der Bilderdienst zur Politikvermittlung beiträgt. In Anbetracht der Tatsache, dass gerade junge Nutzer den Löwenanteil der *Instagram*-Community ausmachen, bleibt erneut Potenzial ungenutzt. Das Meinungsspektrum zur Politikvermittlung in dieser Befragung ist ambivalent.

Zusammenfassend lässt sich feststellen, dass insbesondere der Fokus auf Bildmotive *Instagram* als attraktives Instrument für die Politikerrepräsentation erscheinen lässt. Der Bilderdienst schafft es, insofern Inhalte persönlich gepostet werden, einen starken Authentizitätsgewinn zu erzeugen. In Anbetracht geringerer Reichweiten – im Vergleich zu *Facebook* und *Twitter* – ist sicherlich eine

Abwägung sinnvoll, wie viel Zeit und Budget in die Bespielung des Bilderdienstes fließen. Ferner setzt die Logik des Bilderdienstes einen erhöhten Arbeitsaufwand auf Seiten der Kommunikatoren für die Politikvermittlung voraus. Da aber *Instagram* kaum als alleinstehender Kanal, sondern als Teil eines Social-Media-Instrumentariums bespielt wird, legen Kommunikatoren ein größeres Augenmerk auf die debattenstärkeren Medien *Facebook* und *Twitter.* Beide sind textlastiger und somit anfälliger für ausufernde Debatten, was eine verstärkte Beobachtung voraussetzt und im Umkehrschluss mehr personelle Ressourcen bindet. Die reine Politikvermittlung spielt bislang kaum eine Rolle für politische Akteure. Dennoch erscheint eine Erhöhung der Ressourcen für *Instagram* sinnvoll, um beispielsweise Programminhalte im Wahlkampf optimal vermitteln zu können.

5   Fazit und Perspektiven

Gerade die jüngeren Teilnehmer dieser Befragung scheinen kaum Berührungsängste mit dem Bilderdienst zu haben. Sie sind risikobereit beim Teilen von politischen Inhalten und werden dafür in der Regel mit Nutzer-Resonanz belohnt. Die Relevanz für die Politikvermittlung spielt bislang eine untergeordnete Rolle. Zeit und personelle Ressourcen sind knapp bemessen und der Hauptgrund dafür, komplexe politische Inhalte nicht adäquat aufbereiten zu können, um sie den Nutzern verständlich über *Instagram* zu vermitteln. Eine Möglichkeit, trotz geringer Ressourcen politische Inhalte adäquat zu vermitteln, wäre das Teilen von Inhalten anderer Nutzer, wie z. B. Inhalte des Tagesschau-Profils in *Instagram.* Da *Instagram* das Reposten von Inhalten anderer Nutzer standardmäßig unterbindet, muss hierfür der Umweg über eine Zweitanwendung genommen werden. Ist diese einmal installiert, können auch für den Bilderdienst adäquat aufbereitete Inhalte mit Verweis auf den Urheber über das eigene Profil geteilt werden. Dies stellt eine Möglichkeit für weniger aktive Nutzer dar, um regelmäßiger den eigenen Account zu bespielen. Dahingegen eignet sich der Bilderdienst für die Aufgabe der Politikerrepräsentation. Gerade dank der Reduktion auf ein zentrales und visuelles Motiv können mittels geschickter Bildsprache Inhalte über die Motive transportiert werden. Der kontinuierliche und stetige Aufbau von Politiker-Images kann beim Einsatz von *Instagram* verstärkt werden. Allerdings sind die Reichweiten via *Instagram* (noch) vergleichsweise niedrig. Der Bilderdienst allein kann dem Aufbau von authentischen Politiker-Images nicht annähernd gerecht werden.

Erst im Kommunikationsmix kann der Einsatz von *Instagram* als wirklich sinnvoll betrachtet werden. Den größten Mehrwert bietet das – im Vergleich zu *Facebook* und *Twitter* – geringere Risiko beim Einsatz *Instagrams* in der politischen
Kommunikation. Gerade die jüngeren Teilnehmer dieser Befragung, die mit dem
Einsatz sozialer Medien in ihrem privaten Umfeld Kompetenz vorweisen können,
haben eine geringe Hemmschwelle, sich einem relativ neuen sozialen Medium
zuzuwenden. Allerdings erschweren Kanalerweiterungen auch, jeden dieser
Kanäle konsequent und den jeweiligen Kanallogiken angemessen zu bespielen.
Eine professionelle Kommunikation für jeden dieser Kanäle setzt unterschiedli-
che Strategien voraus.

Im Fazit ist zu konstatieren, dass *Instagram* in vielerlei Hinsicht Potenziale und Mehrwert für die politische Kommunikation bietet. Auch die politische Kommunikation in Deutschland birgt ein hohes Maß an *Instagramability*.
Gerade beim Abbau von Unnahbarkeit und beim Aufbau von Politiker-Marken
kann der Bilderdienst punkten. Die positive Tonalität in der Debattenkultur der
Instagram-Community beansprucht weniger personelle Ressourcen, was ein
kontinuierliches Monitoring der Nutzer-Kommentare vermeidet. Die schnelle
und mobile Handhabung durch die politischen Akteure, sofern dieser selbst den
Auslöser drückt, erzeugt leicht eine persönliche Note und vermittelt den Nutzern
Authentizität. Es bleiben dennoch viele Chancen, was den Ausbau des eigenen
Profils angeht, ungenutzt.

Perspektivisch betrachtet eröffnet diese qualitative Pilot-Studie ein weites Feld
für Anschlussforschung: Im Rahmen einer größeren qualitativen Befragungswelle
bieten die Aussagen unabhängiger Kommunikationsexperten einen Satellitenblick
als Ergänzung zu den Statements politisch involvierter Akteure und ihrer Social-Media-Manager. In einem weiteren Schritt kann eine großflächig angelegte,
quantitative Befragung, z. B. unter allen Bundestagsabgeordneten, repräsentative
Einblicke bringen. Darüber hinaus eröffnet sich ein zusätzliches Forschungsfeld, gleichsam weg von der Kommunikator-, hin zur Rezipientenforschung.
Gerade im Hinblick auf die Eigenschaft der Politikvermittlung erscheint es als
sinnvoll, eine Nutzerumfrage unter aktiven *Instagram*-Nutzern zu realisieren.
Diese kann Aufschluss über den Erfolg von vermittelten politischen Inhalten liefern und Motive von *Instagram*-Nutzern abfragen, warum sie Parteien-Accounts
oder Profilen von Politikern auf der Plattform folgen bzw. mit ihnen in Kontakt
treten. Auch im Hinblick auf künftige Wahlen erscheint eine Rezipienten-
Befragung interessant, vor allem wenn es um die Beantwortung der Frage geht,
ob oder inwieweit politische Inhalte tatsächlich dazu beitragen, Wahlverhalten
mit zu beeinflussen.

Literatur- und Quellenverzeichnis

Brückner, S. (2012). Slacktivism erklärt uns Paula Hannemann. Bundeszentrale für politische Bildung. https://www.bpb.de/dialog/netzdebatte/158057/slacktivism-erklaert-uns-paula-hannemann. Zugegriffen: 17. Okt. 2017.

Burgard, J. P. (2012). *Von Obama siegen lernen oder „Yes, We Gähn"? Der Jahrhundertwahlkampf und die Lehren für die politische Kommunikation in Deutschland.* Baden-Baden: Nomos.

Dowe, C. (2009). Neue Medien als Ressource strategischen Regierens. In Bertelsmann Stiftung (Hrsg.), *Lernen von Obama? Das Internet als Ressource und Risiko für die Politik* (S. 45–82). Gütersloh: Bertelsmann Stiftung.

Facebook. (2015). Facebook annual report 2015. https://S21.q4cdn.com/399680738/files/doc_financials/annual_reports/2015-Annual-Report.pdf. Zugegriffen: 17. Okt. 2017.

Feldmann, M. (2016). 4 Argumente für den Einsatz von Social Media in der Politik. Warum die sozialen Medien für die politische Kommunikation in Deutschland eine große Chance bieten. Hootsuite Blog. https://blog.hootsuite.com/de/4-argumente-fuer-den-einsatz-von-social-media-der-politik/. Zugegriffen: 17. Okt. 2017.

Gläser, J., & Laudel, G. (2010). *Experteninterviews und qualitative Inhaltsanalyse.* Wiesbaden: Springer VS.

Helfferich, C. (2011). *Die Qualität qualitativer Daten. Manual zur Durchführung qualitativer Interviews.* Wiesbaden: Springer VS.

Jarren, O., & Donges, P. (2006). *Politische Kommunikation in der Mediengesellschaft.* Wiesbaden: Springer VS.

Kaiser, R. (2014). *Qualitative Experteninterviews. Konzeptionelle Grundlagen und praktische Durchführung.* Wiesbaden: Springer VS.

Kobilke, K. (2016). *Erfolgreich mit Instagram. Mehr Aufmerksamkeit mit Fotos & Videos.* Frechen: mitp-Verlag.

Kruse, J. (2014). *Qualitative Interviewforschung. Ein integrativer Ansatz.* Weinheim: Beltz Juventa.

Mayring, P. (2015). *Qualitative Inhaltsanalyse. Grundlagen und Techniken.* Weinheim: Beltz.

Norris, P. (2001). *Digital divide. civic engagement, information poverty, and the internet worldwide.* Cambridge: Cambridge University Press.

Novy, L., & Schwickert, D. (2009). Ressource und Risiko. Potenziale des Internets für die Politik. In Bertelsmann Stiftung (Hrsg.), *Lernen von Obama? Das Internet als Ressource und Risiko für die Politik* (S. 13–43). Gütersloh: Bertelsmann Stiftung.

o. A. (2017a). Anzahl der monatlich aktiven Facebook Nutzer weltweit vom 3. Quartal 2008 bis zum 1. Quartal 2017. https://de.statista.com/statistik/daten/37545/umfrage/anzahl-der-aktiven-nutzer-von-Facebook/. Zugegriffen: 17. Okt. 2017.

o. A. (2017b). Anzahl der monatlich aktiven Instagram Nutzer weltweit in ausgewählten Monaten von Januar 2013 bis April 2017. https://de.statista.com/statistik/daten/studie/300347/umfrage/monatlich-aktive-nutzer-mau-von-Instagram-weltweit/. Zugegriffen: 17. Okt. 2017.

o. A. (2017c). Häufigkeit der Nutzung von Instagram durch aktive Instagram-Nutzer weltweit im Jahr 2016. https://de.statista.com/statistik/daten/studie/648275/umfrage/nutzungshaeufigkeit-von-Instagram-weltweit/. Zugegriffen: 17. Okt. 2017.

o. A. (2017d). Welche Social Media Apps benutzt du am häufigsten? https://de.statista.com/statistik/daten/studie/541046/umfrage/anteil-der-nutzer-von-social-media-apps-unter-jugendlichen-in-deutschland/. Zugegriffen: 17. Okt. 2017.

Pein, V. (2015). *Der Social Media Manager. Handbuch für Ausbildung und Beruf.* Bonn: Rheinwerk.

Pontzen, D. (2013). *Politiker in der Medialisierungsspirale? Eine Abgeordneten-Befragung auf Landes-, Bundes- und EU-Ebene.* Marburg: Tectum.

Sarcinelli, U. (1987). Politikvermittlung und demokratische Kommunikationskultur. In U. Sarcinelli (Hrsg.), *Politikvermittlung. Beiträge zur politischen Kommunikationskultur* (S. 19–45). Stuttgart: Bonn Aktuell/Bundeszentrale für politische Bildung (bpb).

Sarcinelli, U. (1998). Mediatisierung. In O. Jarren, U. Sarcinelli, & U. Saxer (Hrsg.), *Politische Kommunikation in der demokratischen Gesellschaft. Ein Handbuch* (S. 678–679). Opladen: Westdeutscher Verlag.

Saxer, U. (2007). *Politik als Unterhaltung. Zum Wandel politischer Öffentlichkeit in der Mediengesellschaft.* Konstanz: UVK.

Schulz, W. (2011). *Politische Kommunikation. Theoretische Ansätze und Ergebnisse empirischer Forschung.* Wiesbaden: Springer VS.

Schröder, M. (2014). Medienpädagogik und Digitalisierung politischer Kommunikation. In M. Schröder (Hrsg.), *Politik und politische Bildung in der digitalen Welt. Chancen und Herausforderungen* (S. 11–35). Reinbek: Lau-Verlag.

Unger, S. (2011). *Parteien und Politiker in sozialen Netzwerken. Moderne Wahlkampfkommunikation bei der Bundestagswahl 2009.* Wiesbaden: Springer VS.

Vowe, G. (2012). Digital Citizens. Partizipation über und durch das Netz. In L. Gräßer & F. Hagedorn (Hrsg.), *Soziale und politische Teilhabe im Netz? E-Partizipation als Herausforderung* (S. 39–53). München: kopaed Verlag.

Inklusive Teilnahme zwischen Fiktion und Realität? Eine Diskussion des Potenzials von On- und Offline-Partizipation am Beispiel des Bürgerdialogs Zukunftsthemen

Marlen Niederberger und Stefanie Dreiack

Zusammenfassung

Bürgerbeteiligungsverfahren können eine organisierte Strategie der politischen Kommunikation sein, aber auch ein Instrument der Politikberatung. Vor dem Hintergrund dieser Zielrichtungen werden vermehrt Online-Dialoge in Beteiligungsverfahren eingebunden. Assoziiertes Ziel ist auch, Teilhabemöglichkeiten der Bürgerinnen und Bürger möglichst inklusiv zu gestalten. Anhand der Evaluationsergebnisse des Bürgerdialogs Zukunftsthemen, der von 2011 bis 2013 vom Bundesministerium für Bildung und Forschung durchgeführt wurde, wird in diesem Beitrag die Frage der Inklusion genauer beleuchtet. Im Konkreten werden die Teilnehmerstruktur, die Teilnahmemotivation sowie die Beteiligungsaktivität betrachtet und kritisch hinterfragt sowie die Relevanz der Verzahnung von On- und Offline-Formaten sowohl für die strategische als auch die instrumentelle Nutzung von Bürgerbeteiligungsverfahren aufgezeigt. Die Ergebnisse zeigen, dass durch die Kombination einer Zufallsauswahl für einen Offline-Dialog und den offenen Online-Dialog jedem Bürger bzw. Bürgerin die gleiche Chance zur Teilnahme ermöglicht wurde. Allerdings haben

M. Niederberger (✉)
Pädagogische Hochschule Schwäbisch Gmünd, Schwäbisch Gmünd, Deutschland
E-Mail: marlen.niederberger@ph-gmuend.de

S. Dreiack
Berufsakademie Sachsen, Leipzig, Deutschland
E-Mail: stefanie.dreiack@ba-leipzig.de

© Springer Fachmedien Wiesbaden GmbH, ein Teil von Springer Nature 2018   259
M. Oswald und M. Johann (Hrsg.), *Strategische Politische Kommunikation im digitalen Wandel*, https://doi.org/10.1007/978-3-658-20860-8_12

sowohl online als auch offline bestimmte Personengruppen weniger teilgenommen bzw. sich weniger aktiv eingebracht. Die Evaluation zeigt zudem,
dass es zwischen verschiedenen Themenfeldern (hier Energietechnologien,
Hightech-Medizin und Demografischer Wandel) Unterschiede hinsichtlich der
Frage, wer nimmt teil und wer nicht, gibt.

Schlüsselwörter

Online-Beteiligungsformate · Bürgerdialog Zukunftsthemen · Bürgerbeteiligung
Inklusive Teilnahme

1   Einleitung

Die westlichen, repräsentativen Demokratien stehen vor einem Wandel – immer
weniger Bürgerinnen und Bürger fühlen sich durch die gewählten Politikerinnen
und Politiker ausreichend repräsentiert und wünschen sich eine Ausweitung der
Beteiligungsmöglichkeiten (Vortkamp 2013). Zahlreiche Akteurinnen und Akteure
auf lokaler und nationaler Ebene versuchen, dieser Forderung zu entsprechen,
indem sie online und offline (informelle) Beteiligungsverfahren zu einer Vielzahl
an Themen und mit unterschiedlichen Zielen durchführen. Außerdem wird die
Strategie der vermehrten Beteiligung von Bürgerinnen und Bürgern als Antwort
auf die Krise der Expertinnen und Experten[1] verstanden (Hennen 2003). Eine
intensivere Bürgerbeteiligung soll im Sinne einer *partizipatorischen Politikberatung* die Qualität und Legitimität politischer Entscheidungen erhöhen (Hebestreit
2013). Die Zielgruppe der Bevölkerung ist damit nicht länger (nur) von institutioneller Relevanz für die Verteilung von Aufgabenzuständigkeiten und Ressourcen-
strömen (Bartl 2011), sondern rückt als Wissensakteur in den Mittelpunkt.

Es ist umstritten, ob Bürgerbeteiligungsverfahren eher symbolischen Charakter haben oder tatsächlich einen Einfluss auf Politikgestaltung und Öffentlichkeit
nehmen (Joss 2003). Der ambivalente Charakter lässt sich unter anderem anhand
der Vorreiter der Beteiligungsverfahren darstellen. In Ländern wie Dänemark, den
Niederlanden und der Schweiz waren in Prozessen der Technikfolgenabschätzung
traditionell seit den 1990er Jahren sowohl politische Akteurinnen und Akteure als

---

[1]Die Krise der Expertinnen und Experten bezieht sich darauf, dass die Wissenschaft alleine
nicht mehr alle politischen Entscheidungen auf der Basis von gesichertem Wissen stützen
kann.

auch die Öffentlichkeit involviert. Die Bürgerinnen und Bürger hatten nicht nur die Aufgabe, politikberatend zu wirken, sondern sich auch einen gesellschaftlichen Diskursrahmen für Fragen der Technikfolgenabschätzung zu schaffen. Jedoch konnte durch die Beteiligungsverfahren in den genannten Ländern kaum Einfluss auf die Politik genommen werden (Joss 2003).

Bürgerbeteiligung wird einerseits als *organisierte Strategie* der politischen Kommunikation und andererseits als *Instrument der Politikberatung* eingesetzt (Martinsen 2006):

- Als *Strategie* stellt sich Bürgerbeteiligung dar, wenn Beteiligungsformate genutzt werden, um Bürgerinnen und Bürger an Politik bzw. politische Akteurinnen und Akteure anzunähern.[2] Damit assoziiert sind das Anregen gesellschaftlicher Lernprozesse durch Beteiligungsverfahren sowie die Sammlung vertiefender Informationen zur Wahrnehmung und Beurteilung von aktuellen Themen (Joss 2003).
- Als *Instrument* der Politikberatung fungieren Bürgerbeteiligungsverfahren im Sinne einer partizipatorischen Expertise, da Bürgerinnen und Bürger in den Prozess der Wissensproduktion eingebunden werden (Martinsen 2006; Weingart 2011). Das Wissen und die Urteile der Bürgerinnen und Bürger werden für Entscheidungsprozesse relevant (Bongardt 1999). So sollen Positionen von Wissenschaft und Politik durch Bürgermeinungen „[...] ergänzt, vertieft und geerdet werden. Ihre demokratische Legitimität steigt durch ein Qualitätssiegel *Society Inside*" (Weißkopf 2014).

Egal ob Bürgerbeteiligungsverfahrungen als Strategie der politischen Kommunikation oder Instrument der Politikberatung zu bewerten sind – häufig werden sie nach der Repräsentativität der Teilnehmerinnen und Teilnehmer beurteilt. Die Frage, ob alle relevanten Zielgruppen politisch partizipieren, avanciert dabei zu einem zentralen Bewertungskriterium für die Legitimität des Verfahrens (Strele 2012). Partizipation schafft Inklusion, indem sie typischerweise Exkludierte in den politischen Entscheidungsprozess einbezieht (Gusy 2005). In diesem Beitrag stellen wir die Frage, wie inklusiv informelle Bürgerbeteiligungsverfahren sind,

---

[2]Inwiefern Beteiligung als Strategie genutzt wird, zeigt der Beitrag von Albrecht und Staemmler (2011). Hier geht es darum, dass die SPD nach der Wahlniederlage 2009 Zukunftswerkstätten mit Bürgerinnen und Bürgern einrichtete, um in einem offenen Prozess neue Impulse für politische Themen zu erhalten und die Bürgerinnen und Bürger stärker in die Politikformulierung zu integrieren.

und diskutieren explorativ und am Fallbeispiel des Bürgerdialogs Zukunftsthemen die Bedeutung von Inklusion für die strategische und instrumentelle Nutzung von Beteiligungsformaten. Kritisch reflektiert werden, welche Personen an informellen Beteiligungsverfahren teilnehmen und wie sie sich bei den entsprechenden Verfahren einbringen. Informelle Beteiligungsverfahren werden dabei als nicht gesetzlich festgeschriebene Formate verstanden (Hebestreit 2013; Kersting 2008). Einen besonderen Fokus legen wir auf digitale Beteiligungsmöglichkeiten. Konkret geht es im vorliegenden Kapitel um diese Fragen:

- Wer nimmt an informellen On- und Offline-Beteiligungsformaten teil?
- Welche Rolle spielt die Verzahnung von Online- und Offline-Formaten unter einem inklusiven Blickwinkel?

Grundlage der Diskussion ist der *Bürgerdialog Zukunftsthemen,* der von 2011 bis 2013 durch das Bundesministerium für Bildung und Forschung (BMBF) initiiert wurde.[3] Ziel war es nicht nur, Bürgerinnen und Bürger über aktuelle Forschungen auf zukunftsweisenden Gebieten zu informieren, sondern ihnen im offenen Austausch mit Expertinnen und Experten die Chance zu geben, als Politikberaterinnen und Politikberater konkrete Empfehlungen an Wissenschaft und Politik zu formulieren (Quennet-Thielen 2012). Das BMBF bewarb das Vorhaben mit der Inklusion der ‚Weisheit der Vielen', weshalb davon auszugehen ist, dass vonseiten der Politik instrumentelle Motive zur Durchführung des Vorhabens eine zentrale Rolle spielten. Insgesamt wurden sowohl online als auch offline drei Bürgerdialoge zu den Themen *Energietechnologien der Zukunft, Hightech-Medizin* und *Demografischer Wandel* durchgeführt. Der Bürgerdialog war der erste deutschlandweite Beteiligungsprozess, bei dem die on- und offline Verzahnung der Formate eine zentrale Rolle gespielt hat. Die hier geführte Diskussion um Inklusion hat damit gewissermaßen Pioniercharakter und versteht sich als empirisch gestützte explorative Darstellung zur Herausarbeitung von Chancen und Risiken bei einer umfassenden und breit angelegten Inklusion von Bevölkerungsgruppen. Gerade im Hinblick auf eine vergleichende Analyse der Teilnehmerstruktur zwischen on- und offline-Format gibt es bisher kaum empirisch gestützte Erkenntnisse.

---

[3]Die Untersuchung konzentriert sich dementsprechend auf Diskursverfahren. Diese sind von Verhandlungsverfahren zu differenzieren, die das Ziel haben, eine verbindliche Einigung, zum Beispiel durch Mediation, zu erreichen (Martinsen 2006).

Um eine kontinuierliche Qualitätssicherung dieses Bürgerdialogs zu gewährleisten, wurde eine prozessbegleitende Evaluation[4] durchgeführt. In diesem Beitrag wird daraus das Evaluationskriterium *Inklusion* genauer beleuchtet. Konkret geht es um die drei Dimensionen *Teilnehmerstruktur, Teilnahmemotivation* sowie *Aktivität bzw. Passivität* der teilnehmenden Bürgerinnen und Bürger. Die Analysen erfolgen vergleichend für die On- und Offline-Formate der drei Bürgerdialoge. Damit kann dieser Artikel einen wichtigen explorativen Einblick in die Chancen und Herausforderungen strategischer politischer Kommunikation und die Erreichbarkeit relevanter Zielgruppen liefern.

2   Inklusion: Fiktion oder Realität?

Demokratietheoretisch zählt Inklusion zu den zentralen Charakteristika von repräsentativen, politischen Beteiligungsmöglichkeiten (Dahl 1986). Inklusionsadressatinnen und Inklusionsadressaten sind alle Gesellschaftsmitglieder, gleich welcher politischen Richtung, ökonomischen Klasse oder Ethnie. Damit haben nicht staatliche Akteurinnen und Akteure, die nicht regulär an politischen Entscheidungsprozessen teilnehmen und die als Repräsentantinnen und Repräsentanten von Betroffenen agieren, die Möglichkeit, einen substanziellen Einfluss auf eine kollektiv-verbindliche Entscheidung zu nehmen (Newig 2011; Renn 2005).

Unterstellt wird damit implizit, dass mithilfe dieser Verfahren mehr relevantes Wissen und Erfahrung in die Entscheidungsfindung einbezogen werden können, die Akzeptanz von Entscheidungen bei den Bürgerinnen und Bürgern wächst und eine faire Repräsentation aller relevanten Akteursgruppen die Legitimation gegenüber Dritten erhöht (Fineberg und Stern 1996; Newig et al. 2012; Saretzki 1997). Zudem lenken solche Verfahren bewusst die gesellschaftliche Aufmerksamkeit auf bestimmte Themen und die Outputs (z. B. in Form eines Bürgerreports) sind Grundlage für anschließende politische Kampagnen. Das Nebeneinander von instrumenteller und strategischer Nutzung ist Teil des Konzepts.

---

[4]Für die Evaluation war das Zentrum für interdisziplinäre Risiko- und Innovationsforschung der Universität Stuttgart (ZIRIUS), unter der Leitung von Prof. Dr. Ortwin Renn und Dr. Marlen Niederberger zuständig (Alcántara und Niederberger 2015; Schneider et al. 2013). Zum Evaluationskriterium „Wirkung" vgl. Niederberger (2013) oder Niederberger et al. (2013).

Im Endeffekt werden Partizipationsverfahren häufig nach der Repräsentation der Teilnehmerinnen und Teilnehmer beurteilt. Das heißt, die Frage, ob alle relevanten Zielgruppen politisch partizipieren, wird zum zentralen Bewertungskriterium dafür, ob das Verfahren als legitim angesehen wird oder nicht (Legitimität durch Heterogenität) (Strele 2012). Im Folgenden wird diskutiert, welche Bürgerinnen und Bürger bei informellen Beteiligungsformaten angesprochen werden und wer letztendlich teilnimmt.

2.1   Wer ist zur Teilnahme berechtigt?

Bei der Diskussion um Inklusion von informellen Beteiligungsverfahren darf nicht vorschnell die Prämisse gesetzt werden, dass bei jedem Verfahren grundsätzlich alle Bürgerinnen und Bürger beteiligt werden sollen. Je nach Demokratiekonzept und Fragestellung differenzieren die Zielgruppen (Alcántara et al. 2016; Chambers 2003; Lösch 2005).[5]

Bürgerdialoge sind demokratietheoretisch argumentiert deliberative Verfahren. Ziel ist die Vollständigkeit der Argumente, um alle relevanten Facetten und Blickwinkel zu berücksichtigen. Die Rekrutierung der Teilnehmerinnen und Teilnehmer erfolgt im Idealfall über ein Zufallsverfahren, weil damit allen Bürgerinnen und Bürgern die gleiche Chance zur Teilnahme gegeben wird. Nicht gesagt ist damit, dass deshalb auch alle angesprochenen Bürgerinnen und Bürger tatsächlich teilnehmen.

Konzeptionell kann dabei zwischen Personen unterschieden werden, die nicht teilnehmen können (z. B. aufgrund von fehlender Barrierefreiheit, Sprach- oder Schreibproblemen), die grundsätzlich nicht teilnehmen wollen und jenen, die nicht *mehr* teilnehmen wollen. Bei den letzten beiden Typen kann Politikverdrossenheit, die zur kritischen bis ablehnenden Haltung gegenüber der Politik führen kann, als zentrales Hindernis gesehen werden. Im Endeffekt sind diese Gruppen politisch-deliberativ argumentiert, entweder schon immer oder aufgrund von Erfahrungen oder persönliche Gründe politisch ‚inaktiv'.

---

[5]Differenziert wird zwischen vier Demokratiekonzepten: funktionalistisch, emanzipatorisch, deliberativ und neoliberal (Alcántara et al. 2016).

2.2   Wer nimmt an Beteiligungsverfahren teil?

Auf die Frage, warum sich manche Bürgerinnen und Bürger mehr und manche weniger politisch beteiligen, gibt es verschiedene Erklärungsmodelle und Beteiligungstypologien.[6] So unterscheidet Dahrendorf (1967) zwischen latenter, passiver und aktiver Öffentlichkeit. Verba und Nie (1987) differenzieren zwischen Inaktiven, Wahlspezialisten, porachiale Aktivisten, Kommunalisten, Campaignern sowie Komplettaktivisten. Barnes und Kaase (1979) unterteilen in Inaktive, Konformisten, Reformisten, Aktivisten und Protestierende. Eine ähnliche Unterteilung findet sich bei Steinbrecher (2009), der zwischen Inaktiven, konsumorientierten Aktivisten, Parteiaktivisten, Protestierern und illegalen Aktivisten differenziert. Quer über die verschiedenen Konzepte wird deutlich, dass es unter den Bürgerinnen und Bürgern ‚Inaktive‘ gibt. Die Frage ist, welche Bürgerinnen und Bürger bzw. Personengruppen sind inaktiv und welche nicht? Auch auf diese Frage werden in der Politikwissenschaft verschiedene Antworten angeboten; mitunter wird hierbei vom *Partizipationsbias* gesprochen (Alcántara et al. 2016).

- So beeinflusst der *sozioökonomische Status* eines Menschen die Wahrscheinlichkeit der Aufnahme von politischen Aktivitäten. Je höher dieser Status ist, desto wahrscheinlicher ist die Teilnahme (u. a. Verba und Nie 1987).
- Zudem sind *Frauen* und Menschen mit *niedrigerer Bildung* in den Typen der Inaktiven deutlich überrepräsentiert (Steinbrecher 2009).
- *Persönliche Betroffenheit* führt nicht automatisch zu mehr politischer Beteiligung (Stollen 2011).
- Eine wichtige Rolle spielen *politisches Interesse* und *politische Normen bzw. Werte.* „Diejenigen, die demokratische Prinzipien unterstützen oder das Funktionieren der Demokratie besser bewerten als andere, erweisen sich dabei als partizipationsfreudiger, ebenso wie diejenigen, die es als Pflicht eines guten Bürgers ansehen, sich politisch zu betätigen" (Steinbrecher 2009, S. 61).
- In jüngerer Forschung wird auch die Wirkung von *Persönlichkeitsmerkmalen*[7] auf die Bereitschaft zur politischen Partizipation verstärkt untersucht (Schoen und Steinbrecher 2013). Dabei zeigt sich, dass sich diese Merkmale auf die

---

[6]Überblick in Stollen (2011, S. 64 ff.).
[7]Untersucht werden häufig die sogenannten *Big Five:* Offenheit, Gewissenhaftigkeit, Verträglichkeit, Extraversion und emotionale Stabilität (Schoen und Steinbrecher 2013)

verschiedenen Partizipationsformen unterschiedlich auswirken. So spielt bei Wahlen die Gewissenhaftigkeit eine zentralere Rolle als bei weniger konventionellen Verfahren (Steinbrecher und Schoen 2012). Gleichzeitig erscheint hier die soziodemografische Zusammensetzung der Wählerinnen und Wähler ausgewogener als bei anderen Formen. Zurückgeführt wird dies auf die vergleichsweise hohe Wahlbeteiligung in Deutschland (zumindest bei Bundestagswahlen zwischen 77 und 82 %, vgl. hierzu Steinbrecher 2009, S. 295). Allerdings wird auch beobachtet, dass der Anteil der mittel und höher gebildeten Nichtwählerinnen und Nichtwähler zunimmt (Bohne 2010).

Bei deliberativen Verfahren ist die Frage nach den teilnehmenden Personengruppen nicht leicht zu beantworten, weil in Publikationen Angaben zur Inklusion und zur tatsächlichen Beteiligung meist vernachlässigt werden. Dies liegt auch daran, dass Inklusion oftmals nicht als Qualitätsstandard zur Bewertung des Verfahrens herangezogen wird. Zu den üblichen Evaluationskriterien gehören *Fairness, Effizienz, Effektivität, Legitimität* und *Kompetenz* (Holtkamp et al. 2006; Renn et al. 1995). Dennoch können erste Erkenntnisse für deliberative Verfahren herangezogen werden (Geißel 2008).

- Die Ergebnisse im Hinblick auf die *soziostrukturellen Variablen* zeigen ein typisches Bild (Goldschmidt et al. 2012; Hebestreit 2013; Strele 2012). Deutlich überrepräsentiert sind Rentnerinnen und Rentner (Strele 2012). Bei der Evaluation einiger Bürger- und Konsenuskonferenzen wurde festgestellt, dass trotz Zufallsauswahl die Teilnehmerinnen und Teilnehmer älter, höher gebildet und in der Regel eher männlich waren (Goldschmidt et al. 2012; Hebestreit 2013). In der Minderheit sind in der Regel Jugendliche, Menschen mit Migrationshintergrund und Menschen mit geringem formalem Bildungsgrad. Als Gründe für die Nicht-Teilnahme wurden Zeitmangel, fehlende Wahrnehmung oder nicht-Verstehen der Einladung, Misstrauen und fehlendes Interesse identifiziert (Strele 2012).
- *Meinungen und Einstellungen zur Politik* und zum *Thema der Veranstaltung* der teilnehmenden Bürgerinnen und Bürger werden häufig in mehreren Wellen untersucht (Ziekow et al. 2013). Dabei bestätigen verschiedene Studien, dass die Meinung der Teilnehmerinnen und Teilnehmer zum Thema im Vorfeld der Veranstaltung oft unsicherer ist als im Nachhinein. Nach der Veranstaltung zeigt sich dagegen eine stärkere Polarisierung (Ziekow et al. 2013) bzw. eine kritischere Haltung zum Thema (Mayer et al. 1995). Grundsätzlich nehmen eher Personen mit einem gewissen Interesse an wissenschaftlich-technischen

Themen und deren sozialen und ethischen Implikationen teil (Joss und Durant 1994; Steinbrecher 2009).

- Die Frage nach *Persönlichkeitsmerkmalen* spielt in der Forschung zu nicht-verfassten Verfahren bisher keine zentrale Rolle. Es wurde aber beispielsweise bei Bürgerräten beobachtet, „dass die Teilnehmergruppen aus Menschen bestehen, die entweder neugierig und offen sind, oder solchen, die ‚immer schon etwas loswerden wollten'" (Strele 2012).

Die genannten Aspekte wirken sich sowohl in strategisch als auch instrumentell genutzten Bürgerbeteiligungsverfahren auf die Partizipation der Beteiligten und auf den Verlauf des Verfahrens aus. Zum Beispiel lässt sich daraus ableiten, dass Frauen sowie Personen mit einem niedrigeren Bildungsgrad seltener über politische bzw. gesellschaftliche Sachverhalte durch Bürgerbeteiligungsverfahren im Diskurs informiert werden können. Gleichzeitig zeigen die Befunde, dass das Potenzial der partizipatorischen Expertise im Sinne der politikberatenden Funktion von Bürgerinnen und Bürgern durch soziostrukturelle Variablen und Persönlichkeitsmerkmale beeinflusst wird.

2.3   Wer nimmt an Online-Formaten teil?

Zur Frage, inwiefern sich die Teilnehmerstruktur bei Online- und Offline-Formaten unterscheidet, gibt es vergleichsweise wenige Erkenntnisse. Ein Blick auf publizierte Teilnehmerzahlen deutet aber an, dass im Online-Format oftmals mehr Bürgerinnen und Bürger beteiligt werden. So wurden bei der Standortsuche eines neuen Konferenzzentrums in Heidelberg 2016 mehr als 2000 Besucherinnen und Besucher online verzeichnet. Im Vergleich dazu: Bei der Auftaktveranstaltung waren es 400 Personen, es gab 400 Gespräche am Beteiligungsmobil und 100 Kontaktaufnahmen im Bürgerbüro (Birzer 2015).

Häufig werden Online-Verfahren aber nicht als alleiniges Instrument, sondern in Kombination mit einem Offline-Verfahren eingesetzt. Dies hat vor allem folgende Gründe:

- Online-Verfahren sind durch die intensive Betreuung sehr teuer (Birzer 2015).
- Bisher haben noch nicht alle deutschen Haushalte einen Internetzugang bzw. nutzen ihn. Der Anteil der Nutzerinnen und Nutzer lag im Jahr 2016 bei 79 % (Statista 2016). Eine ausschließliche Verwendung eines Online-Verfahrens würde dementsprechend einen Teil der Bevölkerung systematisch ausgrenzen.

- Nicht nur aufgrund von technischen Zugangsmöglichkeiten, sondern auch aufgrund der Bereitschaft zur Teilnahme, sind Online-Formate mitunter nicht repräsentativ (Geißel et al. 2013).[8]
- Der Austausch zwischen den Bürgerinnen und Bürgern ist online erschwert und dadurch sind keine Abwägungsprozesse möglich (Birzer 2015).
- Häufig gibt es eine deutliche Diskrepanz zwischen der Registrierung für ein Online-Beteiligungsformat und der aktiven Teilnahme (Geißel et al. 2013).

Grundsätzlich geht die aktuelle politische und methodische Diskussion in die Richtung, dass Online- und Offline-Formate bei deliberativen Verfahren verzahnt werden. Allerdings ist dabei nicht klar, wie das Zusammenspiel der einzelnen Formate sichergestellt werden kann und welche Sampling-Strategien geeignet erscheinen (Geißel et al. 2013).

3   Fazit: Forschungsstand Inklusion

Insgesamt zeigen sich auf der theoretischen Ebene zwei wichtige Befunde zum Thema Inklusion: Erstens partizipieren bestimmte Personengruppen weniger politisch als andere und zweitens wird die Bereitschaft zur Partizipation vom Format (online- versus offline) beeinflusst.

Die folgenden Forschungslücken sind bei der Sichtung der Literatur aufgefallen:

- *Teilnehmerbeiträge:* Die Diskussion der Teilnehmerstruktur als Kriterium der Inklusion greift zu kurz, wenn die konkreten Diskussionsbeiträge, also die Frage nach der Aktivität bzw. Passivität der Teilnehmerinnen und Teilnehmer nicht berücksichtigt wird. Bisherige Studien belegen, dass formale Gleichheit der Teilnehmerinnen und Teilnehmer nicht bedeutet, dass sich alle gleichermaßen einbringen (Strele 2012). Zurückgeführt wird dies auf unterschiedliche kognitive, rhetorische und argumentative Fähigkeiten (Leyenaar 2008).
- *Subjektive Sicht der Teilnehmerinnen und Teilnehmer:* Unabhängig davon, wie oft sich eine Person in die Diskussion einbringt, ist es wichtig, ob sie das

---

[8]Die Evaluation des Beteiligungsverfahrens zum Frankfurter Bürgerhaushalt zeigte, dass die Teilnehmerinnen und Teilnehmer im Vergleich zum Durchschnitt der Frankfurter Bürgerinnen und Bürger höher gebildet, überdurchschnittlich sozial und politisch organisiert, stärker politisch interessiert und häufiger deutsche Staatsangehörige waren. Menschen unter 25 Jahren waren zudem unterrepräsentiert (Geißel et al. 2013, S. 28).

Gefühl hat, sich jederzeit einbringen zu können. Meist haben die teilnehmenden Bürgerinnen und Bürger das Gefühl etwas beigetragen zu haben, unabhängig von tatsächlichen Redezeiten (Strele 2012).

- *Verzahnung von online- und offline:* Weder im Hinblick auf den systematischen Vergleich der Teilnehmerstruktur bzw. der Teilnehmerbeiträge noch im Hinblick auf den möglichen Erkenntnisgewinn ist die Verzahnung von Online- und Offline-Formaten bisher ausreichend reflektiert.

Diese Aspekte greift die Diskussion am Beispiel des deutschlandweiten *Bürgerdialogs Zukunftsthemen* auf, der im Folgenden vorgestellt wird.

4   Der Bürgerdialog Zukunftsthemen: Datengrundlage

Von 2011 bis 2013 führte das Bundesministerium für Bildung und Forschung (BMBF) den *Bürgerdialog Zukunftsthemen* durch. Ziel war es, Bürgerinnen und Bürger über aktuelle Forschung auf zukunftsweisenden Gebieten zu informieren und ihre Position in den politischen Dialog einzubringen. Bürgerinnen und Bürgern wurde im offenen Austausch mit Expertinnen und Experten die Chance gegeben, konkrete Empfehlungen an Wissenschaft und Politik zu formulieren. In der Projektlaufzeit fanden drei Bürgerdialoge zu verschiedenen Themen statt: *Energietechnologien für die Zukunft, Hightech-Medizin* und *Demografischer Wandel.* Alle drei Bürgerdialoge integrierten digitale und klassische Kommunikationsformen.

- Bei den *regionalen Bürgerkonferenzen* wurden bis zu 100 nach repräsentativen Gesichtspunkten ausgewählte Bürgerinnen und Bürger eingeladen. Sie konnten an einem Tag an Tischen mit bis zu zehn Personen zu spezifischen Themen des Bürgerdialogs diskutieren. Bei Fragen standen ausgewählte Expertinnen und Experten zur Verfügung. Je nach Thema wurden zwischen sechs und acht Bürgerkonferenzen pro Bürgerdialog durchgeführt.
- Beim *Online-Dialog* hatten die Bürgerinnen und Bürger die Möglichkeit zur Information und Teilnahme an einer moderierten Diskussion. Die Bürgerinnen und Bürger konnten sich registrieren, aktiv beteiligen und wurden dann auch für die Evaluation angeschrieben.

Die Frage, welche Bürgerinnen und Bürger sich bei den Bürgerdialogen beteiligt haben, wurde anhand der Evaluationsdaten untersucht (Niederberger et al. 2013;

Schneider et al. 2013). Im Rahmen der Evaluation wurden qualitative und quantitative Methoden eingesetzt. Die Teilnehmerinnen und Teilnehmer der Bürgerkonferenzen erhielten drei standardisierte Fragebögen: einen direkt vor der Veranstaltung, einen unmittelbar danach und einen zwei Monate nach der Veranstaltung. Zudem wurden die Bürgerkonferenzen nicht-teilnehmend beobachtet und mit einigen Bürgerinnen und Bürgern und teilnehmenden Expertinnen und Experten leitfadengestützte Interviews durchgeführt. Die Teilnehmerinnen und Teilnehmer des Online-Dialogs erhielten ebenfalls einen standardisierten Fragebogen. Zudem wurde die Online-Diskussion im Hinblick auf Äußerungen zum Verfahren strukturiert beobachtet und inhaltsanalytisch ausgewertet.[9]

5   Inklusion beim Bürgerdialog Zukunftsthemen

Die Frage nach der Inklusion am Bürgerdialog *Zukunftsthemen* wird gegliedert nach der *Teilnehmerstruktur,* der *Teilnahmemotivation* sowie der *Aktivität bzw. Passivität* der teilnehmenden Bürgerinnen und Bürger.

5.1   Teilnehmerstruktur

Bei allen drei Bürgerdialogen haben mehr Bürgerinnen und Bürgern an den Bürgerkonferenzen teilgenommen als beim Online-Dialog (vgl. Tab. 1). Der Anteil der registrierten Nutzerinnen und Nutzer lag maximal bei 32 % der Teilnehmenden der Bürgerkonferenzen. Keine Aussage erlauben die Zahlen über Lurker, also über passive Nutzerinnen und Nutzer, die sich auf der Internetseite informiert aber nicht registriert haben.

Bei der standardisierten Befragung wurden alle Bürgerinnen und Bürger gebeten, Angaben zu ihrer Person zu machen. Abgefragt wurden das Alter, das Geschlecht, der höchste formale Bildungsabschluss und der aktuelle Beschäftigungsstatus. Die statistische Verteilung wird in Tab. 2 deutlich. Im Detail zeigt sich dabei folgendes Bild:

---

[9]Die Evaluationsinstrumente wurden zwischen den Bürgerdialogen leicht verändert. Neben der inhaltlichen Analyse wurden methodische Themen bearbeitet, wie die Entwicklung und Prüfung eines geeigneten Fragebogens für die Evaluation von Beteiligungsformaten.

Tab. 1 Fallzahl und Stichprobengröße der standardisierten Befragungen (Bei der Befragung Angabe pro Welle, ansonsten beziehen sich die Daten auf die Einmalerhebung)

Dialogelemente	Teilnehmer insgesamt	Anzahl der Befragten (pro Welle)		
Acht Bürgerkonferenzen *Energietechnologien*	791	$n_1 = 688$	$n_2 = 630$	$n_3 = 323$
Sechs Bürgerkonferenzen *Hightech-Medizin*	482	$n_1 = 467$	$n_2 = 455$	$n_3 = 228$
Sechs Bürgerkonferenzen *Demografischer Wandel*	521	$n_1 = 497$	$n_2 = 488$	$n_3 = 313$
Online-Dialog *Energietechnologien*	300 registrierte Nutzer	$n = 165$ (davon haben 24 % [$n = 40$] auch an einer Bürgerkonferenz teilgenommen)		
Online-Dialog *Hightech-Medizin*	98 registrierte Nutzer	$n = 24$ (davon haben 29 % [$n = 7$] auch an einer Bürgerkonferenz teilgenommen)		
Online-Dialog *Demografischer Wandel*	132 registrierte Nutzer	$n = 53$ (davon haben 32 % [$n = 17$] auch an einer Bürgerkonferenz teilgenommen)		

Tab. 2 Alter und Geschlecht der teilnehmenden Bürgerinnen und Bürger am Bürgerdialog

	Energietechnologien			*Hightech-Medizin*			*Demografischer Wandel*		
	Wellen								
	1	2	3	1	2	3	1	2	3
Altersdurchschnitt Bürgerkonferenzen	57	56	59	57	57	60	55	55	57
Altersdurchschnitt Online	55			51			55		
Anteil Männer Bürgerkonferenzen	62 %	61 %	59 %	48 %	50 %	50 %	54 %	53 %	50 %
Anteil Frauen Bürgerkonferenzen	38 %	39 %	41 %	52 %	50 %	50 %	46 %	47 %	50 %
Anteil Männer Online	88 %			65 %			44 %		
Anteil Frauen Online	12 %			35 %			56 %		

- *Alter:* Die Befragten waren im Durchschnitt zwischen 51 und 60 Jahre alt. In der Tendenz waren die Bürgerinnen und Bürger des Online-Dialogs etwas jünger. Es gab keine signifikanten Unterschiede zwischen den Themen der Bürgerdialoge bzw. zwischen Online- und Offline-Format.
- *Geschlecht:* Der Anteil von Frauen und Männern hielt sich bei den Bürgerkonferenzen in etwa die Waage, wobei der Männeranteil beim Thema *Energietechnologien* und der Frauenanteil beim Thema *Hightech-Medizin* jeweils etwas höher waren. Beim Online-Dialog *Energietechnologien* und *Hightech-Medizin* haben sich deutlich mehr Männer beteiligt als Frauen.

1. *Bildung:* Beim höchsten formalen Bildungsabschluss zeigt sich, dass relativ viele Teilnehmende einen Hochschulabschluss hatten (vgl. Abb. 1). Der Anteil der Personen mit Hochschulabschluss variierte zwischen 20 und 48 %. Auch der Anteil an promovierten Personen war relativ hoch. Beim Thema *Hightech-Medizin* war er in beiden Formaten am höchsten, online lag er bei 25 %. Im Vergleich dazu: In Deutschland waren 2011 ca. 1 % der Bevölkerung promoviert (Destatis 2017). Schülerinnen und Schüler oder noch in Ausbildung befindliche Bürgerinnen und Bürger haben dagegen kaum teilgenommen. Im Vergleich von online- und offline fällt auf, dass der Anteil der Bürgerinnen und Bürgern mit Promotion online in allen drei Bürgerdialogen höher ausfiel als bei der Bürgerkonferenz (nur für den Bürgerdialog *Energietechnologien* signifikant). Bei den Personen, die noch in Schule/Ausbildung/Studium standen, war der Anteil online noch geringer, allerdings nicht signifikant.
2. *Beschäftigungsstatus:* Beim aktuellen Beschäftigungsstatus zeigt sich, dass die meisten teilnehmenden Bürgerinnen und Bürger entweder Vollzeit beschäftigt oder im Ruhestand waren (vgl. Abb. 2). Allerdings war online der Anteil der Vollzeitbeschäftigten noch höher. Bei *Energietechnologien* und *Demografischer Wandel* waren knapp die Hälfte und bei *Hightech-Medizin* waren fast drei Viertel der registrierten Nutzerinnen und Nutzer Vollzeit beschäftigt. Teilzeitbeschäftigte sowie Schülerinnen und Schüler waren dagegen eher bei den Bürgerkonferenzen vertreten.

Die typische teilnehmende Person war zwischen 50 und 60 Jahre alt, vollzeitbeschäftigt oder im Ruhestand und verfügte mindestens über einen Hochschulabschluss. Dabei waren die Bürgerinnen und Bürger des Online-Dialoges gemessen am Durchschnitt zwar etwas jünger, aber die Differenz ist nicht signifikant. Zudem beteiligten sich online signifikant häufiger Männer und Personen mit Vollzeitbeschäftigung und Promotion (Chi^2-Test: $p < 0,05$). Jüngere Bürgerinnen und Bürger in Ausbildung, Schule oder Studium nahmen online noch seltener teil als

Was ist Ihr höchster berufsbildender Abschluss?

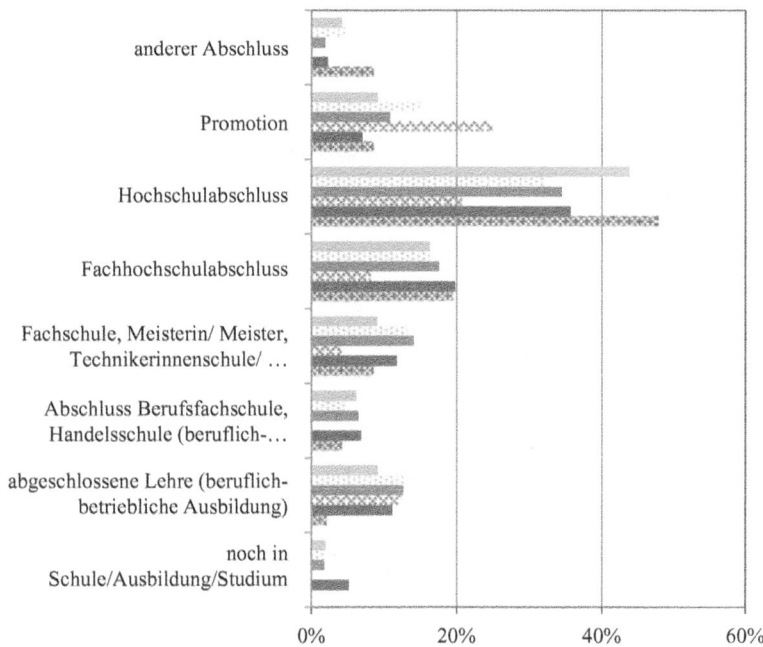

Abb. 1 Höchster berufsbildender Abschluss bei den Bürgerkonferenzen (1. Welle) und Online (Unter „anderer Abschluss" wird geführt: anderer Abschluss, kein Abschluss, nicht in Ausbildung). (Quelle: eigene Erhebung)

bei der Bürgerkonferenz, auch wenn der Unterschied nicht signifikant ist. Der Online-Dialog erscheint insgesamt als ein Instrument ‚zweiter Wahl'. Womöglich haben sich hier vor allem die Personen registriert, die zwar zu einer Bürgerkonferenz eingeladen wurden, aber nicht teilnehmen konnten.

Im Sinne der instrumentellen Nutzung von Bürgerbeteiligung wird deutlich, dass die Personen, die sich online beteiligt haben, einen fundierten Beitrag zur partizipatorischen Politikgestaltung leisten konnten. Jedoch beschränkte sich die partizipatorische Expertise aufgrund der Teilnehmerstruktur oftmals auf einen elitären Kreis und wurde nicht dem Anspruch einer Integration breiter

Welcher Beschäftigungsstatus trifft am ehesten auf Sie zu?

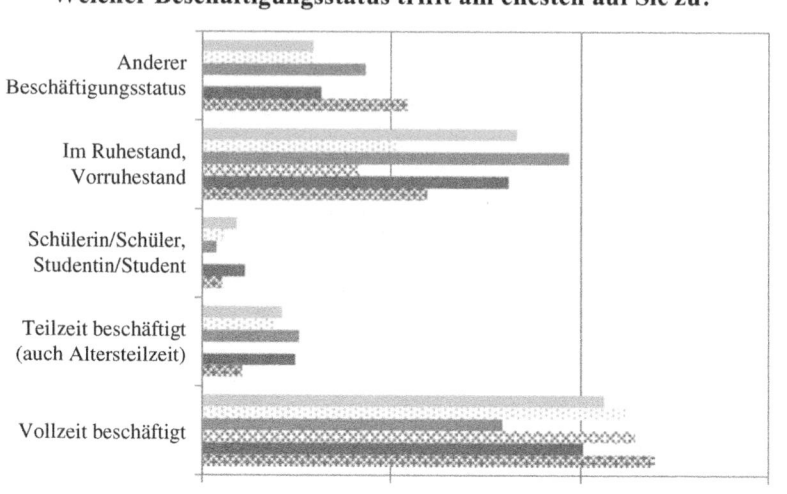

Abb. 2 Beschäftigungsstatus der Bürgerinnen und Bürger bei den Bürgerkonferenzen (1. Welle) und Online (Unter „anderer Beschäftigungsstatus" wird geführt: anderer Beschäftigungsstatus, Wehr- oder Zivildienst, Umschulung, Weiterbildung, Arbeitsgelegenheiten, Ein-Euro-Job, Mutterschutz, Erziehungszeit, Elternzeit, unregelmäßig beschäftigt (Jobben), berufliche Ausbildung/Lehre). (Quelle: eigene Erhebung)

Bevölkerungsschichten gerecht. Ein ähnlicher Effekt kann abgeleitet werden, wenn das Verfahren als strategischer, informativer Prozess der politischen Kommunikation begriffen wird, denn hier ergäbe sich das Problem, dass ein sehr eingeschränkter Adressatenkreis erreicht wurde.

5.2   Teilnahmemotivation

Sowohl bei den Bürgerkonferenzen als auch beim Online-Dialog wurden die Bürgerinnen und Bürger nach ihrer Teilnahmemotivation gefragt. Bei der Fragebogenentwicklung wurde auf erprobte und valide Skalen anderer Evaluationen zurückgegriffen (Goldschmidt 2006, 2014; Goldschmidt et al. 2008). Zudem wurde zur Sicherstellung der Vergleichbarkeit zwischen on- und offline-Format die gleichen Items jeweils auf einer siebenstufigen Ratingskala abgefragt. Die zentralen Dimensionen waren:

- Interesse am Thema
- Wunsch mit anderen Menschen zu diskutieren
- Wunsch nach politischer Mitgestaltung und gesellschaftlicher Mitbestimmung
- Interesse an einem Online-Dialog

Zudem wurden ergänzend offen nach anderen Gründen für die Teilnahme gefragt. Grundsätzlich zeigen die Daten, dass die Teilnehmerinnen und Teilnehmer der Bürgerkonferenzen und des Online-Dialogs einen bzw. mehrere konkrete Gründe zur Teilnahme hatten (vgl. Tab. 3). Gemessen am Durchschnitt gab es drei zentrale Teilnahmemotivationen. Die Bürgerinnen und Bürger wollten:

Tab. 3 Überblick über Teilnahmemotivation

Items	Format	*Energietech-nologien*	*Hightech-Medizin*	*Demografischer Wandel*
Ich möchte mehr über das Thema erfahren	Bürgerkonfe-renz[a]	2,3	**1,8**	2,0*
	Online-Dialog	2,8[++]	**2,0**	2,2
Ich möchte politische Entscheidungen zum Thema mitgestalten	Bürgerkonfe-renz[a]	2,2	2,3	**2,1**
	Online-Dialog	**1,4[++]**	**1,4[+]**	1,7**
Ich möchte mit meiner Teilnahme an dem Bürger-dialog einen Beitrag für die Gesellschaft leisten	Bürgerkonfe-renz[a]	2,0	**1,9**	**1,9**
	Online-Dialog	1,7	**1,5**	1,8
Ich kann keinen besonderen Grund für meine Teilnahme nennen	Bürgerkonfe-renz[a]	6,3	6,6	6,5*
	Online-Dialog	5,7	5,5[+]	6,7

Anmerkungen: [a]angegeben ist der Wert der ersten Welle, also zu Beginn der Bürgerkonferenz, arithmetische Mittel (Skala 1 „trifft voll und ganz zu" bis 7 „trifft überhaupt nicht zu"); * Varianzanalyse, ** Kruskal-Wallis-Test, [+] U-Test, [++] T-Test für unabhängige Stichproben: $p < 0,05$, d. h. es gab signifikante Unterschiede zwischen den Themen der Bürgerdialoge bzw. zwischen Online- und Offline-Format (fett markiert ist der Wert pro Zeile, der die höchste Relevanz zeigt)

- mehr über das Thema erfahren. Vor allem im Bereich *Hightech-Medizin* war dieser Wunsch ausgeprägt.
- Mit der Teilnahme an dem Bürgerdialog einen Beitrag für die Gesellschaft leisten und
- politische Entscheidungen zum Thema mitgestalten. Auch diese Motivation fand sich am stärksten im Bereich der *Hightech-Medizin.*

Die Evaluation des *Bürgerdialogs Zukunftsthemen* zeigte wichtige Unterschiede auf: Im Vergleich der Bürgerkonferenzen fiel auf, dass die Teilnahmemotivation bei der Bürgerkonferenz *Hightech Medizin* auf der thematischen Ebene im Vergleich höher ausfiel als bei den *Energietechnologien* und dem *Demografischen Wandel.* Das Thema der Veranstaltung spielte im Bereich der *Hightech-Medizin* signifikant eine größere Rolle als bei den anderen Bürgerkonferenzen. Für die Teilnehmerinnen und Teilnehmer der Bürgerkonferenz *Energietechnologien* spielte es die geringste Rolle.

Bei den Online-Dialogen zeigten sich signifikante Unterschiede beim Wunsch, politische Entscheidungen zu gestalten. Die Teilnehmerinnen und Teilnehmer bei *Energietechnologien* und *Hightech-Medizin* stimmten diesem Item signifikant mehr zu als die Bürgerinnen und Bürger des Dialogs *Demografischer Wandel.*

Der Vergleich online und offline zeigt, dass der Wunsch mehr über das Thema zu erfahren bei den Bürgerkonferenzen stärker formuliert wurde. Der Unterschied war aber nur bei *Energietechnologien* signifikant. Der Wunsch politische Entscheidungen mitzugestalten und einen Beitrag für die Gesellschaft zu leisten, spielte online bei allen Bürgerdialogen eine wichtigere Rolle. Die Zustimmung war bei *Energietechnologien* und *Hightech-Medizin* online signifikant stärker ausgeprägt.

Insgesamt zeigen die Analysen, dass die Bürgerinnen und Bürger online und offline konkrete Gründe für ihre Teilnahme hatten. Es deuten sich auch thematische Unterschiede an. Bei *Hightech-Medizin* waren das Thema und der Wunsch, einen Beitrag für die Gesellschaft zu leisten, besonders relevant. Gleichzeitig ist die Fallzahl der online registrierten Nutzerinnen und Nutzer sehr gering ($n = 24$).

Die Ergebnisse zur Teilnahmemotivation verdeutlichen, dass bei allen drei Zukunftsthemen, aber insbesondere bei *Hightech-Medizin* sowohl Informations- als auch ein Beratungsinteresse vonseiten der Bürgerinnen und Bürger bestand. Unabhängig davon, ob das Beteiligungsverfahren vonseiten der Politik aus strategischen oder instrumentellen Faktoren heraus motiviert war – für die Teilnehmerinnen und Teilnehmer spielten in diesem Fallbeispiel beide Aspekte eine Rolle.

5.3   Beteiligungsaktivität

Die Frage der Beteiligungsaktivität der teilnehmenden Bürgerinnen und Bürger ist wichtig für die Inklusionsdebatte, weil es zeigt, wer sich während der Veranstaltung aktiv beteiligt oder nur informiert. Es geht nicht nur darum, wer etwas gesagt hat, sondern auch darum, ob subjektiv das Gefühl bestand, sich einbringen zu können. Das assoziierte Schlagwort ist *Fairness* – ein zentrales Kriterium für die Evaluation von deliberativen Beteiligungsformaten (Goldschmidt 2014). Die Analyse der Beteiligungsaktivität erfolgt auf Basis der standardisierten Befragung nach den Bürgerkonferenzen als auch auf Basis der qualitativen Beobachtungsdaten der Bürgerkonferenzen und der Online-Dialoge.

Die teilnehmenden Bürgerinnen und Bürger an den Bürgerkonferenzen und beim Online-Dialog gingen fair und respektvoll miteinander um. Auch emotionale Diskussionen, wie sie vor allem bei der Bürgerkonferenz *Hightech-Medizin* beobachtet wurden, wurden argumentativ und sachlich aufgelöst. Demoralisierungen und Eskalationen wurden nicht beobachtet. Insgesamt unterstützten das Kleingruppenformat und die Moderation eine in der Regel ausgewogene Diskussion zwischen den teilnehmenden Bürgerinnen und Bürgern.

Allerdings variierte die Anzahl der Redebeiträge zwischen den Bürgerinnen und Bürgern sehr stark. ‚Vielrednerinnen und Vielredner' präsentierten sich als thematisch gut informiert und wissend. In der Regel waren das Männer mittleren und höheren Alters. Zurückhaltend waren in der Regel die jüngeren bzw. sehr alten Personen und die Teilnehmerinnen und Teilnehmer, die nach dem Phänotypus einen Migrationshintergrund hatten. Ältere Personen hatten teilweise Probleme mit der Akustik, wie die Beobachtungsdaten zeigen, und beteiligten sich deshalb selten.

Die standardisierte Befragung unmittelbar nach der Veranstaltung zeigte aber, dass die teilnehmenden Bürgerinnen und Bürger den Eindruck hatten, dass sich alle Personen gleichermaßen einbringen konnten (vgl. Abb. 3). Auch sie selbst brachten nach eigener Einschätzung ihre eigenen Ideen ausreichend ein (vgl. Abb. 4). Signifikante Unterschiede zwischen verschiedenen Personengruppen zeigten sich nur beim Alter. Die Aussage, „[die] Möglichkeit die eigene Meinung einzubringen, war für alle gleich", lehnten die jüngeren Teilnehmerinnen und Teilnehmer signifikant stärker ab als die übrigen.

Beim *Online-Dialog* wurden die Nutzerinnen und Nutzer nach der Häufigkeit ihrer Beiträge befragt (vgl. Abb. 5). Dabei zeigte sich, dass sich über alle Themen hinweg die meisten registrierten Nutzerinnen und Nutzer auch aktiv an der Online-Diskussion beteiligten. Besonders aktiv zeigten sich die Personen beim Bürgerdialog *Energietechnologien*. Beim Online-Dialog zu *Hightech-Medizin* haben sich die Nutzerinnen und Nutzer seltener eingebracht.

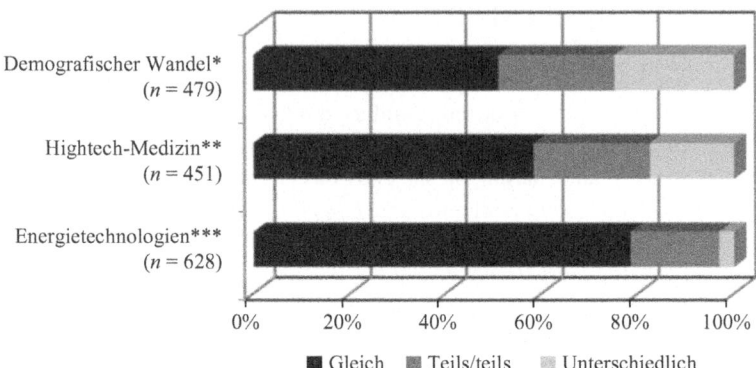

Abb. 3 „Möglichkeit, die eigene Meinung einzubringen bei den Bürgerkonferenzen" (2. Welle) (Recodierte Skala 1 „völlig gleich" bis 7 „sehr unterschiedlich", * $MW = 3,3$; ** $MW = 2,9$; *** $MW = 1,9$). (Quelle: eigene Erhebung)

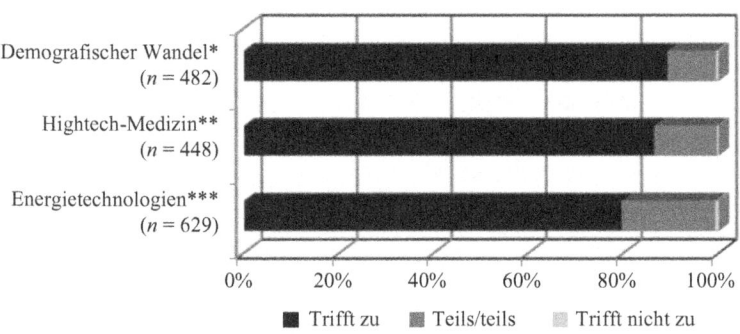

Abb. 4 „Ich konnte meine wichtigsten Ideen in die Gespräche einbringen" (2. Welle) (Recodierte Skala 1 „trifft voll und ganz zu" bis 7 „trifft überhaupt nicht zu"; * $MW = 1,6$; ** $MW = 1,6$; *** $MW = 1,9$). (Quelle: eigene Erhebung)

Grundsätzlich fällt auf, dass die Nutzerzahlen bei allen Bürgerdialogen relativ gering waren. Der Online-Dialog erscheint hier als ein Zusatzinstrument zur Informationsbeschaffung und weniger als Mittel des Dialoges. Zu vermuten ist, dass die Lurkerzahlen deutlich höher ausfielen. Die Evaluationsergebnisse entsprächen damit dem Forschungsstand zur E-Partizipation, wonach die Mehrheit

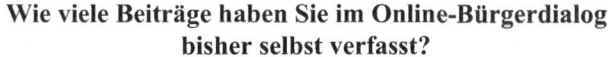

Wie viele Beiträge haben Sie im Online-Bürgerdialog bisher selbst verfasst?

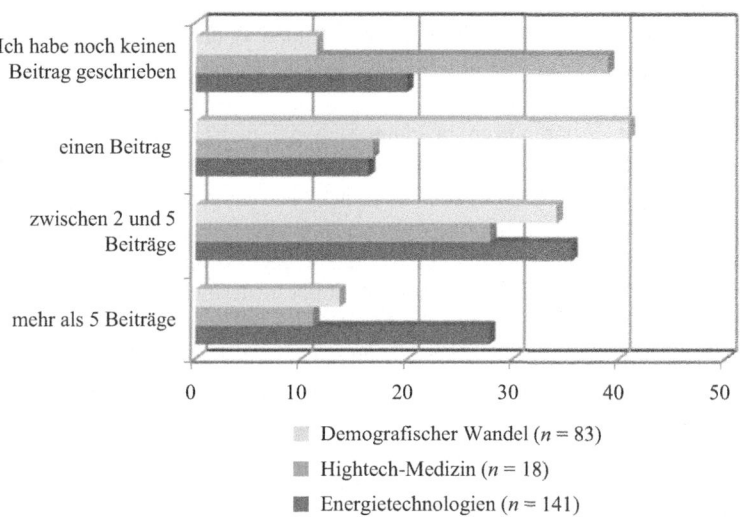

Abb. 5 Beiträge im Online-Bürgerdialog. (Quelle: eigene Erhebung)

der Internetnutzerinnen und Internetnutzer passiv rezipiert und sich nicht aktiv an Mitmachoptionen beteiligt (Stegbauer und Rausch 2001; Vowe 2014).[10]

Beim Bürgerdialog zu *Energietechnologien* gab es auch Versuche einzelner Userinnen und User, den Dialog in eine bestimmte inhaltliche Richtung zu verzerren. Gegnerinnen und Gegner der Energiewende brachten sich bei dem Online-Dialog aktiv ein und einzelne Nutzerinnen und Nutzer versuchten durch

---

[10]Ein besonders den Online-Dialog betreffender problematischer Punkt ist auch die Verdatung und Auswertung der Nutzerinnen und Nutzer von Bürgerbeteiligungsverfahren. Zum Beispiel werden u. U. Verweildauer und Sucherverläufe erfasst und ausgewertet. Für den Verlauf des Beteiligungsverfahrens kann das wichtig sein, da somit umfassendere Aussagen zur Aktivität der Beteiligten getroffen werden können. Diese „Vermessung von Internetaktivitäten" (Märker und Wehner 2013) kann jedoch auch datenschutzrechtlich problematisch sein. Eine Diskussion dazu findet sich ebenda. Beim Bürgerdialog wurde auf eine systematische Analyse dieser Aspekte verzichtet.

technische Tricks den Eindruck einer Mehrheit zu erwecken.[11] Der Online-Dialog zeigt sich damit anfällig für Manipulationsversuche einzelner Bürgerinnen und Bürger. Eine Möglichkeit, die so bei den Bürgerkonferenzen auch aufgrund der Moderation nicht beobachtet werden konnte. Zudem deutet der Versuch der technischen Manipulation auf Schwachstellen bei der technischen Infrastruktur des Online-Bürgerdialogs hin.

Bei den Bürgerkonferenzen brachten sich die meisten teilnehmenden Bürgerinnen und Bürger ein bzw. hatten den Eindruck, sich selbst einbringen zu können. Auch beim Online-Dialog war die Mehrheit der registrierten Nutzerinnen und Nutzer aktiv. Allerdings werden hier die Chancen bzw. Grenzen des Online-Verfahrens offenkundig. Online haben alle Personen, die Möglichkeit, anonym ihre Meinung zu äußern und formulieren deshalb vielleicht deutlicher ihre kritische Haltung. Zudem können Minderheitsmeinungen durch eine gezielte und bewusste Darstellung ein großes Gewicht bekommen und die Ergebnisse verzerren. Für die instrumentelle Nutzung von Bürgerbeteiligungsverfahren ist dieser Aspekt von besonderer Wichtigkeit, da online und offline mitunter divergierende Meinungsbilder abgebildet werden, welche im Prozess der Wissensproduktion im Sinne einer politikempfehlenden Funktion der Bürgerinnen und Bürger bedacht werden müssen. Entscheidend für einen erfolgreichen Online-Dialog erweist sich deshalb eine Kontrolle der technischen Infrastruktur, um ggfs. Täuschungen oder Manipulationen verhindern bzw. frühzeitig entdecken zu können.

6 Diskussion der Ergebnisse

Die Analyse der Bürgerdialoge veranschaulicht, dass direkte Exklusion, also das bewusste Verweigern von Rechten und Teilhabemöglichkeiten (Baumgartner 2009) nicht stattgefunden hat. Im Gegenteil: Durch eine Zufallsauswahl für die Bürgerkonferenzen und den offenen Online-Dialog wurde allen Bürgerinnen und Bürgern die gleiche Chance zur Teilnahme ermöglicht. Die Evaluation der verschiedenen Dialogformate und Themenfelder des *Bürgerdialogs Zukunftsthemen* zeigte jedoch, dass eine deliberative Abbildung aller relevanten Meinungen und Positionen nur bedingt gelungen ist. Das Potenzial der partizipatorischen Expertise und Annäherung von Politik und Öffentlichkeit wurde somit eingeschränkt.

---

[11]So versuchten einzelnen Userinnen und User durch eine Vielzahl von Emailadressen als „Mehrheit" in Erscheinung zu treten. Dies wurde durch eine Analyse der IP-Adressen aufgedeckt.

Insgesamt war die Teilnehmerstruktur bei den Bürgerdialogen online und offline eher homogen. Der bzw. die typische Teilnehmende war Mitte 50, verfügte über einen Hochschulabschluss und war in Rente oder vollzeitbeschäftigt. Im Dialog fühlten sich die meisten Bürgerinnen und Bürger frei, ihre eigene Meinung einzubringen und fair behandelt.

Dennoch kann aufgrund der Teilnehmerstruktur und der Beiträge nicht sicher gesagt werden, ob alle relevanten Meinungen bzw. Positionen der deutschen Bevölkerung erfasst wurden. Gerade jüngere Personen nahmen die Gelegenheit zur Teilnahme online und offline nur selten wahr und die wenigen Anwesenden bei den Bürgerkonferenzen hatten im Vergleich zu anderen Teilnehmern weniger das Gefühl sich ausreichend einbringen zu können. Zudem waren Personen mit niedrigerer formaler Bildung nicht ausreichend repräsentiert. Dies gelang auch durch die Verzahnung mit dem Online-Dialog nicht. Es scheint also kein Problem des Formates zu sein. Möglicherweise liegt es daran, weil bei Personen jüngeren Alters und niedrigerer formaler Bildung eher niederschwelligere Vorgehensweisen der Beteiligung relevant sind. Dies ist ein wichtiges Ergebnis für die strategische Nutzung von Bürgerbeteiligungsverfahren.

Zudem gab es themenspezifische Unterschiede. Möglicherweise war die Teilnehmeranzahl beim Online-Dialog *Energietechnologien* höher als bei den anderen, weil es 2012 im Jahr des Bürgerdialogs eine breite gesellschaftliche und kontroverse Debatte um das Thema gab.[12] Die Themen *Hightech-Medizin* und *Demografischer Wandel* sprachen die teilnehmenden Bürgerinnen und Bürger eher auf einer persönlichen, emotionalen Ebene an. Vielleicht sind bei derartigen Themen eher Offline-Formate geeignet, weil sie den persönlichen Austausch ermöglichen und eine professionelle Moderation vertrauensfördernd wirken kann.

Die Erfahrungen mit dem *Bürgerdialog Zukunftsthemen* zeigen spezifische Vorteile des Online- und Offline-Formates für die Frage, ob Inklusion „Realität oder Fiktion" ist:

- Im *Offline-Format* ist es möglich, zurückhaltende Personen durch eine entsprechende Moderation und einer offenen bzw. konstruktiven Gesprächskultur zur aktiven Teilnahme zu bewegen bzw. sie zu beteiligen. Vor allem die Moderation erscheint hier ein wichtiger Faktor, um Mehr- und Minderheitsvoten ausreichend erfassen zu können. Eine Rekrutierung über eine Zufallsauswahl ermöglicht kein repräsentatives Abbild der Gesellschaft. Unklar bleibt deshalb, ob alle relevanten Meinungen bzw. Positionen eingebunden werden konnten.

---

[12]Auslöser war die Nuklearkatastrophe von in einem Atomkraftwerk in Fukushima, Japan im Jahr 2011.

- Das *Online-Format* bietet vor allem Personen mit kritischeren Minderheitsvoten die Möglichkeit sich aktiv einzubringen. Gerade bei Konfliktthemen wie
bei dem Bürgerdialog *Energietechnologien* erscheinen Online-Formate deshalb eine wichtige Ergänzung zum Offline-Format. Suler (2004) beschreibt
dieses Phänomen mit dem Begriff *Enthemmung* durch Anonymität und
Nicht-Sichtbarkeit, was sich einerseits positiv durch emotionalen Zuspruch
aber andererseits auch negativ in Form von Pöbeln zeigen kann. Dabei besteht
die Gefahr, dass einzelne Bürgerinnen und Bürger die Ergebnisse durch technische Manipulationen beeinflussen und das gesellschaftliche Meinungsbild
verzerren. Wichtig ist es deshalb, dass die technische Infrastruktur seitens der
Anbieter der Dialogplattformen den politischen Ansprüchen an einen deliberativen Online-Dialog Rechnung trägt und entsprechende Täuschungen verhindert. Gleichzeitig stellt sich die Frage, warum sich im Bürgerdialog so wenig
Bürgerinnen und Bürger online registrierten und aktiv beteiligten. Vielleicht
war es schlichtweg ein Marketingfehler und der Online-Bürgerdialog wurde
nicht ausreichend beworben. Darauf deutet auch der Vergleich mit anderen
Online- und Offline-Beteiligungsverfahren hin, in denen die Aktivitätsquote
höher war.[13] Zudem haben die Themen der Bürgerdialoge vor allem ältere Personen angesprochen, die nach aktuellen Studien aber seltener aktiv im Internet sind (ARD/ZDF-Onlinestudie 2017). Insgesamt bestätigen vergleichende
Untersuchungen, dass Möglichkeiten der E-Partizipation von den Bürgerinnen
und Bürgern nach wie vor deutlich weniger genutzt werden als herkömmliche
Partizipationsverfahren (Kubicek 2017; Zepic et al. 2017).

Grundsätzlich deuten die Erfahrungen mit verzahnten Online- und Offline-For-
maten darauf, dass das konkrete Vorgehen und das zugrunde liegende Demokra-
tiemodell sowie die Zielsetzung des Beteiligungsverfahrens abzustimmen sind.
Das Verfahren kann, wie die Evaluationsergebnisse verdeutlicht haben, einen
Einfluss auf das Gelingen von Beteiligung der Bürgerinnen und Bürger an der
Wissensproduktion sowie auf informative Zielstellungen dieser Verfahren haben.
Je nachdem, ob Bürgerbeteiligung als *organisierte Strategie* der politischen Kommunikation oder als *Instrument der Politikberatung* eingesetzt wird, können
unterschiedliche Verfahrensdesigns sinnvoll sein:

---

[13]Für das Verfahren zum Bürgerhaushalt in Frankfurt am Main vgl. Geißel et al. (2013).
Ein Beispiel aus Dresden zeigt eine Aktivitätsquote von 2,7 % (vgl. www.dresden.de/
media/pdf/stadtplanung/.../Dresdner_Debatte_Neumarkt.pdf). Für ein Verfahren in Essen
vgl. Märker (2013).

- *Verzahnung der teilnehmenden Bürgerinnen und Bürger:* Dies betrifft die teilnehmenden Bürgerinnen und Bürger und die Frage, ob mit den Online- und
Offline-Formaten die gleichen Bürgerinnen und Bürger bzw. Bevölkerungsgruppen oder unterschiedliche Zielgruppen erreicht werden sollen:
  - *Gleiche Personen:* Grundsätzlich kann ein Online- und Offline-Format für
  die gleiche begrenzte Anzahl an Bürgerinnen und Bürgern reglementiert
  werden. Bei deliberativen Verfahren erscheint dies nicht sinnvoll.
  - *Gleiche Grundgesamtheit:* Online- und Offline-Formate können für eine
  bestimmte Grundgesamtheit zugeschnitten werden. Dabei können zwar
  unterschiedliche Personengruppen online oder offline beteiligt werden, die
  aber der gleichen Grundgesamtheit angehören. Dies war das Anliegen im
  Bürgerdialog Zukunftsthemen. Zusätzlich zu den repräsentativ ausgewählten Bürgerinnen und Bürgern wurden weitere interessierte Bürgerinnen und
  Bürger informiert und beteiligt.
  - *Unterschiedliche Zielgruppen:* Online und offline können bewusst verschiedene Personengruppen in den Dialog integriert werden. Gerade für
  jüngere Menschen mit niedrigerer formaler Bildung sind entsprechende
  Überlegungen interessant. Möglicherweise sind hier Offline-Beteiligungs-
  konzepte mit ‚geschlosseneren' Räumen eher geeignet. Zudem bieten die
  Moderation und der persönliche Austausch vielleicht eher die Chance,
  Minderheitsvoten zu integrieren.
- *Zeitliche Verzahnung:* Wann werden die Ergebnisse der unterschiedlichen Formate erhoben?
  - *Parallel:* Denkbar ist die gleichzeitige Durchführung eines Online- und Offline-Formates, wobei die jeweiligen Dialogergebnisse ein- bzw. zurückge-
  spielt werden. Beim *Bürgerdialog Zukunftsthemen* war dies das Bestreben.
  - *Sequenziell:* Denkbar ist, dass ein Format dem anderen vorgeschaltet wird
  und die Ergebnisse beim nachfolgenden Format integriert werden.

Die Erfahrungen des *Bürgerdialogs Zukunftsthemen* belegen die Potenziale einer
Verzahnung von Online- und Offline-Formaten. Auch in anderen Beteiligungs-
beispielen, wie dem Verfahren zum Bürgerhaushalt in Frankfurt am Main, gab
es positive Effekte. Hier fand zunächst das Online-Verfahren und anschließend
ein Bürgerforum statt (Geißel et al. 2013). Damit kann die Möglichkeit zur Teilnahme für Bürgerinnen und Bürger erhöht werden, die beispielsweise aus zeitlichen Gründen nicht an einer Offline-Veranstaltung teilnehmen können. Zudem
kann die Gelegenheit zur Abbildung kritischer Meinungen verbessert werden,
weil Personen mit Minderheitsvoten anonym ihre Position in den Dialog einbringen können. Außerdem erhöht der Online-Dialog die Transparenz des Verfahrens
und der Ergebnisfindung.

Für die sich an den Bürgerdialog anschließenden politischen Kampagnen ist Inklusion wichtig, weil damit die Chance zur Akzeptanz und Umsetzungsbereitschaft des Outcomes (beim Bürgerdialog der Bürgerreport) der Bevölkerung erhöht werden kann. Das BMBF hatte den *Bürgerdialog Zukunftsthemen* als Politikberatung durch die „Weisheit der Vielen" konzipiert (Bürgerdialog Zukunftsthemen 2017). Die instrumentelle Nutzung des Beteiligungsformats war damit dominierend, wenngleich die Bürgerinnen und Bürger zugleich die Möglichkeit hatten, sich durch den Austausch mit anderen Bürgerinnen und Bürgern und ausgewählten Expertinnen und Experten über das jeweilige Thema zu informieren und sich neues Wissen anzueignen.

Allerdings können mit derartigen Verfahren sowohl online als auch offline bestimmte Bevölkerungsgruppen nicht erfasst werden. Inklusion läuft somit nicht zwangsläufig auf Gleichberechtigung hinaus und auch neue kommunikative Politikmodelle bzw. die Nutzung digitaler Möglichkeiten in der politischen Kommunikation können diesem Anspruch nicht umfassend gerecht werden (Martinsen 2006). Im Hinblick auf deliberative Beteiligungsformate zeigen sich somit auch Ressentiments, die sich sowohl auf die strategische als auch die instrumentelle Nutzung von Beteiligungsformaten auswirken. Die deliberative Hoffnung, alle Meinungen abbilden zu können, erscheint gerade bei Personen jüngeren Alters, einer niedrigen Bildungsschicht und mit Minderheitsmeinungen schwierig. Um dennoch die Chance zur Beteiligung zu erhöhen, sind andere Formate geeigneter, die vielleicht zulasten des persönlichen Dialogs heterogener bzw. divergierender Meinungsbilder gehen (z. B. Fokusgruppen mit einer homogen zusammengesetzten Gruppe) (Schulz et al. 2012). Eine Verzahnung von Online- und Offline-Formaten kann diese Zielgruppen nach den Erfahrungen aus den Bürgerdialogen ebenfalls nicht ausreichend einbinden. Zudem erscheinen für eine moderne funktionierende E-Partizipation die Weiterentwicklung und das Monitoring der technischen Infrastruktur wichtig.

Literatur- und Quellenverzeichnis

Albrecht, T., & Staemmler, J. (2011). Die SPD setzt auf Beteiligung: Interview mit Thorben Albrecht. *Zeitschrift für Politikberatung, 4*(4), 171–174.

Alcántara, S., Bach, N., Kuhn, R., & Ullrich, P. (Hrsg.). (2016). *Demokratietheorie und Partizipationspraxis: Analyse und Anwendungspotentiale deliberativer Verfahren. Bürgergesellschaft und Demokratie.* Wiesbaden: Springer VS.

Alcántara, S., & Niederberger, M. (2015). Bürgerkonferenzen als Instrument der Experteneinbindung. In M. Niederberger & S. Wassermann (Hrsg.), *Methoden der Experten- und Stakeholdereinbindung in der sozialwissenschaftlichen Forschung* (S. 287–304). Wiesbaden: Springer VS.

ARD/ZDF-Onlinestudie. (2017). Kern-Ergebnisse. Projektgruppe ARD/ZDF-Multimedia 11. Oktober 2017. http://www.ard-zdf-onlinestudie.de/. Zugegriffen: 20. Okt. 2017.

Barnes, S. H., & Kaase, M. (1979). *Political action: Mass participation in five western democracies.* Beverly Hills: Sage.

Bartl, W. (2011). Demografisierung der Kommunalpolitik? Bevölkerung als Schema kommunaler Selbstverwaltung. *Soziale Welt, 62*(4), 351–369.

Baumgartner, C. (2009). Formelle und informelle Exklusion im Kontext demokratischer und kulturell pluraler Gesellschaften. *Jahrbuch für christliche Sozialwissenschaften, 50,* 165–197.

Birzer, M. (2015). *So geht Bürgerbeteiligung: Eine Handreichung für die kommunale Praxis. Texte der KommunalAkademie* (Bd. 7). Bonn: Friedrich-Ebert-Stiftung & KommunalAkad.

Bohne, M. (2010). Nichtwähler in Deutschland – Analyse und Perspektiven. *Zeitschrift für Politikberatung, 3*(2), 253–265.

Bongardt, H. (1999). *Die Planungszelle in Theorie und Anwendung. Leitfaden/Akademie für Technikfolgenabschätzung in Baden-Württemberg.* Stuttgart: Akad. für Technikfolgenabschätzung in Baden-Württemberg.

Bürgerdialog Zukunftsthemen. (2017). https://www.ifok.de/projects/energie/buergerdialog-zukunftsthemen. Zugegriffen: 16. Okt. 2017.

Chambers, S. (2003). Deliberative democratic theory. *Annual Review of Political Science, 6*(1), 307–326.

Dahl, R. A. (1986). *Democracy, liberty, and equality. Scandinavian library.* Oslo: Oxford University Press

Dahrendorf, R. (1967). Aktive und passive Öffentlichkeit. Über Teilnahme und Initiative an politischen Prozess moderner Gesellschaften. *Merkur, 21,* 1109–1122.

Destatis. (2017). Bildungsstand. https://www.destatis.de/DE/ZahlenFakten/Gesellschaft-Staat/BildungForschungKultur/Bildungsstand/Tabellen/Bildungsabschluss.html. Zugegriffen: 20. Okt. 2017.

Fineberg, H. V., & Stern, P. C. (Hrsg.). (1996). *Understanding risk: Informing decisions in a democratic society.* Washington: National Academy Press.

Geißel, B. (2008). Zur Evaluation demokratischer Innovationen – die lokale Ebene. In H. Heinelt & A. Vetter (Hrsg.), *Lokale Politikforschung heute* (S. 227–248). Wiesbaden: Springer VS.

Geißel, B., Kolleck, A., & Neunecker, M. (2013). *Projektbericht „Wissenschaftliche Begleitung und Evaluation des Frankfurter Bürgerhaushaltes 2013".* Frankfurt a. M.: Goethe Universität.

Goldschmidt, R. (2014). *Kriterien zur Evaluation von Dialog- und Beteiligungsverfahren.* Wiesbaden: Springer VS.

Goldschmidt, R., & Renn, O. (2006). Meeting of minds – European citizens' deliberation on brain sciences: Final report of the external evaluation. Stuttgarter Beiträge zur Risiko- und Nachhaltigkeitsforschung (5). https://elib.uni-stuttgart.de/handle/11682/5500. Zugegriffen: 13. Okt. 2017.

Goldschmidt, R., Renn, O., & Köppel, S. (2008). European citizens' consultations project: Final evaluation report. Stuttgarter Beiträge zur Risiko- und Nachhaltigkeitsforschung (8). https://elib.uni-stuttgart.de/handle/11682/5508. Zugegriffen: 13. Okt. 2017.

Goldschmidt, R., Scheel, O., & Renn, O. (2012). Zur Wirkung und Effektivität von Dialog- und Beteiligungsformaten. Stuttgarter Beiträge zur Risiko- und Nachhaltigkeitsforschung (23). https://elib.uni-stuttgart.de/handle/11682/5569. Zugegriffen: 20. Okt. 2017.

Gusy, C. (2005). Zusammenfassung: Partizipation durch Inklusion. In C. Gusy (Hrsg.), *Historische Politikforschung: Bd. 2. Inklusion und Partizipation. Politische Kommunikation im historischen Wandel.* Frankfurt: Campus.

Hebestreit, R. (2013). *Partizipation in der Wissensgesellschaft: Funktion und Bedeutung diskursiver Beteiligungsverfahren.* Wiesbaden: Springer VS.

Hennen, L. (2003). Experten und Laien. In S. Schicktanz & J. Naumann (Hrsg.), *Bürgerkonferenz: Streitfall Gendiagnostik. Ein Modellprojekt der Bürgerbeteiligung am bioethischen Diskurs* (S. 37–47). Wiesbaden: Springer VS.

Holtkamp, L., Bogumil, J., & Kißler, L. (2006). *Kooperative Demokratie: Das demokratische Potenzial von Bürgerengagement. Studien zur Demokratieforschung* (Bd. 9). Frankfurt a. M.: Campus.

Joss, S. (2003). Zwischen Politikberatung und Öffentlichkeitsdiskurs – Erfahrungen mit Bürgerkonferenzen in Europa. In S. Schicktanz & J. Naumann (Hrsg.), *Bürgerkonferenz: Streitfall Gendiagnostik. Ein Modellprojekt der Bürgerbeteiligung am bioethischen Diskurs* (S. 15–35). Wiesbaden: Springer VS.

Joss, S., & Durant, J. (1994). *Consensus conferences. A review of the Danish, Dutsch and UK approaches to this special form of technology assessment. Options for a Swiss consensus conference.* Basel: BATS.

Kersting, N. (2008). Innovative Partizipation: Legitimation, Machtkontrolle und Transformation. Eine Einführung. In N. Kersting (Hrsg.), *Politische Beteiligung. Einführung in dialogorientierte Instrumente politischer und gesellschaftlicher Partizipation* (S. 11–39). Wiesbaden: Springer VS.

Kubicek, H. (2017). Open Government. Der Zenit ist überschritten. *Verwaltung & Management, 23*(4), 202–212.

Leyenaar, M. (2008). Citizen Jury. In N. Kersting (Hrsg.), *Politische Beteiligung. Einführung in dialogorientierte Instrumente politischer und gesellschaftlicher Partizipation* (S. 209–221). Wiesbaden: Springer VS.

Lösch, B. (2005). *Deliberative Politik: Moderne Konzeptionen von Öffentlichkeit, Demokratie und politischer Partizipation.* Münster: Westfälisches Dampfboot.

Märker, O. (2013). *Abschlussbericht Online-Dialog Essen. 2030.*

Märker, O., & Wehner, J. (2013). „E-Partizipation" – Politische Beteiligung als statistisches Ereignis. In J.-H. Passoth & J. Wehner (Hrsg.), *Quoten, Kurven und Profile: Zur Vermessung der sozialen Welt* (S. 273–291). Wiesbaden: Springer VS.

Martinsen, R. (2006). Partizipative Politikberatung – der Bürger als Experte. In S. Falk, D. Rehfeld, A. Römmele, & M. Thunert (Hrsg.), *Handbuch Politikberatung* (S. 138–151). Wiesbaden: Springer VS.

Mayer, I., Vries, J. de, & Geurts, J. (1995). An evaluation of the effects of participation in an consensus conference. In S. Joss (Hrsg.), *Public participation in science. The role of consensus conferences in Europe* (S. 109–124). London: Science Museum.

Newig, J. (2011). Partizipation und Kooperation zur Effektivitätssteigerung in Politik und Governance? In H. Heinrichs, K. Kuhn, & J. Newig (Hrsg.), *Nachhaltige Gesellschaft: Welche Rolle für Partizipation und Kooperation?* (S. 65–79). Wiesbaden: Springer VS.

Newig, J., Jager, N., & Challies, E. (2012). Führt Bürgerbeteiligung in umweltpolitischen Entscheidungsprozessen zu mehr Effektivität und Legitimität? Erste Ergebnisse einer Metaanalyse von 71 wasserpolitischen Fallstudien. *Zeitschrift für Politikwissenschaft, 22*(4), 527–564.

Niederberger, M. (2013). Kompetenzerwerb und Meinungsbildung durch Teilnahme an Partizipationsprozessen? Eine Analyse am Beispiel des Bürgerdialogs „Energietechnologien für die Zukunft". https://www.netzwerk-buergerbeteiligung.de/informieren-mit-machen/beitraege-themenschwerpunkte/einzelansicht-beitraege-themenschwerpunkte/article/kompetenzerwerb-und-meinungsbildung-durch-teilnahme-an-partizipationsprozessen-eine-analyse-am-beis/. Zugegriffen: 20. Okt. 2017.

Niederberger, M., Keierleber, V., & Schneider, I. (2013). Kompetenzerwerb und Meinungsbildung in Bürgerkonferenzen. *Zeitschrift für Politikwissenschaft, 23*(1), 39–76.

Quennet-Thielen, C. (2012). Der Bürgerdialog Zukunftstechnologien des BMBF. *Zeitschrift für Politikberatung, 5*(2), 91–93.

Renn, O. (2005). Partizipation – ein schillernder Begriff: Reaktion auf drei Beiträge zum Thema "Partizipation" in GAIA 14/1 (2005) und GAIA 14/3 (2005). *GAIA – Ecological Perspectives for Science and Society, 14*(3), 227–228.

Renn, O., Webler, T., & Wiedemann, P. (1995). *Fairness and competence in citizen participa-tion: Evaluating models for environmental discourse. Technology, risk, and society, an International series in risk analysis* (Bd. 10). Dordrecht: Springer.

Saretzki, T. (1997). Mediation, soziale Bewegungen und Demokratie. *Forschungsjournal Neue Soziale Bewegungen, 10*(4), 27–42.

Schneider, I., Niederberger, M., Keierleber, V., & Kohler, N. (2013). Evaluation des Bürgerdialogs Zukunftsthemen. Evaluationsergebnisse zu den Bürgerdialogen „Energietechnologien der Zukunft", „Hightech-Medizin" und „Demografischer Wandel". http://elib.uni-stuttgart.de/bitstream/11682/5657/1/AB029_Schneider_et_al.pdf. Zugegriffen: 20. Okt. 2017.

Schoen, H., & Steinbrecher, M. (2013). Beyond total effects: Exploring the interplay of personality and attitudes in affecting turnout in the 2009 German federal election. *Political Psychology, 34*(4), 533–552.

Schulz, M., Mack, B., & Renn, O. (2012). *Fokusgruppen in der empirischen Sozialwissenschaft.* Wiesbaden: Springer VS.

Statista (2016). Anteil der Internetnutzer in Deutschland in den Jahren 2001 bis 2016. https://de.statista.com/statistik/daten/studie/13070/umfrage/entwicklung-der-internetnutzung-in-deutschland-seit-2001/. Zugegriffen: 18. Okt. 2017.

Stegbauer, C., & Rausch, A. (2001). Die schweigende Mehrheit – „Lurker" in internetbasierten Diskussionsforen/The silent majority – "Lurkers" on mailing lists. *Zeitschrift für Soziologie, 30*(1), 78.

Steinbrecher, M., & Schoen, H. (2012). Persönlichkeit und politische Partizipation im Umfeld der Bundestagswahl 2009. *Politische Psycholgie, 2*(1), 58–74.

Steinbrecher, M. (2009). *Politische Partizipation in Deutschland.* Baden-Baden: Nomos.

Stollen, T. (2011). *Deliberation als Brücke zwischen passiver und aktiver Öffentlichkeit: Ein Feldexperiment zu den Chancen und Grenzen verschiedener Formen von Bürgerbeteiligung in der deutschen Gesundheitspolitik.* Berlin: epubli GmbH.

Strele, M. (2012). BürgerInnen-Räte in Österreich. https://www.vorarlberg.at/pdf/endberichtforschungsproje.pdf. Zugegriffen: 20. Okt. 2017.

Suler, J. (2004). The online disinhibition effect. *CyberPsychology & Behavior, 7*(3), 321–326.

Verba, S., & Nie, N. H. (1987). *Participation in America: Political democracy and social equality*. Chicago: University of Chicago Press.

Vortkamp, W. (2013). Wozu braucht die repräsentative Demokratie die Bürger? *Forschungsjournal Soziale Bewegungen, 26*(1), 10–18.

Vowe, G. (2014). Digital Citizens und Schweigende Mehrheit: Wie verändert sich die politische Beteiligung der Bürger durch das Internet? Ergebnisse einer kommunikationswissenschaftlichen Langzeitstudie. In K. Voss (Hrsg.), *Internet und Partizipation: Bottom-up oder Top-down? Politische Beteiligungsmöglichkeiten im Internet* (S. 25–52). Wiesbaden: Springer VS.

Weingart, P. (2011). *Die Stunde der Wahrheit? Zum Verhältnis der Wissenschaft zu Politik, Wirtschaft und Medien in der Wissensgesellschaft*. Weilerswist: Velbrück Wiss.

Weißkopf, M. (2014). Der Bürger und die Wissenschaft: Von der Information zur Mitwirkung. https://www.wissenschaft-im-dialog.de/trends-themen/blogartikel/beitrag/der-buerger-und-die-wissenschaft-von-der-information-zur-mitwirkung/. Zugegriffen: 19. Okt. 2017.

Zepic, R., Dapp, M., & Krcmar, H. (2017). E-Partizipation und keiner macht mit. *HMD Praxis der Wirtschaftsinformatik, 54*(4), 488–501.

Ziekow, J., Gabriel, O., Remer-Bollow, U., Buchholz, F., & Ewen, C. (2013). Evaluation und Begleitforschung „Runder Tisch Pumpspeicherwerk Atdorf". http://www.fachdokumente.lubw.baden-wuerttemberg.de/servlet/is/105951/bwu11002.pdf. Zugegriffen: 20. Okt. 2017.

Back to the roots?! Der datengestützte Tür-zu-Tür-Wahlkampf in politischen Wahlkampagnen

Simon Kruschinski und André Haller

Zusammenfassung

Trotz der mannigfaltigen Möglichkeiten, die soziale Online-Netzwerke und klassische Massenmedien zur Wähleransprache bieten, greifen jüngste Kampagnen auf ein Wahlkampfinstrument zurück, das vor allem in vormodernen Wahlkämpfen zum Einsatz kam und auf den direkten interpersonellen Dialog mit den Bürgern setzt: den Tür-zu-Tür-Wahlkampf. Als Symbiose aus datengestützter *Targeting*-Technik, technologischer Infrastruktur und direkter interpersoneller Wähleransprache lässt sich die ‚Renaissance' dieses scheinbar antiquierten Wahlkampfinstruments durch gesellschaftliche Wandlungsprozesse und durch Entwicklungen im Bereich der Informations- und Kommunikationstechnologien erklären. Auf Basis der internationalen Forschungsliteratur erklärt der vorliegende Beitrag die Relevanz des datengestützten TzT-Wahlkampfs für eine politische Kampagnenkommunikation in Zeiten elektoraler Fragmentierung. Er zeigt, wie dieses Wahlkampfinstrument auf Grundlage von Wähler- und Wahldaten organisiert und ausgeführt wird, um spezifische Wahlbotschaften durch singuläre Wählerkontakte an der Haustür einer (wahl)politisch immer weniger interessierten und in ihrer Mediennutzung fragmentierten Bürgerschaft ohne Streuverluste und mediale Filter zu vermitteln.

Die Originalversion dieses Kapitels wurde revidiert. Ein Erratum ist verfügbar unter https://doi.org/10.1007/978-3-658-20860-8_15

S. Kruschinski (✉)
Johannes Gutenberg-Universität Mainz, Mainz, Deutschland
E-Mail: simon.kruschinski@uni-mainz.de

A. Haller
Universität Bamberg, Bamberg, Deutschland
E-Mail: andre.haller@uni-bamberg.de

Schlüsselwörter

Tür-zu-Tür-Wahlkampf · Haustürwahlkampf · Wahlkampf · Wahlkampagne
Politische Kommunikation · Mobilisierung · Strategie · Wahlkampforganisation
Wahlkampfinstrument

1   Einleitung

> Das wichtigste technische Hilfsmittel [im Wahlkampf] ist nicht das Internet, sondern
> der Klingelknopf an der Haustür [...] (Lobenstein 2013).

Sigmar Gabriels Appell auf dem Augsburger SPD-Konvent im Wahlkampf-
jahr 2013 steht symptomatisch für ein scheinbares Paradoxon, welches sich in
jüngsten Wahlkämpfen beobachten lässt: Demnach greifen demokratische Parteien trotz der mannigfaltigen Möglichkeiten, die soziale Online-Netzwerke
und klassische Massenmedien zur Wähleransprache[1] bieten, auf ein Wahlkampfinstrument zurück, das vor allem in vormodernen Wahlkämpfen zum Einsatz kam und auf den direkten interpersonellen Dialog mit den Bürgern setzt:
den Tür-zu-Tür-Wahlkampf (TzT; engl. *Canvassing*).

Die ‚Renaissance' dieses scheinbar antiquierten Wahlkampfinstruments lässt
sich einerseits durch gesellschaftliche Wandlungsprozesse und andererseits
durch Entwicklungen im Bereich der Informations- und Kommunikationstechnologien erklären. Diese manifestieren sich unter anderem in Veränderungen
des Wahlverhaltens, der Wählerstrukturen oder der Mediennutzung und stellen Parteien vor die Herausforderung, strategisch wichtige Zielgruppen zu
erreichen. Als Folge erweitern und passen Parteien ihre kommunikativen
Tools an, um individuelle Kampagnenbotschaften gezielt an einzelne Wählersegmente zu richten *(Targeting)*. So sollen beispielsweise Wechselwähler
überzeugt oder ‚wahlmüde' Parteisympathisanten mobilisiert werden. Vor diesem Hintergrund stellt der datengestützte TzT-Wahlkampf den idealen Kommunikationskanal für Parteien dar, um spezifische Wahlbotschaften durch
singuläre Wählerkontakte an der Haustür einer (wahl)politisch immer weniger interessierten und in ihrer Mediennutzung fragmentierten Bürgerschaft
ohne Streuverluste und mediale Filter zu vermitteln. Dies besagt zumindest die

---

[1]In diesem Kapitel werden zur Personenbezeichnung vor allem generische Maskulina (z. B.
‚die Nutzer') verwendet. Im Sinne der Ambiguitätstoleranz sind selbstverständlich immer
beide Geschlechter gemeint.

umfangreiche US-amerikanische Forschungsliteratur, die den datengestütz-ten TzT-Wahlkampf bereits auf unterschiedlichen Dimensionen analysiert: So beleuchten Untersuchungen neben den populären Feldexperimenten zur Wirkung von *canvassing* (für einen Überblick vgl. Michelson und Nickerson 2011; Green und Gerber 2016) auch die historische (u. a. Schudson 2011; Nielsen 2012; McKenna und Han 2014), ethische (u. a. Hersh 2015; Bennett 2016), demokratietheoretische (u. a. Fisher und McInerney 2005; Hersh 2015), technologische (u. a. Kreiss 2012, 2016), organisationale (u. a. Nielsen 2012; McKenna und Han 2014) oder strategische Dimension (u. a. Issenberg 2013). Während TzT-Wahlkämpfe als wissenschaftlicher Untersuchungsgegenstand in den USA also schon fast zum Klassiker gehören, hat sich die europäische und insbesondere die deutsche Politik- und Kommunikationswissenschaft bislang nur ungenügend mit diesem Wahlkampfinstrument auseinandergesetzt[2].

Im vorliegenden Beitrag soll ein Teil der Forschungslücke geschlossen werden. Der datengestützte TzT-Wahlkampf soll hierbei auf Basis der internationalen Forschungsliteratur grundlegend eingeführt und auf unterschiedlichen Analyse-ebenen dargestellt werden. In der folgenden Analyse werden folgende beitragslei-tenden Forschungsfragen beantwortet:

1. Welche *strategischen und makro-gesellschaftlichen Gründe* lassen sich für die Nutzung des datengestützten TzT-Wahlkampfs identifizieren?
2. Welche *Relevanz* besitzt der datengestützte TzT-Wahlkampf für politische Wahlkampagnen?
3. Wie *organisieren* politische Wahlkampagnen den datengestützten TzT-Wahlkampf?
4. Welche Rolle spielen *Daten, Technologien und Datenschutzregeln* für die strategische Organisation und Ausführung des TzT-Wahlkampfs?
5. Wie führen politische Wahlkampagnen den datengestützten TzT-Wahlkampf aus?
6. Wie kann der datengestützte TzT-Wahlkampf *evaluiert* werden?

Wir werden zunächst Gründe aufführen, warum Parteien im digitalen Zeitalter wieder verstärkt auf die direkte Wähleransprache an der Haustür setzen. Dabei werden wir grundlegende Begriffe definieren und die Professionalisierung des direkten interpersonellen Wählerkontakts in einer historischen Perspektive zum

---

[2]Für Ausnahmen vgl. Faas und Hohmann (2014) zur Wirkung des Haustürwahlkampfs auf die Wahlbeteiligung bei einer Kommunalwahl in Mainz und Kruschinski (2017) bzw. Kruschinski und Haller (i. E.) zu Grenzen des *(Micro-)Targetings* durch TzT-Wahlkämpfe im deutschen Gesellschafts-, Rechts-, Medien- und Politiksystem.

Wandel der politischen Wahlkampfkommunikation skizzieren. Anschließend werden wir den datenbasierten TzT-Wahlkampf mithilfe eines Analyserasters auf den Ebenen *Relevanz, Organisation* und *Vorbereitung, Datennutzung, Durchführung* und *Evaluation* differenziert beschreiben. Der Beitrag schließt mit einer Diskussion zu Möglichkeiten und Grenzen der Übertragbarkeit dieses Wahlkampfinstruments in den deutschen Gesellschafts-, Rechts-, Medien- und Wahlkontext.

2   Theoretischer Bezugsrahmen des datengestützten Tür-zu-Tür-Wahlkampfs

Mit wenigen Ausnahmen (u. a. Anstead 2017; Pons 2013) konzentriert sich die wissenschaftliche Forschung zur Nutzung von Daten in politischen Kampagnen und zum TzT-Wahlkampf auf den US-amerikanischen Kontext. Abgesehen von breit angelegten Diskussionen zur Professionalisierung oder Amerikanisierung (vgl. Tenscher et al. 2012) wurde die Literatur zum strategischen Einsatz von Daten im Kontext von TzT-Wahlkampagnen noch nicht systematisch erschlossen. Daher werden wir in diesem Abschnitt einen Forschungsüberblick zur historischen Entwicklung von datengestützten Wahlkampagnen mit einem besonderen Fokus auf den TzT-Wahlkampf geben.

2.1   Wählerdaten als das neue Öl für politische Wahlkampagnen?!

In der Politik- und Kommunikationswissenschaft zeigte sich in den letzten Jahren steigendes Interesse an der Rolle von Daten in politischen Wahlkampagnen. Daten sind dabei als in einen sachlichen Kontext gesetzte Informationen zu verstehen, die „durch ihre Interpretation und Bewertung Wissen [generieren]" (Lemke und Brenner 2015, S. 14). Dabei werden unstrukturierte (nicht formalisierte Texte, Grafiken, Tonaufnahmen) von strukturierten Daten (formalisierte Zeichen- und Zahleneinträge) unterschieden, die mit geeigneten Algorithmen in unterschiedliche Untergruppen oder nach ähnlichen Charakteristiken sortiert werden können *(Data Modeling; Data Mining)*. Ein großer Nutzen von Daten liegt in der Möglichkeit sie mithilfe von computergestützten Analyseverfahren *(Clustering; Machine Learning; Unsupervised Learning; Predictive Modeling)* automatisiert auswerten zu lassen respektive automatisiert Wissen zu generieren. Der Mehrwert dieser Verfahren zeigt sich vor allem bei großen Datensätzen, bei denen manuelle Auswertungen an ressourcenbedingte Grenzen stoßen.

Den Einzug von Daten in die politische Sphäre wird von Tufekci (2014, S.
2) als „rise of computational politics" bezeichnet, bei dem computergestützte Aus-
wertungsmethoden auf große Datensätze mit Informationen über Wähler oder
Bürger angewandt werden „for conducting outreach, persuasion and mobilization
in the service of electing, furthering or opposing a candidate, a policy or legislation" (Tufekci 2014, S. 2). Kreiss (2016, S. 3) spricht von einer „new technology
intensive era", in der „backstage infrastructural technology, data and analytics
work" entscheidende Elemente von politischen Wahlkampagnen geworden sind.
In Wahlkämpfen wecken insbesondere Wähler- und Wahldaten das Interesse von
Parteien und Wahlkampfstrategen. Dabei werden *aggregierte Wähler- und Wahlinformationen* einzelner Wahlkreise oder Stimmbezirke (bspw. Wahlstatistiken
spezifischer Wählergruppen oder vergangene Wahlergebnisse) von *individuellen
(verhaltensbezogenen) Daten* unterschieden (bspw. individuelle Adressen, demo-
grafische Informationen, Wahlteilnahmen, Wahlverhalten oder parteipolitische
Registrierung). Erstere können bei kommunalen Behörden oder statistischen
Ämtern angefragt werden. Letztere können vom Datenschutz eingeschränkt von
Parteien selber erhoben (bspw. über Umfragen, Informationsabfragen oder Digital
Trace Data) oder in Form statistischer Auswertungen von kommerziellen Drittan-
bietern gekauft werden (bspw. Deutsche Post Direkt oder Acxiom Deutschland).
Doch warum verwenden Parteien heutzutage überhaupt Daten in Wahlkämpfen
und welche Rolle spielt dabei der scheinbar antiquierte Tür-zu-Tür-Wahlkampf?
Um Antworten auf diese erste Forschungsfrage zu finden, werfen wir im folgenden Abschnitt einen Blick auf die Entwicklung politischer Kampagnenkommunikation. Denn um datengestützte Wahlkampagnen zu verstehen, „[...] scholars
[...] need to analyze not only features of technological and social environment
but also the existing paths of systems and the relations they are embedded in
[...]" (Kreiss 2016, S. 209).

2.2 Politische Wahlkampfkommunikation im Wandel: die Entwicklung von datengestützten Wahlkampagnen

Wahlen sind der Pulsschlag und das konstituierende Element einer repräsentativen Demokratie. Für viele Bürger stellen sie die einzige Möglichkeit dar, über
ihre gewählten Repräsentanten, einen Einfluss auf den politischen Systemoutput
zu nehmen und ihren Einstellungen, Wünschen und Präferenzen in Bezug auf die
politische Ausgestaltung der Gesellschaft Ausdruck zu verleihen. Idealtypisch

konstituiert sich politisches Handeln dabei aus einer wechselseitigen Kommunikation zwischen der Bevölkerung und ihren politischen Repräsentanten (Sartori 1976). In modernen Demokratien entwickelte sich ‚Politik' in den zurückliegenden Epochen vom direkt erfahrbaren Gegenstand zu einer ‚Sekundärerfahrung' und somit zu einem Vermittlungsgegenstand zwischen Bürgern und Repräsentanten (Sarcinelli 1987). Da dabei die unmittelbare politische Entscheidungsfindung delegiert wird, gilt es zu gewährleisten, dass „die politische Willensbildung an die Interessen und Prioritäten der Bürger rückgebunden bleibt" (Schmitt-Beck 2000, S. 17). Um diesen „Brückenschlag zwischen Individuum und Politik" (Klingemann und Voltmer 1998, S. 221) zu garantieren, hat sich politische Kommunikation im Allgemeinen und Wahlkampfkommunikation im Speziellen seit jeher unterschiedlicher Kommunikationsformen bedient. Denn Wahlkämpfe sind „Phasen intensiver Politikvermittlung" (Schwalm 2013, S. 63), in denen Parteien die Forderungen und Interessen der Bürger in Kampagnen zu politischen Kommunikationsangeboten und -strategien verarbeiten, um unter den Wahlberechtigten möglichst viel Unterstützung einzuwerben (Schmitt-Beck 2000). Diese werden empfänglicher für politische Botschaften und informieren sich über unterschiedliche Kommunikationskanäle über die Politikangebote der Parteien.

Grundsätzlich können politische Parteien ihre Kampagnenbotschaften über zwei Kommunikationskanäle an die Wähler vermitteln. Einerseits über *massenmediale Kommunikation* mittels reichweitenstarker Medien, journalistischer Medienberichterstattung *(Free Media)* oder sämtlichen Formen bezahlter Werbung *(Paid Media)*. Andererseits über *interpersonelle Kommunikation* durch direkte *(Face-to-Face)* oder technisch- bzw. medienvermittelte Interaktionen zwischen Wähler und politischen Akteuren. Daher wird Wahlkampfkommunikation als Handlungssystem verstanden (Gurevich und Blumler 1977), das sich aus den aufeinander bezogenen Informations- und Kommunikationsbeziehungen zwischen Medien, Politik bzw. Kandidaten und Wählern konstituiert (vgl. Abb. 1). Die wechselseitigen Beziehungen zwischen diesen Akteursgruppen ist dynamisch, sodass „Veränderungen in einem Element des Systems Veränderungen im Verhalten der anderen Elemente mit sich bringen" (Römmele 2002, S. 24). Die Kommunikations- und Medienforschung identifiziert zwei Wandlungsprozesse, die zwangsläufig Veränderungen in der politischen Wahlkampfkommunikation anstoßen (vgl. Abb. 1): Zum einen *gesellschaftliche Modernisierungs- sowie Individualisierungsprozesse,* die sich in Veränderungen der Wählerstrukturen, Wählermerkmalen und des Wahlverhaltens manifestieren. Zum anderen *Innovationen im Bereich der Informations- und Kommunikationstechnologien,*

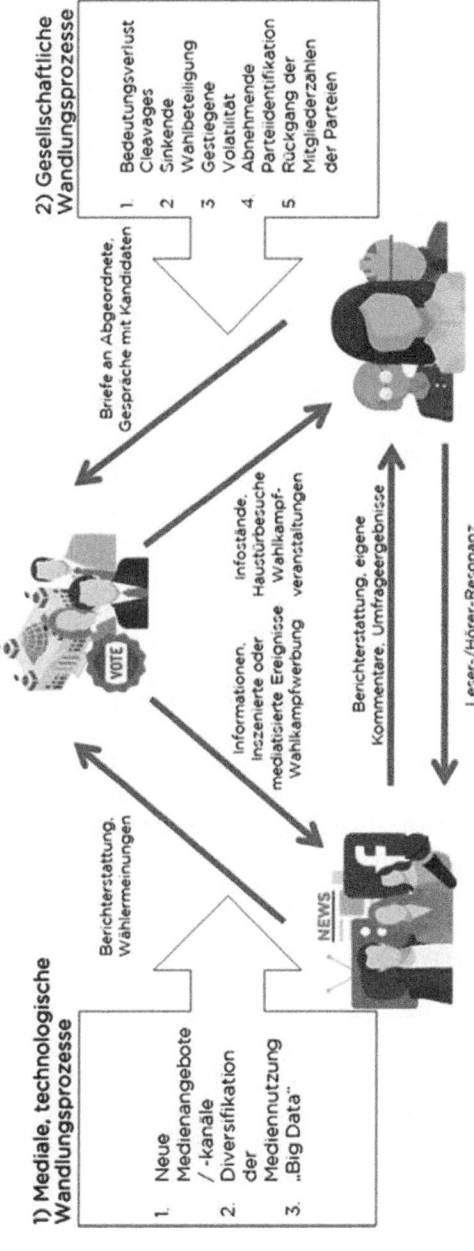

Abb. 1 Politische Wahlkampfkommunikation und der Einfluss von Wandlungsprozessen. (Quelle: eigene Darstellung in Anlehnung an Römmele 2002, S. 34; mit Icons von Flaticon 2017)

[which] make possible new forms of social interaction, modify or undermine old forms of interaction, and thereby serve to restructure existing social relations and the institutions and organizations of which they are a part (Thompson 1990, S. 225).

Die Entwicklung des datengestützten Wahlkampfs lässt sich am adaptierten Modell idealer Kampagnentypen nach Magin historisch skizzieren (vgl. Tab. 1). Diesem Modell liegt die Annahme zugrunde, dass strukturelle Änderungen auf der Makroebene (sozio-ökonomische und -kulturelle Entwicklungen; technologische sowie mediale Innovationen) zu einem Anpassungsverhalten auf der Meso- und Mikroebene führen. Dies resultiert in graduellen Modifizierungen von traditionellen Strategien und es bilden sich ideale Kampagnentypen für spezifische Zeitrahmen heraus. Die Autoren halten dabei fest, dass „real campaigns [...] will hardly ever meet these ideal types [because] each campaign is an amalgamation of all campaign practices available at that time" (Magin et al. 2017, S. 1703).

1. *Partisan-Centred Campaigns* konzentrierten sich vor allem auf die arbeitsintensive direkte Ansprache von Parteimitgliedern und -anhängern durch Massenkundgebungen und Haustürbesuche. Daher war dieser Kampagnentyp von einer lokalen und eher dezentralen Kampagnenorganisation gekennzeichnet, bei der Parteimitglieder als kommunikative Multiplikatoren genutzt wurden und Wahlkampfkommunikation nahezu ausschließlich auf persönlichen Kontakten bei Versammlungen oder Haustürgesprächen beruhte (Poguntke 2000). Aufgrund der relativ stabilen Wählerschaft und der über Organisationen an die Partei geknüpften Milieus waren Partisan-*Centred Campaigns* vor allem auf die Mobilisierung der eigenen Wähler ausgerichtet. Dabei entwickelte sich das *Canvassing,* das seinen Ursprung in den ersten Wahlkämpfen im 17. Jahrhundert in Großbritannien hat (Hirst 2005, S. 115), zum festen Bestandteil demokratischer Wahlen. So nutzten zum Beispiel US-amerikanische Kongresskandidaten seit Ende des 19. Jahrhunderts (Schudsen 2011) oder die NSDAP in der Weimarer Republik „meticulous organisational work at the local level, meaning [...] tough personal canvassing" (Mühlberger 2004, S. 489). Im Zuge der Ausweitung des Wahlrechts etablierten sich Print- und Funkmedien. Die steigende Anzahl wahlberechtigter Menschen wurde daher verstärkt auch über Printerzeugnisse (bspw. Parteizeitungen, Werbung in parteinahen Zeitungen, Plakate) und Radiowerbung angesprochen (Altendorfer 2003).

2. Mit dem einsetzenden Wertewandel, einem zunehmenden Wohlstand und einer flächendeckenden Bildung verlor die Bindung der Parteipräferenz an in der Sozialstruktur verankerte Konfliktlinien an Bedeutung (Walter 2009). Durch dieses *Dealignment* stieg die Zahl von Wechselwählern und Parteien standen vermehrt

Tab. 1 Modell idealer Kampagnentypen

	(1) Partisan-Centered Campaigns	(2) Mass-Centered Campaigns	(3) Target Group-Centered Campaigns	(4) Individual-Centered Campaigns
Zuerst möglich in der	Ersten Phase (~1850 bis 1960)	Zweiten Phase (~1960 bis 1990)	Dritten Phase (~1990 bis 2008)	Vierten Phase (~ seit 2008)
Wesentliche Kommunikationskanäle	Printerzeugnisse, TzT-Wahlkampf, Kundgebungen	Senderbegrenztes Fernsehen	Mehrkanal-Fernsehen, Internet, TzT-Wahlkampf	Web 2.0, TzT-Wahlkampf 2.0, lineares- und nicht-lineares-Fernsehen
Wichtigste Adressaten	Parteimitglieder und -anhänger	Massen	Zielgruppen	Individuen
Innovationen bei Kampagneninstrumenten	Printmedien, Kundgebungen, Versammlungen Parteisoldaten	Fernsehnachrichten, Umfragen, Wahlwerbespots	Internet, direct mail, Telefonanrufe, datengestütztes Targeting	Web 2.0, nicht-lineares-Fernsehen, datengestütztes Micro-Targeting, TzT-Wahlkampf 2.0
Primäres Kommunikationsziel	Mobilisierung der Anhängerschaft	Mobilisierung der Anhängerschaft, Persuasion Unentschlossener	Interaktion mit Wählersegmenten als Konsumenten	Interaktion mit individuellen Wählern als Konsumenten
Interne Organisation	Lokal zentriert	National zentriert	National zentriert organisiert und lokal dezentral ausgeführt	National zentriert organisiert und lokal dezentral ausgeführt

Quelle: eigene Darstellung abgeändert nach Magin et al. (2017)

vor der Schwierigkeit, Parteianhänger zu mobilisieren, Unentschlossene zu überzeugen und ihre Interessen zu bedienen. Dabei bevorzugten Wahlkampfstrategen
indirekte Kommunikationskanäle, wie Wahlwerbung in Print- und Funkmedien und vor allem das Fernsehen, um unidirektionale Botschaften an die dis-
perse Masse an Wählern zu vermitteln. Hierzu trug besonders die Aussicht auf
große Reichweiten und die Annahme moderater Medieneinflüsse auf die Wahlentscheidung bei (vgl. Kepplinger et al. 1994; Kepplinger und Maurer 2005).
Mass-Centered Campaigns zeichnen sich daher durch die Dominanz von massenmedialen Kommunikationskanälen und einer strategischen Anpassung an die
mediale Logik aus. Bei diesem Umbruch von arbeitsintensiven zu meist zentral
gesteuerten Kommunikationsaktivitäten und -strategien verloren Parteimitglieder
ihre besondere Stellung als Bindeglied zwischen Kampagne und Wähler an Massenmedien und Meinungsumfragen (Poguntke 2000). Damit einhergehend wurde
der Haustürwahlkampf nur noch sporadisch in ländlichen Gebieten oder bei
Kommunalwahlen praktiziert (Krewel 2014) und Parteien verloren größtenteils
die Kontrolle über die vermittelten Inhalte ihrer politischen Botschaften sowie
den direkten Zugang zu den Wählern, ihren Präferenzen und Meinungen.

3. Während die anhaltenden sozio-ökonomischen und sozio-kulturellen Veränderungen zu einer verstärkten Individualisierung und Modernisierung der
Gesellschaft führten, etablierte sich das Mehrkanal-Fernsehen als wichtigs-
ter Informationskanal und das Internet erlebte einen rasanten Aufstieg. Diese
Entwicklungen spiegelten sich in einem immer fluider werdenden Elekto-
rat wieder, dessen Vielzahl an teils nicht wahrnehmbaren Interessen zu einer
unbekannten Größe für Kampagnen wurde. Um dieser Unsicherheit entgegen-
zusteuern, konzentrieren sich *Target Group-Centered Campaigns* auf spezifische Gruppen der Wählerschaft, die „ein politischer Akteur realistischer Weise
meint gewinnen zu können" (Vowe und Wolling 2000, S. 65). Die strategische Ausrichtung der Wahlkampagne folgt dabei dem Vorbild kommerzieller
Marketingkampagnen und orientiert sich an unterschiedlichen Segmenten der
Wählerschaft, die in ihren Einstellungen, Interessen oder Ideologien übereinstimmen. Grundlage für Kommunikationsaktivitäten und -strategien von
Target Group-Centered Campaigns sind objektiv erhobene zuverlässige
Informationen über Wahlberechtigte. Durch Analyseverfahren wird das Elek-
torat in einzelne Segmente aufgeteilt, die dann über unterschiedliche Kommunikationskanäle mit spezifischen Wahlkampfbotschaften angesprochen
werden. Hierfür eignen sich insbesondere direkte Kommunikationskanäle
wie Telefonanrufe, Postwurfsendungen oder Haustürbesuche. Eine andere

Möglichkeit beschreibt das *Narrowcasting,* bei dem inhaltliche Variationen von TV- bzw. Radio-Werbespots oder Internetwerbung an bestimmte Zielgruppen ausgespielt werden. Unter den gesellschaftlichen Voraussetzungen verspricht das datengestützte *Targeting* die strategische Wähleransprache und maximale Konzentration der verfügbaren Ressourcen (Geld, Zeit und Personal) auf Wählergruppen mit möglichst hohem Wahlpotenzial. Angesichts der sinkenden Wahlbeteiligung sind dies vor allem überzeugbare und mobilisierbare Wahlberechtigte. *Target Group-Centered Campaigns* werden vorwiegend national zentriert organisiert, aber dezentral vor Ort von Parteimitgliedern und Freiwilligen ausgeführt. Dadurch erhält die Parteiarbeit der Mitglieder wieder an Gewicht. Insbesondere ihr verloren gegangener Mobilisierungsnutzen und ihr Einsatz als kommunikative Multiplikatoren rücken wieder verstärkt in den Mittelpunkt des Parteiinteresses bei Wahlkämpfen – egal ob in sozialen Netzwerken oder beim TzT-Wahlkampf (Neumann 2013; Reichard 2013).

4. Die anhaltenden gesellschaftlichen Veränderungen finden Ausdruck in Symptomen elektoraler Fragmentierung: Weniger Menschen beteiligen sich an Wahlen (Vetter et al. 2017, S. 203 ff.), sie treffen ihre Wahlentscheidung immer später im Wahlkampf (Reinemann et al. 2013), fühlen sich immer weniger einer politischen Partei zugehörig und sind nicht mehr so stark gewillt, diese zu unterstützen oder ihnen beizutreten (Wiesendahl 2012; Niedermayer 2013). Außerdem ermöglichte die Etablierung vielfältiger Formen des Internets (soziale Netzwerkseiten, Apps, nicht-lineares Fernsehen), dass sich Wähler auf immer differenzierte Weise informieren. Vor diesem Hintergrund stoßen Parteien zunehmend an ihre Grenzen, um „politisch wenig interessierte, aber zu ihrem eigenen Wählerpotenzial gehörende Wähler […] über den Gießkannen-Einweg klassischer Medien […][zu] erreichen, geschweige denn [zu] überzeugen" (Voigt und Hahn 2008, S. 217). Davon ausgehend entwickelte sich die zielgruppenorientierte Wähleransprache zu *Individual-Centered Campaigns* weiter, bei der die individuelle Ansprache von Wählern mit maßgeschneiderten Botschaften im Mittelpunkt steht *(Micro-Targeting).* Ausgangspunkt für diese Effektivitätssteigerung bei der Wähleransprache sind immer mehr Datenquellen, intelligentere Datenbanktechnologien und anspruchsvollere statistische Analyseverfahren *(A/B-Testing, Predictive Modelling, psychometrische Analysen).* Technologische Hilfsmittel *(Apps, Online-Plattformen)* unterstützen zusätzlich die zielgenaue Vermittlung der an die Einstellungen und Interessen des Wählers angepassten Botschaften.

2.3   Zwischenfazit zur Entwicklung von datengestützten Wahlkampagnen

Zusammenfassend kann man festhalten, dass sich Wahlkampagnen im Zeitverlauf dynamisch entwickeln. Dabei passen sich insbesondere Elemente auf der Meso- und Mikroebene (*Organisation, Kommunikationskanäle, Strategien* und *Ziele*) den strukturellen Änderungen auf der Makroebene *(soziale Strukturen, technologische Innovationen, Medienentwicklungen)* an. Aus diesen Ausführungen lassen sich drei strategische Gründe ableiten, warum Daten zu einem elementaren Element für politische Kampagnen geworden sind.

Der Einsatz von Daten soll...

1. ...die Unsicherheit über die Stimmungslage, Erwartungen sowie Potenziale der Wahlberechtigten, die im Zuge der elektoralen Fragmentierung immer größer wird, auflösen;
2. ...die Vermittlung von politischen Botschaften über bestimmte Kommunikationskanäle ohne Streuverluste an eine (wahl)politisch immer weniger interessierte und in ihrer Mediennutzung fragmentierte Wählerschaft gewährleisten;
3. ...bei der Entscheidung helfen, die knappen Kampagnenressourcen (Geld, Zeit und Personal) effektiv einzusetzen, um strategisch wichtige Zielgruppen wie Wechselwähler zu überzeugen oder ‚wahlmüde‘ Parteisympathisanten zu mobilisieren.

Doch neben den systemischen Rahmenbedingungen hängen Wahlkämpfe in der Praxis auch von organisations- und akteursspezifischen Faktoren ab. Darunter fallen situationsbedingte Ereignisse, individuelle wie organisationale Traditionen, Ressourcen, Wertesysteme, Professionen und Erfahrungen (Kruschinski und Haller i. E.). Diese werden im abschließenden Abschnitt bei der Diskussion von Möglichkeiten und Grenzen der Übertragbarkeit des datengestützten TzT-Wahlkampfs berücksichtigt. Im folgenden Hauptteil wird der TzT-Wahlkampf und seine Rolle für *Target Group-* und *Individual-Centered Campaigns* in einem Forschungsüberblick grundlegend entlang der Dimensionen *Relevanz, Organisation und Vorbereitung, Datennutzung, Durchführung* und *Evaluation* analysiert.

---

3   Der datengestützte Tür-zu-Tür-Wahlkampf

In Anlehnung an Nielsen (2012) und Green und Gerber (2008) verstehen wir datengestützten TzT-Wahlkampf als ein mobilisierendes Wahlkampfinstrument der professionellen direkten interpersonellen Wählerkommunikation. Als Kommunikatoren

vermitteln (un)bezahlte Wahlkampfhelfer oder Kandidaten auf Basis von Wähler-
und Wahldatenauswertungen politische Botschaften an den Haustüren von spezifischen Wahlberechtigten. Dabei handelt es sich zwar um Gespräche zwischen zwei
oder mehreren Personen ohne mediale Vermittlung, anders als es Definitionen zur
direkten interpersonellen (Politischen) Kommunikation in der Regel vorschlagen
(u. a. Burleson 2009; Schmitt-Beck 2000). Schließlich besitzen die Kommunikati-
onspartner in der Regel keine beständigen Sozialbeziehungen zueinander (Bentele
und Beck 1994; Lazarsfeld et al. 1944). Um diese vertrauensstiftende Grundlage
zu kompensieren, werden Wahlkampfhelfer auf Grundlage von Datenanalysen in
ausgewählte Stimm- oder Wahlbezirke geschickt, in denen Wähler wohnen, die der
jeweiligen Partei potenziell zuneigen. Dadurch wird eine gemeinsame Ausgangsbasis für ein Gespräch geschaffen, bei dem sozial- und individualpsychologische Vorteile von direkter Kommunikation greifen können, für die schon Lazarsfeld et al.
(1944) empirische Belege fanden: Interpersonelle Quellen werden generell als ver-
trauenswürdiger beurteilt, da ihnen keine Persuasionsabsicht unterstellt wird, der
Kommunikator kann unterschwellig Druck auf den Gesprächspartner ausüben und
flexibel auf den Gesprächspartner reagieren. Dagegen werden Rezipienten aufgrund
von sozialen Normen das Gespräch nur selten verweigern bzw. es seltener abbre-
chen und mit Aussagen für direktes Feedback sorgen. Bestenfalls sensibilisiert der
politische Akteur den Wähler im Gespräch für die anstehende Wahl und prägt seine
Einstellungen, Meinungen und sein Wahlverhalten.

Nach dieser Begriffsdefinition stellen wir entlang fünf theoretischer Analy-
seebenen dar, welche *Relevanz* der datengestützte TzT-Wahlkampf für *Target
Group-* und *Individual-Centered Campaigns* besitzt (Abschn. 3.1) und welche
Möglichkeiten zur *Organisation und Vorbereitung* (Abschn. 3.2), *Datennutzung*
(Abschn. 3.3), *Durchführung* (Abschn. 3.4) und *Evaluation* (Abschn. 3.5) in der
Forschungsliteratur genannt werden.

3.1 Relevanz des datengestützten Tür-zu-Tür-Wahlkampfs

Im Zuge der im vorangegangenen Abschnitt skizzierten gesellschaftlichen Veränderungen und Grenzen der massenmedialen Wähleransprache in *Target-Group-* und
Individual-Centered-Campaigns können wir eine steigende Relevanz und Professionalisierung interpersoneller direkter Wählerkommunikation seit der Jahrtau-
sendwende beobachten. Laut Längsschnittdaten der *American National Election
Studies* werden Wähler in US-amerikanischen Präsidentschaftswahlkämpfen seit
Ende der 1990er immer öfter direkt von Wahlkampfhelfern angesprochen (Nielsen

2012, S. 14 f.). Jüngste Kampagnen setzten dabei vor allem auf den arbeitsintensiven TzT-Wahlkampf. Zum festen Bestandteil des Repertoires der kommunikativen Wahlkampftools demokratischer Parteien wurde er in den 1950er und
1960er Jahren, verlor aber in den Hochzeiten der von Massenmedien beherrschten
Kampagnenführung an Relevanz (vgl. Abschn. 2.1). Es waren vor allem die Vor-
wahl-Kampagne von Howard Dean und die Präsidentschaftswahlkampagnen von
George W. Bush im Jahr 2004, die eine Renaissance und Professionalisierung des
TzT-Wahlkampfs einläuteten (Kreiss 2016). Weltweite Aufmerksamkeit erlangte
der *Ground War* jedoch als ein entscheidender Faktor für Barack Obamas erfolgreiche Präsidentschaftskandidatur 2008 und seiner Wiederwahl-Kampagne 2012
(Nielsen 2012; Kreiss 2012, 2016), sodass auch Hillary Clinton und Donald Trump
bei dem US-amerikanischen Präsidentschaftswahlkampf 2016 auf eine ausdifferenzierte Infrastruktur aus Freiwilligen, Daten und Technologie für die Wählermobilisierung setzten (Voigt 2018).

Fallstudien deutscher Kampagnenberater und Wahlkampfmanager weisen auf
die steigende Professionalisierung des direkten Wählerkontaktes seit der Bundestagswahl 2005 hin (u. a. Güldenzopf und Voigt 2005; Hennewig 2013; Heinrich
2013). So machten die deutschen Parteien ihre ersten strategischen ‚Gehversuche‘
mit *Canvassing à L'américaine* mit dialogorientierten lokalen Graswurzelaktivitä-
ten *(Grassroots-Campaigning)*. Die eigenständigen Kampagnen der CDU („teAM
Zukunft"), SPD („Rote Wahlmannschaften") und Grünen („Mach mit!") setzten an
der Wurzel auf Landes- und Kreisebene an, um freiwillige Unterstützer als kommunikative Multiplikatoren vor Ort für den Wahlkampf zu gewinnen und potenzielle
Wähler durch persönliche Ansprache im Internet, via Direct Mail und TzT-Aktionen
zu mobilisieren (Melchert et al. 2006). Diese Aktivitäten wurden in strategischer
und organisationaler Hinsicht bei den folgenden Bundestagswahlen professiona-
lisiert, sodass SPD und CDU den TzT-Wahlkampf bei den Bundestagswahlkam-
pagnen 2013 und 2017 als ihr wichtigstes Wahlkampfinstrument bezeichneten
(Lobenstein 2013; Kerl und Sanches 2017). Darüber hinaus war der TzT-Wahlkampf ein wichtiges Element im Wahlkampf der *Labour Party* bei der Unter-
hauswahl in Großbritannien 2017 (O'Hagan 2017) und Emmanuel Macrons ‚En
Marche!'-Partei bei der französischen Präsidentschaftswahl 2017 (Chrisafis 2017).

Diese Relevanz ist insbesondere auch auf Forschungsbefunde zur Wirkung von
Haustürgesprächen in politischen Wahlkampagnen zurückzuführen: Im Gegensatz
zu den oftmals sehr uneindeutigen Ergebnissen zu Wahlkampfinstrumenten wie
etwa Social Media oder Wahlplakaten zeigt die experimentelle Forschungslinie zu
mobilisierenden Verfahren, dass der persönliche Kontakt zu den Wahlberechtigten
an ihren Haustüren einen positiven Effekt auf ihre Wahlbeteiligung hat. So griff
schon Herbert Gosnell (1927) auf ein experimentelles Forschungsdesign zurück,

um der Frage nach dem Mobilisierungspotenzial von ,*Get-out-the-Vote*'-Kampagnen nachzugehen. Gosnell ließ in bestimmten Chicagoer Bezirken Briefe verteilen, in denen die Wahlberechtigten aufgefordert wurden, zur Wahl zu gehen. In anderen dagegen nicht. Die Wirksamkeit des Wahlaufrufs prüfte er anschließend anhand amtlicher Statistiken und konnte einen leichten Anstieg der Wahlbeteiligung in den Bezirken mit den Wahlbriefen feststellen. Samuel F. Eldersveld (1956) griff Gosnells Forschungsfrage und -design auf und entwickelte die Studie weiter. Er untersuchte unterschiedliche Instrumente der Mobilisierung (direkter interpersoneller Kontakt vs. personalisierte Briefsendungen), berücksichtigte den Einfluss von Umweltfaktoren wie den Wahltypus und verwendete dafür personenbezogene Daten. Das zentrale Ergebnis der Studie wies einen relativen Vorteil des persönlichen Kontakts im Vergleich zur personalisierten Kontaktaufnahme per Brief nach. Knapp 50 Jahre später widmeten sich Gerber und Green (2000) erneut der Wirkungsfrage verschiedener direkter Wahlkampfinstrumente und verhalfen „der feldexperimentellen Erforschung der Wahlbeteiligung zu seinem endgültigen Durchbruch" (Faas und Hohmann 2014, S. 9). Bei ihrem New-Haven-Feldexperiment im Jahr 1998 arbeiteten sie mit erheblich größeren Fallzahlen (30.000 Personen) als alle vorherigen Studien und variierten die Anzahl der Kontaktversuche, das Medium der Kontaktaufnahme und den Inhalt der Botschaft. Sie konnten damit erstmals stichhaltig belegen, dass sich Wahlberechtigte mittels persönlicher Ansprache besser mobilisieren lassen als mit Telefonanrufen oder Briefen. Replikationsstudien in den USA bestätigen die Ergebnisse dieser ersten Experimente im Kern (für einen Überblick vgl. Green und Gerber 2016; Michelson und Nickerson 2011). Ähnliche Mobilisierungseffekte lassen sich auch für Frankreich (Pons 2013), England (John und Brannan 2008), Spanien (Ramiro et al. 2012) und Deutschland (Faas und Hohmann 2014) finden. Dennoch steckt die europäische und insbesondere die deutsche Forschung zum TzT-Wahlkampf in den Kinderschuhen. Letztlich beweisen die feldexperimentellen Studien zwar, dass die Wahlbeteiligung durch den persönlich direkten Kontakt gesteigert werden kann, doch welche Faktoren dieses komplexe Ursache-Wirkungs-Verhältnis bedingen, ist noch Gegenstand aktueller Forschung (vgl. Kruschinski 2017).

3.2 Organisation und Vorbereitung des datengestützten Tür-zu-Tür-Wahlkampfs

Beim datengestützten TzT-Wahlkampf sind Freiwillige bzw. Unterstützer unerlässlich und von ihnen hängt der Erfolg dieses Wahlkampfinstruments maßgeblich ab. Denn „[they] serve as media for messages that originate elsewhere and

engage in practices that need to be understood in terms of both their impact on
the target audience and their implications for the people and organizations invol-
ved" (Nielsen 2012, S. 14). Somit stellen TzT-Kampagnen erstens eine *organisationale Herausforderung* dar. Denn um eine flächendeckende Vermittlung
von Kampagnenbotschaften in Haustürgesprächen zu gewährleisten, muss die
Integration lokaler Unterstützer bei der Organisation einer TzT-Kampagne mit-
gedacht werden. Dabei werden dezentrale Strukturen an der Basis aufgebaut,
in denen die Freiwilligen eine geteilte Verantwortung für ein gemeinsames Ziel
haben, aber unabhängig voneinander arbeiten, um ihren Beitrag für dieses Ziel
zu leisten (vgl. McKenna und Han 2014). Vor dem Hintergrund der sich verändernden Bedeutung von Parteimitgliedern für politische Wahlkampagnen, der
abnehmenden Bereitschaft zur politischen Freiwilligenarbeit und Mitgliedschaft
(vgl. Abschn. 2.1) kann diese Struktur nicht ohne strategische Unterstützung aufgebaut werden. Ein Organisationsmodell, welches diese Zielsetzungen erfüllt
und sich ebenfalls auf die lokalen Strukturen deutscher Parteien übertragen lässt,
ist die sogenannte „Snowflake" (McKenna und Han 2014, S. 135; vgl. Abb. 2).
Hierbei gibt das Kernteam der Kampagne Verantwortung an regionale Teamlea-
der ab, die eigenverantwortlich ein Freiwilligenteam vor Ort koordinieren. Laut
Güldenzopf (2017) geht es dabei nicht um den Aufbau eines hierarchischen
‚Oben' und ‚Unten', sondern vielmehr gibt es Gestaltungsspielraum und Verantwortung an die Basis zurück.

Aufgrund der schwach ausgebildeten Parteistrukturen und den vorhandenen
Ressourcen arbeiten US-amerikanische TzT-Kampagnen oftmals mit bezahlen *Canvassern*, sodass sie „do not prioritize base-building" (Nielsen 2012,
S. 109). Im Gegensatz dazu müssen die fest verankerten lokalen Parteistrukturen
in Deutschland aktiviert werden, indem Ehrenamtliche und Freiwillige für den
TzT-Wahlkampf motiviert, geschult und mit Aufgabenstellungen in die Kampagne integriert werden. Denn der TzT-Wahlkampf stellt zweitens auch eine *kommunikative und psychologische Herausforderung* für die Freiwilligen vor Ort
dar, die mit Fremden in ein Gespräch kommen müssen. Hier kann das Kernteam
Datenanalysen, Werbematerialien, technologische Hilfsmittel und Schulungen
anbieten, um zentralisierte Kampagnenführung von oben mit Graswurzelbewe-
gungen von unten zu verheiraten. Vor allem TzT-Schulungen sind laut McKenna
und Han (2014) essenziell für diese Verbindung. So können Freiwillige durch theoretische oder praktische TzT-Trainings motiviert werden und ein Verständnis für
Vorgehensweise und Kommunikationsstrategien aufbauen.

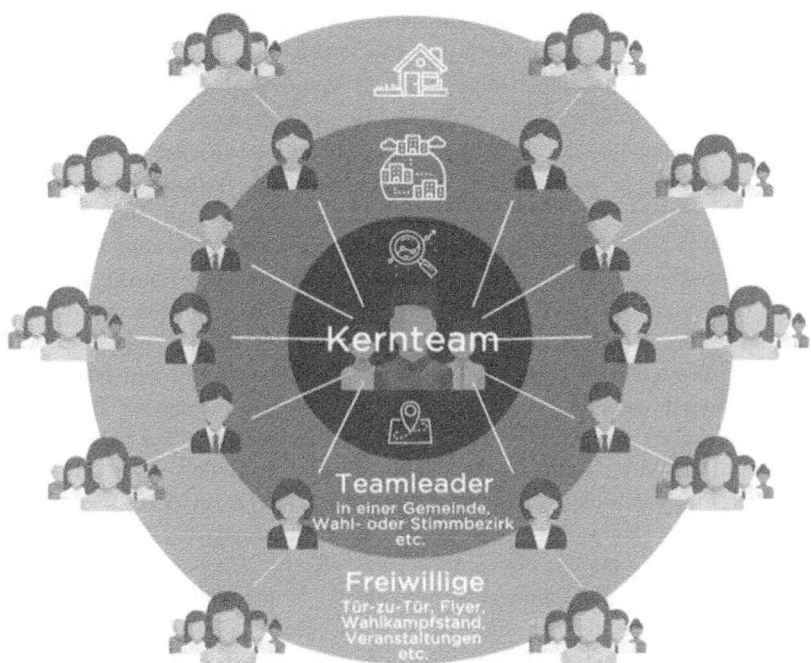

Abb. 2 TzT-Wahlkampf-Organisationsmodell ‚Snowflake‘. (Quelle: eigene Darstellung in Anlehnung an McKenna und Han 2014, S. 135; mit Icons von Flaticon 2017)

3.3   Datennutzung beim datengestützten Tür-zu-Tür-Wahlkampf

Um eine strategische Ansprache der Wähler an den Haustüren zu ermöglichen, sind Wähler- und Wahldaten unverzichtbar für den datenbasierten TzT-Wahlkampf. Ihre Nutzungsmöglichkeiten „depend highly on system-level contextual factors, budgetary and legal restraints, party structures and even individual decisions and knowledge of campaign's leaderships" (Kruschinski und Haller i. E.). US-amerikanische TzT-Kampagnen können auf verlässliche individuelle Wähler- und Wahlinformationen zurückgreifen, die vom Staat in sogenannten ‚Voter Files‘ frei zugänglich bereitgestellt oder von kommerziellen Anbietern verkauft werden (Hersh 2015; Nickerson und Rogers 2014). In Deutschland werden dagegen aggregierte Wähler- und Wahlinformationen auf Wahlkreis- und Stimmbezirksebene von Einwohnermeldeämtern oder statistischen Ämtern des Bundes und der Länder zur Verfügung gestellt. Diese Datensätze können mit unterschiedlichen Analyseverfahren zu sehr groben oder präzisen Wahrscheinlichkeitsberechnungen über potenzielle Wahlberechtigte führen. Geo-Potenzialanalysen ermöglichen beim TzT-Wahlkampf die Zielgruppenansprache in spezifischen geografischen Gebieten und folgen der mikrosoziologischen Kernidee, nach der gleiche Milieus mit einem ähnlichen Wahlverhalten benachbart wohnen. Laut Nickerson und Rogers (2014) bringen diese *Targeting*-Maßnahmen jedoch nur rudimentäre Vorteile aufgrund großer Fehlerquoten bei den Kontakten an den Haustüren. Präzisere Analyseverfahren werten individuelle Wähler- und Wahldaten mithilfe von statistischen Modellierungen auf und geben das Potenzial für unterschiedliche Wählersegmente oder Wählertypen an. Diese feinmaschigeren Potenzialanalysen werden Parteien auch von kommerziellen Unternehmen mit eigener Datenbasis angeboten, geben den Kunden aber im Regelfall keinen Einblick auf die verwendeten Daten oder zugrunde liegenden statistischen Modelle. Die US-amerikanischen Präsidentschaftswahlkampagnen von Barack Obama 2012 und Hillary Clinton 2016 zeigen jedoch, dass die Präzision der Analyseverfahren so weit gesteigert werden kann, bis ein „unified view" (Kreiss 2016, S. 215) über Wahlberechtigte vorliegt und damit auch individuelle Wählerpotenziale berechenbar sind (Hersh 2015; Nickerson und Rogers 2014). Der Schlüssel „[…] of putting the fragmented data pieces of individuals together" (Kreiss 2016, S. 215) liegt in einer innerparteilich entwickelten, plattformübergreifenden, technologischen Infrastruktur (vgl. Abb. 3).

Die langfristig erhobenen Wählerinformationen unterschiedlicher Datenquellen wurden über verschiedene Online-Datenbanken hinweg *(VoteBuilder, Blue State Digital, NGP, Vertica)* im zentralen Datenhub *Narwhal* kombiniert, mit probabilistischen Verfahren analysiert und während der Kampagne mit *response data* verfeinert (Kreiss 2016). In Deutschland ist eine solche datenzentrierte Infrastruktur unter den strikten datenschutzrechtlichen Bestimmungen nur eingeschränkt möglich (Kruschinski und Haller i. E.).

3.4 Ausführung des datengestützten Tür-zu-Tür-Wahlkampfs

Bei der *Ausführung* des TzT-Wahlkampfs kommt es insbesondere auf die Freiwilligen vor Ort und ihrer Unterstützung durch technische Hilfsmittel an. Die Auswahl der lokalen Unterstützer und ihr Auftreten nehmen dabei eine Schlüsselrolle

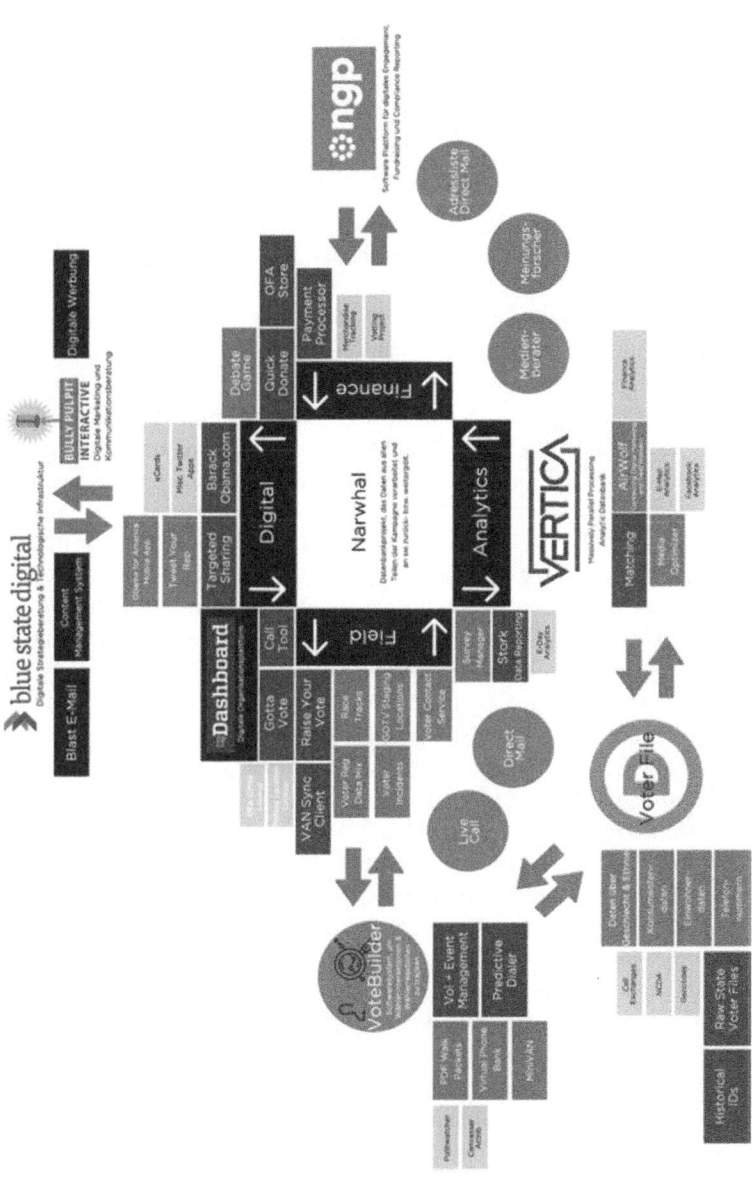

Abb. 3 Dateninfrastruktur der Obama-Kampagne 2012. (Quelle: eigene Darstellung in Anlehnung an Kreiss 2016, S. 137)

ein, da *Merkmale der Kommunikatoren* und ihrer *Botschaften* zu einer erfolgreicheren Mobilisierung beitragen können, wenn Sie auf *mobilisierbare Rezipienten* treffen. Darauf weisen Ergebnisse aus TzT-Feldexperimenten und empirische Evidenzen der Wirkungsforschung hin.

Bei den *Kommunikatoren* besitzt zum einen die *persönliche Bekanntheit* Relevanz. So stellten Green und Gerber (2008, S. 40) fest, dass „canvassers working in the same zip code in which they live are significantly more effective in mobilizing voters than those canvassing outside their home turf". Dies kann darauf zurückzuführen sein, dass Einstellungen, Meinungen oder Interessen der angesprochenen Personen bekannt sind und dadurch Themen, Argumentationen und Darstellungen intentional gelenkt werden. Zweitens ist die *Glaubwürdigkeit* des Haustürwahlkampfhelfers wichtig, die sich aus der wahrgenommenen Kompetenz, seinem sozialen Status und dem entgegengebrachten Vertrauen konstituiert (Podschuweit und Geise 2015). Demnach wirken Botschaften von Kommunikatoren, denen man eine hohe Glaubwürdigkeit zuschreibt, stärker als Botschaften von Kommunikatoren, für die das nicht gilt. Drittens können auch *nonverbale Kommunikationsaspekte* wie physische Attraktivität, Gestik oder Mimik eine Wirkung haben (Maurer 2016). Studien zeigen zum Teil erhebliche Effekte nonverbaler Kommunikation auf die politische Meinungsbildung. So werden „physisch attraktive Politiker für kompetenter gehalten als physisch weniger attraktive und erhöhen deshalb auch die Stimmenanteile ihrer Parteien bei Wahlen" (Maurer 2016, S. 122). Aber auch Gestik und Mimik verändern den Eindruck von Politikern und „beeinfluss[en] die persuasive Wirkung ihrer Botschaften" (Maurer 2016, S. 122). Diese Effekte werden jedoch unter verschiedenen Rezeptionsbedingungen und individuellen Einstellungen verstärkt bzw. abgeschwächt.

Bei den *Botschaften* kommt es vor allem auf die Dauer des Gesprächs und den Inhalt wie sozialen Druck oder die Tendenz der Informationen an. Green und Gerber (2008) konnten nachweisen, dass die effektivsten Unterhaltungen im TzT-Wahlkampf maximal drei Minuten dauern. Zwischen positiven und negativen Botschaften konnten Arceneaux und Nickerson (2010) keine Unterschiede für die Mobilisierung von Wählern an ihren Haustüren feststellen. Auch Panagopoulos (2009) Überprüfung von parteibezogenen im Vergleich zu mobilisierenden und überparteilichen Aufforderungen deuten in die gleiche Richtung. Dagegen scheint die Betonung von sozialen Normen einen Einfluss zu haben. Green und Gerber (2010) erinnerten Wahlberechtigte in einem Feldexperiment daran, dass die Wahlbeteiligung in den USA öffentlich einsehbar ist und teilten ihnen mit, dass sich Nachbarn und Haushaltsmitglieder schon an der Wahl beteiligt haben. Diese Art der Botschaftsübermittlung führte in den entsprechenden Gebieten zu einem signifikanten Anstieg der Wahlbeteiligung.

Zusätzlich wies Panagopoulos (2010) nach, dass in Haustürgesprächen ‚ange-
drohte' negative Sanktionen wirksamer sind als positive.

Die *Ausführung* durch die Freiwilligen kann durch technische Hilfsmittel
organisational und strategisch unterstützt werden. Die in ihrer Funktionalität
variierende Palette reicht von analogen Klemmbrettern und sogenannte ‚Walk
Sheets' über Kommunikationsdienste, mobile Applikationen und Online-Plattformen bis hin zu einer datenzentrierten, plattformübergreifenden Infrastruktur nach
dem Vorbild jüngster US-amerikanischer Präsidentschaftswahlkampagnen (vgl.
Abschn. 2.3). Kreiss (2016, S. 207 f.) beschreibt diese technologischen Hilfsmittel als „digital opportunity structures", die erstens auf die Binnenmobilisierung
der Unterstützer, zweitens auf ihre Organisation und drittens auf die Erhebung
von Wählerinformationen abzielen. Zwar geht von analogen Tools nur ein geringes Maß an Optimierungspotenzial für Mobilisierung und Organisation der
Unterstützer aus, dennoch eignen sie sich für die strategische Ausrichtung vor Ort
und – insbesondere für ältere Wahlkampfhelfer – zur Erfassung von Wählerdaten
an den Haustüren. Mit unterschiedlichen Kommunikationsdiensten und mobilen
Applikationen gehen je nach Funktionsumfang unterschiedliche Grade an Optimierungspotenzial für Mobilisierung, Organisation und Wählerdatenerhebung
einher. E-Mail, SMS oder Messenger-Apps können zur Vernetzung und Organisation der Unterstützer vor Ort dienen. Social Media können darüber hinaus noch
durch Posts zu TzT-Aktionen und inszenierten TzT-Wettbewerben (bspw. *#tzt-du-
ell* oder *#tztmomente*) stärker Freiwillige motivieren, mobilisieren oder mediales
Interesse hervorrufen. Spezifisch für den TzT-Wahlkampf programmierte Apps
und Online-Plattformen besitzen das größte Optimierungspotenzial auf allen drei
Ebenen. *Gamification*-Ansätze wie Belohnungssysteme, Ranglisten oder Avatare,
„[…] positively affect competence need satisfaction, as well as perceived task
meaningfulness […] [and] experiences of social relatedness" (Sailer et al. 2017,
S. 371). Sie sind daher besonders geeignet, um Motivation und Binnenmobilisierung von freiwilligen Haustürwahlkampfhelfern zu verstärken. Interaktive Kar-
ten, auf denen die berechneten Wählerpotenziale spezifischer Wahlbezirke oder
Haushalte für die Unterstützer einsehbar sind und mit einem Status (bspw. ange-
troffen oder nicht anwesend) markiert werden können, helfen den Freiwilligen
bei der Organisation ihrer Haustürbesuche vor Ort. Datenabfragen in Form von
Login-Formularen und Kurzfragebögen ermöglichen die Erhebung von Informationen über Unterstützer und Wähler. Diese personen(un)abhängigen Daten werden
in einer Datenbank gespeichert, um zukünftige TzT-Kampagnen besser auszusteuern. Kombiniert und integriert man diese technologischen Hilfsmittel zu einer
plattformübergreifenden Infrastruktur (vgl. Abschn. 2.3), entfalten sie ihr größtes
Optimierungspotenzial.

3.5   Evaluation des datengestützten Tür-zu-Tür-Wahlkampfs

Eine wichtige – und oftmals vernachlässigte – Phase in politischen Wahlkämpfen ist die systematische Überprüfung, ob Strategien, Organisation und Instrumente das vorab festgelegte Ziel erreicht haben und die eingesetzten Ressourcen rechtfertigen können. Die Ergebnisse dieses Evaluationsprozesses entscheiden „[…] über die Entwicklung von Organisationstrukturen, Wahlkampftaktiken und technischer Infrastruktur" (Jungherr 2017) in den folgenden Wahlkämpfen. Für den datengestützten TzT-Wahlkampf gilt es als Kampagne folgende drei Evaluationskriterien zu überprüfen:

1. Ermöglichten die *Organisationsstrukturen* die erfolgreiche Mobilisierung und Schulung von Unterstützern?
2. Konnten die *Wählerdatenanalysen* sicherstellen, dass Wahlkampfhelfer präzise in Stimm- und Wahlbezirken geschickt wurden, in denen unentschlossene Wahlberechtigte und ‚wahlmüde' Unterstützer wohnen?
3. Konnten *Stimmgewinne* in solchen Gebieten verzeichnet werden, in denen systematisch TzT-Wahlkampf gemacht wurde und kann dieser Zugewinn verlässlich auf das datengestützte Wahlkampfinstrument zurückgeführt werden?

Wie Jungherr (2017) betont, gerät die Analyse über Wirkung und Erfolg von Wahlkampfinstrumenten und -taktiken nach einem Wahlkampf „[…] im Sturm der Tagespolitik, der Zuschreibung von Schuld an hinter Erwartungen zurückbleibender Ergebnisse und der Freude an Erfolgen […] oftmals in Vergessenheit". So arbeiten laut Kamps (2007) politische Kampagnen schon professionell, wenn überhaupt Evaluationen durchgeführt werden. Über Evaluationsprozesse politischer Parteien für den TzT-Wahlkampf liegen daher keine gesicherten Kenntnisse vor. Je nach Fragestellung können Kampagnen jedoch auf Befragungen der Haustürwahlkampfhelfer oder Wahlkampfstrategen, experimentelle Untersuchungsdesigns oder quantitative Auswertungen der selbst erhobenen Daten zurückgreifen, um Antworten zu finden. Dabei gilt es evidenzbasiert vorzugehen, sodass eine Kosten-Nutzen-Rechnung aufgestellt werden kann. Denn nur mit einer systematischen und standardisierten Evaluation können Verbesserungspotenziale für Organisationsstrukturen bzw. technologische Infrastruktur erarbeitet, Ressourceneinsätze optimiert oder die Zukunft des TzT-Wahlkampfs auf den Prüfstand gestellt werden.

4 Fazit und Diskussion

Zusammenfassend zeigt dieser Beitrag, dass dem TzT-Wahlkampf als Symbiose aus datengestützter *Targeting*-Technik, technologischer Infrastruktur und direkter interpersoneller Wähleransprache eine bedeutende Rolle in *Target Group*- und *Individual-Centered Campaigns* zukommt. Aus Sicht der *Campaign-Change*-Forschung haben sozio-ökonomische und -kulturelle Entwicklungen sowie technologische und mediale Innovationen dazu beigetragen, dass „[...] after decades of mass-media domination, interpersonal campaigning underwent a renaissance in the early years of the millenium" (Cornfield 2005). So eröffnet der datengestütze TzT-Wahlkampf in Zeiten elektoraler Fragmentierung die Möglichkeit „to communicate effectively with key targets like swing voters and infrequently voting partisans – many of whom pay little attention to news and who frequently are not interested in (or even decidedly disenchanted with) electoral politics" (Nielsen 2012, S. 18). Darüber hinaus gewinnen Parteimitglieder und freiwillige Unterstützer ihren im massenmedialen Zeitalter verloren gegangenen Mobilisierungsnutzen in politischen Kampagnen zurück. Ihr Einsatz vor Ort an den Haustüren ist ausschlaggebend für den Erfolg des TzT-Wahlkampfs. Daher greifen politische Parteien auf strategische Organisationsstrukturen nach dem Vorbild von Graswurzel-Bewegungen zurück, um eine zentralisierte Kampagnenführung von oben mit einer eigenverantwortlichen lokalen Basis zusammenzubringen. Insbesondere der Kontakt mit Wechselwählern oder ‚wahlmüden' Parteisympathisanten, die auf Basis von Wähler- und Wahldatenanalysen angesteuert werden können, sollen die nötigen Stimmenzugewinne im TzT-Wahlkampf bringen. Technische Hilfsmittel wie Apps oder Online-Plattformen erleichtern die Arbeit der Freiwilligen und können sie zusätzlich motivieren.

Unser Beitrag macht auf den unterschiedlichen Analyseebenen deutlich, wie anspruchsvoll die Organisation und Ausführung eines TzT-Wahlkampfs ist und von welchen Faktoren seine erfolgreiche Implementierung abhängt. So müssen bei der Übertragung in den deutschen Kontext auf der einen Seite systemische Rahmenbedingungen und auf der anderen Seite organisations- und akteursspezifische Faktoren berücksichtigt werden (Kruschinski und Haller i. E.).

Auf der *Makro-Ebene* gilt es insbesondere die strikten Datenschutzregeln und Gesetze zur Parteifinanzierung zu beachten. Diese stellen eine große Hürde für den exzessiven Gebrauch von Wähler- und Wahldaten und somit für Formen des *Individual-Centered Campaigning* dar. Wenn die für einen erfolgreichen TzT-Wahlkampf nötigen Daten nur eingeschränkt zugänglich sind oder gekauft werden können, müssen Parteien daher ihre eigenen Datenbestände aufbauen, um

zukünftige TzT-Kampagnen effektiver auszusteuern. Eine weitere Herausforderung für politische Haustürbesuche besteht in der deutschen politischen Kultur,
die einem Eindringen von Politik in den privaten Raum sehr kritisch gegenüber-
steht (YouGov 2017). Letztlich bieten präsidentielle Regierungssysteme die bes-
sere Basis für kandidaten- und geldgetriebene Wahlkämpfe als parlamentarische,
weil sie mehr Flexibilität bei der Ansprache von unentschlossenen Wählern besitzen als in ideologisch stark besetzten Parteiendemokratien. Mithilfe von intensiven Schulungen zu zielgruppenspezifischen Kommunikationsstrategien und
verlässlichen Datenanalysen können diese Grenzen jedoch ein Stück weit einge-
dämmt werden.

Auf der *Meso-Ebene* können Parteistrukturen, personelle Ressourcen und
rückständige technologische Infrastrukturen eine Herausforderung für einen
systematischen TzT-Wahlkampf darstellen. Obwohl die lokal verankerten
Parteistrukturen in Deutschland eine gute Ausgangsbasis für die Organisation
und Ausführung eines TzT-Wahlkampfs bilden, kann er am Verständnis, der
Resonanz und Motivation der Parteibasis und somit am Mangel an freiwilligen
Unterstützern scheitern. Der Aufbau bzw. die Aktivierung von breitflächigen
TzT-Organisationsstrukturen und damit einhergehend intensive Schulungen können diese Faktoren abschwächen. Trotz des teuren und anspruchsvollen Weges
zu einer technologischen Infrastruktur aus Apps und Datenbanken sollte neben
der effektiveren Aussteuerung von zukünftigen Kampagnen auch die Idee einer
vernetzten Partei außerhalb von Wahlkampfzeiten genügend Anreize für dessen
Umsetzung geben.

Auf dem *Mikro-Level* sind es vor allem individuelle Selektionsentscheidun-
gen, Know-How, und zeitliche Begrenzungen von Kandidaten, Wahlkampfstrategen und Unterstützern, die der Implementierung eines TzT-Wahlkampfs im Weg
stehen.

Da es erheblichen Nachholbedarf für die Erforschung des datengestützten
TzT-Wahlkampfs in Ländern mit restriktiven Datenschutzgesetzen gibt, müssen
zukünftige Untersuchungen daher die dargestellten Analyseebenen und Rahmenbedingungen einbeziehen, um Aufschluss über die tatsächliche Nutzung und
Wirkung dieses Wahlkampfinstruments zu geben. Hierzu bieten sich einerseits
aufwendige Tiefeninterviews mit zuständigen Kampagnenexperten im Bereich
der Strategie oder Datenanalyse, experimentelle Designs oder die quantitative
Auswertung der parteieigenen Daten an.

Literatur- und Quellenverzeichnis

Altendorfer, O. (2003). Wahlparteitage, Veranstaltungsmanagement und Parteitagsregie. In O. Altendorfer, J. Hollerith, & G. Müller (Hrsg.), *Die Inszenierung der Parteien am Beispiel der Wahlparteitage 2002* (S. 151–169). Eichstätt: Media Plus.

Anstead, N. (2017). Data-driven campaigning in the 2015 United Kingdom general election. *The International Journal of Press/Politics, 22*(3), 294–313. https://doi.org/10.1177/1940161217706163.

Arceneaux, K., & Nickerson, D. W. (2010). Comparing negative and positive campaign messages evidence from two field experiments. *American Politics Research, 38*(1), 54–83. https://doi.org/10.1177/1532673x09331613.

Bennett, C. J. (2016). Voter databases, micro-targeting, and data protection law: Can political parties campaign in Europe as they do in North America? *International Data Privacy Law, 6*(4), 261–275. https://doi.org/10.1093/idpl/ipw021.

Bentele, G., & Beck, K. (1994). Information – Kommunikation – Massenkommunikation. Grundbegriffe und Modelle der Publizistik- und Kommunikationswissenschaft. In O. Jarren (Hrsg.), *Medien und Journalismus 1. Eine Einführung* (S. 15–50). Opladen: Westdeutscher Verlag.

Burleson, B. (2009). The nature of interpersonal communication: A message-centered approach. In C. R. Berger, M. E. Roloff, & D. R. Roskos-Ewoldson (Hrsg.), *The handbook of communication science* (S. 145–163). Thousand Oaks: Sage.

Chrisafis, A. (2017). The grassroots ,guerilla army' powering Macron's French election battle. https://www.theguardian.com/world/2017/apr/03/emmanuel-macron-french-presidential-candidate-grassroots-movement. Zugegriffen: 21. Nov. 2017.

Cornfield, M. (2005). Commentary on the impact of the internet on the 2004 election. http://www.pewinternet.org/2005/03/06/commentary-on-the-impact-of-the-internet-on-the-2004-election/. Zugegriffen: 16. Dez. 2017.

Eldersveld, S. J. (1956). Experimental propaganda techniques and voting behaviour. *American Political Science Review, 50*(1), 154–165.

Faas, T., & Hohmann, D. (2014). Mobilisierung bei Nebenwahlen: Ein Feldexperiment zu Mobilisierungspotenzialen von Wahlkämpfen anlässlich der Kommunalwahl 2014 in Rheinland-Pfalz. https://methoden.politik.uni-mainz.de/files/2014/12/Kommunalwahlen_Projektbericht.pdf. Zugegriffen: 16. Dez. 2017.

Fisher, D. R., & McInerney, P.-B. (2005). Civic engagement and the canvass. https://civicyouth.org/PopUps/WorkingPapers/WP26Fisherpdf.pdf. Zugegriffen: 16. Dez. 2017.

Flaticon. (2017). Free vectors icons for download and icon font. http://www.flaticon.com/. Zugegriffen: 14. Dez. 2017.

Gerber, A. S., & Green, D. P. (2000). The effects of canvassing, telephone calls, and direct mail on voter turnout: A field experiment. *The American Political Science Review, 94*(3), 653–663.

Gosnell, H. F. (1927). *Getting-out-the-vote. An experiment in the stimulation of voting.* Chicago: University of Chicago Press.

Green, D. P., & Gerber, A. S. (2008). *Get out the vote: How to increase voter turnout.* Washington, D.C.: Brookings Institution Press.

Green, D. P., & Gerber, A. S. (2010). Introduction to social pressure and voting. New experimental evidence. *Political Behavior, 32*(3), 331–336. https://doi.org/10.1007/s11109-010-9120-2.

Green, D. P., & Gerber, A. S. (2016). Field experiments on voter mobilization: An overview of a burgeoning literature. https://www.povertyactionlab.org/sites/default/files/publications/Gerber%20Green%20Handbook.pdf. Zugegriffen: 16. Dez. 2017.

Güldenzopf, R. (2017). Arbeit mit Freiwilligen – Führen und nicht nur managen! http://www.adenauercampus.de/-/arbeit-mit-freiwilligen-fuhren-und-nicht-nur-managen. Zugegriffen: 18. Dez. 2017.

Güldenzopf, R., & Voigt, M. (2005). Im Dialog mit dem Wähler. In K. Plehwe (Hrsg.), *Mit Dialogmarketing zum Wahlerfolg: Fachbeiträge namhafter Experten* (S. 181–204). Berlin: Helios Media.

Gurevitch, M., & Blumler, J. G. (1977). Linkages between the mass media and politics: A model for the analysis of political communication systems. In J. Curran, M. Gurevitch, & J. Woollacott (Hrsg.), *Mass communication and society* (S. 270–290). London: Edward Arnold.

Heinrich, R. (2013). Vorwärts zu den Wurzeln! Grünes Grassroots Campaigning im Bundestagswahlkampf 2009. In R. Speth (Hrsg.), *Grassroots campaigning* (S. 171–182). Wiesbaden: Springer VS.

Hennewig, S. (2013). Die Graswurzel-Aktivitäten der CDU. In R. Speth (Hrsg.), *Grassroots campaigning* (S. 159–170). Wiesbaden: Springer VS.

Hersh, E. (2015). *Hacking the electorate: How campaigns perceive voters.* New York: Cambridge University Press.

Hirst, D. (2005). *The representative of the people? Voters and voting in England under the early stuarts.* Cambridge: University Press.

Issenberg, S. (2013). *Victory lab: The secret science of winning campaigns.* New York: Broadway Books.

John, P., & Brannan, T. (2008). How different are telephoning and canvassing? Results from a ‚Get Out the Vote' field experiment in the British 2005 general election. *British Journal of Political Science, 38*(3), 565–574. https://doi.org/10.1017/s0007123408000288.

Jungherr, A. (2017). Datengestützte Verfahren im Wahlkampf. http://andreasjungherr.net/wp-content/uploads/2017/03/Jungherr-2017-Datengestützte-Verfahren-im-Wahlkampf-Preprint.pdf. Zugegriffen: 15. Dez. 2017.

Kamps, K. (2007). *Politisches Kommunikationsmanagement: Grundlagen und Professionalisierung moderner Politikvermittlung.* Wiesbaden: Springer VS.

Kepplinger, H. M., & Maurer, M. (2005). *Abschied vom rationalen Wähler. Warum Wahlen im Fernsehen entschieden werden.* Freiburg i. B.: Alber.

Kepplinger, H. M., Brosius, H., & Dahlem, S. (1994). *Wie das Fernsehen die Wahlen beeinflusst. Theoretische Modelle und empirische Analysen.* München: Fischer.

Kerl, C., & Sanches, M. (2017). SPD und CDU wollen im Wahlkampf cleverer Klinken putzen. https://www.morgenpost.de/politik/inland/article210391769/SPD-und-CDU-wollen-im-Wahlkampf-cleverer-Klinken-putzen.html. Zugegriffen: 17. Dez. 2017.

Klingemann, H. D., & Voltmer, K. (1998). Politische Kommunikation als Wahlkampfkommunikation. In O. Jarren, U. Sarcinelli, & U. Saxer (Hrsg.), *Politische Kommunikation in der demokratischen Gesellschaft* (S. 396–405). Wiesbaden: Springer VS.

Kreiss, D. (2012). *Taking our country back: The crafting of networked politics from Howard Dean to Barack Obama*. New York: Oxford University Press.

Kreiss, D. (2016). *Prototype politics: Technology-intensive campaigning and the data of democracy*. New York: Oxford University Press.

Krewel, M. (2014). Der Wahlkampf. Die Wahlkampagnen der Parteien und ihr Kontext. In R. Schmitt-Beck, H. Rattinger, S. Roßteutscher, B. Weßels, & C. Wolf (Hrsg.), *Zwischen Fragmentierung und Konzentration: die Bundestagswahl 2013* (S. 35–46). Baden-Baden: Nomos.

Kruschinski, S. (2017). Der datengestützte Tür-zu-Tür-Wahlkampf bei der Bundestagswahl 2017. Mit Daten, Technologien und Wahlkampfhelfern im direkten Wählerkontakt. In M. Voigt, R. Güldenzopf, & J. Böttger (Hrsg.), *Wahlanalyse 2017. Strategien. Kampagne. Bedeutung* (S. 102–110). Berlin: epubli.

Kruschinski, S., & Haller, A. (i. E.). "What is predictive modelling?" Restrictions for data-driven political micro-targeting in Germany using the example of door-to-door campaigning. In C. de Vreese, N. Helberger, & B. Balázs (Hrsg.), *Internet Policy Review,* Special Issue ,Political micro-targeting'.

Lazarsfeld, P. F., Berelsen, B., & Gaudet, H. (1944). *The people's choice: How voter makes up his mind in a presidential campaign*. New York: Columbia University Press.

Lemke, C., & Brenner, W. (2015). *Einführung in die Wirtschaftsinformatik. Verstehen des digitalen Zeitalters*. Berlin: Springer Gabler.

Lobenstein, C. (2013). Die Klingelstrategie. http://www.zeit.de/2013/33/wahlkampf-spd-niederrhein-klingelstrategie. Zugegriffen: 15. Dez. 2017.

Magin, M., Podschuweit, N., Haßler, J., & Rußmann, U. (2017). Campaigning in the fourth age of political communication. A multi-method study on the use of Facebook by German and Austrian parties in the 2013 national election campaigns. *Information, Communication & Society, 20*(11), 1698–1719. https://doi.org/https://doi.org/10.1080/1369 118x.2016.1254269.

Maurer, M. (2016). *Nonverbale politische Kommunikation*. Wiesbaden: Springer VS.

McKenna, E., & Han, H. (2014). *Groundbreakers: How Obama's 2.2 million volunteers transformed campaigning in America*. New York: Oxford University Press.

Melchert, F., Magerl, F., & Voigt, M. (2006). *In der Mitte der Kampagne. Grassroots und Mobilisierung im Bundestagswahlkampf 2005*. Berlin: polisphere.

Michelson, & Nickerson, D. (2011). Voter mobilization. In J. Druckman, D. P. Green, J. H. Kuklinski, & A. Lupia (Hrsg.), *Cambridge handbook of experimental political science* (S. 228–242). Cambridge: Cambridge University Press.

Mühlberger, D. (2004). *Hitler's voice: The Völkischer Beobachter, 1920–1933*. Oxford: Lang.

Neumann, A. (2013). Grassroots Campaigning und die Wiederentdeckung der Parteimitglieder. In R. Speth (Hrsg.), *Grassroots campaigning* (S. 113–129). Wiesbaden: Springer VS.

Nickerson, D. W., & Rogers, T. (2014). Political campaigns and big data. *The Journal of Economic Perspectives, 28*(2), 51–74. https://doi.org/10.1257/jep.28.2.51.

Niedermayer, O. (2013). Parteimitgliedschaften. In O. Niedermayer (Hrsg.), *Handbuch Parteienforschung* (S. 147–177). Wiesbaden: Springer VS.

Nielsen, R. K. (2012). *Ground wars*. Princeton: University Press.

O'Hagan, E. M. (2017). Labour needs a smart doorstep army – and we could all play our part. https://www.theguardian.com/commentisfree/2017/apr/21/labour-needs-smart-doostep-army-smart-canvassing. Zugegriffen: 16. Dez. 2017.

Panagopoulos, C. (2009). Partisan and nonpartisan message content and voter mobilization. *Political Research Quarterly, 62*(1), 70–76. https://doi.org/10.1177/1065912908316805.

Panagopoulos, C. (2010). Affect, social pressure and prosocial motivation. Field experimental evidence of the mobilizing effects of pride, shame and publicizing voting behavior. *Political Behavior, 32*(3), 369–386. https://doi.org/10.1007/s11109-010-9114-0.

Podschuweit, N., & Geise, S. (2015). Wirkungspotenziale interpersonaler Wahlkampfkommunikation. Eine Analyse der Strategien direkter und medienvermittelter Wähleransprache im Thüringer Landtagswahlkampf 2014. *Zeitschrift für Politik, 62*(4), 400–420. https://doi.org/10.5771/0044-3360-2015-4-400.

Poguntke, T. (2000). *Parteiorganisation im Wandel. Gesellschaftliche Verankerung und organisatorische Anpassung im europäischen Vergleich.* Wiesbaden: Springer VS.

Pons, V. (2013). Does door-to-door canvassing affect vote shares? Evidence from a countrywide field experiment in France. http://economics.mit.edu/files/9873. Zugegriffen: 10. Dez. 2017.

Ramiro, L., Morales, L., & Jiménez-Buedo, M. (2012). The effects of party mobilization on electoral results. An experimental study of the 2011 Spanish local elections. http://people.bu.edu/tboas/ramiro.pdf. Zugegriffen: 15. Dez. 2017.

Reichard, D. (2013). Die Wiederentdeckung der Parteibasis als Wahlkampfressource? Beobachtungen und erste Einordnung zum Tür-zu-Tür-Wahlkampf der SPD. http://rgf.kr8.me/wpcontent/uploads/2014/05/200913regierungsforschung.de_reichard_parteibasis_als_wahlkampfressource.pdf. Zugegriffen: 16. Dez. 2017.

Reinemann, C., Maurer, M., Zerback, T., & Jandura, O. (2013). *Die Spätentscheider: Medieneinflüsse auf kurzfristige Wahlentscheidungen.* Wiesbaden: Springer VS.

Römmele, A. (2002). *Direkte Kommunikation zwischen Parteien und Wählern: Professionalisierte Wahlkampftechnologien in den USA und in der BRD.* Wiesbaden: Westdeutscher Verlag.

Sailer, M., Hense, J. U., Mayr, S. K., & Mandl, H. (2017). How gamification motivates: An experimental study of the effects of specific game design elements on psychological need satisfaction. *Computers in Human Behavior, 69*(C), 371–380. https://doi.org/https://doi.org/10.1016/j.chb.2016.12.033.

Sarcinelli, U. (1987). *Symbolische Politik. Zur Bedeutung symbolischen Handelns in der Wahlkampfkommunikation der Bundesrepublik Deutschland.* Opladen: Westdeutscher Verlag.

Sartori, G. (1976). *Parties and party systems: A framework for analysis.* Cambridge: University Press.

Schmitt-Beck, R. (2000). *Politische Kommunikation und Wählerverhalten. Ein internationaler Vergleich.* Wiesbaden: Westdeutscher Verlag.

Schudson, M. (2011). *The good citizen: A history of American civic life.* New York: The Free Press.

Schwalm, T. (2013). Wahlkampfführung 2.0. Wie das Social Web die innerparteiliche Wahlkampforganisation verändert. In N. Podschuweit & T. Roessing (Hrsg.), *Politische Kommunikation in Zeiten des Medienwandels* (S. 47–69). Berlin: De Gruyter.

Tenscher, J., Mykkänen, J., & Moring, T. (2012). Modes of professional campaigning: A four-country comparison in the European parliamentary elections 2009. *International Journal of Press/Politics, 17*(2), 145–168. https://doi.org/10.1177/1940161211433839.

Thompson, J. B. (1990). *Ideology and modern culture*. Cambridge: Polity.

Tufekci, Z. (2014). Engineering the public: Big data, surveillance and computational politics. *First Monday 19*(7). http://firstmonday.org/article/view/4901/4097. Zugegriffen: 15. Dez. 2017.

Vetter, A., & Remer-Bollow, U. (2017). *Bürger und Beteiligung in der Demokratie*. Wiesbaden: Springer VS.

Voigt, M. (2018). Digital Trump-Card? Digitale Transformation in der Wähleransprache. In C. Gärtner & C. Heinrich (Hrsg.), *Fallstudien zur Digitalen Transformation* (S. 151–174). Wiesbaden: Springer Gabler.

Voigt, M., & Hahn, A. (2008). Mobilisierung und moderne Kampagnentechniken die US-amerikanischen Präsidentschaftswahlkämpfe. In K. Grabow & P. Köllner (Hrsg.), *Parteien und ihre Wähler. Gesellschaftliche Konfliktlinien und Wählermobilisierung im internationalen Vergleich* (S. 206–229). Berlin: Konrad-Adenauer-Stiftung.

Vowe, G., & Wolling, J. (2000). Amerikanisierung des Wahlkampfs oder Politisches Marketing? Zur Entwicklung der politischen Kommunikation. In K. Kamps (Hrsg.), *Trans-Atlantik – trans-portabel? Die Amerikanisierungsthese in der politischen Kommunikation* (S. 57–92). Wiesbaden: Westdeutscher Verlag.

Walter, F. (2009). *Baustelle Deutschland. Politik ohne Lagerbildung*. Frankfurt a. M.: Suhrkamp.

Wiesendahl, E. (2012). Partizipation und Engagementbereitschaft in Parteien. In T. Mörschel & C. Krell (Hrsg.), *Demokratie in Deutschland. Zustand – Herausforderungen – Perspektiven* (S. 121–157). Wiesbaden: Springer VS.

Yougov. (2017). Haustürwahlkampf bietet Parteien Chancen. https://yougov.de/news/2017/05/22/hausturwahlkampf-bietet-parteien-chancen/. Zugegriffen: 16. Dez. 2017.

Zwischen Likes und Lachen. Die strategische Produktion und Rezeption von Politischer Komik im Fernsehen und im Internet

Martin R. Herbers

Zusammenfassung

In dem Beitrag werden die strategischen Prozesse von Publika und Produzenten von Sendungen der Politischen Komik mit Blick auf das Zusammenspiel von traditionellen und neuen Medien dargestellt. Basierend auf Theoriebildungen zur komischen Kommunikation, Medienproduktion und Mediennutzung werden am Beispiel der sogenannten ‚Schmähkritik' und dem *Neo Magazin Royale* die strategischen Prozesse produktions- wie nutzungsseitig analysiert. Besonderes Augenmerk liegt auf der Verbindung von traditioneller und digitaler Mediennutzung über den Second Screen.

Schlüsselwörter

Komische Kommunikation · Medienproduktion · Aufmerksamkeitsökonomie Produsage · Politik und Unterhaltung

M. R. Herbers (✉)
Zeppelin Universität Friedrichshafen, Friedrichshafen, Deutschland
E-Mail: martin.herbers@zu.de

© Springer Fachmedien Wiesbaden GmbH, ein Teil von Springer Nature 2018   319
M. Oswald und M. Johann (Hrsg.), *Strategische Politische Kommunikation im digitalen Wandel,* https://doi.org/10.1007/978-3-658-20860-8_14

1   Einleitung: Die neue Freundschaft zwischen Fernsehen und Internet

Als Moderator Jan Böhmermann im März 2016 die sogenannte ‚Schmähkritik'[1] auf den türkischen Präsidenten Recep Tayyip Erdoğan im Rahmen seiner Late-Night-Comedy-Show *Neo Magazin Royale* vortrug, löste dieser satirische Beitrag diplomatische Verstimmungen zwischen Deutschland und der Türkei aus (Herbers 2016a). Dies war nicht der Ausstrahlung der Sendung im Spartenkanal *zdf_neo* geschuldet, sondern der starken Internetpräsenz der Sendung. Die sogenannte ‚Schmähkritik' wurde binnen kürzester Zeit nicht nur über die Mediathek des *ZDF* und den offiziellen *YouTube*-Kanal des Magazins kommentiert und bewertet; sie wurde auch von unzähligen Nutzerinnen und Nutzern[2] von sozialen Netzwerk-seiten wie *Twitter* oder *Facebook* geteilt. Daran schloss sich eine medienethische Debatte um die Grenzen der Satire im Speziellen und der Meinungsfreiheit im Allgemeinen an (Göttlich und Herbers 2017).

Dieses Ereignis illustriert die gegenwärtig enge Verzahnung zwischen klassi-schen Medienangeboten des Fernsehens und den neuen Angeboten im Internet. Bezüglich der politischen Komik sind Sendungen wie das *Neo Magazin Royale* in zweifacher Hinsicht als strategische Kommunikationen zu interpretieren: Sie folgen intentional-zweckgebunden einem ökonomischen Prinzip von Output-Stei-gerung bei Minimierung des Mitteleinsatzes (Röttger et al. 2013). Vonseiten der *Medienproduktion* verschränken sich im Unterhaltungsbereich zwei Ziele (Lant-zsch et al. 2010). Einerseits das publizistische Ziel der Aufklärung über politi-sche Prozesse sowie andererseits Akteurinnen und Akteure im Modus der Komik (Hoinle 2003) mit dem ökonomischen Ziel der Erhöhung der Reichweite. Sie ereifern Aufmerksamkeit für die eigene Sendung und den damit verbundenen Themen (Franck 1998). Aufseiten der *Publika* illustriert das Beispiel, dass Pro-zesse der Nutzung von Fernsehen und von sozialen Netzwerken im sogenannten *Second Screen* zusammenfallen. Darunter wird verstanden, dass zusätzlich zum Fernsehgerät mobile internetfähige Endgeräte genutzt werden (Göttlich et al. 2017). Mithilfe des *Second Screens* tauschen sich Nutzerinnen und Nutzer über

---

[1]Genauer gesagt handelt es sich hier um eine satirisch überspitzte Form einer Schmähkri-tik, die stark im Modus des Un-eigentlichen gehalten war – diese Kontexte kamen jedoch bei der späteren Debatte hierüber kaum zur Sprache (Göttlich und Herbers 2017).
[2]In diesem Kapitel werden zur Personenbezeichnung vor allem generische Maskulina (z. B. ‚die Nutzer') und Splitting-Syntagmen (z. B. ‚Nutzerinnen und Nutzer') verwendet. Im Sinne der Ambiguitätstoleranz sind selbstverständlich immer beide Geschlechter gemeint.

soziale Netzwerke wie *Twitter* über das Gesehene aus und stellen damit Fernsehinhalte einer digitalen Öffentlichkeit zur Verfügung. Diese Prozesse nehmen gegenwärtig Einfluss auf die Programmgestaltung (Holt und Sanson 2014). Dies bedarf der wissenschaftlichen Reflexion.

Dieser Beitrag analysiert die strategischen Prozesse von Publika und Produzenten von Sendungen der politischen Komik mit Blick auf das Zusammenspiel von traditionellen und neuen Medien. Basierend auf Theoriebildungen zur Komischen Kommunikation[3], Medienproduktion und Mediennutzung werden am Beispiel der sogenannten ‚Schmähkritik' und dem *Neo Magazin Royale* die strategischen Prozesse produktions- wie nutzungsseitig hin analysiert. Besonderes Augenmerk liegt auf der Verbindung von traditioneller und digitaler Mediennutzung über den *Second Screen*.

2 Politische Komik als demokratietheoretischer Ernstfall?

Bleibt man im Beispiel der sogenannten ‚Schmähkritik', so zeigt sich, dass Komische Kommunikation, gerade wenn sie *Akteurinnen und Akteure* oder *Themen* des Politischen betrifft, größere Konsequenzen nach sich ziehen kann. Dadurch wird sie als Strategische Kommunikation umso interessanter und relevanter: Der bewusst herbeigeführte Tabubruch durch die Akteurinnen und Akteure der Politischen Komik kann auf einer *individuellen Ebene* als Strategie mit dem Ziel des Aufmerksamkeitsmanagements gesehen werden (Franck 2010). Auf einer *gesellschaftlichen Ebene* berührt er kulturelle und politische Konstellationen, die hier erläutert werden. Diese werden später mit Blick auf die strategische Medienproduktion und -rezeption angewendet.

Das Verhältnis von Komischer Kommunikation und politischer Ordnung ist ein Teilbereich der kulturwissenschaftlichen Analyse. Ausgangspunkt ist der Wandel des Selbstverständnisses der Literaturwissenschaft zur (Medien-) Kulturwissenschaft (Nünnig und Sommer 2004; Schößler 2006; Wende 2004), in dessen Zuge die Erkenntnisse ihren Weg in die sozialwissenschaftlich orientierte kommunikationswissenschaftliche Forschung Eingang fanden. Wichtiger

---

[3]Im Beitrag wird *Komische Kommunikation* als kommunikative Gattung verwendet. Die Schreibweise in Kapitalia streicht dieses hervor und grenzt sie von komischer Kommunikation ab, die als komisch intendierte, konkrete Kommunikation definiert wird. Andere im Text gewählte Bezeichnungen wie Politische Komik folgen dieser Logik.

Impulsgeber für das Zusammenspiel von Komik und Politik sind die Analysen des russischen Literaturwissenschaftlers Michail Michailowitsch Bachtin (1987; Anderson 2008; Wall 2001). Auf Basis des grotesken Romanzyklus *Gargantua und Pantagruel* des französischen Schriftstellers François Rabelais, der im Zeitraum 1532–1564 erschien, analysiert Bachtin die kritische Repräsentation des hochmittelalterlichen europäischen Feudalsystems durch komische, satirisch überspitzte Darstellungen (Bachtin 1987). Zentrales Element der politischen Kritik ist für Bachtin der *Karneval*. Innerhalb einer strikten zeitlichen Begrenzung wurde eine Verkehrung der feudalen Ständeordnung ohne soziale Konsequenzen möglich. Der sogenannte ‚dritte Stand' der Bauern bekam die Gelegenheit, die Stände des Adels und des Klerus durch Mittel der Komik und der Groteske nicht nur zu verhöhnen, sondern auch zu kritisieren. Die Aufstellung eines Narrenkönigs, der die Karnevalsgemeinschaft regierte, gehörte hier ebenso zum Programm wie die Verballhornung der heiligen Messe. Mit Ablauf der Karnevalszeit kehrte die eigentliche soziale und politische Ordnung wieder ein, ohne dass sie ernsthaft in Zweifel gezogen wurde. Die Idee des Karnevals als zeitlich begrenzte, lustvolle Verkehrung einer bestehenden sozialen und politischen Ordnung lässt sich auf gegenwärtige demokratische Gesellschaften übertragen. Jenseits der immer noch vorhandenen institutionalisierten Formen des politischen Straßenkarnevals attestiert Marcus Hoinle (2003) den Prozessen des Demokratischen und des Karnevalesken gewisse strukturelle Ähnlichkeiten. Beide Formen sind zeitlich begrenzt und öffentlich sichtbar. Sie nehmen die Möglichkeiten von Wandel in ihr konzeptionelles Zentrum auf und zeigen, dass jede politische und gesellschaftliche Ordnung immer kontingent ist.

Die Idee des Karnevals zeigt auf, dass sowohl Komische Kommunikation als auch das Politische als sozial wie medial hergestellte *Wirklichkeitskonstruktionen* beschrieben werden können. Diese beruhen grundlegend auf Prozessen der Einigung von verschiedenen, autonomen Akteurinnen und Akteuren über Elemente einer gemeinsam geteilten, kommunikativ vermittelten Wirklichkeit, die mit zunehmender gesellschaftlicher Komplexität auch durch massenmediale Prozesse erreicht werden kann (Schmidt 2003a). Diese Prozesse sind dabei in ihrem Ergebnis hochgradig kontingent und stehen prinzipiell zur Disposition, bleiben aber in der Regel stabil und ermöglichen so gesellschaftliche und politische operative Fiktionen (Schmidt 2003b). *Strategische Prozesse,* hier verstanden als persuasive Kommunikationen, die der Übernahme von Wirklichkeitskonstruktionen dienen, sind dennoch möglich: Werbung, Public Relations oder politische Kampagnenkommunikation beruhen auf diesen Prinzipien (Röttger et al. 2013). So beruhen etwa die Prozesse *Imagebildung* in der PR darauf, ein von der Organisation selbst konstruiertes Image mit externen Fremdbeschreibungen abzugleichen. Letztlich wird so versucht, kontingente Wirklichkeitskonstruktionen durch kommunikative Maßnahmen gezielt zur Deckung zu bringen (Merten 2014). Komische Kommunikation kann hier ebenfalls als strategische Kommunikation gesehen werden, welche jedoch das Ziel verfolgt, die kontingente Konstruktion von Wirklichkeit kurzfristig sichtbar zu machen, ohne dass jedoch persönlicher oder gesellschaftlicher Schaden entsteht (Schmidt 2003c). Diese Kontingenzbearbeitung analysiert Siegfried J. Schmidt als *Komik-Konstellation*. Er geht davon aus, dass eine erfolgreiche, lustvolle und schadlose Visibilisierung gesellschaftlicher Kontingenz nur dann erreicht werden kann, wenn sie entsprechend gerahmt und anschließend aufgelöst wird. Am Beispiel eines Witzes kann dies erläutert werden: Vonseiten der Kommunikatorinnen und Kommunikatoren muss eine entsprechende Rahmung gesetzt werden, um die nachfolgende Kommunikation als Komische Kommunikation zu kennzeichnen. Das geschieht etwa durch spezielle Einleitungsfloskeln, beispielsweise durch „Kennst du den schon?". Die nachfolgende Kommunikation folgt dann im Modus etablierter komischer Stilmittel, etwa Übertreibungen, stereotypen Darstellungen von Personen und Umständen oder semantischen Inkongruenzen, um die unsichtbar gewordene kontingente Wirklichkeitskonstruktion außer Kraft zu setzen. Aufseiten der Rezipientinnen und Rezipienten muss dieser Rahmen akzeptiert werden und die Kommunikation als komisch interpretiert werden. Dies geschieht in der Regel durch Gelächter (Schmidt 2003c). Mit Blick auf medial vermittelte Komische Kommunikation, die unter Abwesenden und zeitlich versetzt stattfinden kann, bedarf es einer größeren Anstrengung, um diesen Rahmen aufzubauen – und zu interpretieren. Deutliche metakommunikative Angaben, etwa im Fernsehen durch Programmansagen, kennzeichnen die Kommunikation als komisch; das Lachen eines Studiopublikums oder das Einblenden eines sogenannten *Laugh Tracks* weisen etwa Fernsehzuschauerinnen und Fernsehzuschauer darauf hin, wie die Kommunikation zu verstehen sei. Auch hier bleibt die Komische Konstellation in sich und für sich konsequenzlos, da die aufgedeckte gesellschaftliche Kontingenz wieder ‚repariert' wird und im Zuge der Kommunikation nicht ernsthaft in Abrede gestellt wird.

Zwar sind der Karneval auf einer gesellschaftlichen Ebene und die Komische Kommunikation auf der Ebene der Akteurinnen und Akteure in sich geschlossene Kommunikationen, die gesellschaftliche Kontingenz gefahrlos aufzeigen, ohne Konsequenzen bleiben sie jedoch nicht. Insbesondere auf der Ebene der Akteurinnen und Akteure zeigen sich in verschiedenen empirischen Studien politisch relevante kurzfristige Effekte und langfristige Wirkungen. Medienpsychologische Studien, die primär in den USA durchgeführt wurden, zeigen, dass die Nutzung der satirischen Late-Night-Comedy-Sendung *The Daily Show* auf Mitglieder bestimmter sozialer Gruppen unterschiedliche positive *Effekte* haben kann. Die Sendung kommentiert im Modus der Komischen Kommunikation aktuelles nationales wie internationales politisches Tagesgeschehen. Sie ist in den USA zentraler Vertreter eines kritischen Umgangs mit Politik und ihrer medialen Vermittlung. Dabei dient sie als strukturelles und stilistisches Vorbild für lokale Varianten, etwa der deutschen *heute-show* (Kleinen-von Königslöw und Keel 2012). Es sind vor allem die Nutzerinnen und Nutzer aus politikfernen Schichten, aber auch Jugendliche, die nach der Nutzung der Komischen Kommunikationen Anschlusshandlungen durchführen. Sie suchen etwa in verschiedenen Internetangeboten nach weiterführenden Informationen zu den gezeigten Themen und Personen, führen Anschlussgespräche über das Gesehene und bilden sich somit eine Meinung. Auch steigt in diesen Gruppen das politische Faktenwissen und die selbst wahrgenommene *political sophistication* (zusammenfassend: Göttlich und Herbers 2014).

Langfristige *Wirkungen* sehen medienpsychologische Arbeiten (über alle Nutzerinnen und Nutzer hinweg) auf Basis einer eudaimonisch motivierten Zuwendung zu Unterhaltungsangeboten (Oliver und Bartsch 2011; Vorderer und Reinecke 2015). Hier differenzieren die Forscherinnen und Forscher zwischen kurzfristiger Gratifikation, wie etwa Stimmungsregulierungen im Sinne des *Mood Managements* (Aelker 2008) und langfristigen Gratifikationen, wie etwa die moralische Reflexion eigenen und fremden Handelns oder gesellschaftlicher Verhältnisse, die im Modus der Unterhaltung präsentiert werden. Komische Kommunikation kann also die Nutzerinnen und Nutzer zum Nachdenken bewegen – etwa über die Kontingenz von Wirklichkeitskonstruktion und damit langfristige Veränderungen, etwa in deren Bewertungen, herbeiführen (Schneider et al. 2015). Diese finden allerdings außerhalb der zeitlichen Begrenzung der eigentlichen Komischen Kommunikation statt, sodass diese Effekte und Wirkungen der Kommunikation nachläufig sind.

Mit Blick auf die sogenannte ‚Schmähkritik‘ kann festgehalten werden, dass es sich um einen strategischen Prozess der Komischen Kommunikation handelte. Unter dem Eindruck der Bachtin'schen Karnevalstheorie zeigt sich, dass die hier stattgefundenen Kommunikation unter dem Eindruck des *Un-eigentlichen* und *Nicht-so-gemeinten* standen, was im Rahmen der Sendung *Neo Magazin Royale* und der damit zusammenhängenden Sendungslogik entsprechend angezeigt wurde.[4] Die kontingente Konstruktion von politischer Wirklichkeit wurde hier

---

[4]Eine genau Analyse des komplexen Spiels mit Wirklichkeitskonstruktionen unter dem Eindruck der Karnevalstheorie und der Öffentlichkeitstheorie findet sich bei Göttlich und Herbers 2017.

aufgelöst und zeigte bei den Zuschauerinnen und Zuschauern entsprechende Effekte. Dabei löste sie gleichzeitig aber auch kritische Prozesse auf politischer Ebene aus, da der Beitrag außerhalb des Sendungsrahmens auch anders, nämlich als Beleidigung, verstanden werden konnte – und wurde.

Jenseits dieser Perspektiven muss allerdings beachtet werden, dass massenmedial vermittelte Komische Kommunikation auch weiteren strategischen Prozessen unterliegt. Am Beispiel des *Neo Magazin Royale* wird dies deutlich: Als professionell hergestelltes Mediengebot ist sie Teil einer bewusst herbeigeführten Programmstruktur und wird in der Regel in enger Absprache zwischen Sender und Produktionsfirma hergestellt. Es unterliegt dabei ökonomischen Zwängen in der Produktion und wird letztlich auf ein bestimmtes Ziel, etwa eine gewisse Einschaltquote, hin hergestellt. Dies hat Einflüsse auf den Inhalt, der hier entsprechend geformt wird und vor allem mit Blick auf die mediale Konkurrenzsituation zu sehen ist. Dabei konkurrieren unterschiedliche Programme um die Aufmerksamkeit der Zuschauerinnen und Zuschauer. Die gesellschaftstheoretische Relevanz einer Sendung entsteht daher durch ein geschicktes Management dieser Prozesse. Die auf organisations- und individualtheoretischer Ebene relevanten strategischen Prozesse werden nachstehend beleuchtet, um sie dann mit den Erkenntnissen der Theoriebildung zum Zusammenspiel von Politik und Unterhaltung zu reflektieren.

3 Kalkulierter Spaß: Die Produktion Politischer Komik als Strategische Kommunikation

3.1 Professionelle Medienproduktion zwischen Struktur und Handlung

In der sozialwissenschaftlich orientierten Kommunikationswissenschaft werden die Kommunikatorinnen und Kommunikatoren selten erforscht, obgleich sie doch im strategischen Prozess der Kommunikation eine entscheidende Rolle spielen, da sie die Inhalte herstellen, die entsprechende Effekte und Wirkungen erzielen können. Die Journalismusforschung ist hier einer der wenigen Zweige, die strukturiert Journalistinnen und Journalisten sowie ihr professionelles Handeln in den Blick nehmen (Janssen 2002; Weischenberg et al. 2006). Kleinere berufsbiografische Studien erweitern den Blick auch auf Akteurinnen und Akteure des Marketings und der PR (Blöbaum 2008), sparen aber den Bereich der Produktion von Unterhaltungsangeboten aus. Erst seit Kurzem rückt diese in den Fokus der Forschung. In der Regel basieren diese Analysen auf medienökonomischen und organisationstheoretischen Grundlagen. Besonders hervorzuheben sind die Arbeiten von Klaus-Dieter Altmeppen und dessen Kolleginnen und Kollegen (Altmeppen et al. 2007, 2010a, b; Altmeppen und Quandt 2002). Auf Basis der strukturationstheoretischen Arbeiten von Anthony Giddens (2004) stellen die Autorinnen und Autoren einen Ansatz vor, mit der Medienproduktion in journalistischen Kontexten und im Bereich der Unterhaltungsproduktion analysiert werden kann. Sie betonen, dass gerade die Produktion von Unterhaltungskommunikation immer eine zielgerichtete, strategische Produktion ist, die sich an bestimmten Erfolgsgrößen, etwa Einschaltquoten und Umsätzen, orientiert. Dem strategischen Ziel der Produktion ordnen sich dann alle Anstrengungen auf der Ebene der Akteurinnen und Akteure und der Organisation unter. Im Bereich der Akteurinnen und Akteure lassen sich *strategische Akteure* ausmachen (etwa Produzentinnen und Produzenten und Redakteurinnen und Redakteure), deren Aufgabe es ist, das Produktionsziel durch die Steuerung von Handlungen und die Allokation von Ressourcen zu erreichen. *Operative Akteure,* wie etwa Kameraleute, Toningenieure oder Drehbuchautoren übernehmen hier eher ausführende Aufgaben und sind entsprechend, mit Blick auf das Produktionsziel, weisungsgebunden (Windeler 2008).

Diese beiden Gruppen der Produzentinnen und Produzenten stehen dabei in größeren organisationalen Zusammenhängen. Die wichtigsten Organisationen sind hierbei die Fernsehsender und die Produktionsfirmen. Innerhalb des Fernsehsenders findet sich in der Regel ein grundlegend hierarchischer Aufbau, der aus der obersten Stelle der Programmdirektion besteht, welche gegenüber nachgeordneten Redaktionen weisungsbefugt ist. Legt also die Programmdirektion grundlegend die Richtung und den Aufbau des Programms insgesamt fest (etwa die Anteile von Informations- und Unterhaltungssendungen am Gesamtprogramm), ist es in der Verantwortlichkeit der einzelnen Redaktionen, diesen Auftrag mit ‚inhaltlichem Leben‘ zu füllen. Dies geschieht in der Regel durch die Erteilung eines Auftrags an eine spezialisierte Produktionsfirma, welche ebenfalls hierarchisch organisiert ist. An oberster Stelle stehen strategische Produzentinnen und Produzenten, die hier koordinierend und inhaltlich tätig werden und zum Zwecke der Aufgabenerfüllung auf die operativen Produzentinnen und Produzenten zurückgreifen können (Donsbach und Wilke 2009).

Im Bereich der Fernsehunterhaltung werden Inhalte in der Regel in Netzwerken produziert. Dies geschieht unter der Leitung von Produzentinnen und Produzenten sowie Redakteurinnen und Redakteuren (Windeler 2008). „Im Vordergrund agieren Produzenten, Regisseure und die koordinierenden Akteure in den Sendern, hinzukommen technische und andere Mediendienstleister sowie weitere Berufsgruppen" (Altmeppen et al. 2010a, S. 24).

Fernsehsender und Produzenten bilden zusammen das Koordinationszentrum der Projektnetzwerke. Fernsehsender kontrollieren faktisch recht weitgehend nicht nur die inhaltlichen Anforderungen an die zu erstellenden Programminhalte, sondern bestimmen ebenso auch die Qualitätsanforderungen und geben weitere Vorgaben etwa bezüglich der Darstellung von Gewalt usw. Fernsehsender legen ferner den Kostenrahmen der Produktion fest und definieren die Einschaltquoten, die das fertige Produkt beim Zuschauer erzielen soll (Windeler 2008, S. 124).

Für die Frage nach den Möglichkeiten der Unterhaltungsproduktion bedeutet dies, dass die strategischen Produzentinnen und Produzenten (sowohl im Fernsehsender als auch in den Produktionsfirmen) im Zentrum des Interesses stehen. Sie legen fest, welche politischen Inhalte in welcher Form präsentiert werden, welche Zielgruppen erreicht werden sollen, welche Angebote sie zur Verfügung gestellt bekommen und wie diese wirken sollen. Zwar haben die operativen Produzentinnen und Produzenten prinzipiell die Möglichkeit, in den Prozess der Produktion einzugreifen und die Aufbereitung des Politischen zu beeinflussen, können es sich aber aufgrund ihrer eigenen Position nicht leisten, sich diesen Anweisungen fundamental zu widersetzen.

Diese machtvollen Aspekte der Produktion stehen im Fokus der kulturwissenschaftlich orientierten Kommunikationswissenschaft. Zentraler Fokus der Analyse sind hier die strukturellen Aspekte, die bei der Produktion von Kultur und deren symbolischen Ausdrucksformen eine Rolle spielen. Auch hier gilt die Medienorganisation als empirischer Ansatzpunkt, wird aber mit kritischem Blick auf Machtaspekte beleuchtet. Dies wird in der sogenannten *Production of Culture-Perspective* beleuchtet (du Gay 2006; Hirsch 1972; Peterson 1976).

Innerhalb der Cultural Studies verortet, bietet dieser Ansatz ein Analysemittel, aus einer marxistischen Perspektive heraus Prozesse sozialer Ungleichheit und der Entfremdung zu untersuchen. Diese stellen sich bei der Produktion von Medienangeboten auf struktureller Ebene ein. Kritische Perspektiven wie die *Kulturindustriethese* (Horkheimer und Adorno 2003) bzw. das *encoding/decoding-Modell* (Hall 1979) legen hier die theoretische Basis. Innerhalb dieser wissenschaftlichen Position lassen sich auch neuere, weniger marxistisch-orthodoxe Ansätze finden. So bestehen Analysen der sogenannten *Cultural Industries,* welche die Medienproduktion als organisationales Konfliktfeld zwischen dem Erreichen von gesellschaftlich-kulturellen Zielen, aber auch ökonomischen Zielen beschreiben (Hesmondhalgh 2009). Diese auch eher strukturell argumentierenden Ansätze werden ergänzt durch den Zweig der *Production Studies,* welche am Beispiel konkreter Produktionen, etwa eines Films oder einer Radiosendung, die Akteurs- und Handlungsebene in das Blickfeld nimmt (Banks et al. 2016; Mayer et al. 2009). Gerade mit Blick auf die organisationale Einbindung der Akteurinnen und Akteure kommt es zu einer hohen Fluktuation, da Kulturproduktion – bzw. hier Unterhaltungsproduktion – immer auch eine Netzwerkproduktion ist, die für jedes ‚Werk' neu zusammengesetzt wird. Teilweise stabile Netzwerke, wie Produzenten-Regisseure- und Schauspieler-Kombinationen sind Ausnahmen. Auf operativer Ebene, gerade in der Buchproduktion, wird in der Regel mit freien Mitarbeiterinnen und Mitarbeitern bzw. festen Freien gearbeitet, was der Organisation insgesamt Kosten spart, jedoch zu Entfremdungseffekten der teilweise prekär beschäftigten Mitarbeiterinnen und Mitarbeitern führt (Hesmondhalgh und Baker 2008, 2009). Für die Akteurinnen und Akteure bemisst sich der Wert der eigenen Arbeit daher weniger am ökonomischen Output, sondern am *symbolischen Gehalt* der Arbeit (Hesmondhalgh 2006; Robin 2017). Strategisches Ziel der Akteurinnen und Akteure ist daher die Erhöhung der Aufmerksamkeit um die eigene Person bzw. die Arbeit, um in entsprechend stabile Produktionsnetzwerke zu gelangen und hier eine fixe Position einzunehmen.

Während die Produktionscrew als vorwiegend ‚hinter den Kulissen' tätig wird, stehen die Akteurinnen und Akteure des sogenannten *Talents* vor der Kamera. Sie treten in unterschiedlichen Rollen auf: Als *Performer* bieten sie etwa künstlerische Darstellungen dar, als *Schauspielerinnen und Schauspieler* folgen sie den Anweisungen eines Skripts und als *Anchor/Moderator* führen sie durch eine Sendungen, können aber selbst auch zum *Performer* werden (Owens und Millerson 2013). Hier verfolgen sie auf strategischer Ebene unterschiedliche Ziele: Als Mitglied des Ensembles einer Show sind sie in deren Organisation eingebunden und sind arbeitsvertraglich verpflichtet, den Projektauftrag zu erfüllen und das strategisch festgelegte Ziel zu erreichen. Daneben können die einzelnen Akteurinnen und Akteure auch persönliche bzw. berufliche Ziele verfolgen, die sich etwa in einer vorteilhaften Positionierung in (zukünftigen) Produktionsnetzwerken darstellen können. Generell unterliegen sie den Prozessen der Aufmerksamkeitsökonomie und versuchen diese strategisch zu nutzen. Dies geschieht in *Multibookings* und in gleichzeitig ausgeübter Zweit- und Drittbeschäftigung, aber auch in der strategischen Nutzung der gegenwärtigen Medienstrukturen und -angebote.

Mit Blick auf das *Neo Magazin Royale* kann dies am Beispiel des *Anchors* Jan Böhmermann illustriert werden: Neben seiner Beschäftigung als Moderator des Magazins ist er auch der Ko-Moderator des Podcasts *Fest und Flauschig*. Darüber hinaus ist er ist als Buchautor und Fernsehproduzent tätig. All diese Prozesse unterliegen verschiedenen persönlichen und professionellen Zielen, die entsprechend verfolgt werden – so ist er zum einen als *Talent* tätig, aber auch in einer Rolle als *strategischer Produzent*. Hieraus ergeben sich neue, konvergente Medienproduktionsrollen, die nachstehend weiter beleuchtet werden.

3.2   Von Produktion zu Produsage

Diese klassischen Prozesse der Medienproduktion, inklusive deren Zielsetzungen, unterliegen gegenwärtig der Veränderung auf einer institutionellen Ebene. Neben den klassischen Organisationen der Fernsehproduktion lassen sich neue Anbieterinnen und Anbieter im Bereich der Medienproduktion finden, die vor allem über das Internet tätig werden. Mit dem Fortschreiten der *Digitalisierung* wurde auf technisch-infrastruktureller Ebene eine fortschreitende Durchsetzung von Breitband-Internetanschlüssen möglich. Daneben veränderten sich die Angebote des Internets von reinen Abrufmedien (Web 1.0) hin zu interaktiven Angeboten (Web 2.0), die es den Nutzerinnen und Nutzern erlaubten, selbst Inhalte kostengünstig und niederschwellig zu produzieren. Mit der Entwicklung dieser Angebote von einfachen Weblogs hin zu ausdifferenzierten Angeboten der sozialen Netzwerkseiten wandelte sich auch die bisher für massenmedial vermittelte Kommunikation typische Trennung von (professionellen) Produzierenden und Publikumsmitgliedern.

Publikumsmitglieder sind nun in der Lage, selbstständig Inhalte herzustellen und diese Angebote weiter zu bearbeiten und zu distribuieren; selbst bleiben sie aber auch immer noch Publikumsmitglieder anderer Angebote. Diese Rollenkonvergenz ist an unterschiedlicher Stelle unter dem Kofferwort *Produser* theoretisiert und analysiert worden[5] (Bruns 2008; Jenkins 2006; Sehl und Naab 2014) und führt letztlich zu einer Neu-Orientierung in der strategischen Komponente von Medienproduktion aufseiten des Publikums und der klassischen Medienproduktion. Aufseiten des Publikums führt dies zur Möglichkeit, sich selbst als Mitglied eines Publikums zu definieren, etwa in dem man sich über Beiträge auf sozialen Netzwerkseiten entsprechend positioniert. Auf Medien bezogene Handlungen wie Kommentare, Kritiken oder Gefallensbekundungen (Couldry 2012) sind hier eine Möglichkeit, auf Basis des Gesehenen die Aufmerksamkeit um die eigene Person zu erhöhen. Dies ist gerade bei Angeboten der Komischen Kommunikation der Fall. Diese Prozesse sind derzeit durch die Nutzung digitaler, mobiler Endgeräte und/oder eines sogenannten *Second Screens* möglich, also einem mobilen Endgerät mit einer Verbindung zum Internet, über den sozialen Netzwerkseiten während der Nutzung eines *First Screens* (in der Regel eines Fernsehgeräts) angesteuert werden können (Göttlich et al. 2017). Die Nutzung Komischer Kommunikation kann hierbei nicht nur durch Likes und Prozesse des Weiterverbreitens angezeigt werden, sondern auch dazu genutzt werden, selbst sichtbar zu werden und damit von anderen Nutzerinnen und Nutzern Relevanz zugeschrieben zu bekommen.

---

[5]Vgl. hierzu auch den Beitrag von Michael Oswald in diesem Sammelband.

Dies drückt sich in der ‚Währung' der Aufmerksamkeitsökonomie aus, in dem die Follower-Zahlen steigen und die eigene Relevanz innerhalb der Netzwerke der Publikumsmitglieder erhöht wird (Buschow et al. 2014). So stellten etwa Anastasiadis und Einspänner-Pflock (2017) im Rahmen einer Analyse der *Twitter*-Aktivitäten im Rahmen des Kanzlerduells zwischen Angela Merkel und Peer Steinbrück fest, dass die Halskette von Angela Merkel besondere Aufmerksamkeit in den Kommentaren der Nutzerinnen und Nutzer erfuhr, da sie in den deutschen Nationalfarben gehalten war. Im Laufe des Kanzlerduells erfuhren die Inhalte des *Twitter*-Accounts *Schlandkette* große Aufmerksamkeit, daneben etablierte sich der Hashtag *#schlandkette* als Sammelpunkt komischer Kommunikationen um das seriöse mediale Ereignis Kanzlerduell. Neben der professionellen Medienproduzierendenrolle entwickeln sich durch die Prozesse der Digitalisierung und der Medienangebote nicht nur konvergente Rollen, sondern auch *neue Rollen der Amateur- und Laienproduzentinnen und -produzenten.* Diese finden aufseiten des Publikums statt und sind ein Einflussfaktor in der gegenwärtigen klassischen Medienproduktion.

Diese Darstellungen können anhand der sogenannten ‚Schmähkritik' konkretisiert werden: Unter dem Eindruck der sozialen Netzwerke und deren Nutzerinnen und Nutzer entsteht aufseiten der klassischen Medienproduktion ein neues strategisches Ziel, nämlich die Verbreitung von Inhalten außerhalb des Kontextes der Sendung zur generellen Erhöhung von Aufmerksamkeit und damit verbunden einer zukünftig vermehrten Zuwendung zum Programm. Entgegen der ansonsten im öffentlich-rechtlichen Rahmen üblichen Strategie, Inhalte primär für die Ausstrahlung im Fernsehen zu verwerten und sie dann in einem zweiten Verwertungsschritt über Mediatheken online zur Verfügung zu stellen, wurde bei der Sendung *Neo Magazin Royale* eine Umkehrung der Verhältnisse vorgenommen: Sie wird primär für die Distribution über das Internet produziert. Dies drückt sich darin aus, dass die Inhalte frühzeitig über die Mediathek der Anbieter abrufbar sind, aber auch über soziale Netzwerkseiten, allen voran dem Bewegtbildanbieter *YouTube,* verbreitet werden. Auf letzterem werden die Inhalte der Sendungen nicht nur im Ganzen, sondern auch in einzelne Segmente aufgeteilt zur Verfügung gestellt, was eine schnelle und gezielte Verbreitung ermöglicht. Die Sendung richtet sich daher primär an ein digital affines Publikum. Dies besteht aus *Produsern,* welche die Inhalte der Sendung unter dem Eindruck eines mobilen Endgeräts und/oder eines *Second Screens* rezipieren, kommentieren und verbreiten. Dies wird durch das *Neo Magazin Royale* aktiv durch die Ausgabe eines ‚Hashtags der Woche' gefördert, unter dem sich die entsprechenden Interaktionen zusammenfassen und auffinden lassen. Für die *Produser* besteht damit die Möglichkeit, sich selbst über die Nutzung dieses Hashtags als Publikumsmitglieder anzuzeigen, aber auch entsprechend der Möglichkeiten der sozialen Netzwerke als Amateur- und Laienproduzentinnen und -produzenten tätig zu werden und so selbst die Prozesse der Aufmerksamkeitsökonomie für sich zu nutzen. Die sogenannte ‚Schmähkritik' kann auch hierbei zur Illustration herangezogen werden, da sie über soziale Netzwerkseiten geteilt und kommentiert wurde.

3.3 Die lachende Gesellschaft: neue theoretische Positionen zur Medienproduktion

Es wird deutlich, dass öffentliche Kommunikationen nicht ausschließlich unter dem Eindruck der Informationsorientierung stehen müssen, damit sie demokratietheoretisch relevant werden. Vielmehr müssen strategisch hergestellte Kommunikationen, gerade im Unterhaltungsbereich, berücksichtigt werden, damit ein vollumfängliches Bild öffentlich wirksamer Kommunikation gezeichnet werden kann (Göttlich 2009; Göttlich und Herbers 2014). Damit einher geht eine genaue Betrachtung derjenigen strategischen Prozesse, die bei der Unterhaltungsproduktion relevant werden. Dies sind erstens die Prozesse der strategischen Akteurinnen und Akteure, die entsprechende Ziele für einzelnen Sendungen vorgeben, zweitens die Prozesse der Akteurinnen und Akteure des *Talents,* die im Rahmen der Sendungen, aber auch ‚auf eigene' Rechnung tätig werden und letztlich drittens die Handlungen des Publikums, welche die Angebote nutzen, um sich so öffentlich zu den Sendungsinhalten zu positionieren. Dies ergibt eine vielschichtige Betrachtung öffentlich relevanter Kommunikationen.

Mit Blick auf die Akteurinnen und Akteure des Publikums und den klassischen Medienproduktionsorganisationen im Sinne der Aufmerksamkeitsökonomie sind die Konsequenzen aus diesem Wandel relativ eindeutig – nicht jedoch mit Blick auf die *gesellschaftliche Perspektive.* Folgt man einer (neo-)marxistischen Gesellschaftstheorie, wie sie auch in den kulturwissenschaftlichen Arbeiten zur Medienproduktion verwendet wird, entstehen Prozesse der gesellschaftlichen Ungleichheit vor allem aus ökonomischen Zwängen heraus: Eigentümerinnen und Eigentümer von Produktionsmitteln (hier: Medienproduktionsmittel) haben die Chance, diese nahezu exklusiv zu nutzen und damit Inhalte zu produzieren, die eine gesellschaftliche Emanzipation verhindern. Das von Max Horkheimer und Theodor W. Adorno erstmals 1944 in der *Kulturindustriethese* vorgebrachte Argument (Horkheimer und Adorno 2003) müsste sich unter dem Eindruck einer ‚Demokratisierung' des Zugangs zu Produktionsmitteln, hier etwa soziale Netzwerke, verneinen, da durch eine prinzipielle Gleichverteilung der Produktionsmittel auch eine entsprechende gesellschaftliche Ungleichheit beseitigt werden müsste (Enzensberger 1970). Diese positive Entwicklung wird aber nicht eingelöst, da die ‚neuen Produktionsmittel' ebenfalls strukturellen Ungleichheiten unterliegen: So sind etwa die sozialen Netzwerke *Facebook* oder *Instagram* auch Konzerne, die mit den dort publizierten Inhalten Geld verdienen (Fuchs 2014) und somit – im Sinne der marxistisch inspirierten Politischen Ökonomie der Medien (Fuchs 2017) – soziale Ungleichheit produzieren. Ein Handeln des *Talents* und des Publikums unter diesem Eindruck bestätigt letztlich diese Logik und reproduziert diese Verhältnisse.

Wiederum fußt diese Argumentation insgesamt auf politökonomischen Zusammenhängen, deren zu Klassen organisiertes gesellschaftliches Bild kaum die gegenwärtigen ökonomischen, kulturellen, technischen und medialen Situationen widerspiegelt. Diese verschränken sich in einem Zusammenspiel von Akteurinnen und Akteuren und gesellschaftlichem Kontext, was die marxistische Theoriebildung nicht berücksichtigt, da sie von einem deterministischen Zusammenhang ausgeht. Differenzierter betrachtet Pierre Bourdieu diese Zusammenhänge (Bourdieu 1983, 1987). Ausgestattet mit verschiedenen Kapitalsorten bekommen Akteurinnen und Akteure die Chance, sich auf einem bestimmten Feld, hier der Medienproduktion, zu bewegen (Hesmondhalgh 2006). Der geschickte Einsatz der Kapitalsorten kann hier zu einer entsprechenden Positionsverschiebung zugunsten oder zuungunsten der einzelnen Akteurinnen und Akteure führen. Für ihre klassische Medienproduktion bedeutet dies, dass sie ihr mediales Kapital (Beck et al. 2013) einsetzen, um sich hier in eine vorteilhaftere Position zu bringen. Ebenso agieren die Mediennutzenden, indem sie sich an entsprechende Kommunikationen anschließen oder sich diesen verweigern (Haas 2007; Meyen 2007). In jedem Fall entstehen so Bewegungen im Feld, die insgesamt dynamisch sind, gleichzeitig aber auch Gruppenbildung ermöglichen. Die professionellen Rollen der Medienproduzierenden, aber auch jene der Amateure können sich so entsprechend strategisch positionieren, ohne dass hier Prozesse von sozialer Ungleichheit herrschen (Herbers 2016b). Dies muss mit Blick auf die bisherige Theoriebildung zur Medienproduktion berücksichtigt werden, da nur durch diese Berücksichtigung des Zusammenspiels von individuellen Akteurinnen und Akteuren, organisationalen und gesellschaftliche Prozessen ein vollumfängliches und adäquates Bild dieser Konstellationen gezeichnet werden kann.

4   Ausgelacht: Kritische Perspektiven und weiterführende Fragen

Offen bleibt allerdings die Frage nach der gesellschaftlichen Ebene der Komischen Kommunikation, die in der ursprünglichen Idee von Siegfried J. Schmidt (2003c) als sozialer Schutzraum angesehen werden kann. Wird Komische Kommunikation aus ihrem Kontext genommen, hier aus der rahmenden Sendung, besteht die Möglichkeit, dass die Komische Konstellation nicht erkannt oder angenommen wird – was entsprechende Konsequenzen haben kann, wie es sich im Fall der sogenannten ‚Schmähkritik' gezeigt hat (Göttlich und Herbers 2017). Die Frage ist also vielmehr, ob nicht etwa eine ‚permanente Karnevalssituation' vorliegt, die sich über die sozialen Netzwerke verbreiten lässt, oder ob Komische Kommunikation nicht zu einem Schluss kommen muss, um komisch zu bleiben. Weiterhin müssen die Nutzerinnen und Nutzer dieser Kommunikation weiter erforscht werden – welche stabilen Netzwerke nutzen sie? Welche Prozesse der Bestätigung und Ablehnung von bestimmten politischen Positionen werden hier aktiv und wie werden diese von den Medienproduzierenden bedient? Mit Blick auf die politische Öffentlichkeit ist daher übergeordnet zu klären, in welcher Art und Weise die Formen der Komischen Kommunikation zur Herausbildung einer öffentlichen Meinung beitragen (Göttlich 2009).

Es zeigt sich, dass in diesen Konstellationen auch die Frage nach der Verantwortung für die Inhalte der Komischen Kommunikation mit Blick auf diese Konsequenzen ebenfalls virulent wird. Letztlich handelt es sich um eine kommunikationsethische Frage: Wer zeichnet für die Konsequenzen, die sich aus der Möglichkeit der Weiterverbreitung der Inhalte ergeben, verantwortlich? Sind es die professionellen Produzentinnen und Produzenten, die diese Inhalte erst herstellen und verbreiten, sind es die Mitglieder des Publikums, die als Amateur- und Laienproduzentinnen und -produzenten diese Inhalte kommentieren und verbreiten oder ist es eine Kombination aus beiden Faktoren? Mit Blick auf die sogenannte ‚Schmähkritik' erscheint diese Frage zumindest aus juristischer Perspektive bei den professionellen Produzentinnen und Produzenten zu liegen. Aus Sicht der Kommunikationswissenschaft ist der hier beschriebene Fall anders gelagert. Gerade unter den neuen Medienkonstellationen muss der Blick der Forschung daher ganzheitlich auf die Phänomene der Gegenwart gerichtet werden, um diese adäquat zu erforschen. Aus Sicht der strategischen Kommunikation müssen daher die einzelnen Akteurinnen und Akteure vor ihrem sozialen und professionellen Kontext beleuchtet werden, um hier valide Aussagen treffen zu können.

Literatur- und Quellenverzeichnis

Aelker, L. (2008). Mood management. In N. C. Krämer, S. Schwan, D. Unz, & M. Suckfüll (Hrsg.), *Medienpsychologie. Schlüsselbegriffe und Konzepte* (S. 28–34). Stuttgart: Kohlhammer.

Altmeppen, K.-D., & Quandt, T. (2002). Wer informiert uns, wer unterhält uns? Die Organisation öffentlicher Kommunikation und die Folgen für Kommunikations- und Medienberufe. *Medien & Kommunikationswissenschaft, 50*(1), 45–62.

Altmeppen, K.-D., Lantzsch, K., & Will, A. (2007). Flowing networks in the entertainment business. Organizing international TV format trade. *The International Journal on Media Management, 9*(3), 94–104.

Altmeppen, K.-D., Lantzsch, K., & Will, A. (2010a). Das Feld der Unterhaltungsbeschaffung und -produktion. Sondierung eines ungeordneten Bereiches. In K. Lantzsch, K.-D. Altmeppen, & A. Will (Hrsg.), *Handbuch Unterhaltungsproduktion. Beschaffung und Produktion von Fernsehunterhaltung* (S. 11–32). Wiesbaden: Springer VS.

Altmeppen, K.-D., Lantzsch, K., & Will, A. (2010b). Unterhaltungsbeschaffung und Unterhaltungsproduktion. Merkmale und Strukturen am Beispiel des Fernsehformathandels. In ALM (Hrsg.), *Fernsehen in Deutschland 2009. Programmforschung und Programmdiskurs* (S. 107–125). Berlin: Vistas.

Anastasiadis, M., & Einspänner-Pflock, J. (2017). Angela Merkel, Peer Steinbrück und die "Schlandkette". *Twitter*-Diskurspraktiken im Rahmen politischer Second-Screen-Kommunikation. In U. Göttlich, L. Heinz, & Herbers (Hrsg.), *Ko-Orientierung in der Medienrezeption. Praktiken der Second-Screen-Nutzung* (S. 221–244). Wiesbaden: Springer VS.

Anderson, D. L. (2008). Bakhtin, Mikhail. In W. Donsbach (Hrsg.), *The international encyclopedia of communication* (Bd. II, S. 289–291). Malden: Blackwell.

Bachtin, M. (1987). *Rabelais und seine Welt. Volkskultur als Gegenkultur.* Frankfurt a. M.: Suhrkamp.

Banks, M., Conor, B., & Mayer, V. (Hrsg.). (2016). *Production studies. The sequel! cultural studies of global media industries.* New York: Routledge.

Beck, K., Büser, T., & Schubert, C. (2013). Medialer Habitus, mediales Kapital, mediales Feld – oder: vom Nutzen Bourdieus für die Mediennutzungsforschung. In T. Wiedemann & M. Meyen (Hrsg.), *Pierre Bourdieu und die Kommunikationswissenschaft. Internationale Perspektiven* (S. 234–262). Köln: Halem.

Blöbaum, B. (Hrsg.). (2008). *Hauptsache Medien. Berufsbiographische Interviews mit Journalisten, PR-Praktikern und Werbern.* Münster: LIT.

Bourdieu, P. (1983). Ökonomisches Kapital, kulturelles Kapital, soziales Kapital. In R. Kreckel (Hrsg.), *Soziale Ungleichheiten* (S. 183–198). Göttingen: Schwartz.

Bourdieu, P. (1987). *Die feinen Unterschiede. Kritik der gesellschaftlichen Urteilskraft.* Frankfurt a. M.: Suhrkamp.

Bruns, A. (2008). *Blogs, wikipedia, second life, and beyond: From production to produsage.* New York: Lang.

Buschow, C., Schneider, B., & Ueberheide, S. (2014). Tweeting television. Exploring communication activitis on *Twitter* while watching TV. *Communications, 39*(2), 129–149. https://doi.org/10.1515/commun-2014-0009.

Couldry, N. (2012). *Media, society, world. Social theory and digital media practice.* Oxford: Polity.

Donsbach, W., & Wilke, J. (2009). Rundfunk. In E. Noelle-Neumann, W. Schulz, & J. Wilke (Hrsg.), *Fischer Lexikon Publizistik, Massenkommunikation* (S. 593–650). Frankfurt a. M.: Fischer.

Enzensberger, H.-M. (1970). Baukasten zu einer Theorie der Medien. *Kursbuch, 20*(5), 159–186.

Franck, G. (1998). *Ökonomie der Aufmerksamkeit. Ein Entwurf.* München: Hanser.

Franck, G. (2010). Die Währung des Glotzens. In B. Pörksen & W. Krischke (Hrsg.), *Die Casting-Gesellschaft. Die Sucht nach Aufmerksamkeit und das Tribunal der Medien* (S. 126–137). Köln: Halem.

Fuchs, C. (2014). *Social media. A critical introduction.* London: Sage.

Fuchs, C. (2017). Die Kritik der Politischen Ökonomie der Medien/Kommunikation. Ein hochaktueller Ansatz. *Publizistik, 62*(3), 255–272.

Gay, P. du. (Hrsg.). (2006). *Production of culture/Cultures of production.* London: Sage.

Giddens, A. (2004). *The constitution of society. Outline of the theory of structuration.* Cambridge: Polity.

Göttlich, U. (2009). Auf dem Weg zur Unterhaltungsöffentlichkeit? Aktuelle Herausforderungen des Öffentlichkeitswandels in der Medienkultur. In U. Göttlich & S. Porombka (Hrsg.), *Die Zweideutigkeit der Unterhaltung. Zugangsweisen zur Populären Kultur* (S. 202–219). Köln: Halem.

Göttlich, U., & Herbers, M. R. (2014). Would Jürgen Habermas enjoy The Daily Show? Entertainment media and the normative presuppositions of the political public sphere. In L. A. Lievrouw (Hrsg.), *Challenging communication research: Selected papers from the International Communication Association annual conference 2014* (S. 77–90). New York: Lang.

Göttlich, U., & Herbers, M. R. (2017). Die Freiheiten des Jan Böhmermann. Zum Wechselspiel von Öffentlichkeit und Unterhaltung. In M. Lehmann & M. Tyrell (Hrsg.), *Komplexe Freiheit. Wie ist Demokratie möglich?* (S. 73–90). Wiesbaden: Springer VS.

Göttlich, U., Heinz, L., & Herbers, M. R. (Hrsg.). (2017). *Ko-Orientierung in der Medienrezeption. Praktiken der Second-Screen-Nutzung.* Wiesbaden: Springer VS.

Haas, A. (2007). *Medienmenüs. Der Zusammenhang zwischen Mediennutzung, SINUS-Milieus und Soziodemographie.* Berlin: Reinhardt Fischer.

Hall, S. (1979). Encoding/decoding. In S. Hall, D. Hobson, A. Lowe, & P. Willis (Hrsg.), *Culture, media, language. Working papers in cultural studies (1972–1979)* (S. 128–138). London: Routledge.

Herbers, M. R. (2016a). I started a joke. How a pale and skinny boy from Bremen mocked the Turkish president. A comment on the role of television comedy in political discourse. https://cstonline.net/i-started-a-joke-how-a-pale-and-skinny-boy-from-bremen-mocked-the-turkish-president-a-comment-on-the-role-of-television-comedy-in-political-discourse-by-martin-r-herbers/. Zugegriffen: 20. Dez. 2017.

Herbers, M. R. (2016b). Verantworten Fernsehproduzenten soziale Ungleichheit? Zur Kritischen Theorie der Fernsehproduktion. In A. Machin & N. Stehr (Hrsg.), *Understanding inequality. Social costs and benefits* (S. 347–366). Wiesbaden: Springer VS.

Hesmondhalgh, D. (2006). Bourdieu, the media and cultural production. *Media, Culture and Society, 28*(2), 211–231.

Hesmondhalgh, D. (2009). *The cultural industries.* London: Sage.

Hesmondhalgh, D., & Baker, S. (2008). Creative work und emotional labour in the television industry. *Theory, Culture & Society, 25*(7–8), 97–118.

Hesmondhalgh, D., & Baker, S. (2009). "A Very Complicated Version of Freedom": Conditions and experiences of creative labour in three cultural industries. *Poetics, 38*(1), 4–20.

Hirsch, P. M. (1972). Processings fads and fashions: An organization-set analysis of cultural industry systems. *American Journal of Sociology, 77*(4), 639–659.

Hoinle, M. (2003). Ernst ist das Leben, heiter die Politik. Lachen und Karneval als Wesensmerkmale des Politischen. *Aus Politik und Zeitgeschichte, 53,* 3–12.

Holt, J., & Sanson, K. (Hrsg.). (2014). *Connected viewing. Selling, streaming, and sharing media in the digital age.* New York: Routledge.

Horkheimer, M., & Adorno, T. W. (2003). Dialektik der Aufklärung. In M. Horkheimer (Hrsg.), *Gesammelte Schriften. Band 5: ›Dialektik der Aufklärung‹ und Schriften 1940–1950* (S. 13–290). Frankfurt a. M.: Fischer.

Janssen, S. (2002). Produktion und Profession. In G. Rusch (Hrsg.), *Einführung in die Medienwissenschaft. Konzeptionen, Theorien, Methoden, Anwendungen* (S. 135–154). Wiesbaden: Westdeutscher Verlag.

Jenkins, H. (2006). *Convergence culture. Where old and new media collide*. New Haven: New York University Press.

Kleinen-von Königslöw, K., & Keel, G. (2012). Localizing The Daily Show: The heute show in Germany. *Popular Communication. The International Journal of Media and Culture, 10*(1–2), 66–79.

Lantzsch, K., Altmeppen, K.-D., & Will, A. (Hrsg.). (2010). *Handbuch Unterhaltungsproduktion. Beschaffung und Produktion von Fernsehunterhaltung*. Wiesbaden: Springer VS.

Mayer, V., Banks, M. J., & Thornton Caldwell, J. (Hrsg.). (2009). *Production studies. Cultural studies of media industries*. New York: Routledge.

Merten, K. (2014). Image, PR und Inszenierungsgesellschaft. *Publizistik, 59*(1), 45–64.

Meyen, M. (2007). Medienwissen und Medienmenüs als kulturelles Kapital und als Distinktionsmerkmale. Eine Typologie der Mediennutzer in Deutschland. *Medien & Kommunikationswissenschaft, 55*(3), 333–354.

Nünnig, A., & Sommer, R. (Hrsg.). (2004). *Kulturwissenschaftliche Literaturwissenschaft. Disziplinäre Ansätze – Theoretische Positionen – Transdisziplinäre Perspektiven*. Tübingen: Gunter Narr.

Oliver, M. B., & Bartsch, A. (2011). Appreciation of entertainment. The importance of meaningness via virtue and wisdom. *Journal of Media Psychology, 23*(1), 29–33.

Owens, J., & Millerson, G. (2013). *Television production*. Burlington: Focal Press.

Peterson, R. A. (1976). The production of culture: A prolegomenon. *American Behavioral Scientist, 19*(6), 669–684.

Robin, C. (2017). *Der Wert kreativer Arbeit. Zur Vielfalt kreativer Arbeitspraktiken*. Bielefeld: transcript.

Röttger, U., Gehrau, V., & Preusse, J. (2013). Strategische Kommunikation. Umrisse und Perspektiven eines Forschungsfeldes. In U. Röttger, V. Gehrau, & J. Preusse (Hrsg.), *Strategische Kommunikation. Umrisse und Perspektiven eines Forschungsfeldes* (S. 9–17). Wiesbaden: Springer VS.

Schmidt, S. J. (2003a). *Geschichten & Diskurse. Abschied vom Konstruktivismus*. Reinbek bei Hamburg: Rowohlt.

Schmidt, S. J. (2003b). *Kognitive Autonomie und soziale Orientierung. Konstruktivistische Bemerkungen zum Zusammenhang von Kognition, Kommunikation, Medien und Kultur*. Münster: LIT.

Schmidt, S. J. (2003c). Unterhaltung gibt es nicht. Unterhalten Sie sich gut! Einige philosophische Anmerkungen zum Thema. In W. Früh & H.-J. Stiehler (Hrsg.), *Theorie der Unterhaltung. Ein interdisziplinärer Diskurs* (S. 324–336). Köln: Halem.

Schneider, F. M., Bartsch, A., & Gleich, U. (2015). Spaß, Spannung...Denkanstöße? Hedonische und eudaimonische Gratifikationen, Bewertungen und Folgen der Rezeption von Stefan Raabs Sendung "Absolute Mehrheit." *SCM, 4*(1), 53–68.

Schößler, F. (2006). *Literaturwissenschaft als Kulturwissenschaft. Eine Einführung*. Tübingen: Francke.

Sehl, A., & Naab, T. K. (2014). User Generated Content im Auge der Kommunikationswissenschaft. Deskription eines Forschungsfeldes. In B. Stark, O. Quiring, & N. Jackob (Hrsg.), *Von der Gutenberg-Galaxis zur Google-Galaxis. Alte und neue Grenzvermessungen nach 50 Jahren DGPuK* (S. 117–134). Konstanz: UVK.

Vorderer, P., & Reinecke, L. (2015). From mood to meaning. The changing model of the user in entertainment research. *Communication Theory, 25*(4), 447–453.

Wall, A. (2001). On bringing Michail Bakhtin into the social sciences. *Semiotica, 133*(1/4), 169–201.

Weischenberg, S., Scholl, A., & Malik, M. (2006). *Die Souffleure der Mediengesellschaft. Report über die Journalisten in Deutschland.* Konstanz: UVK.

Wende, W. (Hrsg.). (2004). *Kultur – Medien – Literatur. Literatur als Medienkulturwissenschaft.* Würzburg: Königshausen & Neumann.

Windeler, A. (2008). Unterhaltungsproduktion in Netzwerken. In B. von Rimscha & G. Siegert (Hrsg.), *Zur Ökonomie der Unterhaltungsproduktion* (S. 124–150). Köln: Halem.

Erratum zu: Strategische Politische Kommunikation im digitalen Wandel

Michael Oswald und Michael Johann

Erratum zu:
M. Oswald und M. Johann (Hrsg.), *Strategische Politische*
Kommunikation im digitalen Wandel,
https://doi.org/10.1007/978-3-658-20860-8

Die Originalversion des Buchs wurde revidiert. Aufgrund eines Versehens wurden in acht Sätzen auf den Seiten 46, 48, 50 und 52 falsche Zahlenangaben wiedergegeben. An der grundsätzlichen Interpretation der Ergebnisse der qualitativen Inhaltsanalyse ändert sich dadurch nichts. Wir bitten den Fehler zu entschuldigen.

Die Abbildung auf Seite 47 wurde auch richtiggestellt.

Der Titel des 13. Kapitels wurde in XML auf „Back to the roots?! Der datengestützte Tür-zu-Tür-Wahlkampf in politischen Wahlkampagnen" korrigiert. Diese Korrektur hat weder auf das gedruckte Buch noch auf das eBook eine Auswirkung, weil der Titel in den beiden Versionen des Buches richtig war.

Die korrigierten Versionen der Kapitel sind verfügbar unter
https://doi.org/10.1007/978-3-658-20860-8_3
https://doi.org/10.1007/978-3-658-20860-8_13

© Springer Fachmedien Wiesbaden GmbH, ein Teil von Springer Nature 2021   E1
M. Oswald und M. Johann (Hrsg.), *Strategische Politische Kommunikation im*
digitalen Wandel, https://doi.org/10.1007/978-3-658-20860-8_15

The manufacturer's authorised representative in the EU is Springer
Nature Customer Service Centre GmbH, Europaplatz 3, 69115 Heidelberg,
Germany. If you have any concerns regarding our products, please
contact ProductSafety@springernature.com

Printed and bound by CPI Group (UK) Ltd, Croydon, CR0 4YY
27/04/2026
02097655-0003